진동신호분석기술을 이용한

유도전동기의 결함분석 및 진단

INDUCTION MOTOR

양보석 저

INTER VISION 도서출판 인터비젼

머리말

유도전동기는 산업현장에서 다양한 회전기계의 주요 동력원으로 이용되고 있고, 플랜트 전체 소비전력의 약 40% 이상을 사용하고 있다. 이들 전동기는 산업의 발달과 함께 최근 고성능화(대형화, 고속화, 고전압화)되고 있고, 이를 위한 개발단계나 상업운전 시에 지금까지의 지식이나 경험으로는 고려될 수 없었던 사고나 고장이 많이 발생하고 있으나, 산업적인 중요성에 비해 비교적 소홀히 다루어져 왔다. 이에 효율적인 운전과 보수유지를 위한 상태감시 및 진단기술, 정비기술과 발생하는 문제들에 대한 트러블대책기술이 중요성을 점점 더하여 가고 있다.

본서는 진동신호 분석기술을 바탕으로 유도전동기에서 발생하는 각종 결함을 분석하고 진단하기 위해, 이와 관련된 최신의 학문적 성과를 체계적으로 수집 및 정리하여 실제 전동기에서 발생할 수 있는 각종 진동문제의 실용적인 해결방법을 제시하는데 기여하는 것을 목적으로, 관련 학부 고학년 및 대학원생, 산업계의 설계·제작, 운전 및 보수유지에 관련된 기술자들을 위한 전문서적으로서 작성되었다.

본서는 총 6장으로 구성되어 있으며, 1장에서는 전동기의 결함분석 및 진단의 필요성 등의 기초적인 개요를 설명하였고, 2장에서는 고장발생 빈도분석, 작용 응력, 진동원인 및 증상에 대해 체계적으로 정리하였다. 그리고 3장에서는 유도전동기에서 주요 가진력으로 작용하는 불평형 자기흡인력의 평가와 계산과정에 대해 상세히 설명하였다. 또한 4장과 5장에서는 유도전동기에서 발생할 수 있는 기계적인 결함과 전기적인 결함에 대해 쉽게 이해할 수 있도록 많은 지면을 할애하여 가능한 평이하게 설명하였고, 결함을 분석하고 원인을 진단하는 능력을 스스로 습득할 수 있도록 노력하였다.

마지막으로 6장에서는 계측된 진동치의 평가를 위한 각종 관련 진동평가규격을 폭넓게 조사하여 정리하였다. 각 장은 독립적으로 구성되어 있으므로, 독자들의 관심에 따라 필요한 부분을 선택하여 학습할 수 있을 것이다.

끝으로 비록 부족한 부분이 많을 것으로 생각되며, 독자 여러분들의 많은 지적과 지도편달을 바랍니다. 아울러 이 분야의 국내 기술발전에 조금이라도 기여될 수 있다면 더 이상의 보람이 없으며, 본서 작성의 기회를 제공하여 준 (주)포스콘 및 현대중공업(주) 관계자 여러분들, 기본 자료로 이용할 수 있도록 많은 연구를 수행하여준 연구자들 및 졸고의 출판을 위해 수고하신 도서출판 GS인터비전의 송기수 사장님을 비롯한 관계자 여러분들께 진심으로 감사의 뜻을 전합니다.

용당캠퍼스에서
저자

1장

1

서 론

제 1 장

서 론

전동기(electric motor)는 전력을 이용하여 기계 동력을 발생하는 회전기로서, 전기 에너지를 기계 에너지로 변환하는 회전 기계이다. 즉, 펌프, 송풍기, 압축기 등을 구동하는 구동기(driver)로서 산업 현장에서 가장 널리 사용되고 있고, 중요한 역할을 담당하고 있다.

전동기는 단일 품목으로 국내 최대 전력 소비량을 차지하고, 특히 3상 유도 전동기는 국내 전체 소비 전력의 약 40% 이상을 차지하는 것으로 알려져 있다. 선진국의 경우에도 총 소비 전력량 중 약 60%를 산업용 전동기가 소비하는 것으로 추산되고 있다. 또한 대략적으로 200 마력 이상의 중, 대형 전동기의 세계 시장은 표 1.1과 같이 총 1천만대에 이르는 것으로 추정하고 있다.

표 1.1 전동기의 세계 시장 (200마력 이상)

분 야	전동기 대수(천대)
전기 설비	500
석유 화학	6,000
기타	3,500
계	10,000

1.1 전동기의 분류

전동기는 공급되는 전력에 따라 직류 전력을 받아 동력을 발생하는 직류 전동기(DC motor)와, 교류 동력을 이용하는 교류 전동기(AC motor)로 구분된다. 교류 전동기는 그 구조에 따라 동기 전동기, 유도 전동기 및 교류 정류자 전동기로 분류할 수 있다. 동기 전동기는 영구 자석 또는 전자석 등의 자석이 회전 자계를 야기하여 회전 자계와 같은 속도로 회전하는 전동기이다. 유도 전동기는 1차 권선으로부터 2차 권선에 유도된 전류와 회전 자계와의 상호 작용으로 회전 자계의 속도보다 늦은 속도로 회전하는 회전기이다. 그리고 교류 정류자 전동기는 교류 전동기로 정류자와 브러시를 가지고 있다.

유도 전동기(induction motor)에도 여러 종류가 있으며, 회전자(rotor)의 구조에 따라, 농형 유도 전동기와 권선형 유도 전동기로 구분할 수 있다. 농형 전동기는 회전자 축에 부착된 철심에 단락된 도체가 장착되고, 고정자(stator) 측과의 전선의 접속도 없고 매우 간단한 구조를 가지고 있다. 권선형 전동기는 축 위에 설치된 철심에 절연된 권선을 장착하고, 이 권선의 단자에 슬립 링이 부착되어 있고 회전하는 슬립 링과 고정자 측에 부착된 브러시가 접촉하는 것에 의해 외부 회로와 접속되는 구조를 하고 있다.

또한 공급되는 전력에 따라 2개의 선으로 구성된 단상 전원을 이용한 단상 전동기와 3상 전원에 접속하여 사용하는 3상 전동기가 있다. 단상 유도 전동기는 대부분 수 W ~ 수백 W 정도의 소형이며, 선풍기, 청소기, 에어컨, 믹서, 세탁기, 냉장고 등의 가전 제품에 널리 사용되고 있다. 3상 유도 전동기는 수백 W ~ 수천 kW 규모로 중형 및 대형이며, 3상 전원이 공급되는 일반 사업장에는 대부분 3상 유도 전동기가 사용되고 있다. 중대형 3상 유도 전동기는 펌프(pump), 휀(fan), 송풍기(blower), 압축기(compressor), 제지기(paper mill), 방직기(textile mill) 등의 산업용 핵심 설비의 구동기로서 널리 사용되고 있다. 표 1.2는 유도 전동기의 개략적인 분류를 나타낸다.

표 1.2 유도 전동기의 분류

전원	전압		정격 출력
단상 (농형)	저전압	120 V	0.75 kW 이하
		240 V	0.4 ~ 0.75 kW
3상 (농형, 권선형)	저전압	240 V	55 kW 이하
		480 V	200 kW 이하
	고전압	3200 V	45 kW 이상
		6400 V	45 kW 이상

1.2 전동기의 결함 분석 및 진단 필요성

유도 전동기는 구조가 간단하고 견고하며 가격이 비교적 저렴하고 취급이 편리한 등의 이점으로 인해 산업계에서 가장 널리 사용되고 있다. 그러나 유도 전동기는 최근 대용량화, 고속화에 따라 대규모화하고 있고, 고속의 운전 속도, 대규모의 하중 그리고 가혹한 운전 조건으로 인해 진동소음과 관련된 트러블이 많이 발생하고 있다. 따라서 전동기의 품질(quality)을 보증하는 것은 전동기의 안정적인 기능 유지와 신뢰성을 확보를 통한 품질 향상과 수명 연장 및 정비 비용의 절감을 위하여 무엇보다도 중요하다.

전동기의 구조는 터빈, 압축기 등의 다른 회전 기계에 비하여 비교적 단순한 구조를 가지고 있으나, 기계적인 원인과 전기적인 원인에 의해 발생하는 진동 및 소음의 특징은 매우 복잡하고 높은 주파수까지의 넓은 주파수 대역의 성분을 가지고 있다. 그러므로 전동기의 결함 분석에는 많은 현장 트러블 해결 경험과 사례 베이스의 구축, 고장 모드의 파악과 고장 원인과 증상과의 관계인 인과 행렬의 구축 등이 필요하고, 이를 이용한 체계적인 고장 원인 분석을 통하여 전동기의 이상이나 고장으로 인한 정비 비용, 생산 손실 등의 경제적인 손실을 줄일 수가 있을 것이다.

대형 전동기는 일반적으로 설비의 신뢰성과 가동률 향상을 위해 기계를 정기적으로 운전 정지하고 점검하는 계획 정비(scheduled maintenance)의 정기 진단을 수행하고 있다. 그리고 중요한 핵심 설비에는 각종 변환기를 부착하여 운전 상태를 상시 감시(on-line monitoring)하는 예지 정비(predictive maintenance)기술이 설비 정비 측면에서 유용하게 활용되고 있다.

전동기에서는 전류, 전압, 온도, 자속, 토크 등의 성능 데이터를 이용한 전기 신호 분석(electric signature analysis, ESA) 뿐만 아니라, 일반적으로 진동 신호 분석이 매우 중요한 분석 기술로 이용되고 있다. 이는 진동 신호가 회전 기계의 건전성을 나타내는 중요한 지표가 되고 고장의 초기 검지(early detection)에 적합할 뿐만 아니라, 이상이나 고장이 발생했을 때 그 원인을 추정하는데 유익하고 신뢰할 수 있는 자료를 제공하는 것이 오랜 기간 동안의 현장 경험을 통하여 입증되었기 때문이다.

그러나 이상이나 고장이 발생했을 경우, 진동 데이터로부터 원인을 추정하는 데에는 매우 전문적인 지식이나 오랜 경험이 필요하다. 또한 원인 추정에 있어서 잘못된 판단은 큰 사고와 경제적 손실을 초래하는 경우가 많기 때문에 선진국에서는 통상 회전 기계 제작사의 전문가와 설비 운전을 담당하는 정비 기술자가 긴밀하게 협력하여 대처하고 있다. 이러한 배경으로 인해 진동 신호를 이용한 상태 감시 및 진단 기술의 자동화에 대한 연구가 현재 세계적으로 활발히 진행되고 있다.

만일 감시 데이터가 불충분할 경우에는 이상의 징후가 설혹 있어도 그 발견이 보장되지 않을 뿐만 아니라, 바람직하지 않은 고장에까지 발전하는 경우도 있을 수 있고 이상이 없음에도 불필요하게 정기 점검을 위해 전동기를 개방 점검하는 경우 등 기계류의 보수 유지가 적절하게 이루어지고 있다고 할 수 없을 것이다. 따라서 전동기의 효율적인 보수 및 유지 관리를 통하여 최상의 상태로 운용되도록 하는 관련 기술의 확보가 무엇보다 중요하다. 이러한 상태 감시 및 이상 진단 기술을 총괄적으로 software화하여 사용자 중심의 운용 체계를 구성하는 것 또한 실용화를 위한 핵심 분야라 할 것이다.

결함 분석 및 진단 기술을 기술적 및 경제적인 측면에서 필요성을 정리하면, 다음과 같이 요약할 수 있다.

- 진동 진단 기술 개발과 체계적인 데이터베이스의 구축을 통한 운전 단계에서 조기 결함 발견 및 결함 원인 진단의 필요성
- 기계의 돌발적인 정지로 이어지는 중대 사고의 미연에 방지를 통한 안정적인 동력의 공급 필요성
- 일상의 전동기 운전 상황을 체계적으로 감시하고, 이상의 징후를 조기 분석함으로써 적절한 보수 유지 계획의 수립 가능의 필요성
- 설비 운전자에 운전 상황에 관한 체계적인 정보를 제공하고 운전 지원을 수행
- 설비 운전자가 경험에 기초하여 진동 데이터 등으로부터 판단하는 정보를 정확히 진단하고, 합리적인 기계의 운전과 보수 관리 수행의 필요성
- 운전 정지 및 고장에 의한 생산 손실, 정비 손실 등의 경제적 손실, 인명 손실의 방지 및 최소화를 도모하고 보수 유지 비용을 절감

1.3 관련 기술의 현황

국내에서는 일부 핵심 설비 구동용 대형 전동기에 대해서는 일부 발전, 제철 및 석유화학 플랜트 사등을 중심으로 자사 설비의 효율적인 운영의 측면에서 선진 기술의 도입 및 적용이 이루어지고 있으나, 일반적으로는 매우 미흡한 실정이다.

최근 WTO의 발효 후 무역 장벽 철폐 협정에 따른 관련 국내 규격의 국제 규격에의 부합화가 의무화되고 있고, 현재 국제표준화기구(ISO)에서는 기계의 상태 감시 및 진단 기술에 관한 규격화가 TC 108/SC 5(기계의 상태감시 및 진단)에서 체계적으로 진행되어 일부는 2002년부터 정식 출판되고 있다. 따라서 국내에서도 상태 감시 및 진단 기법 역시 이들 국제 규격에서 정의하는 절차 및 방법에 맞추어 체계화하는 것이 시급한 과제로 대두되고 있다.

특히, IMF 이후 각종 설비의 교체 비용을 절감하여 생산 가격을 저감하기 위한 시도로서 많은 기업들이 설비의 사용 수명을 연장시키기 위한 시도로서 설비의 보수 유지에 관심을 가지기 시작하고 있다. 특히 70~80년대의 고도 성장기에 집중 투자 설치된 각종 산업 설비가 노후화되고 사용 수명에 가까워짐에 따라 많은 트러블이 현재 발생하고 있고, 이에 대한 대책으로 범국가적인 종합 설비 진단 기술의 개발이 시급한 실정이다.

전동기에서 상태 감시(condition monitoring)의 기본적인 목적은 연속적 또는 주기적으로 전동기의 상태를 조사하고, 감시 중에 감시 파라미터의 급격하거나 기대하지 않은 변화가 발생하였을 때는 전동기 상태의 중대한 변화를 나타내므로 결함 검지를 위한 진단 도구 및 보수 유지 계획의 기초정보로 이용될 수 있다. 아울러 가장 적절한 시간에 정지 및 보수를 수행하도록 양호한 보수 유지 계획의 가능성을 제공하는 것이다.

표 1.3은 전동기에서 사용되는 상태 감시 방법과 감시 가능 항목들을 정리한 것이

다. 진동 신호를 계측하고 이를 주파수 분석하여 결함을 분석하는 방법이 역사적으로 가장 오래되었으며, 현장에서 가장 널리 사용되는 방법이다. 고정자 전류 신호 분석 기법(MCSA)은 80년대 중반에 소개되어 진동 분석 기법과 함께 최근 널리 사용되도록 되었다.

표 1.3 전동기의 상태 감시 방법 및 내용

감시 방법	감시 파라미터	감시 가능 항목
진동	진동 변위, 속도, 가속도	기계적, 전기적 결함 파악이 가능, 가장 널리 사용
고정자 전류	전동기 공급 전류	회전자 봉 손상, 베어링 결함 등 파악
성능 감시	전원 전압, 전류, 입력, 출력, 커플링 응력	On-line 측정. 전원 전압의 비대칭은 전류 비대칭, 권선 과열, 절연 결함 원인 파악
충격 펄스	진동 가속도 (베어링 하우징)	구름 베어링 결함에 의한 충격파 감시
음향 방출	가청 및 초음파 주파수	구름 요소 사이의 접촉, 균열 발생 유무
속도 변동	전동기 회전속도 변동	회전자 결함, 공극 편심, 정렬 불량 등의 파악
공극 토크	전류, 전압	기동, 운전 중의 회전자 봉 균열, 고정자 코일 단락 유무
부분 방전	임피던스	전동기 절연 상태 파악
누설 자속	축방향 누설 자속	회전자 봉 파손, 고정자 권선 단락, 편심 등 파악
온도	베어링 출구 온도, 권선 온도	베어링 마찰, 권선의 과열 유무
기름 입자	윤활유 내의 마멸 입자, 먼지	마찰, 마멸, 부분 방전, 오염 여부
서지 시험	고전압, 고주파 펄스의 반향 펄스	권선(winding) 결함 진단
시각 검사	시각, 카메라, 비디오 테이프	경향 감시

표 1.4 교류 전동기의 포괄적인 On-line 감시 도구

감시 기술	설명	검지 가능 결함				
		절연 열화	고정자 권선	회전자 권선	회전자 편심	베어링 결함
진동 분석	베어링 또는 하우징에서 가속도계로 측정된 진동 신호의 스펙트럼 분석	권장 불가	권장 불가	권장	권장	권장
고정자 전류 분석	고정자 전류의 스펙트럼 분석	권장 불가	권장	권장	권장	권장
축방향 자속 분석	축 탐색 코일을 통하는 축방향 누설 자속 스펙트럼 분석	권장 불가	권장	권장	권장	권장 불가
윤활유 마멸 입자 분석	저널 베어링의 마멸 입자의 화학적/크기 분석	권장 불가	권장 불가	권장 불가	권장 불가	권장
냉각 가스 분석	냉각 가스의 화학적 분석	권장	권장	권장	권장 불가	권장 불가
부분 방전	고정자 권선내의 방전 펄스의 시간영역 분석 또는 스펙트럼 분석	권장	권장 불가	권장 불가	권장 불가	권장 불가

표 1.4와 1.5는 ISO 19035-2 규격에서 권장하고 있는 전동기 크기에 따른 감시 기술, 감시 항목을 나타내고 있다. 최근 중대한 재해를 사전에 방지하고 예방 정비를 수행하기 위한 기법으로 진동, 전류 및 전압, 부분 방전, 가스 분석, 오일 분석, 속도 변동 등의 방법이 세계적으로 다양하게 활발히 연구되고 적용을 시도하고 있으나, 실용상 여러 가지 문제를 안고 있고 향후 보다 활발한 연구개발과 현장적용을 통한 기술축적이 필요할 것으로 생각된다.

표 1.5 교류 전동기의 권장 On-line 감시 도구

감시 항목	1,000~ 5,000 kW	5,001~ 10,000 kW	10,000 kW 이상	고도 정비용
1. 고정자 권선				
온도 감시	권장	권장	권장	권장
2. 베어링				
베어링 하우징 진동(진동 가속도계)	권장	권장	권장	권장
축 진동, 비접촉 변위계(저널베어링)	권장	권장	권장	권장
베어링 외륜 온도(구름요소베어링)	권장	권장	권장	권장
오일 입구 온도 감시	권장 불가	권장 불가	권장	권장
오일 입구 압력 감시	권장 불가	권장 불가	권장	권장
베어링의 표면 온도 감시	권장 불가	권장	권장	권장
오일 집유(sump) 온도	권장	권장	권장	권장
입구 오일 유량	권장 불가	권장 불가	권장 불가	권장 불가
3. 권선 냉각 시스템				
내부 공기 출구 온도 감시	권장	권장	권장	권장
냉각수 입구 온도 감시	권장 불가	권장	권장	권장
냉각수 출구 온도 감시	권장 불가	권장 불가	권장 불가	권장
냉각수 유입 유량 감시	권장 불가	권장 불가	권장 불가	권장
4. 공기 필터 장치 기계				
필터 통과 압력 강하 감시	권장	권장	권장	권장

【참고문헌】

[1] S. Tuboshima, 誘導 電動機, 東京電機大學, 1979

[2] 양보석, 기계 설비의 진동 상태 감시 및 진단, 인터비젼, p. 396, 2006

[3] 박병주 외 5인 공저, 산업 전기 설비의 진단 기술, 한국전기연구원, 다솜출판사, p. 571, 2005

2장

2

고장발생 메커니즘

제 2 장

고장 발생 메커니즘

일반적으로 설비 전체 혹은 설비를 구성하는 부품이나 조립품에는 하중, 온도, 압력, 열, 화학 반응 등에 의한 각종 응력(stress)이 작용하고 있고, 이들이 어느 허용범위를 초과하게 되면, 설비 고유의 발생 기구(mechanism)에 의해 균열(crack), 박리(peeling), 파편, 마멸(wear), 변색, 변형 등의 다양한 종류의 손상(damage)이 발생하고 성장한다. 동시에, 이들 손상에 의해 진동, 발열, 소음, 음향 방출 등의 2차적인 현상으로 증상(symptom)이 발생한다. 또한 손상의 발생을 거치지 않고 체결 부분의 느슨함, 반응 장치의 이상 반응과 같은 이상 현상(abnormality)이 발생하고 이것에 의해 진동이나 소음, 발열 등이 나타난다. 설비에 응력이 가해지면, 손상 이상이 발생하고 이는 성능 저하로 이어지며 결국에는 기능 상실을 통하여 고장(failure)에 이르게 된다. 최종 고장까지의 진행 단계로는 초기 고장, 초기 손상, 피로(distress), 열화(deterioration), 손상 및 최종 고장으로 이어진다.

전동기의 사용 중, 전동기를 구성하는 어느 부품이 설계에서 의도한 기능의 일부 또는 전부를 잃어버릴 때 이를 고장이라 하고, 고장 상태의 형식에 따라 분류하는 형태를 고장형태 또는 고장 모드(failure mode)라 한다. 고장 모드에는 변형, 균열, 파손, 마모, 부식, 표면 균열, 헐거움, 탈락, 고착, 소손, 이물질, 오염, 누설, 침식, 변질, 개방, 단선, 단락, 이상 음 등이 있다. 이들 고장 모드와 그 발생 원인의 규명은 고장분석(failure analysis)과 진단 분야의 중요한 문제이다. 고장 해석의 목적은 향후 고장 발생을 예방하며, 설비의 수명 기간을 통하여 기계의 안전(safety), 신뢰도(reliability) 및 정비도(maintainability)를 보증하기 위한 것이다.

표 2.1 고장 메커니즘 예

응력(stress)	고장 모드	이상 현상	증상(symptom)
• 회전 • 하중 • 온도 • 압력 • 속도 • 가속도 • 환경 • 열	• 균열 • 박리 • 변형 • 절손 • 마멸 • 고착 • 변색 • 단선 • 단락	• 서징(surging) • 수격현상(water hammer) • 캐비테이션(cavitation) • 울림(beat) • 휘돌림(whirling) • 헐거움(looseness) • 막힘	• 진동 • 소음 • 발열 • 발광 • 초음파 • 음향 방출(AE) • 전류 • 전압

어느 부품에 고장이 발생하였을 때, 그 부품이 포함되는 조립품, 시스템에 이르기까지 어떠한 영향을 받는 경우가 많다. 일반적으로 전동기의 구성 요소는 기계계, 전기계 및 전자계를 포함하지만, 고장 모드를 고려하는 경우에는 구성 요소 자체의 고장만이 아니고 구성 요소 사이의 기능적 접속 부분, 구성 요소의 부착 부분 등에 대해서도 필요한 범위에서 검토되어야 한다.

전동기의 설계에서부터 현장설치, 운용 및 폐기까지의 전체 수명주기(life cycle) 동안에 발생할 수 있는 결함 및 그 발생 원인은 다음과 같이 구분할 수 있다.

- 설계상의 결함(faulty design): 설계 실수, 도면의 준비 부족 및 실수
- 재료 결함(material defects): 부적절한 재료의 선정
- 제작/조립상 결함(manufacturing/assembly deficiencies): 가공법의 결함, 조립 실수
- 품질 관리(quality control) 상 결함: 검사 불충분 또는 실수, 공정 관리의 부적합
- 설치상 결함(installation defects): 부적절한 설치
- 사용상 결함(off-design service condition): 부적절한 운전, 설계 조건과 다른 사용
- 정비상 결함(maintenance deficiency): 정비 작업 실수, 정비 매뉴얼의 준비 부족

표 2.2 고장 모드의 분류 예

변형(deformation)	소성 변형, 탄성 변형
파괴(fracture)	균열, 피로 파괴, 점 부식
표면 변화	균열, 캐비테이션, 마멸, 얼룩, 긁힘
재료 변화	오염, 부식, 마멸
변위(displacement)	느슨함, 녹아 붙음, 과도/과소 틈새
누설(leakage)	균열, 부식
오염(contamination)	윤활제 오염

고장 원인은 통상 하나 또는 그 이상의 고장 모드들과 그 원인을 관련 지우는 것에 의해 결정되고, 잠재적인 결함을 파악하기 위해 전동기 구성요소의 고장모드와 전동기에 대한 영향을 분석하는 고장모드 영향분석(FMEA, failure mode and effect analysis), 영향의 치명도를 중시하는 고장모드 영향치명도 분석(FMECA, failure mode effects and criticality analysis)등과 같은 고장 분석 활동의 중심이 된다.

표 2.2는 석유화학 프로세스 플랜트에서 기계 고장으로 직면하는 기본적인 고장 모드를 나열한 것이다. 통상은 일상적인 고장 분석에 이용될 수 있도록 표 2.3의 전동기에 대한 고장 모드와 같이 상세하게 작성된다. 고장 모드의 작성시에는 고장 모드가 고장 원인과 혼동되지 않도록 주의하여야 한다. 고장 모드는 고장 사건의 결과이며, 고장 원인은 고장을 일으킨 원인이다. 고장 모드는 궁극적으로 기능적인 고장, 즉 증상, 트러블 또는 운전상의 불만을 초래하는 원인과 결과들의 긴 사슬의 결과일 수도 있다.

표 2.3 유도 전동기의 고장 모드와 고장 패턴 예 (Bonnett)

구성 요소	고장 모드	고장 패턴
고정자 권선	권선간(turn to turn) 상간(phase to phase) 상-접지간(phase to ground) 코일간(coil to coil) 개방회로(open circuit)	대칭적 단상화 비대칭적 및 접지 비대칭적 및 비접지
회전자 조립품	축(shaft) 베어링(bearing) 적층(lamination) 농형(squirrel cage) 회전자 통풍 시스템	열 응력, 자기 응력 잔류 응력, 동적 응력 기계적 응력 환경적 응력
구름 베어링	피로(fatigue spalling) 프레팅(fretting) 얼룩, 스미어링(smearing) 미끄럼(skidding) 마멸(wear) 윤활 고장(lubrication failure) 전기적 점부식(electric pitting) 홈(fluting) 균열(crack) 녹아 붙음(seizure)	과대응력 과열 진동 및 소음 윤활 품질 설치, 끼워 맞춤 오염 기계적 손상 전기적 손상 하중 패턴
축	과부하(overload) 피로(fatigue) 부식(correction)	연성(ductile), 취성(brittle) 파괴 Beach 흔적, 조가비 모양 흔적, 갈매기 표시(chevron) 흔적, 래칫(ratchet) 흔적, cup/cone, Shear lips, 프레팅

산업 현장에서 사용되고 있는 유도 전동기는 다른 회전 기계에 비하여 비교적 단순한 구조를 가지고 있다. 그러나 전기 에너지를 기계 에너지로 변환하는 과정과 관련되어 발생하는 응력과, 2.2절에서 설명하는 각종 열적, 기계적, 전기적 및 환경적 응력 등의 다양한 응력의 조합에 기인하여 여러 결함이 발생할 가능성을 항상 가지고 있다.

표 2.3은 유도 전동기의 주요 구성 요소들에서 발생할 수 있는 주요 고장 모드와 결함 패턴을 나타낸다. 따라서 이 표는 고장이 발생한 전동기의 조사를 실시할 때 점검 시트(check-off sheet)로서 활용될 수 있을 것이다.

표 2.4와 2.5는 구름 베어링과 저널 베어링에 대한 고장 모드와 고장 원인의 관계를 나타낸 것이다. 베어링의 경우는 윤활 고장을 통한 마모 손상이 많이 발생하고, 가장 빈번하게 경험하는 고장 원인은 윤활 부족과 윤활제의 오염(contamination)이다. 기계 파손의 원인에 대한 정확하고도 완전한 지식이 기술자에게 필요하다. 이는 설비 트러블의 근본 원인(root cause)이 어디에서 초래되었는지의 파악과 향후 이용도(availability)의 평가에는 고장 원인에 대한 정확한 이해에 의존하기 때문이다. 특히 베어링은 중요 구성품인 회전자를 지지하고 있고, 여러 부품들에서 발생하는 응력에 의한 하중을 받아내고 있으므로, 베어링 고장으로부터 정확한 추론을 이끌어내는 것은 매우 중요하다.

표 2.4 **구름 베어링의 고장 모드와 그 원인** (Bloch & Geitner)

고장 원인	고장 모드(failure mode)																	
	파괴/분리				변형(deformation)								마멸(wear)			부식(corrosion)		
									볼 경로									
	스폴링, 프래킹	균열	얼룩, 녹아 붙음	케이지 파괴	케이지 변형	압흔	파편 자국	브리넬링/거짓 브리넬링	확대	경사	불균일 하중 영역	흠, 프러팅	케이지 마멸	연삭 마멸	과열, 연소, 손상	부식, 에칭	맞춤 부식, 프레팅	녹
조립																		
과대, 불균일 열 작용	•																	
Hammer blows		•				•		•										
부적절한 공구 세공					•	•		•										
끼워 맞춤 불량		•									•						•	
베어링 하우징 변형	•							•		•								
회전자 불평형											•							
정렬 불량				•	•				•	•			•					
운전 조건																		
진동	•					•		•									•	
전류 통로												•				•		
수명 도달/피로	•																	
과부하	•	•							•						•			
설계 오차		•	•											•				
실(seal)																		
오염						•	•						•	•		•		
습기(수분) 유입																•		•
윤활																		
윤활제 부족			•	•									•	•	•			•
윤활제 과다			•												•			
부적절한 윤활제			•					•					•	•	•			•

표 2.5 저널 베어링의 고장 모드와 그 원인(Bloch & Geitner)

고장 원인	고장 모드(failure mode)												
	파괴/분리			변형			마멸(wear)				침식(erosion)		
	스폴링	균열	녹아 붙음	변형	박힘	불균일 하중 패턴	스코링, 갤링	과열, 스커핑	마멸	연삭마멸 긁힘, 홈	침식	캐비테이션	부식
조립, 제작 불충분한 틈새			•					•					
베어링 정렬 불량				•		•			•				
거친 저널 표면 가공								•					
베어링 메탈 내 기공		•											
불충분한 금속 접합	•												
운전 조건, 설계 일반적인 운전 조건											•	•	
과부하/ 피로	•	•										•	
과부하/ 진동	•	•	•				•		•	•		•	
전류 통로											•		•
부적절한 베어링 재료			•						•				
윤활 윤활제 오염			•		•		•		•	•	•		•
윤활제 부족		•	•	•			•	•	•	•	•		
오일 점도 과소									•				
오일 점도 과대									•				
부적절한 윤활제 선정							•						
윤활제 열화									•				•

2.1 고장 발생의 빈도 분석

일반적으로 유도 전동기는 강건하고 내고장성(fault-tolerance)이 양호한 기계로 간주되어, 산업용 구동기(driver)로 널리 채용되고 있다. 그러나 다른 회전 기계와는 달리 유도 전동기는 전자기력(electromagnetic force)과 기계력(mechanical force)의 영향을 동시에 받고 있기 때문에, 전동기는 정상 상태에서 이들 힘 사이의 상호작용이 진동과 소음에 미치는 영향을 최소가 되도록 설계・제작되어야 한다.

그러나 결함이 발생하게 되면, 전자기력과 기계력 사이의 평형(equilibrium)을 잃게 되고 결함의 발생과 성장으로 나타나게 된다. 따라서 정상 운전 시에 기계의 상태를 감시하고, 전동기에 결함이 발생하여 이상 상태가 되었을 때 그 원인을 진단을 하기 위한 측정이 중요하다. 더구나 대형 전동기와 같이 중요 회전 기계의 구동기로 사용되는 경우에는 기계의 상태를 나타내는 파라미터들의 연속적인 감시에 의해 온라인으로 이를 수행하는 것이 필요하다.

전동기 고장의 원인은 설계, 제작 공차(tolerance), 조립(assembly), 설치(installation), 작동 환경, 부하 특성 및 정비 일정(maintenance schedule) 등에 의해 발생한다. 전동기 결함은 크게 전기적인 결함(electrical fault)과 기계적인 결함(mechanical fault)으로 나눌 수 있다. 회전자에서의 기계적 결함은 편심(정적 또는 동적), 정렬 불량 등으로 구분할 수 있고, 정적 편심과 철심 이완(core slacking)은 고정자에서 발생하는 기계적 결함의 주요 유형이다. 또한 회전자 편심의 원인이 될 수 있는 베어링 결함은 유도 전동기의 일반적인 기계적 결함이다. 다른 기계적 결함으로 회전자 마찰(rubbing), 고정자와 회전자 피로(fatigue) 등은 위에서 나열한 결함에 의해 발생된다.

결함들은 진동 및 전류 신호의 스펙트럼을 비교해 보면 고유의 특징을 가지고 있다. 대부분의 전기적인 문제는 진동 또는 전류 신호 스펙트럼 분석에서 전원 주파수(line frequency)의 2배 성분에서 정상 상태보다 높은 진동 진폭이 발생하며, 기계적인 문제는 운전 주파수 성분이 탁월하다. 불평형과 정렬 불량 등의 기계적인 문제가 회전자와 고정자 사이의 공극(air-gap) 변화와 같은 전기적인 문제를 발생시킨다. 따라서 기계적인 문제를 먼저 검토하고, 그 원인을 제거한 후 전기적인 문제를 검토하는 것이 바람직하다.

이하에는 유도 전동기에서 발생하는 각종 고장과 결함에 대한 산업 현장에서 수행된 조사 자료를 통하여 각 부품별 고장 원인과 고장 비율을 검토한다.

표 2.6 ~ 2.8 및 그림 2.2 ~ 2.4는 유도 전동기에서 고장을 일으키는 취약한 부품들에 대한 조사 결과를 나타낸다. 표 2.6은 미국전력연구소(EPRI)의 지원으로 미국 내에서 운용 중인 발전소용 전동기의 신뢰성을 평가하고, 운전 특성을 확인하기 위해 General Electric사에 의해 수행된 결과이다. 고장 빈도는 베어링, 고정자, 회전자 및 기타 순으로 높게 발생하고 있다. 베어링의 고장률이 40%로 가장 높은 것은 베어링 자체의 결함뿐만 아니라 베어링은 회전자를 지지하고 있으므로 각종 결함에 의해 발생하는 기계적인 힘 및 전자기력을 받아내기 때문에 가장 고장이 발생하기 쉬운 요소임을 알 수 있다.

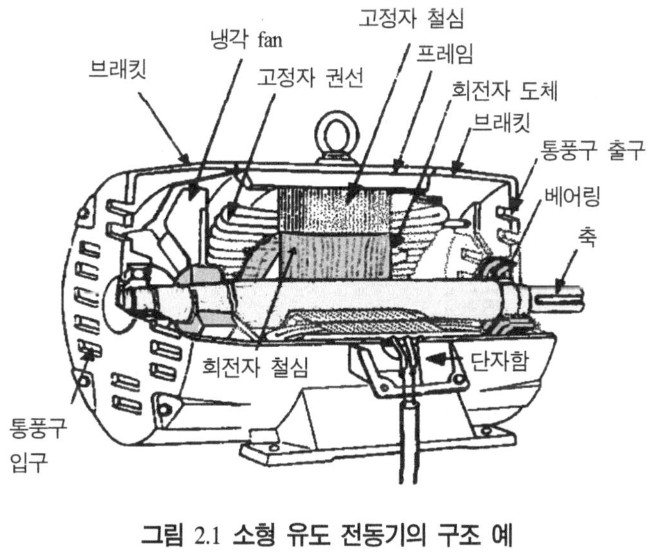

그림 2.1 소형 유도 전동기의 구조 예

그림 2.2는 IEEE Industry Application Society의 Power Systems Reliability 분과위원회에서 미국 내의 폭 넓은 회사로부터 200 HP 이상의 발전소용 교류 및 직류 전동기를 대상으로 주요 고장을 조사한 결과이다. 이 조사는 전동기 제작사에 의해 보고된 의견을 바탕으로 수행되었다. 비록 고장률에는 차이가 있지만, 표 2.6과 유사한 결과를 보이고 있다. 그림 2.3은 B&K사 전문가에 의해 1997년 수행된 기계 결함의 조사 결과로, 진동 감시에 의해 검지된 결함들의 결과이다. 조사 대상으로는 노르웨이 Ronningen에 위치한 4개의 폴리오레핀(polyolefin) 생산 플랜트에 설치된 고압 반응기(reactor), 압출기(extruder), 피스톤 압축기, 가스 스크류 압축기 및 펌프용 전동기이다. 이들 조사로부터 전동기에서 발생하는 주요 결함의 유형은 베어링 결함, 고정자 결함, 회전자 결함 및 기타 순인 것을 알 수 있다.

표 2.6 유도 전동기의 고장률 조사 결과

결함 요소	베어링	고정자	회전자	기타
고장률	40%	38%	10%	12%

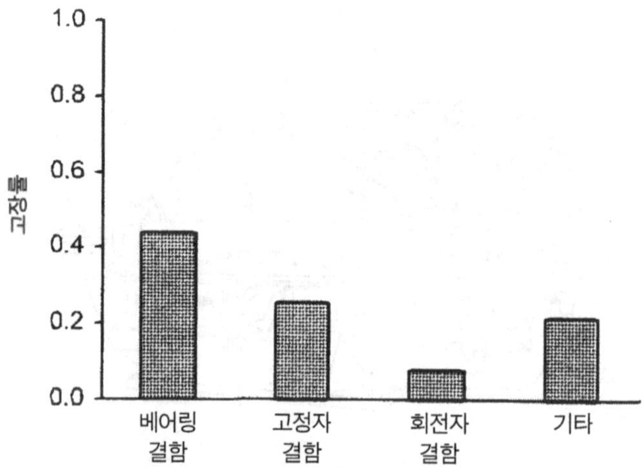

그림 2.2 유도 전동기의 고장 조사 결과(IEEE)

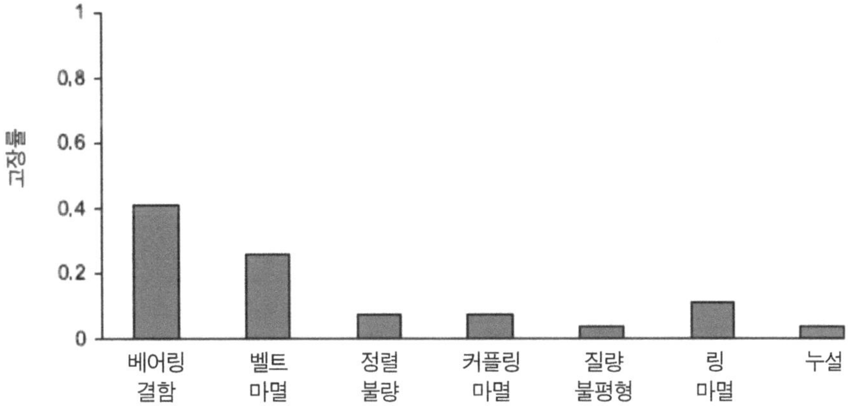

그림 2.3 유도 전동기의 고장 조사 결과(B&K)

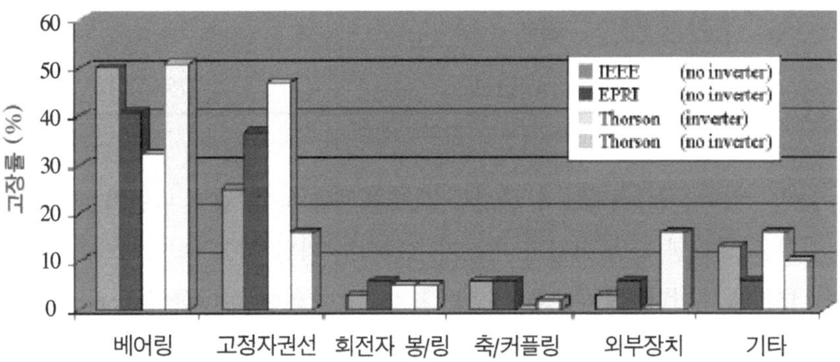

그림 2.4 유도 전동기 부품의 고장률 조사 결과(Benbouzid & Kliman, 2003)

표 2.7 유도 전동기 부품의 고장률 조사 결과(Yung & Bonnett, 2004)

베어링	고정자 권선	외적 영향	회전자 봉	축/커플링	기타
51%	16%	16%	5%	2%	10%

표 2.8 전동기의 고장 원인 분석 결과 (KS RSC 3001: 2001 **인용**)

고장 원인		고장 비율
과부하		15%
절연 열화		21%
외적 영향		6%
베어링	마멸(wear)	23.4%
	급유 불량	4.5%
	조립 불량	3.5%
	자체 불량	0.6%
단상 운전		12%
침수		7%
단락 및 단선		7%

표 2.8은 실제 산업 현장에서 발생한 사례를 수집하여 고장 원인별로 분석하여 정리한 결과를 나타낸다. 베어링의 마모가 23.4%로 가장 많고, 이어서 절연 열화 21%, 과부하 15%의 순이다. 베어링의 마모는 진동 등에 의한 과대한 외력의 결과이고, 이는 베어링이 회전체의 하중을 지지하는 역할을 수행하기 때문이다.

권선의 절연 상태 및 베어링이 전동기 고장 원인의 60% 이상, 나머지는 유지 보수 때문에 고장이 발생한다. 전동기의 고장 원인은 기계적인 결함, 전기적인 결함 및 유지 보수의 미숙과 같이 대략 3종류로 구분할 수 있다.

표 2.9~2.12는 1995년 Thorsen과 Dalva가 북해(North Sea) 및 노르웨이 연안에 설치된 해양석유(offshore oil), 석유화학(petrochemical), 가스 터미널(gas terminal), 정유 공장(oil refinery)에 사용되는 농형 유도 전동기에 대한 결함 및 고장 조사의 결과를 나타낸다. 조사 대상은 11개 플랜트, 8개사, 전동기 수(10 kW 이상) 2,596대, 총 고장 1,637건이다. 표 2.9는 고장이 발생한 부품별 고장 비율을 나타낸 것이다. 기대한 대

로 조사 결과는 고장의 다수인 51%가 베어링 결함이다. 이어서 고정자 권선과 외부 장치(external device)가 각각 약 15%로, 이들을 합치면 모든 결함의 약 80% 이상을 차지하고 있다.

표 2.9 고장 부품별 고장의 분포

고장 부품	고장 수	비율(%)
베어링	836	51.07
고정자 권선	258	15.76
회전자 봉/단락 링	77	4.70
축 또는 커플링	40	2.44
외부 장치	255	15.58
기타	171	10.45
계	1,637	100

표 2.10 주요 전동기 특성 별 고장률

주요 특성		전동기 수	샘플 크기	고장 수	고장률(%)
동력 (kW)	100 ~ 500	228	3208	164	5.11
	501~1,000	126	1556	33	2.12
	1,001~2,000	47	474	15	3.16
	2,001~4,000	36	378	11	2.91
	4,001~6,000	30	313	9	2.88
	6,001~8,000	11	112	11	9.82
	8,001 이상	5	94	7	7.45
전압	3,000~5,000	16	444	5	1.13

(V)	6,000	366	4761	211	4.43
	6,600~10,500	39	445	13	2.92
	11,000~13,800	62	485	21	4.33
극 수	2	185	2428	153	6.30
	4	195	2327	66	2.84
	6	45	562	4	0.71
	8	25	317	15	4.73
	10 이상	33	501	12	2.40
기동/일	1회	430	5586	231	4.14
	>1회	50	522	19	3.64
	불명	3	27	0	0
밀폐함	IP 23	5	8	1	12.50
	IP 24	2	40	3	7.50
	IPW 24	4	81	2	2.47
	IP 44	8	86	9	10.47
	IP 54	294	4354	160	3.67
	IP 55	100	985	62	6.29
	IPW 55	38	272	1	0.37
	IP 56	5	51	0	0
	IP 58	25	244	12	4.91
	IP 68	2	14	0	0

표 2.10은 여러 조사 대상 전동기의 특성과 전동기 수, 샘플 크기(단위 년), 고장 수 및 고장률(고장/년)을 정리한 것이다. 동력에 따른 고장률은 6,000 kW 이상의 대형 전동기가 중, 소형에 비해 매우 높으나 샘플 수가 적기 때문에 일률적으로 결론 짓기는 어렵다. 전압 역시 고전압일수록 고장률이 증가하는 경향이다. 전원 주파수

50 Hz 및 60 Hz인 전동기의 극 수에 따른 고장률은 기대한 대로 2극 전동기에서 가장 높다. 일당 기동 수와 고장률의 관계는 대부분의 대상 전동기가 연속 운전을 하고 있다. 아울러 사용되는 밀폐함의 유형에 따른 고장률의 관계를 제시하고 있다.

표 2.11 주요 전동기 특성 별 고장률

주요 특성		전동기 수	샘플 크기	고장 수	고장률(%)
정비 기간	12개월 이상	435	5677	229	4.03
	13 ~ 24개월	47	444	19	4.28
	25개월 이상	1	14	2	14.29
운전 환경	실내	105	1418	28	1.97
	실외	378	4717	222	4.71
사용 년수	0 ~ 5년	40	127	6	4.72
	5.1 ~ 10년	224	1919	43	2.24
	10.1 ~ 15년	124	1546	51	3.30
	15.1 ~ 20년	7	124	6	4.84
	20.1 ~ 25년	33	725	39	5.38
	25.1년 이상	55	1694	105	6.20
평균 운전 시간	0 ~ 5시간	92	1030	26	2.52
	6 ~ 15시간	111	1357	65	4.79
	16 ~ 24시간	280	3748	159	4.24
전기적 보호 장치/감시 방법	P1	13	73	3	4.11
	P2	95	927	23	2.48
	P3	355	4924	215	4.37
	P4	7	65	3	4.62
	P5	13	146	6	4.11

표 2.11은 정비 기간, 사용 환경(실내, 실외), 사용 년 수, 평균 운전 시간, 보호 장치 및 감시 방법에 따른 고장률을 정리한 것이다. 먼저 정비 기간에 따른 고장률을 살펴보면, 조사 대상 전동기의 사용 수명 기간 동안에 정비 전략 및 기술이 급격히 발전하였고, 아울러 측정 및 감시 장비의 향상에 힘입어 운전 신뢰도의 감소 없이 정비 기간이 증가하는 경향이다. 그러나 아직도 정비 품질을 평가할 일반적인 척도를 설정하는 데는 다소간의 어려움을 가지고 있다. 최근에 연속 감시 및 상태 기반 정비 기술로 변화하는 과도기에 있다. 이 조사에 포함된 육상 및 해상 플랜트에서 대부분의 전동기는 매우 열악한 환경인 실외에 설치되어 있다. 이에 따라 실외의 고장률이 약 2.4배 높은 것을 알 수 있다. 사용 년 수에 따른 고장률은 5년 이내의 초기 기간이 매우 고장률이 크고, 사용 년 수가 증가할수록 고장률도 증가하는 것을 나타낸다. 하루 동안의 평균 운전 시간에 따른 고장률은 6~15시간의 경우가 고장률이 가장 높다. 전기적인 보호 장치와 감시 방법으로 P1은 표준적인 다기능 보호 장치와 내장된 온도 센서를 가지는 경우이고, P2는 P1에 온라인 진동 감시 장치가 부착된 경우, P3는 P1에 오프라인 진동 감시 장치를 가지는 경우, P4는 P2에 성능 감시 장치를 그리고 P5는 전기적 보호 장치가 없는 경우이다.

표 2.12는 베어링의 고장 원인과 그 비율을 정리한 것이다. 표에서 보이듯이 원인이 불명확 사례가 너무 많기 때문에 이를 제외한 고장에 대해 비율을 나타내었다.

베어링 고장의 가장 빈번한 고장 발생 요인(failure initiator)으로는 기계적인 파손과 과열이고, 높은 진동과 지속적인 과부하가 가장 빈번하게 고장을 야기시키는 기여 요인(failure contributor)이다. 부적절한 운전과 불량품이 주요 잠재적 고장 원인이 된다. 표 2.13은 고정자 권선 고장에 대해 분석한 결과이다. 베어링의 경우와 마찬가지로 불명확 사례를 제외한 부분을 이용하여 비율을 나타내었다. 과열과 절연 파괴(insulation breakdown)가 주요 고장의 발생 요인이고, 주요 고장의 기여 요인으로는 베어링과 마찬가지로 지속적인 과부하이다. 그리고 가장 빈번한 고장 원인은 부적절한 운전, 불량품 및 부적절한 전기적 보호 장치(electrical protection)가 된다.

표 2.12 베어링 고장과 그 원인

고장 원인		고장 수	비율(%)
고장 발생 요인	• 과열(overheating)	21	22.11
	• 절연 파괴(insulation breakdown)	2	2.11
	• 기계적 파손(mechanical breakage)	67	70.53
	• 전기적 결함(electrical fault/malfunction)	4	4.21
고장 기여 요인	• 지속적인 과부하(overloading)	23	22.77
	• 고온(high ambient temperature)	1	0.99
	• 비정상적 습도(abnormal moisture)	9	8.91
	• 비정상적 전압(abnormal voltage)	1	0.99
	• 비정상적 주파수(abnormal frequency)	1	0.99
	• 높은 진동(high vibration)	51	50.50
	• 화학 물질 침입(aggressive chemicals)	1	0.99
	• 윤활 부족(poor lubrication)	13	12.87
	• 통풍/냉각(ventilation/cooling) 불량	1	0.99
고장의 잠재적 원인	• 불량품(defective component)	22	27.50
	• 설치/시험 부족(installation/testing)	3	3.75
	• 불충분한 정비(maintenance)	9	11.25
	• 부적절한 운전(operation)	30	37.50
	• 부적절한 출하/선적(handling/shipping)	4	5.00
	• 부적절한 보호장치(protection)	7	8.75

표 2.13 고정자 권선 고장과 그 원인

고장 원인		고장 수	비율(%)
고장 발생 요인	• 과도 과전압(transient overvoltages)	9	7.03
	• 과열	25	19.53
	• 절연 파괴	58	45.31
	• 기계적 파손	19	14.84
	• 전기적 결함	14	10.94
고장 기여 요인	• 지속적인 과부하	26	52.00
	• 고온	4	8.00
	• 비정상적 습도	8	16.00
	• 비정상적 전압	2	4.00
	• 높은 진동	3	6.00
	• 화학 물질 침입	1	2.00
	• 통풍/냉각 불량	2	4.00
	• 정상적 열화	4	8.00
고장의 잠재적 원인	• 불량품	12	22.64
	• 설치/시험 부족	3	5.66
	• 불충분한 정비	1	1.89
	• 부적절한 운전	18	33.96
	• 부적절한 보호 장치	17	32.07

표 2.14 전체 고장과 그 원인

고장 원인		고장 수	비율(%)	
			Thorsen & Dalva	IEEE
고장 발생 요인	• 과도 과전압	10	2.20	2.14
	• 과열	72	15.86	19.23
	• 기타 절연 파괴	68	14.98	17.95
	• 기계적 파손	139	30.62	48.29
	• 전기적 결함	148	32.60	11.11
	• Stalled motor	17	3.74	1.28
	• 기타	1189	제외	
고장 기여 요인	• 지속적인 과부하	80	27.03	5.49
	• 고온	10	3.38	3.92
	• 비정상적 습도	23	7.77	3.53
	• 비정상적 전압	8	2.70	1.96
	• 비정상적 주파수	1	0.34	0.78
	• 높은 진동	83	28.04	20.00
	• 화학 물질 침입	43	14.53	5.49
	• 윤활 부족	19	6.42	19.61
	• 통풍/냉각 불량	8	2.70	5.10
	• 정상적 열화	21	7.09	34.20
	• 기타	1341	제외	
고장의 잠재적 원인	• 불량품	105	35.47	23.31
	• 설치/시험 부족	10	3.38	15.04
	• 불충분한 정비	13	4.39	24.81
	• 부적절한 운전	71	23.99	4.14
	• 부적절한 출하/선적	6	2.03	0.75
	• 부적절한 보호 장치	69	23.31	13.93
	• 인적 실수(personnel error)	5	1.69	7.89
	• 대리점(outside agency)- 인원 부재	13	4.39	4.51
	• 피동기 문제	4	1.35	5.64
	• 기타	1341	제외	

표 2.14는 전체 고장 원인 수에 대한 개요를 나타낸다. 비교를 위해 1985년 IEEE Motor Reliability Working Group에 의해 수행된 조사 보고서의 결과를 함께 표시하였다. 주요 고장 발생 요인으로는 전기적 결함, 기계적 파손, 과열 및 기타 절연 파괴를 들 수 있다. 고장 기여 요인으로는 높은 진동, 지속적인 과부하 및 화학 물질 침입이 가장 중요하다. 가장 빈번한 잠재적인 고장 원인으로는 불량 부품, 부적절한 운전 및 부적절한 보호 장치 등을 들 수 있다.

표 2.15 ~ 2.17은 Thorsen과 Dalva에 의한 고전압 농형 유도 전동기에 대한 결함 및 고장 조사의 결과를 나타낸다. 조사 대상은 16개 플랜트, 전동기 수 483대, 총 고장은 250건이다. 전동기의 출력 범위는 100 kW에서 1300 kW이고, 이 중 47%가 100 ~ 500 kW 사이이다. 표 2.15는 고장이 발생한 부품별 고장 비율을 나타낸 것이다. 기대한 것과 같이 조사 결과는 고장의 다수인 52%가 베어링 결함이다. 이어서 고정자 권선 24.8%, 외부 장치(external device)가 13.6%로, 이들을 합치면 모든 결함의 약 90%를 차지하고 있다. 표 2.16은 베어링의 고장 원인과 그 비율을 정리한 것이다. 기계적인 파손이 대부분의 베어링 고장의 촉매제이고, 높은 진동과 지속적인 윤활 불량이 가장 빈번한 고장 기여 요인이다. 불완전한 부품과 부적절한 정비가 주요 고장 원인이 된다. 표 2.17은 고정자 권선 고장에 대해 분석한 결과이다. 절연 파손, 기계적 파손 및 전기적 결함이 주요 고장 촉매제이고, 주요 고장 기여 요인은 비정상적인 습도 등이다. 그리고 가장 빈번한 고장 원인은 불완전한 부품 및 부적절한 물리적 보호 장치 등이다.

표 2.15 고장 부품별 고장의 분포(고전압 전동기)

고장 부품	고장 수	비율(%)
베어링	129	51.6
고정자 권선	62	24.8
회전자 봉/단락 링	15	6.0
축 또는 커플링	8	3.2
외부 장치	34	13.6
기타	2	0.8
계	250	100

표 2.16 베어링 고장과 그 원인(고전압 전동기의 경우)

고장 원인		고장 수	비율(%)
고장 발생 요인	• 과열	8	6.2
	• 기계적 파손	118	91.5
	• 전기적 결함	1	0.8
	• 기타	2	1.6
고장 기여 요인	• 지속적인 과부하	4	3.1
	• 고온	1	0.8
	• 비정상적 습도	5	3.9
	• 높은 진동	56	43.4
	• 윤활 부족	35	27.1
	• 정상적인 열화	7	5.4
	• 기타	21	16.3
고장의 잠재적 원인	• 불량품	55	42.6
	• 설치/시험 부족	5	3.9
	• 불충분한 정비	21	16.3
	• 부적절한 운전	1	0.8
	• 부적절한 출하/선적	1	0.8
	• 부적절한 보호 장치	4	3.1
	• 인적 실수	7	5.4
	• 피동기 문제	8	6.2
	• 기타	27	20.9

표 2.17 고정자 권선 고장과 그 원인(고전압 전동기의 경우)

고장 원인		고장 수	비율(%)
고장 발생 요인	•과도 과전압	6	9.7
	•과열	2	3.2
	•기타 절연 파괴	23	37.1
	•기계적 파손	17	27.4
	•전기적 결함	13	21.0
	•기타	1	1.6
고장 기여 요인	•지속적인 과부하	3	4.8
	•비정상적 습도	9	14.5
	•비정상 전압	6	9.7
	•높은 진동	6	9.7
	•윤활 부족	1	1.6
	•통풍/냉각 불량	3	4.8
	•정상적인 열화	18	29.0
	•기타	16	25.8
고장의 잠재적 원인	•불량품	20	32.3
	•설치/시험 부족	4	6.5
	•부적절한 정비	1	1.6
	•부적절한 운전	1	1.6
	•부적절한 보호 장치	17	27.4
	•인적 실수	5	8.1
	•대리점- 인원 부재	2	3.2
	•기타	12	19.4

표 2.18은 전체 고장 원인 수에 대한 개요를 나타낸다. 주요 고장 발생 요인으로는 기계적 파손이 66.4%로 전체 고장의 약 2/3를 차지하고 있다. 고장 기여 요인으로는 높은 진동과 윤활 부족이 가장 중요하다. 가장 빈번한 고장 원인으로는 불량 부품, 불충분한 정비를 들 수 있다. 표 2.14의 저전압, 소중형 전동기와 비교하여 보면, 고장 발생 요인으로는 기계적 파손이 동일하게 제일 많이 발생하며, 저전압 전동기에서는 과대한 높은 진동과 지속적인 과부하가 고장에 기여하는 제일 요인이나 고전압 전동

기에서는 구조적인 특성에 의해 높은 진동과 아울러 윤활 부족, 비정상적인 습도와 정상적인 열화가 큰 비율을 차지하고 있다. 고장 원인으로는 불량 부품이 동일하게 가장 큰 원인이고, 저전압 전동기에서는 부적절한 운전이 그 다음을 잇고 있으나, 고전압 전동기에서는 부적절한 보호 장치, 불충분한 정비가 큰 부분을 차지하고 있다.

표 2.18 전체 고장과 그 원인(고전압 전동기의 경우)

고장 원인		고장 수	비율(%)
고장 발생 요인	• 과도 과전압	6	2.4
	• 과열	12	4.8
	• 기타 절연 파괴	24	9.6
	• 기계적 파손	166	66.4
	• 전기적 결함	34	13.6
	• 기타	8	3.2
고장 기여 요인	• 지속적 과부하	10	4.0
	• 고온	2	0.8
	• 비정상적 습도	29	11.6
	• 비정상 전압	6	2.4
	• 높은 진동	81	32.4
	• 윤활 부족	36	14.4
	• 통풍/냉각 불량	4	1.6
	• 정상적인 열화	26	10.4
	• 기타	56	22.4
고장의 잠재적 원인	• 불량품	94	37.6
	• 설치/시험 부족	12	4.8
	• 불충분한 정비	28	11.2
	• 부적절한 운전	4	1.6
	• 부적절한 출하/선적	1	0.4
	• 부적절한 물리적 보호 장치	30	12.0
	• 부적절한 전기적 보호 장치	12	4.8
	• 인적 실수	12	4.8
	• 대리점- 인원 부재	3	1.2
	• 피동기 문제	10	4.0
	• 기타	44	17.6

표 2.19 전체 고장 원인의 분포

고장 원인		베어링	고정자 권선	회전자 봉/링	축/ 커플링	외부 장치	기타	계
고장 발생 요인	• 과도 과전압	0	6	0	0	0	0	6
	• 과열	8	2	0	1	1	0	12
	• 기타 절연 파괴	0	23	0	0	0	1	24
	• 기계적 파손	118	17	9	7	15	0	166
	• 전기적 결함	1	13	5	0	14	1	34
	• 기타	2	1	1	0	3	0	7
고장 기여 요인	• 지속적 과부하	4	3	0	1	2	0	10
	• 고온	1	0	0	0	1	0	2
	• 비정상적 습도	5	9	0	0	15	0	29
	• 비정상 전압	0	6	0	0	0	0	6
	• 비정상 주파수	0	0	0	0	0	0	0
	• 높은 진동	56	6	12	3	4	0	81
	• 화학 물질 침입	0	0	0	0	0	0	0
	• 윤활 부족	35	1	0	0	0	0	36
	• 통풍/냉각 불량	0	3	0	1	0	0	4
	• 정상적인 열화	7	18	0	0	1	0	26
	• 기타	21	16	3	3	11	2	56
고장의 잠재적 원인	• 불량품	55	20	10	2	6	1	94
	• 설치/시험 부족	5	4	2	1	0	0	12
	• 불충분한 정비	21	1	0	0	6	0	28
	• 부적절한 운전	1	1	0	1	0	1	4
	• 부적절한 출하/선적	1	0	0	0	0	0	1
	• 부적절 물리적 보호장치	4	11	0	0	15	0	30
	• 부적절 전기적 보호장치	0	6	0	0	6	0	12
	• 인적 실수	7	5	0	0	0	0	12
	• 대리점- 인원 부재	0	2	0	1	0	0	3
	• 피동기 문제	8	0	0	2	0	0	10
	• 기타	27	12	3	1	1	0	44

표 2.19는 고장이 발생한 구성 부품에 대한 고장 발생 요인, 고장 기여 요인 및 고장의 잠재적 원인의 개요를 나타낸 것이다. 전체적으로는 주요 고장 발생 요인은 기계적 파손, 전기적 결함 및 절연 파괴이고, 고장 기여 요인으로는 높은 진동, 윤활 부족, 비정상 습도 및 정상적인 열화를 들 수 있다. 그리고 가장 빈번한 잠재적 원인으로는 불량품, 부적절한 물리적 보호 장치 및 불충분한 정비이다.

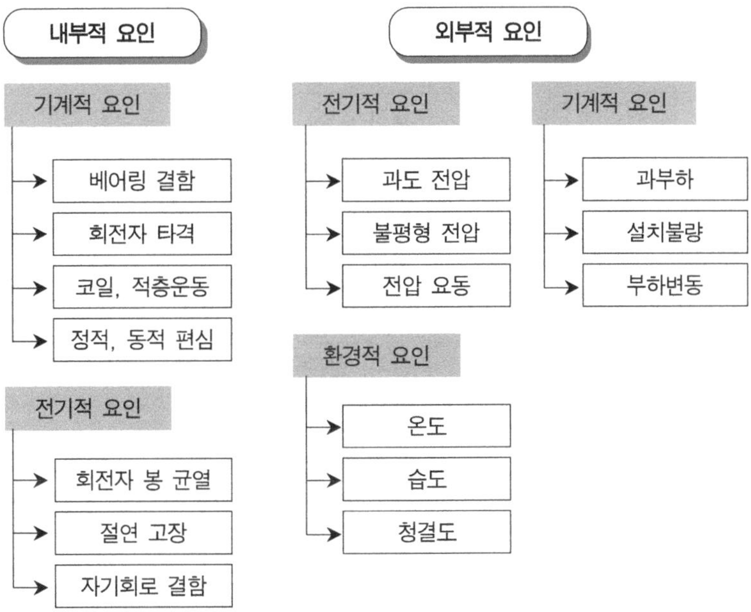

그림 2.5 유도 전동기의 결함 원인

표 2.20 유도 전동기의 주요 결함 종류와 원인

<table>
<tr><th colspan="2">결함 종류</th><th>원 인</th></tr>
<tr><td rowspan="7">회전자
결함</td><td>베어링 결함</td><td>설치 불량, 잘못된 하중, 불평형 전자기력,
과열, 윤활 부족, 기름 오염</td></tr>
<tr><td>회전자 봉 파손</td><td>열 사이클링, 불평형 전자기력,
과대 과도 상태, 역상 전압</td></tr>
<tr><td>회전자 본체 고장</td><td>회전자 단조/적층 결함, 열 사이클링, 과대 토크</td></tr>
<tr><td>베어링 정렬 불량</td><td>커플링 부적절, 베어링 과대 틈새,
과부하, 설치 불량</td></tr>
<tr><td>회전자 정렬 불량</td><td>설치 불량, 베어링 고장, 불평형 전자기력</td></tr>
<tr><td>베어링 윤활 부족</td><td>과열, 오일 실 고장, 오일 오염</td></tr>
<tr><td>회전자 불평형</td><td>단락 링 운동, 비대칭 blocking</td></tr>
<tr><td rowspan="7">고정자
결함</td><td>프레임 진동</td><td>불평형 전자기력, 코일 운동, 불평형 전압,
과부하, 설치 불량, 회전자 타격</td></tr>
<tr><td>고정자 접지 결함</td><td>절연 마멸, 열 사이클링, 충격</td></tr>
<tr><td>절연 손상</td><td>설치, 운전중 손상, 빈번한 기동,
높거나 낮은 습도/온도</td></tr>
<tr><td>고정자 권선간 결함</td><td>과열, 서지, 높은 습도, 진동, 오일 오염</td></tr>
<tr><td>고정자 상간 결함</td><td>설치 고장, 고온, 불평형 전압, 코일 이완</td></tr>
<tr><td>도체 변위</td><td>결함 기인 충격, 반복 기동, 권선 종단 진동</td></tr>
<tr><td>전기적 접속 고장</td><td>이완 조인트, 오염, 과대 진동</td></tr>
</table>

일반적으로 유도 전동기는 1차 결함 유형과 이와 관련된 2차 결함의 지배를 받게 된다. 전동기 결함의 원인은 그림 2.5에서 보여지는 것과 같이 내부적인 요인, 외부적인 요인 또는 환경적인 요인으로 분류할 수 있다. 내부 결함들은 전기적인 요인과 기계적인 요인과 같은 결함의 근원 또는 고정자와 회전자와 같이 결함 위치에 관해서 분류될 수 있다.

통상 베어링과 냉각 결함과 같은 다른 유형의 결함들은 이들이 회전 부품에 속하므로, 회전자 결함으로 간주된다. 표 2.20은 유도 전동기의 주요 결함 종류와 원인을 정리하여 나타낸다. 여기서 결함들은 회전자와 고정자 등의 결함 위치에 따라 분류된다.

2.2 작용 응력 및 원인-증상 관계

전동기 고장의 대부분은 권선, 회전자, 베어링 및 축에 작용하는 각종 응력의 조합에 의해 야기된다. 이들 응력이 설계 허용 범위 이내로 유지된다면, 너무 이른 고장은 발생되지 않을 것이다. 그러나 이들 응력의 어느 조합이 설계 능력을 초과하면, 그 때는 수명이 급격하게 감소될 수 있고, 파멸적인 고장을 일으킬 수 있다.

Bonnett의 조사 결과를 주요 부품 별로 정리하면 표 2.21과 같다. 그리고 각 부품별 작용하는 응력을 자세히 나타내면 표 2.22와 같다. 다양한 요인에 의해 여러 유형의 응력이 발생할 수 있음을 알 수 있다.

표 2.21 전동기 부품별 작용 응력(Bonnett)

유형	베어링	고정자 권선	회전자	축
열 응력	○	○	○	○
전기/유전체 응력	○	○	○	
기계적 응력	○	○	○	○
동적 응력	○		○	○
전단 응력				○
진동/충격 응력	○	○	○	○
잔류 응력			○	○
전기/자기 응력	○	○	○	○
환경 응력	○	○	○	○

표 2.22 각 부품별 작용 응력과 그 발생 요인

응력	베어링	고정자	회전자	회전축
동적, 정적 응력	• 반경 방향 응력 • 축 방향 응력 • 예하중(preload)		• 진동 • 회전자 마찰(rub) • 과속 • 주기적 응력 • 원심력	• 주기적 응력 • 충격
열 응력	• 마찰 • 윤활 • 환경	• 열 피로 • 전압 변동 • 사이클링 • 부하 • 통풍	• 열적 과부하 • 열적 불평형 • 고온점 • 불꽃(sparking)	• 온도 구배 • 회전자 굽힘 (bowing)
진동/충격 응력	• 회전자 • 피동 장비 • 시스템			
전류 응력	• 회전자 불균형 • 정전 결합 • 정전하			
환경 응력	• 응축 • 이물질 • 과대 환경 • 통풍 부족	• 습기 • 화학적 • 마모 • 손상 부품 • 과대 환경 • 통풍 부족	• 오염 • 마모 • 이물질 • 한정된 통풍 • 과도한 주위 온도	• 부식 • 습기 • 침식(erosion) • 마멸(wear) • 캐비테이션
기계적 응력	• 틈새 손실 • 정렬 불량 • 축/하우징 맞춤	• 코일 이동 • 회전자 충돌 • 결함 회전자 • 비행 입자	• 느슨한 적층 • 축/코어 맞춤 불량 • 피로, 부품 파손 • 재료 편차	• 내다지 하중 • 굽힘 하중 • 비틀림 하중 • 축 하중
전자기적 응력		• 절연 열화 • Tracking • 코로나 • 과도 상태	• 회전자 pullover • 소음 • 진동 • 자기 중심 이동 • 적층 포화 • 순환 전류	• 측 하중 (side loading) • 역위상 재투입 (reclosing)

잔류 응력			•응력 집중 •불균일한 봉 응력	•제작 과정 •보수 과정
기타			•오적용 •설계 불량 •제작 편차 •느슨한 봉, 적층 •과도 토크 •잘못된 회전 방향	

표 2.23은 유도 전동기에서 일반적으로 발생하는 고장 원인과 이 때의 증상 및 이들 고장을 수리하기 위한 권장 조치 내용을 요약한 것이다. 이를 통하여 고장의 초기 단계에서 개략적인 간이 진단과 조치를 취할 수 있을 것이다.

표 2.23 유도 전동기의 가능 원인, 증상 및 권장 조치(Bloch & Geitner)

	원인	A	B	C	D	E	F	G	H	I	권장 조치 내용
권선	과부하 trip- 느슨한 접속	•									전원 장치 조사
	역상		•								두 선 연결을 교체
	권선 회로 개방/ 단락/ 접지	•									권선 개방/ 접지 조사
	단상화			•							정지 후 재 기동
	불균형 상 부하(phase load)			•		•					단상화 조사
	저 전압, 부적절한 선 전압	•				•					명판/ 와이어 치수 조사
	고정자 권선 단락	•				•					절연 저항 조사
	고정자 권선의 접지(ground)	•				•					접지 조사

(**표** 2.23 **계속**)

기계계	불균일 공극			•							중심 맞추기, 필요 시 베어링 교체
	불평형 회전자			•						•	기계적 평형 조사
	공극 내 이물질					•					전동기 소제
	헐거운 부품/축과 회전자			•						•	보수
	굽힌 축, 회전자와 고정자 접촉			•		•		•			축 run-out 조사, 회전자 중심/ 베어링 교체
	통풍 막힘					•					전동기 내부 조사
	전동기 기울어짐 (shaft bumping)			•	•		•				레벨 조사, 필요시 재정렬
	정렬 불량, 과대 스러스트				•		•	•			재정렬
	과부하	•				•					부하 저감, 대형 설치
	헐거운 커플링			•							정렬 조사, 커플링 조임
베어링	기초, 밑판(base plate)의 헐거움			•							죔쇠 볼트, Grout 조사
	볼 베어링 소음			•							윤활 조사, 베어링 교체
	볼 베어링의 부정확한 설치			•				•	•		교체
	손상된 베어링			•				•	•		교체
윤활	불충분한 오일						•	•	•		적절한 양의 추가
	잘못된 등급의 오일						•	•	•		권장 윤활제 사용
	오염된 오일						•	•	•		오일 배출, 재윤활
	오일 링의 비회전						•		•		오일 점도 과대
	과다 그리스							•	•		초과 그리스 제거
	불충분한 그리스							•	•		적절한 양의 추가
	잘못된 등급의 그리스							•	•		권장 그리스 사용
	그리스 오염							•	•		재윤활, 청결 공급 확인

주) A: 기동 불능, B: 역회전, C: 소음 과대, D: 급속한 노킹(knocking) 소음, E: 과열, F: 슬리브 베어링 과열, G: 구름요소베어링 과열, H: 일반적인 베어링 과열, I: 진동

다음은 전동기에 고장이 발생하였을 때, 중요한 정보를 수집하기 위한 점검표 (check list)를 나타낸다. 전동기의 외관(appearance)은 통상 가능한 고장의 원인을 제공하는데 유용하게 사용될 수 있다. 전동기 고장을 분석할 때는 전동기의 스케치를 그리고 고장이 발생한 위치를 나타내는 것이 유익하다. 또한 축의 키 홈과 같은 회전 부품과 고정 부품 에 대한 고장의 관계를 나타내는 것이 좋다.

1) 조립 상태의 외관 평가

- 전동기에 이물질이 보이는지?
- 통풍구가 막힌 흔적이 있는지?
- 절연, 적층, 회전자 봉, 베어링, 윤활제, 페인트된 표면 등에 과열된 흔적이 보이는지?
- 회전자 적층 또는 축이 접촉되었는지? 회전자와 고정자의 모든 접촉 부위를 기록한다.
- 탑 스틱(top-stick), 코일, 또는 코일 받침(coil brace)이 느슨한지?
- 회전자의 냉각 통로가 깨끗한지, 파편으로 막히지는 않았는지?
- 권선 고장의 물리적인 위치는 어디인지?
- 연결 단(connection end)인지 또는 반대쪽 연결 단인지?
- 어느 상(phase) 또는 상들이 고장이 있는지?
- 어느 코일 묶음(group)에 고장이 있는지?
- 첫 번째 권선(turn) 또는 첫 번째 코일에 고장이 있는지?
- 베어링은 의도대로 회전하거나 작동되고 있는지?
- 고정자, 회전자, 베어링 시스템 또는 다른 부품들에 습기의 흔적은 없는지?
- 회전자와 축 또는 회전자 봉과 적층 사이에 움직인 흔적이 없는지?

- 윤활제가 누설이나 열화 되었는지?
- 회전자가 고착된 흔적이 있는지?
- 고장 동안에 회전자의 선회(turning)가 있었는지?
- 회전은 어느 방향이고, 냉각 휀의 배치와 일치하는지?
- 평형추(balance weight), 볼트, 회전자 이(teeth), 휀 날개 등과 같은 기계 부품들이 탈락되거나 또는 틈새(clearance)가 유지되어야 하는 회전 부품들 사이에 어떤 접촉이 있는지?
- 커플링, 피동 장비, 설치된 기초(base) 및 다른 관련 장비의 상태는?
- 베어링 직경, 축 저널, 실(seal), 축 연장 부분, 키 홈 및 베어링 캡의 상태는?
- 전동기의 마운트(mount), 정렬(alignment) 및 결합은 정확한지?
- 피동 단(driven end) 축의 키 홈이 약하거나 균열이 난 흔적이 있는지?

2) 사용 시의 고려 사항들의 평가

통상 고장 시의 조건들을 사후에 재구성하는 것은 매우 어렵다. 그러나 다음과 같은 일반적인 운전 조건에 대한 지식은 평가에 유용하다.

- 피동 장비의 부하 특성과 고장 시의 부하는 어떠한지?
- 기동 시의 운전 순서(sequence)는?
- 부하 사이클(load cycle) 또는 맥동(pulsate)이 있는지?
- 기동과 운전 동안의 전압은? 과도 상태(transients)의 가능성은 있는지?
- 각 상들 사이의 전압 균형은 있었는지?
- 장치를 정상 속도까지 가속하는데 얼마나 시간이 걸리는지?
- 장치가 얼마나 오래 동안 운전(in service)되었는지?

- 장치가 기동 시 또는 운전하는 동안 고장이 있었는지?
- 얼마나 빈번히 기동하는지? 그리고 수동 또는 자동으로 운전되는지?
- 권선은 wye-delta, 가변 주파수 구동(VFD, variable-frequency drive) 인지?
- 어떤 유형의 보호 장치(protection)가 제공되는지?
- 어떻게 전원으로부터 장치를 제거하거나 긴급 정지(trip)하는지?
- 장치가 어디에 위치하는지? 정상 환경 조건들은? 고장 시의 환경은 어떠한지?
- 고장 시에 전동기 주위의 온도는? 공기의 재순환이 있는지?
- 충분한 냉각 공기의 교환이 있는지?
- 가변 주파수 구동(VFD)에 의해 전원이 공급되는지? VFD와 전동기 사이의 거리는?

3) 정비 이력

전동기의 과거 정비 이력(maintenance history)이나 성능에 대한 이해는 현재 발생한 문제의 원인에 대한 훌륭한 지표를 제공할 수 있고, 이를 설계에 반영함으로써 향후 제작되는 전동기의 고장 발생을 미연에 제거할 수 있는 이점이 있다.

- 전동기는 얼마나 오래 동안 운전되었는지?
- 어떤 다른 전동기 고장이 기록된 적이 있는지?
- 결함의 본질은 무엇이었는지?
- 피동 장비의 어떤 고장이 일어났는지?
- 어떤 서비스나 정비가 수행된 마지막 시점은 언제인지?
- 고장 전에 어떤 운전 레벨(온도, 진동, 소음, 절연, 저항 등)이 관찰되었는지?
- 현 고장 또는 과거 고장에 대해 장비로부터 어떠한 정보를 얻었는지?

- 기동 전에 얼마나 오래 동안 장치가 보관 또는 정지(idle) 상태로 있었는지?
- 보관 상태는 어떠했는지?
- 장치는 얼마나 자주 기동되는지? 운전 정지(shutdown)는 있었는지?
- 정확한 윤활 절차가 이루어졌는지?
- 주위 장비에 어떠한 변화가 있었는지?
- 벨트 장력(tension)의 조절에 어떤 절차가 사용되었는지?
- 풀리(pulley)가 축에 정확하게 위치되었는지?
- 풀리는 가능한 전동기 베어링에 가깝게 위치하는지?

2.3 진동 원인과 증상 관계

유도 전동기에서는 전동기에 가해지는 각종 응력의 결과로 고정자와 회전자의 전기적 이상에 의한 전기적인 진동과, 회전자의 불평형, 베어링 결함 등에 의한 기계적인 진동이 발생한다. 이하에서는 이들 진동의 특징에 대해 간략히 요약하여 표 2.24에 설명한다.

표 2.24 전동기 진동의 특징과 원인

결함 종류	진동 특징	진동 원인
고정자 결함	• 전원 주파수의 2배수 진동($2f_L$) • 전원 차단 시 순간적으로 소멸 • 고정자 프레임, 베어링 등에서 주로 발생	• 전동기 기초, 볼트 느슨하여 전동기 고유진동수가 $2f_L$에 접근(10% 이내)하여 공진 • 고정자 권선의 각 상(단상, 3상)에 전기적 불평형이 있어도 발생 • 철심이나 고정자 권선이 느슨하여 고정자 진동이 증가할 때는 일반적으로 거더 진동을 동반하고, 기본파($2f_L$) 외에 이의 조화 성분도 발생
공극의 정적 편심	• 전원 주파수의 2배수 진동($2f_L$) • 고정자 결함과 같은 진동으로 판별이 어려움 • 공극 편심이 클수록 증가하며, 전동기 부하에도 관계	• 고정자와 회전자 축 중심 불일치
공극의 동적 편심	• 회전자의 회전속도 또는 회전 자계의 동기 회전 속도로 진동 • 진동은 $1/(2sf_L)$의 주기로 맥동 • 부하의 증가와 함께 슬립이 크게 되어 주기는 짧게 된다. • 울림 진동과 일치하는 울림 음 발생	• 경년 변화, 외력에 의한 축 굽힘, 회전자의 질량 불평형 등에 의한 휘돌림 • 현장 평형잡기(field balancing)로 해결 가능
회전자 도체 결함	• 공극 동적 편심과 동일한 진동 현상 • 부하 전류도 진동의 울림 주파수 ($2f_L$)로 맥동 • 부하가 50% 이상이 되면 현저히 발생	• 농형 유도 전동기의 회전자 도체의 파손이 원인 • 파손 개수가 많으면 기동이 불가능 • 권선형은 회전자 권선 회로의 전기적 불평형이 원인

표 2.24 전동기 진동의 특징과 원인(계속)

결함 종류	진동 특징	진동 원인
회전자 불평형	• 회전자의 회전 주파수 • 회전속도에 비례하여 진동이 증가, 부하 의존성은 없음 • 전동기의 반경 방향으로 발생	• 회전자, 냉각 휀의 오염, 회전자 절연물 탈락 등에 의한 불평형 • 4극 전동기 이상의 고속 회전기에서 주로 문제 • 직결 시 피동기나 커플링 등의 불평형이 문제가 됨
구름요소 베어링 (조립불량)	• 회전자의 회전 주파수 • 베어링의 축 방향으로 진동 증가 용이 • 내, 외륜의 정렬 불량, 축 굽힘에 의한 반력으로 베어링에 진동 발생	• 축, 하우징과의 설치, 조립 불량 • 축 굽힘
구름요소 베어링 (비선형)	• 회전속도의 조화성분 및 분수조화 성분 • 베어링 축방향으로 발생하기 쉬움 • 회전속도를 바꾸면 진동이 급변 가능	• 베어링, 그리스 교환 후, 겨울철에 발생 용이 • 축방향의 강성, 유막의 감쇠 특성의 미소한 변화가 원인 • 회전자, 하우징의 고유진동수가 회전주파수의 정수배에 접근하여 공진을 일으키는 경우가 많음
미끄럼 베어링 (Oil whip, Oil whirl)	• 회전속도의 0.42~0.48배의 진동수 • 회전자의 고유진동수가 사용 회전수 이하의 탄성 회전자를 사용하는 대용량 2극 전동기에서 발생 용이 • 베어링의 반경방향으로 발생. • 급유 온도를 상승하면 소멸	• 베어링 형상, 틈새의 경년 변화 • 급유량, 온도 등의 조정 불량 • 피동기와의 축 중심이 운전중 변화(정렬 불량), 베어링 하중 저하
미끄럼 베어링 (분수조화 공진)	• 회전속도의 1/2배 진동수 • 베어링 반경방향으로 진동 • 위험속도가 회전속도의 1/2배 부근에 있는 탄성 회전자를 사용하는	• 베어링 형상, 틈새의 경년 변화에 의한 베어링 특성 변화 • 회전자 불평형이 크면 발생 용이 • 현장 평형잡기로 저감 가능

	대용량 2극 전동기에서 발생 용이 • 베어링 급유 온도를 변경하면 소멸	• 전동기 기초 등의 느슨하여 회전자 위험속도가 저하하여도 발생 가능
플랙시블 커플링 결함 (고무)	• 회전속도로 진동 • 피동기와 진동이 역위상인 경우가 많음 • 부하 증가에 따라 증대 • 단독 운전을 하면 사라짐	• 고무 부쉬의 경년 변화, 조립 실수에 의한 피치 어긋남이 원인
커플링 축심 불량 (정렬불량)	• 커플링 불량과 같은 진동 현상 • 축 중심이 어긋난 양이 크게 되면 축방향 진동이 증가 • 회전속도의 2배 성분도 증가	• 피동기, 전동기의 기초 침하, 기초 볼트 등의 느슨함에 의한 정렬불량 • 편각 및 편심 정렬 불량 존재 • 미소한 축심 변화에도 진동 변화가 크면, 전동기 공진주파수가 회전속도에 근접하여 공진하는 경우가 많음

표 2.25 전기적 결함의 결함 유형에 따른 진동 주파수

결함 유형	진동 결함 주파수 성분
불평형 공급 전압	1X, f_L, $2f_L$, $3f_L$, $4f_L$
단상화 또는 연결부의 느슨함	1X, f_L, $2f_L$, $3f_L$, $4f_L$
불평형 고정자 저항	1X, f_L, $2f_L$
절연 결함(권선간, 상-접지간, 상간)	1X, f_L, $2f_L$
고정자 적층 단락	1X, 2X, $2f_L$
고정자 철심 느슨함	1X, 2X, $2f_L$
회전자 봉 파손	1X$\pm f_p$
회전자 봉 크랙	1X$\pm f_p$, $3f_p$, $4f_p$, $5f_p$
회전자 단락 링 파손	1X$\pm f_p$
회전자 봉과 단락 링 사이의 이음 불량	1X$\pm f_p$
회전자 적층 단락	1X$\pm f_p$

표 2.25는 유도 전동기에서 발생하는 전기적인 결함 유형에 따른 진동 주파수를 나타낸 것이다. 진동 신호의 주파수 분석을 통하여 결함 진동 주파수를 분석함으로써 그 원인을 개략적으로 파악할 수 있을 것이다. 표에서 1X는 회전자의 회전주파수(Hz), f_L은 전원 주파수(Hz), f_p는 극 주파수($= N_s -$ 회전속도$) \times P/60$), P는 극수이다.

표 2.26은 기계적 결함 유형에 따른 결함 진동 주파수를 나타낸다. 기계적 결함에 기인하는 전동기 결함은 전동기 진동과 직접적으로 관계될 수 있다. 유도 전동기에서 기계적 결함의 주 요인은 회전자이다. 그러나 회전자 내의 어떤 유형의 기계적 결함의 존재는 회전자의 진동을 증가시키는 원인이 된다. 전동기 몸체의 진동은 전체적으로 과도한 회전자 진동에 종속되지 않고, 고정자 응답이나 기초(foundation)에 의존된다.

표 2.26 기계적 결함의 결함 유형에 따른 진동 주파수

결함 유형	진동 결함 주파수 성분
고정자 편심(고정 공극, 정적 편심)	1X, 2X, $2f_L$
고정자 철심 느슨함	1X, 2X, $2f_L$
편심 회전자(변동 공극, 동적 편심)	f_p, 1X, $2f_L$, $2f_L \pm f_p$
회전자 봉 느슨함	1X, 2X, RBPF$\pm 2f_L$
구름베어링 결함(초기 단계)	FTF, BPFO, BPFI, BSF, 2BPFI
구름베어링 결함(진전 단계)	FTF, 1X, 2X, 3X, BPFO, BPFI, BSF
정렬불량(편각, 편심, 베어링)	1X, 2X, 3X
질량 불평형	1X
굽힌 축(bent shaft)	1X, 2X
기계적 느슨함(looseness)	0.5X, 1X, 1.5X, 2X, 3X, 4X, 5X
회전자 마찰(rub)	0.5X, 1X, 1.5X, 2X, 2.5X, 3X, 3.5X, 4X, 4.5X

표에서 RBPF는 회전자 봉 통과 주파수(= 봉 수 × 회전 주파수), BPFI는 베어링 내륜 결합주파수, BPFO는 베어링 외륜 결함 주파수, BSF는 전동체 결함 주파수, FTF는 전동체 열(train) 주파수를 나타낸다. 가장 많이 발생하는 기계적 결함은 회전자의 편심이다.

전동기에서 진동 문제가 발생하였을 때는 그 원인을 파악하기 위해 다양한 시험이 수행될 수 있다. 그러나 먼저 다음과 같은 정비 항목들이 조사되어야 한다.

- 마운트(mount)나 다른 느슨한 부품들에 느슨한 볼트가 있는지?
- 모든 볼트들은 잘 조여져 있는지?
- Soft foot은 제거되었는지?
- 전동기는 먼지(dirt)나 파편(debris)이 없이 깨끗한지?
- 냉각 및 입구 온도가 적절한지 또는 헝겊 등의 장애물이 없는지?
- 베어링 및 고정자 온도는 어떠한지?
- 오일 레벨이 적절한지?
- 주기적으로 진동을 조사하고 기록하였는지?
- Hot alignment는 양호한지? 이를 확인할 수 없다면, cold alignment를 확인한다.
- 커버, 배관 등의 부품들에서 과도한 진동은 없는지(전동기에 부착된 부품들에 공진은 없는지)?
- 전동기가 설치된 기초(foundation)나 프레임이 전동기 진동의 25% 이상으로 진동하고 있는지(전동기 베이스의 취약 또는 공진)?
- 전동기 또는 축에 어느 부품들의 느슨함은 없는지?
- 휀과 커플링에 이상은 없는지? 휀 블레이드의 파손/부식, 커플링 볼트의 느슨함/탈락, 커플링 윤활 등

이상의 항목들을 모두 만족하고도 진동이 계속 높다면, 체계적인 진동 해석이 요구된다.

표 2.27은 Finley 등에 의해 다년간의 현장 경험을 바탕으로 각종 결함 원인에 대한 탁월 진동수, 진동 방향, 위상각, 진폭 특성 및 전원 차단 시의 진폭 특성과 같은 발생 증상을 정리한 진단 표를 나타낸다. 이러한 체계화된 지식을 이용함으로써 결함 원인을 진단하는 데에 유용하게 사용될 수 있을 것이다.

표 2.27 전동기의 진단표 (Finley 등, 2000)

<table>
<tr><th>원인</th><th>진동수, 방향</th><th>위상각</th><th>진폭</th><th>전원 차단</th><th>설명</th></tr>
<tr><td>정렬 불량
베어링</td><td rowspan="2">주로 2X
성분이 탁월.
때로 1X
DE 반경방향
및 축방향</td><td>일정하지
않음(변동)</td><td rowspan="2">정상
(steady)</td><td rowspan="2">속도 감소와
함께 서서히
감소</td><td>정지 동안 2X가 탁월. 2X는 정렬 불량이 클수록 탁월</td></tr>
<tr><td>커플링</td><td>DE와 NDE는
180° 위상차</td><td>편심 정렬불량은 반경력, 편각 정렬 불량은 축력 발생. 하중에 의존</td></tr>
<tr><td>접촉(rub)
베어링,
실(seal)</td><td>1/4X, 1/3X,
1/2X 또는
10~20X 발생</td><td rowspan="2">변동</td><td>결합
정도에
따라
변동</td><td>변동</td><td>전면 접촉은 10~20X 성분을 증가시킴.
베어링 정렬불량은 접촉 증상과 유사</td></tr>
<tr><td>회전자</td><td>1/4X, 1/3X,
1/2X, 1X 및
슬립주파수의
측대역 성분,
반경 방향</td><td>높은
진폭</td><td>변동
높은 진폭</td><td>심각하게 두드림</td></tr>
<tr><td>느슨함
베어링
(비회전)</td><td>2X, 3X
반경 방향</td><td>정상</td><td>변동</td><td>어느 낮은
속도에서
소멸</td><td>베어링 실 느슨함
베어링 split 느슨함</td></tr>
<tr><td>회전자
코어(회전)</td><td>1~10X, 저차
성분(1, 2, 3X)
탁월
반경 방향</td><td>느슨함 유형
에 의해 존재
코어 느슨함
의 경우 변동</td><td>변동
높은
진폭</td><td>속도와 함께
감소. 갑자기
소멸 가능</td><td>End plate 느슨함
코어 ID 느슨함</td></tr>
</table>

(**표** 2.27 **계속**)

지지대 (pedestal) (비회전)	1~10X, 저차 성분(2X, 3X) 탁월 반경, 축방향	정상	변동	어느 낮은 속도에서 소멸	
외부 홴 (fan)	1X, 3X 탁월 반경, 축방향		변동	속도와 함께 감소.	갑자기 소멸될 수도 있음
질량 불평형 회전자	1X 탁월 반경 방향	NDE와 DE는 동위상	정상	속도 감소와 함께 서서히 진폭 감소	열적 문제에 기인하는 불평형을 가짐
외부 홴	홴 단(NDE)에서 1X 탁월. 반경방향	DE와 홴 단은 180° 위상차			
커플링	1X 반경방향 DE측이 보다 진동이 큼				커플링, 키에 기인하는 불평형
굽힌 축 (bent shaft)	주로 2X 성분이 탁월 때로 1X 축방향	DE와 180° 위상차	정상 (steady)	속도 감소와 함께 서서히 감소	DE 런아웃은 DE단에서 축방향으로 높은 2X 성분 발생. 코어의 정상 런아웃은 1~2 mil.
공극 편심	강한 120 Hz, 반경 방향		정상	순간적으로 감소	공극 편심은 10% 이내가 되도록 함
Soft Foot 편심 회전자	주로 1X. 때로 60, 120 Hz. 반경 방향	비정상	슬립 진폭 변조	순간적으로 감소	편심 한계치: 1~2 mil. 슬립 울림은 속도/부하에 따라 변화.
고정자 코어 느슨함	120 Hz, 축방향, 반경 방향	프레임과 베어링 브래킷은 120 Hz에서 동위상	정상	순간적으로 감소	하우징에 대한 코어의 상대 운동 관찰
회전자 굽힘 (열 굽힘, Thermal bow)	주로 1X, 때로 120 Hz. 반경 방향	비정상	온도에 따라 변화. 시간 또는 부하와 관계	높은 레벨의 진동이 속도와 함께 감소	열과 관련. 회전자 Stack에서 조임이나 느슨함을 조사. 회전자 철심 단락. 봉 느슨함 조사

(표 2.27 계속)

<table>
<tr><td>회전자 봉 파손</td><td>1X, 슬립 극수로 변조. 저속 전동기에서 높은 고정자 슬롯 주파수</td><td>파손된 봉의 위치에 의존</td><td>강한 울림 (beat). 진폭은 부하와 함께 증가.</td><td>순간적으로 감소</td><td>공극 내 스파크 관찰. 고정자 슬롯주파수의 장기간 변동은 봉 문제를 지시. 큰 전류 변동. 전류 분석에서 슬립주파수 측대역 성분을 보임</td></tr>
<tr><td rowspan="2">회전자 봉 느슨함</td><td>1X, 반경방향</td><td>1X 진동, 정상</td><td>정상</td><td>고정자 슬롯 주파수는 즉시 소멸</td><td rowspan="2">고속 전동기에서 과대한 느슨함이 원인</td></tr>
<tr><td>고정자 슬롯주파수, 측대역파</td><td>고정자 슬롯 주파수 변조. 동 위상각 변동</td><td></td><td>낮은 속도에서 불균형 효과는 급격히 소멸</td></tr>
<tr><td>상간 결함 (interphase fault)</td><td>60, 120 Hz 반경 방향</td><td></td><td>정상 울림 가능</td><td>순간적으로 소멸</td><td></td></tr>
<tr><td>접지 결함 (ground fault)</td><td>60, 120 Hz 슬롯 주파수 반경 방향</td><td></td><td>정상 울림 가능</td><td>순간적으로 소멸</td><td></td></tr>
<tr><td>불평형 선 전압 (unbalanced line voltage)</td><td>120 Hz 반경 방향</td><td></td><td>120 Hz 정상, 울림 가능</td><td>순간적으로 소멸</td><td></td></tr>
<tr><td>전기적 노이즈 진동</td><td>(rpm×회전자 슬롯 수)/60±120, 240 등 반경 방향</td><td>변조로 인해 Overall진동이 변동</td><td>정상 (steady)</td><td>순간적으로 소멸</td><td>부하와 함께 증가</td></tr>
<tr><td>시스템 공진 (resonance)</td><td>1X 또는 다른 강제 진동수. 1면 통상은 수평 방향</td><td>하중과 속도에 따라 변화</td><td>변동</td><td>급속히 감소</td><td>기초 보강 필요</td></tr>
<tr><td>스트레인 (strain)</td><td>1X</td><td></td><td>정상</td><td>순간적으로 소멸</td><td>부착된 구조물 (배관)으로부터 케이싱 또는 기초 왜곡</td></tr>
</table>

(**표** 2.27 **계속**)

저널 형상 불량	통상 2X	비정상 변동	정상	저속에서 소멸	접촉(rub)과 같이 작용
유막 불안정 (oil whirl)	대략 (0.43~0.48) X	불안정	정상		
구름 베어링 문제	베어링 설계에 의존하는 여러 결함 주파수	불안정	정상	순간적으로 감소	4개의 베어링 결함 주파수
부품 공진 (resonant parts)	강제진동수 또는 배수		정상	급속히 감소	
상부 커버 끼워맞춤	120 Hz 반경 방향		정상	순간적으로 소멸	전기적인 120 Hz의 증폭

표 2.27은 Finley 등에 의해 제안된 각종 결함에 대한 진단 차트로서, 전동기에서 발생할 수 있는 다양한 결함 원인과 발생할 수 있는 증상으로서 탁월 진동수 및 진동 방향, 위상각, 진폭 특성, 전원 차단(power cut) 시의 진폭 감소 특징 등을 요약하여 정리한 것이다. 이러한 자료를 결함 원인과 증상 사이의 관계를 나타내는 인과행렬(cause-result matrix)이라 하며, 전동기로부터 진동 신호를 취득하고 분석하여 이들 정보와 비교함으로써 결함 원인을 파악하는 간이 진단을 실시할 수 있을 것이다.

표 2.28은 전동기 결함 시에 증상으로서 전기적인 요인과 기계적인 요인으로 발생하는 진동 원인과 진동 주파수를 요약한 것이다. 표 2.29~2.31은 전동기와 베어링에 대한 결함 원인과 진동 및 전류 신호의 탁월 주파수를 비교한 인과행렬표이다.

전동기 베어링 하우징에서 계측된 진동 및 고정자 전류 신호를 주파수분석하고 이때 나타나는 탁월 주파수 성분들을 확인함으로써 그 원인을 용이하게 분석할 수 있을 것이다. 이들에 대한 자세한 내용은 제 4장과 5장에서 자세히 다룰 것이다.

표 2.28 전동기 진동의 분류와 특징 주파수

<table>
<tr><td rowspan="11">전기적 요인</td><td rowspan="3">기동시</td><td>전전압 기동(유도기)</td><td>$f_t = f_L$</td></tr>
<tr><td>동기기 기동</td><td>$f_t = f_L$ 및 $2sf_L$의 울림</td></tr>
<tr><td>교류 가변속 기동</td><td>$f_t = 6nf_L,\ 6sf_L,\ 12sf_L$</td></tr>
<tr><td rowspan="8">정격 운전시</td><td>회전자 권선 불평형</td><td>$f_t = f_L$ 및 $2sf_L$의 울림</td></tr>
<tr><td>회전자 굽힘</td><td>$f_t = f_L$ 및 $2sf_L$의 울림</td></tr>
<tr><td>전원 불평형</td><td>$f_t = 2f_L$</td></tr>
<tr><td>회전자 편심</td><td>$f_s = f_L,\ 2f_L$ 및 $2sf_L$의 울림</td></tr>
<tr><td>2차 권선 불평형</td><td>$f_t = 2f_L$</td></tr>
<tr><td>순간 정전</td><td>$f_t = f_L$</td></tr>
<tr><td>회전자 봉 파손</td><td>$f_t = 2sf_L,\quad f_s = 2(1\text{-}s)f_L/p$ 및 $2sf_L$</td></tr>
<tr><td>단락</td><td>$f_t = (1-s)f_L,\ 2f_L$</td></tr>
<tr><td rowspan="10">기계적 요인</td><td rowspan="2">공진</td><td>프레임, 브래킷, 가대</td><td>$f_s = f_r,\ f_L,\ 2f_L$</td></tr>
<tr><td>축 위험 속도</td><td>$f_s = f_r$</td></tr>
<tr><td rowspan="2">정상 진동</td><td>프레임, 브래킷 강성 부족</td><td>$f_s = f_r,\ f_L,\ 2f_L$</td></tr>
<tr><td>회전자 불평형</td><td>$f_s = f_r$</td></tr>
<tr><td rowspan="2">구름 베어링</td><td>베어링 손상</td><td>베어링 결함 주파수</td></tr>
<tr><td>조립 불량</td><td>$f_s = f_r$</td></tr>
<tr><td rowspan="4">미끄럼 베어링</td><td>미끄럼 불량</td><td>$f_s = f_r,\ 2f_r$</td></tr>
<tr><td>Oil whirl</td><td>$f_s\quad 0.5f_r$</td></tr>
<tr><td>Oil whip</td><td>$f_s = f_n$</td></tr>
<tr><td>급유 불량, 공기 유입</td><td>$f_s = f_n$</td></tr>
</table>

f_t : 토크 변동 주파수, f_s : 축 진동 주파수, f_n : 축계 고유 진동수, f_L: 전원 주파수,

f_r: 회전 주파수, p: 극 수, s: 슬립

그림 2.29 유도 전동기의 인과 행렬 (진동)

결함 원인			탁월 주파수												탁월 방향
			$2f_L$	$RBPF$	$2f_L \pm 2sf_L$	$RBPF \pm 2f_L$	$2f_L \pm 1X$	St_vib	Sh_2f_L	f_{har}	$2f_{har}$	sf_L (both)	$2RBPF$	$2RBPF \pm 2f_L$	
회전자 결함	회전자 봉 파손	초기													반경
		심각													반경
	Rotor shorting rings														
	회전자 봉 균열			•		•									반경
	회전자 마찰(rub)							•							
	회전자 봉 느슨함			•		•							•	•	
	전기적 아크					•							•		
	굽힌 축						•								축
	질량 불평형							•							반경
	2차 코일 불평형			•	•			•	•						
	코일 결함				•										
공극 편심	정적 편심(고정자)		•	•		•	•	•			•				
	동적 편심 (회전자)			•			•								

주) f_L : 전원주파수(60 Hz), $RBPF$: 회전자 봉 통과 주파수(rotor bar passing frequency), sf : 슬립 주파수

표 2.29 유도 전동기의 인과 행렬 (진동)

결함 원인			탁월 주파수											
			$1X$	m_1X	s_1X	$1X\pm fp$	$2X\pm fp$	fp	$2X\pm fp$	$0.5X$	$1.5X$	$2X$	$3X$	f_L
회전자 결함	회전자 봉 파손	초기	•											
		심각	•											
	Rotor shorting rings													
	회전자 봉 균열			•		•								
	회전자 마찰(rub)							•						
	회전자 봉 느슨함			•		•							•	
	전기적 아크					•							•	
	굽힌 축						•							
	질량 불평형							•						
	2차 코일 불평형			•	•			•	•					
	코일 결함				•									
공극 편심	정적 편심(고정자)		•	•		•	•	•						
	동적 편심 (회전자)			•			•							

표 2.29 유도 전동기의 인과 행렬 (진동)

결함 원인		탁월 주파수												탁월 방향
		$2f_L$	$RBPF$	$2f_L \pm 2sf_L$	$RBPF \pm 2f_L$	$2f_L \pm 1X$	St_vib	Sh_2f_L	f_{har}	$2f_{har}$	sf_L (both)	$2RBPF$	$2RBPF \pm 2f_L$	
고정자 결함	고정자 편심	•						•		•				반경
	코일 비대칭	•	•		•			•						
	자기 중심 편화	•	•		•	•								축
	고정자 코어 단락	•			•			•						
	Stator shorted turns	•			•			•		•				축
	단상화								•					
불평형 공급 전압			•						•					
고정자 지지부 느슨함								•						
토크 펄스										•				
비정현파 전류														
절연 결함														
정렬 불량	편각													축
	편심													반경
기계적 느슨함	구조적 느슨함													반경
	베어링 지지대 균열													반경
	부적절한 끼워맞춤													
	기초 느슨함										•			

표 2.30 유도 전동기의 인과 행렬 (전류)

결함 원인			탁월 주파수														
			f_{rb}	$2sf_L(L)$	$2sf_L(R)$	$amp\_f_L\text{-}2sf_L$	$f_L\text{-}1X$	f_L	$2X\pm6sf_L$	f_{se}	f_{de}	$1X\_har$	$3f_L$	f_{sw}	$6f_L$	f_{har}	$f_{har\_big\_odd}$
회전자 결함	회전자 봉 파손	초기	•	•	•	30-40 dB		•									
		심각	•	•	•	30 dB이하		•									
	Rotor shorting rings		•														
	회전자 봉 균열		•														
	회전자 접촉																
	회전자 봉 느슨함																
	전기적 아크 (봉과 단락링 사이)																
	굽힌 축																
	질량 불평형			•	•		•										•
	2차 코일 불평형																
	코일 결함				•				•								
공극 편심	정적 편심		•				•	•		•							
	동적 편심						•	•			•	•					

표 2.30 유도 전동기의 인과 행렬 (전류)

결함 원인		탁월 주파수														
		f_{rb}	$2sf_L(L)$	$2sf_L(R)$	$amp\_f_L\text{-}2sf_L$	$f_L\text{-}1X$	f_L	$2X\pm6sf_L$	f_{se}	f_{de}	$1X\_har$	$3f_L$	f_{sw}	$5f_L$	f_{har}	$f_{har\_big\_odd}$
고정자 결함	코어 느슨함															
	코일 비대칭															
	자기 중심 변화															
	고정자 코어 단락															
	Stator shorted turns											•	•			
	단상화						•								•	•
불평형 공급 전압							•								•	•
고정자 지지대 느슨함																
토크 펄스																
비정현파 전류														•		
절연 결함																
정렬 불량	편각					•										
	편심					•										
기계적 느슨함	구조적 느슨함															
	베어링 지지대 균열															
	부적절한 끼워맞춤															
	기초 느슨함		•	•							•				•	•

표 2.31 구름 베어링의 인과 행렬 (진동)

결함원인		진동 주파수										변조된 고유 진동수(NF)					
		BPFO	BPFI	BSF	2BSF	FTF	0.5X 이하	0.5X	1.5X	NF	변조된 0.9-5kHz	NF_2kHz 이상	NF_1X	NF_BPFO -1X	NF_BPFI ±1X	NF_2BSF	NF_FTF
외륜 결함	소	•								•			•				
	대	•											•	•			
내륜 결함	소		•							•			•				
	대		•										•		•		
전동체 결함				•	•											•	•
회전자 결함	소					•											
	대					•											
내륜fretting			•								•				•		
외륜fretting		•									•			•			
내륜 부적절 윤활										•					•		
축-베어링 느슨함							•	•	•								
틈새 문제						•											•
하우징-외륜 느슨함																	
Oil whip/whirl																	
고장 단계	단계1																
	단계2									•			•				
	단계3	•	•							•			•				
	단계4																

표 2.31 구름 베어링의 인과 행렬 (진동-전류)

결함 원인		진동 스펙트럼								전류 스펙트럼			
		BLI	소음	조화 성분					탁월 방향	$f_L \pm m$	$f_L \pm m$	$f_L \pm m$	$f_L \pm m$
				mX	*m_DF*	*D_4X*	*0.43-0.48X*	*3X*		*BPFO*	*BPFI*	*BSF*	*FTF*
외륜 결함	소								반경	•			
	대		•	•	•				반	•			
내륜 결함	소								반경		•		
	대		•	•	•				반경		•		
전동체 결함			•		•				반경			•	
회전자 결함	소			•					반경				•
	대		•	•					반경				•
내륜 fretting				•									
외륜 fretting				•									
내륜 부적절 윤활		•											
축-베어링 느슨함				•				•					
틈새 문제				•									
하우징-외륜 느슨함				•		•		•					
Oil whip/whirl							•		반경				
고장 단계	단계 1			•									
	단계 2			•									
	단계 3			•									
	단계 4		•	•									

주) m : 정수 (1, 2, 3⋯)

【참고문헌】

[1] IEEE Committee Report, Report of large motor reliability survey of industrial and commercial installation, Part I and Part II, IEEE Trans. Industry Applications, Vol.IA-21, No.4, pp.853-872, 1985

[2] O.V. Thorsen, M. Dalva, A survey of faults on induction motors in offshore oil industry, petrochemical, gas terminal, and oil refineries, IEEE Trans. Industry Applications, Vol.31, No.5, pp.1186-1196, 1995

[3] G.K. Singh, S.A.S.A. Kazzaz, Induction machine drive condition monitoring and diagnostic research- a survey, Electric Power Systems Research, Vol.64, pp.145-158, 2003

[4] O.V. Thorsen, M. Dalva, Failure identification and analysis for high-voltage induction motors in the petrochemical industry, IEEE Trans. Industry Applications, Vol.35, No.4, , pp.810-818, 1999

[5] A.H. Bonnett, Root cause AC motor failure analysis with a focus on shaft failures, IEEE Trans. Industry Application, Vol.36, No.5, pp.1435-1448, 2000

[6] W.R. Finley, M.M. Hodowanec, W.G. Holter, An analytical approach to solving motor vibration problems, IEEE Trans. Industry Applications, Vol.36, No. 5, pp.1467-1480, 2000

[7] H.P. Bloch, F.K. Geitner, Machinery Failure Analysis and Troubleshooting, Gulf publishing, Texas, 1997

[8] 양보석, 설비 진단 기술 강습회 등 발표 자료, http://vibration.pknu.ac.kr

[9] 양보석, 기계 건강 진단 사례집, 효성출판사, 1998

[10] 이재갑, Decision Tree 기법을 이용한 회전 기계의 결함 진단, 석사 학위 청구 논문, 부경대학교 대학원, 2006

3장 3

전자기력의 평가

제 3 장

전자기력의 평가

유도 전동기에서 발생하는 전자기력(electromagnetic force)은 불평형 자기 흡인력(unbalanced magnetic pull: UMP)으로도 불리며, 지난 20년 동안 유도 전동기의 중요한 해결 과제의 하나이었다.

전동기, 발전기와 같은 전기 회전 기계는 펌프, 압축기, 터빈 등의 다른 회전 기계와는 달리 이 전자기력이 회전자, 고정자 및 베어링에 작용하여 진동과 응력을 발생시키고 결함과 고장을 초래하는 중요 요인으로 작용한다. 따라서 전자기력을 올바르게 평가하고 이해하는 것은 결함을 일으키는 원인을 확인하고 체계적인 고장 원인 분석에 매우 중요하게 이용될 수 있다.

이 장에서는 UMP의 계산에 대한 체계적이고도 광범위한 관련 문헌 조사를 통하여 전동기 진동과 고정자 전류에 미치는 전자기력의 영향을 검토하였다. 그리고 고정자의 기본 기자력(magnetomotive force: MMF)를 고려한 UMP 계산을 위한 상세한 과정을 설명하고, 또한 유도 회전자 MMF 파형 및 회전자 MMF 파형과 고정자 MMF 파형의 상호작용을 고려하였다. 최종적으로 임의 극 쌍 수(pole-pair number), 정적 편심 및 동적 편심, 회전자 경사(skew), 회전자 및 고정자의 슬롯 효과(slotting effects) 등을 고려한 전동기의 전자기력에 대한 해석적인 표현 식을 유도하였다. 그리고 이 평가 식을 중형 전동기에 적용한 계산 예를 나타내었다.

3.1 불평형 자기흡인력의 특성

유도 전동기는 오랫동안 다양한 산업용 제품의 기본적인 동력 발생 기구인 구동기로서 가장 널리 사용되고 있다. 최근 환경적인 관심의 증가에 따라 성능 향상뿐만 아니라, 저 소음, 저 진동의 유도 전동기에 대한 개발 요구가 증가하고 있다. 특히 4극과 6극과 같은 소형 유도 전동기의 소음(noise)의 대부분은 전자기력에 의해 발생하는 진동에 기인한다. 이들 힘은 기본 자속(fundamental magnetic flux)과 그 조화 성분 성분들(harmonics)로 구성된다.

반면에, 최근의 전기 기계의 설계 경향은 보다 높은 전류와 자속 밀도(flux density)를 이용하고 있고, 이는 흔히 전동기의 소음과 진동을 발생시키게 된다. 진동과 결과적으로 전기 기계에 의해 발생하는 소음은 전동기 작동 중에 발생하는 힘이 전동기의 어떠한 구조적인 공진(resonance)도 발생하지 않도록 설계, 제작된다면 크게 줄일 수 있다. 비록 하중 변화, 기동 및 정지 과정 등과 같은 모든 작동 조건에서 공진을 일으키는 모든 가진원을 회피하는 것은 일반적으로 매우 어렵지만, 발생 가능한 가진력(exciting force)의 평가 및 회전자, 고정자 그리고 전체 구조에서 발생할 수 있는 공진 주파수를 사전에 파악하는 것은 공진에 의한 과대한 진동과 소음의 회피를 위해 매우 중요하고 필요하다.

전기 기계의 기본적인 원리로부터, 전동기는 작동 중에 전기적인 힘과 기계적인 힘을 모두 받는 것으로 알려져 있다. 기계적인 힘으로는 회전자 자중, 기계적인 불평형에 의한 원심력, 정렬 불량(misalignment)에 의한 구속력과 모멘트 및 온도 분포의 불균형에 의한 열응력(thermal stress) 등이 있고, 전기적인 힘으로는 구동 토크, 공극 편심에 의한 전자기력 등이 있다. 특히 회전자 표면에 작용하는 반경력(radial force)은 매우 크지만, 회전자가 고정자와 동심을 유지함으로써 상쇄될 수 있다. 만일 회전자가 편심을 일으키면, 불평형 자기 흡인력(UMP)이 발생한다. 이 현상은 순

전자기력(net electromagnetic force)을 발생하도록 회전자(또는 고정자) 표면에 작용하는 반경력 F_r 및 접선력 F_t의 불균형으로 설명될 수 있다(그림 3.1). 힘의 불균형은 결과적으로 진동과 소음을 발생시킬 수 있고, 특히 대형 전동기와 같은 유연 축(flexible shaft)에서 진동이 증폭된다면 고정자와 회전자 사이의 접촉 가능성이 극대화될 수 있다. 아울러 이 힘은 고속 회전 기계 설계에서 중요한 관심사인 위험 속도(critical speed)를 운전 속도 영역 이내로 낮추도록 할 수도 있다.

따라서 전동기의 설계는 정상 운전 조건 하에서 이러한 각종 힘들에 대한 보다 정확한 평가와 이들 힘의 상호작용에 의한 소음과 진동의 발생을 최소화 하며, 보다 안정된 운전이 되도록 고려하여야 한다. 통상 전동기에 결함이 발생하면, 이들 힘들 사이의 평형은 잃게 되고, 이는 결함이 더욱 커지도록 하는 상승작용을 하게 된다.

제 2장에서 설명하였듯이, EPRI, B&K 및 IEEE-IGA에 의한 실제 전동기 결함에 기초한 통계적인 분석 결과에 따르면, 베어링 결함이 약 40%로 가장 많이 발생하고 이는 구조적으로 베어링은 회전자를 지지하는 기계 요소로서 전자기력 등에 의해 회전자에 과대한 힘이 발생하면 이 힘을 베어링이 받아내기 때문에 과대한 힘의 작용으로 정격 수명 이하에서 결함이 발생하게 된다. 또한 고정자 결함이 약 20~30%, 회전자 결함이 6~10%이고, 나머지는 기타 결함이 차지한다.

만약 전기 기계의 회전자가 고정자 내에서 기계적으로 동심을 이루면, 순 전자기력은 그 축(axis)에 대해 회전 모멘트를 발생시킬 것이다. 그러고 이 힘은 회전자를 더욱 잡아당겨 정렬이 더욱 어긋나도록 하는 순 반경력을 발생시킬 것이다. 따라서 이 힘을 통상 불평형 자기 흡인력(UMP)이라 부른다.

일반적으로 유도 전동기는 작은 공극(air-gap) 길이를 가지며, 고정자, 회전자, 단락링 및 베어링의 제작 공차(tolerance)나 위험 속도 부근에서의 회전자의 휘돌림에 기인하는 치수의 작은 변화가 다른 각 위치에서 고정자와 회전자 사이의 공극의 중대한 변화를 초래할 수 있다. 제작 공차를 고려한다면, 대부분의 회전자는 고정자와 완전한 동심을 이룰 수 없고, 고정자에 대해 정렬이 되지 않는다고 가정할 수 있으며, 임의의 순 힘이 고정자와 회전자 사이에 작용하게 된다. 회전자의 편심 운동은 회전자의 휘돌림 운동(whirling motion)에 의해 설명될 수 있다. 전동기의 운전 동안,

일정하지 않은 공극은 자속 밀도의 분포를 왜곡시키고, 자속 밀도의 부가적인 조화 성분을 증가시킨다. 이들 조화 성분은 회전자 케이지(cage) 내에 회전 전류(circulating current)를 야기시킬 수 있다. 이 회전 전류는 자속 분포를 균일하게 하고, 이것에 의해 순 반경력을 크게 감소시킨다.

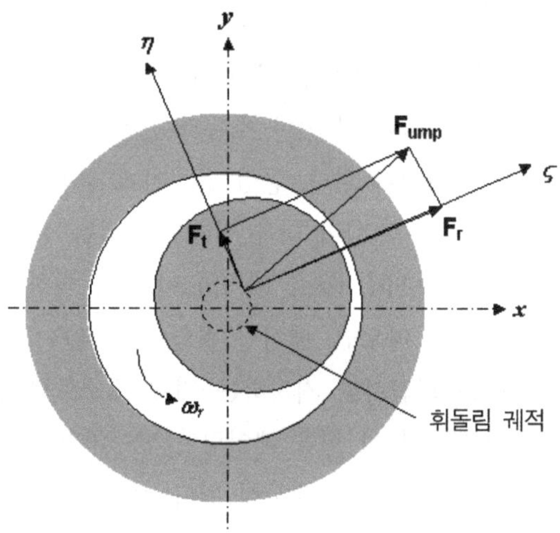

그림 3.1 불평형 자기 흡인력의 정의

사실상, 전기적인 관점에서 회전자 결함과 고정자 결함 양쪽 모두 전자기장이 불평형이 되도록 야기할 것이고, 이는 동심원(concentric circle) 위치로부터 더욱 회전자를 잡아당기도록 하는 심각한 불평형 전자기력, 즉 UMP를 발생시킨다(그림 3.1).

그 동안의 많은 연구와 현장 사례로부터 전동기에서 발생하는 UMP는 기계적인 진동과 소음을 야기시키는 중요한 하나의 요인임을 나타내었다. 예를 들면, Ishibashi 등은 소형 유도 전동기, 특히 4극과 6극 전동기에서 발생하는 소음의 대부분은 전자기력에 의해 발생하는 진동의 결과임을 보고하였다. 이 힘은 뒤에서 설명하는 고정자나 회전자 MMF 파형과 푸리에 급수로 표현되는 비균일 공극(non-uniform air-gap) 퍼미언스(permeance)의 상호작용에 의해 형성된다. 공극 퍼미언스는 공극 길이의 역수이고, UMP의 직접적 원인은 회전자의 불평형으로 간주될 수 있다. 이론적으로,

회전자와 고정자는 전동기에서 동심원이 되도록 결합되어야 한다. 이 조건 하에서는 공극 퍼미언스(공극 길이)는 회전자와 고정자 사이, 즉 공극 내의 어떠한 원주 위치에서도 균일하며, 고정자 내경과 회전자 외경의 차인 공극 길이는 상수로 고려될 수 있고, 공극 퍼미언스의 조화 성분은 발생하지 않는다. 그러므로 평형이 된 동심원의 전동기에서는 UMP는 발생하지 않는다.

그러나 실제로는 제작 공차, 조립 중에 베어링의 잘못된 위치 선정, 작동 중 베어링의 마멸(wear), 회전자 축의 굽힘, 기계적인 불평형 등에 의해, 회전자와 고정자 중심의 동심 조건은 쉽게 어긋나고 회전자의 편심(eccentricity)에 의해 전동기에서 흔한 결함의 원인이 된다. 편심은 전동기 베어링에 과다한 힘을 야기하고, 베어링의 마멸을 현저히 가속시킬 수 있다. 또한, 편심에 의해 발생한 반경방향의 UMP는 고정자 코어에 영향을 주고 고정자 권선에 불필요하고 잠재적으로 나쁜 진동을 발생한다. 이는 또한 회전자와 고정자의 접촉을 야기하여 고정자 코어와 권선, 심지어 회전자 케이싱까지 순차적인 파손을 일으킬 수 있다. 그러므로 이러한 문제를 방지하기 위하여 전동기에서 발생하는 UMP를 설계 단계에서 사전에 평가하는 것은 매우 중요하다

전동기의 회전자에서 발생하는 UMP의 측정과 계산은 어려운 것으로 알려져 있다. 이 때문에 회전자 편심에 의한 전동기에서의 UMP는 오래 동안 여러 연구의 대상이 되어왔다. 이들 연구는 UMP의 계산이나 측정을 위해 여러 방법을 사용하였다. Von Kaehne, Binns와 Dye등은 이미 유용한 많은 경험에 바탕을 둔 식들을 검토하였고, 1955년 Summers는 회전 장(rotating field) 요소를 이용한 UMP의 이론을 개발하였다. Jordan은 UMP에 관하여 이론적인 연구를 다수 발표하였다. 이들 연구는 기본적인 공극 자기장뿐만 아니라, 더 높거나 낮은 극 수를 가진 조화장를 발생시키는 기본적인 MMF파를 변조한다는 것을 나타내었다. 이는 상수 요소와 정현파 요소의 조화급수로 구성된 공극 퍼미언스에 기인한다. Smith와 Dorrell은 조화 권선(harmonic winding) 분석에 의한 UMP를 연구하였다. 유한 요소 해석은 비록 계산 시간과 비용이 매우 많이 들고 핵심 요소와 UMP의 발생에 포함되는 메커니즘에 대한 일반적인 개념을 제공할 수는 없지만, UMP을 계산할 수 있다. 또한, 유한 요소 해석에서는

회전자 경사(skew) 효과와 같은 부차적인 고려는 여전히 포함하기 어렵다.

그러나 회전자 편심에 의한 UMP의 여러 특징은 여전히 불분명한 상태로 남아있다. 어떠한 극 쌍(pole-pair)의 전동기에 대한 UMP의 해석적인 표현을 얻기 위해 시도해본 연구는 거의 없고, 몇몇의 연구만이 UMP의 계산에 회전자 경사(skew)의 영향을 고려하였다. 불행히도, 문헌의 해석은 정적 편심을 동시에 고려하지 않은 동적 회전자 편심으로 제한되어 있다. 비록 Guo 등은 어떠한 극 쌍을 가진 3상 전동기에서 발생하는 UMP의 구체적인 해석적 표현을 제시하였지만, 공극 장(air-gap field)의 고려는 고정자 기초 MMF파에 제한되었으며, 이는 회전자 MMF파와 또 이것의 고정자 MMF와의 상호 작용을 포함하는 공극 장을 고려하는 데는 실패하였고, 따라서 이것은 단지 무부하 상태의 전동기에서만 적절하다. Dorrell은 정적 편심과 동적 편심을 가지고 UMP를 구체적으로 계산하였지만, 여전히 편심이 반경방향으로 일정하다는 가정을 하였고, 이는 베어링의 위치가 어긋난 경우에는 잘못된 조건이다. 그리고 그는 회전자 경사를 동시에 고려하지 못하였다.

요약하면, UMP의 계산에 관한 모든 연구들은 고정자 기본 MMF파의 공극 퍼미언스 변조를 사용하여 유도된다. 일반적으로, 공극 퍼미언스 급수는 회전자 편심, 회전자와 고정자 슬롯 효과와 다른 몇 가지 영향을 미치는 인자를 설명하는 여러 푸리에 급수로 이루어져 있다. 몇 가지의 영향이 이들 연구에 포함되었지만, 다른 영향들은 누락되거나 간략화 되어 있다.

따라서, 이 장에서는 UMP에 대한 보다 일반적인 계산 결과를 얻기 위하여, 전동기의 UMP에 중요한 영향을 미치는 다음과 같은 인자들을 고려하여 UMP의 평가 식을 유도한다.

3.1.1 정적 및 동적 편심

유도 전동기에서 발생하는 회전자의 편심은 정적 편심과 동적 편심으로 구분할 수 있다. 정적 편심은 회전자가 고정자 내경 중심으로부터 어느 거리만큼 벗어난 편심 위치에서 일정한 회전자 중심으로 회전하는 경우이다. 동적 편심은 정적 편심과 달리 회전자의 중심이 고정자 내에서 일정한 궤적을 그리며 휘도는 것이다. 회전자의 편심은 조립시의 부적절한 베어링의 위치, 베어링 마멸, 회전자 축의 굽힘, 위험속도 부근에서의 운전에 따른 회전사의 휘놀림 등에 기인한다.

일반적으로 공극의 허용 기준은 정상 공극의 약 10%까지 허용이 가능하고, 25~35%는 베어링 파손 가능, 50%는 매우 심각한 상태로 간주하고 있다.

회전자의 편심은 고정자 내경 중심으로부터 더욱 회전자를 잡아당기도록 회전자에 힘을 일으킨다. 정적 편심의 경우에는 이 힘은 한 방향으로의 정적 흡인력(steady pull)으로 작용한다(그림 3.2). 이 UMP는 특수한 실험 장비 없이는 검지(detect) 하기가 어렵고, 운전중인 전동기에서는 검지가 불가능하다. 동적 편심은 회전자에 작용하고, 회전자의 회전 속도로 회전하는 UMP를 발생한다. 이 힘은 회전 주파수에서 진동 상태 감시에 의해 보다 용이하게 감지할 수 있다.

이 두 종류의 편심은 전동기의 과대한 응력의 원인이 되고, 베어링 마멸을 크게 증가시킨다. 부가적으로, 편심에 의해 발생하는 반경 자기력파(radial magnetic force waves)가 역시 고정자 코어에 작용할 수 있고, 고정자 권선에 불필요하고 잠재적으로 유해한 진동을 받도록 할 수 있다. 또한 철심(core), 권선(winding) 및 회전자 케이지에 연속적인 손상을 일으키는 회전자와 고정자의 마찰을 일으킬 수 있다. 이는 고정자 권선의 절연 고장이나 회전자 봉 또는 단락 링의 파손을 초래할 수 있고, 따라서 대형 고전압 유도 전동기의 수리 비용을 크게 증가시킨다.

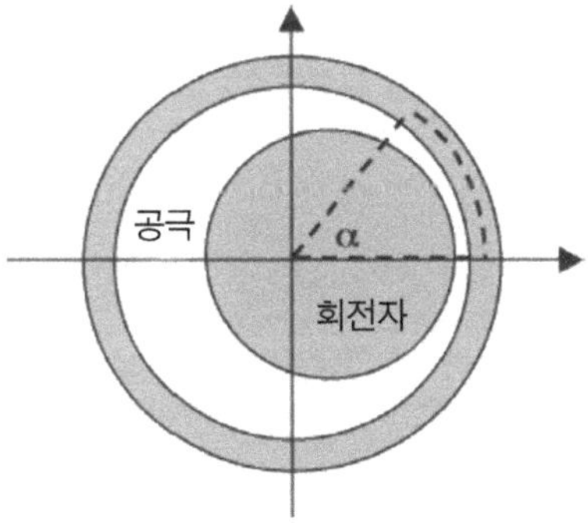

그림 3.2 편심된 회전자

이전 연구들은 주로 한 종류의 편심에만 집중하였고, 두 형태 모두를 동시에 고려한 경우는 드물다. 제작 및 조립 방법에 따라서 3상 유도 전동기에 어느 정도 고정자 편심이 존재한다는 것은 잘 알려져 있다. 실제적으로, 이것은 일단 동적 편심이 발생하면, 양쪽의 편심이 동시에 존재한다는 것을 의미한다. 기계 내에서 자기 조건에서 회전자 편심의 영향은 어떤 상태에서는 중요할 수 있다. 이들은 보통 국부화된 포화점(localized saturation spots)이 발생할 수 있는 큰 편심으로 제한된다.

그림 3.3은 정적 편심(5%) 및 동적 편심(15%)이 있는 경우와 정상 전동기의 전류 스펙트럼을 비교한 것이다(Faiz 등, 2004). 정상 전동기의 경우, 전원 주파수의 성분(50 Hz) 이외에 다음 식으로 정의되는 주 슬롯 조화 성분(principal slot harmonics: PSH)인 935 Hz, 1035 Hz 성분이 나타나고 있다.

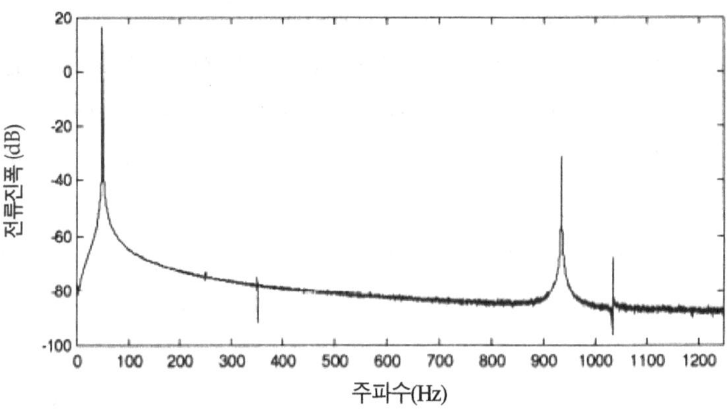

(a) 정상(동심) 상태

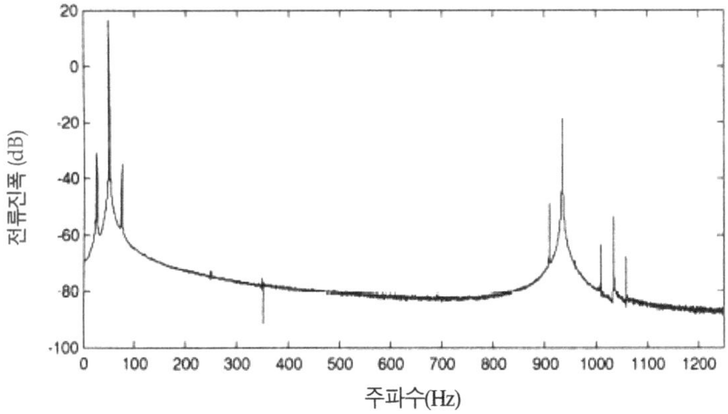

(b) 편심 상태(e_s = 0.05, e_d = 0.15)

그림 3.3 전류 스펙트럼의 비교

$$f_{PSH} = f_L \left(\frac{1-s}{P} N_r \pm 1 \right) \tag{3-1}$$

여기서 s는 슬립(0.015), f_L은 전원 주파수(50 Hz), N_r은 회전자 봉(슬롯) 수(40)이다.

회전자에 편심이 있으면, 부가적인 조화 성분이 기본 조화 성분 및 PSH 주위에 나타난다. 이들 기본 측대역 주파수 및 슬롯 주파수의 측대역 주파수는 각각 다음과 같다.

$$f_{e0} = f_L \left(1 \pm \frac{1-s}{P} \right) = |f_L \pm f_r|, \; f_{e1} = f_L \left(\frac{N_r \pm 1}{P} (1-s) \pm 1 \right) \tag{3-2}$$

이들 주파수는 상기 식에 대입하면, 74.625 Hz, 25.375 Hz, 959.62 Hz, 910.37 Hz, 1059.62 Hz 및 1010.37 Hz가 예측되고 그림 (b)에 이들 성분이 나타나고 있다. 이들 성분의 크기는 편심의 종류(정적, 동적) 및 크기에 따라 증폭되거나 약화될 것이다. 어떻든 이들 성분은 전동기에서 편심 결함을 파악하는 중요한 지표가 될 것이다.

그림 3.4는 Nandi 등에 의한 결과로 4극 유도 전동기에 편심 41.37%, 회전 주파수

29.34 Hz, 슬립 $s=0.022$, 회전자 봉 수 28에 대한 결과이다. 그림 (a)의 기본 측대역 성분 f_{e0}는 30.66 Hz, 59.34 Hz이고, 위 그림은 정상, 아래 그림은 편심의 경우이다. 편심이 없는 정상 회전자에서는 측대역 성분 f_L-f_r, f_L+f_r이 뚜렷이 나타나지 않으나, 편심이 있는 경우에는 이 성분들의 진폭이 크게 성장하는 것을 알 수 있다. 또한 그림 (b)의 주 슬롯 주파수(PSH) 761.5 Hz의 좌우 측대역 성분들도 역시 아래측 성분(L)과 위측 성분(U) 역시 편심에 의해 뚜렷하게 증가하는 것을 확인할 수 있다.

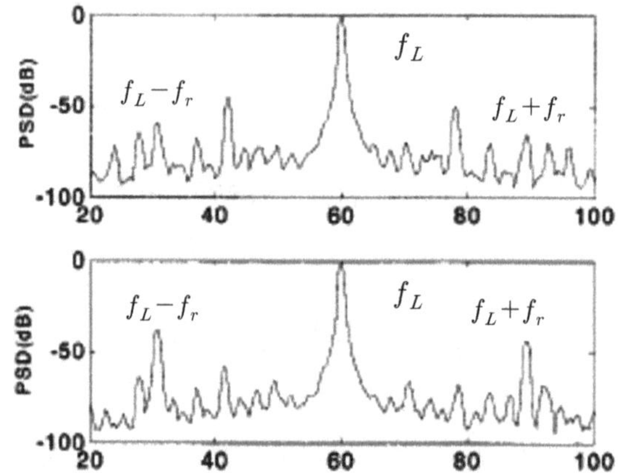

(a) 기본 측대역 성분

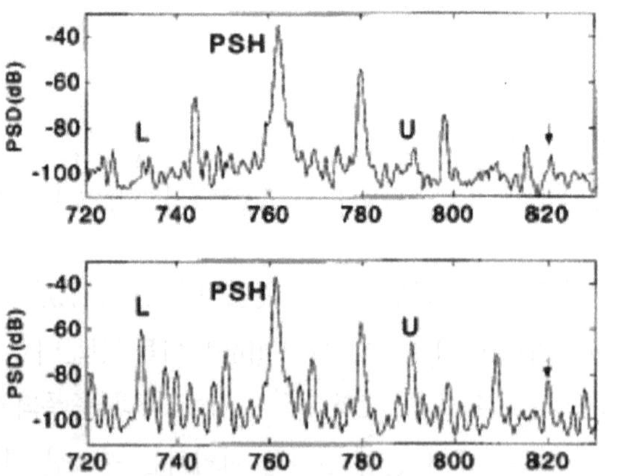

(b) 슬롯 주파수 측대역 성분

그림 3.4 **공극 편심에 따른 파워 스펙트럼 밀도의 비교** (Nandi 등, 2002)

3.1.2 회전자의 경사 효과

소형 및 중형 농형 유도 전동기에서 주로 채택되고 있는 알루미늄 다이 캐스트형 회전자는 일반적으로 슬롯 효과로부터 발생할 수 있는 고주파 토크 맥동(torque ripple)과 소음을 저감하기 위해 회전자 슬롯의 한쪽 끝과 다른 쪽 끝의 각의 위치가 틀어지게 배치하는 경사(skew) 형식을 채택하고 있다.

Dorrell의 연구에 따르면, 회전자의 경사 정도가 전동기에서 발생하는 UMP의 크기에 큰 영향을 미칠 수 있다. 회전자에 경사 형식을 채택하지 않을 때 발생하는 UMP는 대개가 회전자 봉 수에 가까운 높은 극 수를 가지는 조화 성분 장들의 상호 작용에 기인한다. 그러나 회전자 경사를 채택하면, UMP는 대개 기본 장(fundamental field)과 기본 장의 ± 1의 극 쌍(p)을 가지는 장($p \pm 1$)들과의 상호 작용에 기인한다. 회전자 경사는 기계를 따라서 자속 밀도의 축 방향으로 변화를 발생시키고, 그러므로 포화에서 축 방향의 변화를 발생하는 것으로 잘 알려져 있다. 이것은 가장 좁은 공극 주위에 편심 회전자에 의해 발생하는 국부적인 포화와 함께, UMP에 대한 경사 영향을 해석적인 모델을 이용하여 정확하게 정량적으로 평가하는 것을 어렵게 한다.

경사 방식으로는 그림 3.5와 같이 회전자를 하나의 고정자 슬롯에 의해 경사지게 하는 방법이 대부분 사용되고, 아울러 대안으로 하나의 회전자 봉의 경사를 채용하고 있다. 전자는 고정자 슬롯에 기인하여 케이지 내에 유도되는 기전력(EMF)을 크게 감소시킨다. 때문에 고주파 회전자 줄(Joule) 손실을 줄일 수 있다. 후자는 회전자가 고정자 설계에 대한 기준 없이 생산될 수 있기 때문에 제작 절차가 단순하다. 그러나 고주파 회전자 줄 손실의 저감은 하나의 고정자 슬롯 경사로 얻어지는 것보다 못하다. 어떤 전동기에서는 회전자 경사의 정도를 특정 조화 성분 토크를 제거하기 위한 시도로 증가시키는 경우도 있을 수 있다. 이는 높은 기동 토크가 요구되는 경우에 가장 일반적이다.

경사 구조는 소형 전동기에서는 보편적으로 채용되지만, 대부분의 대형 유도 전동기는 이 구조를 채택하지 않고 있다. 이는 대형 전동기는 다이캐스트와 같이 일체로 만들어지지 않고 조립되기 때문에, 만일 회전자에 경사를 주는 경우에 조립 절차가 매우 어렵기 때문이다. 그러나 경사가 없다고 대형 전동기의 성능에 불리한 영향을 미치지는 않는다. 이는 대형 전동기는 슬롯 효과가 소형 전동기보다 적게 되는 경향이 있고, 어떤 문제는 고정자와 회전자의 슬롯 수의 적절한 선택을 통하여 통상 해결될 수 있기 때문이다. 소형 전동기에서 경사는 슬롯 효과의 저감에 효과적이지만, 전동기 내의 줄 손실을 증가하는 inter-bar의 흐름을 증가시키는 문제를 야기하는 것이 잘 알려져 있다. 또한 철손(iron loss)을 증가시키는 공극 자속의 축 방향 변화를 발생한다.

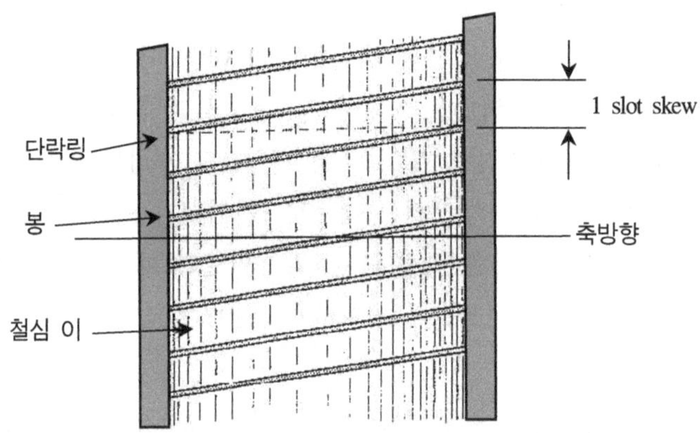

그림 3.5 회전자의 경사(skew) 구조

1) 고정자 자속 분포

고정자 내의 순시 자속 분포는 기본파는 명확히 나타내지만, 고주파 장 성분은 명확하지 않다. 고주파 장은 회전자 슬롯의 결과로서 발생한다. 각 회전자 슬롯 조화 성분은 공극 MMF의 성분과 공극 퍼미언스 조화 성분의 상호 작용의 결과로서 간주된다. 일 예로 1차 회전자 슬롯 조화 성분은 2개의 주 상호 작용으로부터 발생한다. 첫째는 기본 MMF와 1차 회전자 슬롯 퍼미언스 조화 성분의 상호 작용이고, 둘째는 기본(0차) 퍼미언스와 공극 MMF의 1차 회전자 슬롯 조화 성분의 상호 작용이다. 이들 각각의 상호 작용은 N_r+p의 극 쌍을 가지는 장을 발생시킨다. 여기서 N_r은 회전자 슬롯의 수, p는 전동기의 기본 극 쌍 수이다. 고정자 기준 좌표계에서 이들 장은 다음과 같은 주파수들을 가진다.

$$f_{r,\,sl}=f_L\left(\frac{N_r}{p}(1-s)\pm 1\right)$$

여기서 s는 슬립, f_L은 전원 주파수이다. 일 예로 회전자 슬롯 수 N_r = 40, 전부하 시 슬립 s = 0.01, 전원 주파수 f_L = 50 Hz, 4극 전동기(p = 2)의 경우,

$$N_r\pm p=40\pm 2=38,42$$

$$f_L\left(\frac{N_r}{p}(1-s)\pm 1\right)=50\left(\frac{40}{2}(1-0.01)\pm 1\right)=940,\ 1040\ \text{Hz}$$

따라서 1차 회전자 슬롯 조화 성분들은 940과 1040 Hz의 주파수를 갖는 38과 42 극 쌍을 가지는 장을 생성한다.

2) 회전자 자속 분포

회전자 내의 고주파 장은 고정자 슬롯에 의해 생성된다. 이들 고정자 슬롯 장은 역시 공극 MMF의 성분들과 공극 퍼미언스의 조화 성분들의 상호 작용으로부터 온다. 1차 고정자 슬롯 조화 성분들은 N_s+p의 극 쌍과 다음과 같은 회전자 내의 주파수를 가질 것이다.

$$f_{s,\,sl}=f_L\left(\frac{N_s}{p}(1-s)\pm s\right)$$

예로 고정자 슬롯 수 N_s = 48, 전부하 시 슬립 s = 0.01, 전원 주파수 f_L = 50 Hz, 4극 전동기(p = 2)의 경우, 다음과 같이 주파수가 계산된다.

$$N_s \pm p = 48 \pm 2 = 46,\ 50$$

$$f_L\left(\frac{N_s}{p}(1-s) \pm s\right) = 50\left(\frac{48}{2}(1-0.01) \pm 0.01\right) = 1187.5,\ \ 1188.5\,\text{Hz}$$

1차 고정자 슬롯 조화 성분은 회전자 내에 46극 쌍을 가지는 1188.5 Hz 장과 50극 쌍을 가지는 1187.5 Hz 장의 2개의 분포를 생성할 것이다.

유도 전동기 내의 공극 MMF는 고정자 MMF와 회전자 MMF의 중첩에 의한 결과이다. 경사 전동기에서 고정자 MMF에 대한 회전자 MMF의 위상은 전동기의 길이에 따라 변할 것이다. 이는 공극 자속 밀도에서 축방향 변화와 고정자와 회전자 포화에 대응하는 변화를 야기한다.

그림 3.6은 경사 효과에 대한 예측치와 실험 결과를 경사가 없는 경우와 비교한 것이다. 경사가 없는 경우의 UMP는 조화 성분 MMF에 의해 발생하는 장들에 기인한다. 그림 (b)의 25%와 50%의 동적 편심을 가지는 경사 회전자의 경우, 높은 슬립 영역에서 경사가 UMP를 증가시키는 것을 알 수 있다. 아울러 경사는 슬립이 거의 없는 무부하 상태에서는 UMP 특성에 거의 영향을 미치지 않는다. 그러나 실험과 이론 예측 결과 사이에 많은 차이를 보이고 있고, 향후 보다 폭 넓은 연구가 필요하다.

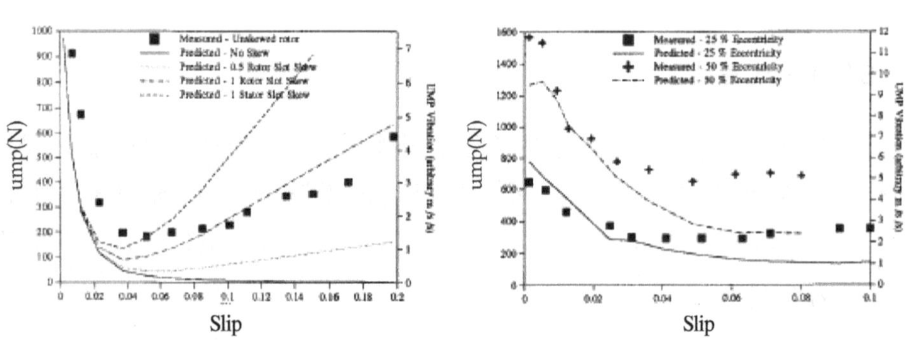

(a) 경사가 없는 회전자　　　(b) 경사된 회전자

그림 3.6 **슬립의 변화에 따른 자기 흡인력 특성**(Dorrell)

경사 슬롯을 가지는 전동기의 공극 내에 작용하는 UMP는 고정자와 회전자 적층의 굽힘 변형과 비틀림 변형을 야기할 수 있다. 따라서 이들 힘과의 공진 가능성을 검토하기 위해서는 특히 고정자의 굽힘 및 비틀림 고유 진동수를 파악하는 것이 중요하다. 계산에 의하면, 주로 소형 전동기에서는 가진 주파수에 비해 높은 비틀림 고유 진동수를 가지고 있으므로, 전자기 소음에 미치는 비틀림 진동의 영향은 저차 진동 모드에서도 작다. 그러므로 소형 전동기에서는 전자기 소음의 발생에 비틀림의 영향은 무시될 수 있다. 반면에 비틀림 고유 진동수가 가진 주파수와 가까우면, 경사 회전자 전동기에서 음압 레벨의 증가는 주로 비틀림 변형에 기인한다. 따라서 어떤 바람직하지 않은 경우에는 경사가 없는 경우보다 소음이 더욱 클 수 있다.

대형 전동기에서는 대부분의 경우, 비틀림 고유 진동수가 회전자 슬롯 수와 전원 주파수에 따라 전원 주파수의 2배에서 3 kHz의 범위까지 변화한다. 이 가진 주파수의 범위에 고정자의 고유 진동수가 존재하면 고정자는 공진을 일으키고 전자기 소음이 증가하게 된다. 통상 회전자 슬롯의 경사는 기본 MMF파에 의해 발생하는 소음에는 영향을 미치지 않는다. 이는 비틀림 고유 진동수는 2배 전원 주파수(120 Hz)보다 훨씬 높기 때문에 거의 공진을 일으킬 기회가 없기 때문이다.

일반적으로 경사가 증가할수록 전자기 소음은 감소하고, 회전자의 자속 밀도 조화 성분과 기본파의 조합에 기인하는 소음은 경사가 증가할수록 감소한다. 그러나 경사가 너무 크게 되면 다른 조화 성분 성분이 중요하게 된다. 전자기 소음은 제작 후에 소음을 저감하는 것은 경제적으로 매우 어려우므로, 전동기의 설계 단계에서 충분한 검토가 이루어지는 것이 중요하다.

3.1.3 고정자와 회전자의 슬롯 효과

회전자 슬롯 조화 성분(rotor slot harmonics: RSH)의 발생은 주로

- 고정자 및 회전자 MMF의 조화 성분
- 고정자 및 회전자 슬롯 퍼미언스

에 의존한다. 이들 성분의 크기는 또한 유효 공극에 영향을 받는 포화 효과에도 의존된다. 슬롯 경사는 이들 진폭을 감소시킨다. 그러나 기계의 비대칭, 불평형 공급

전압 등도 이들을 역시 발생시킨다. 이들 조화 성분의 검지는 회전자와 고정자 슬롯의 수, 극 쌍 수 및 편심 등에 의존한다. RSH의 주파수는 다음 식과 같이 주어진다.

$$f_h = f_L[\,(kN_r \pm n_d)\frac{1-s}{p} \pm v\,] \tag{3-3}$$

여기서 f_L은 전원 주파수, k는 양의 정수, N_r은 회전자 슬롯 수, n_d는 편심 계수(정적 편심: 0, 동적 편심: 1, 2, 3,), p는 극쌍 수(pole pair number), s는 슬립(slip) 그리고 v는 고정자 시간 조화 성분의 차수이다. 첫 2개의 기본 슬롯 조화 성분들은 위 식에서 $n_d=0$, $v=1$, $k=1$을 대입하면 얻어진다.

고정자와 회전자 슬롯 수에 근접한 조화 수(harmonic numbers)로 고정자 MMF파에 의해 발생되는 장(fields)은 UMP에 크게 기여할 수 있다는 것이 알려져 있다. 슬롯 효과는 공극 길이에서 표준 Carter 계수를 사용함으로써 간단히 고려될 수 있다.

만약 δ가 회전자와 고정자의 상대 공간 위치에 기초하여 표시되는 공극 길이라고 가정된다면, 고정자에서 슬롯의 효과에 기인하는 유효 공극 길이는 다음과 같이 표현될 수 있다.

$$\delta_e = \delta K_c \tag{3-4}$$

여기서 K_c는 Carter 계수이고, 이는 전동기의 위상 기하학(topology)에 상대적인 정보를 포함하는 파라미터이다. K_c는 다음 식과 같이 주어진다.

$$K_c = \frac{t_1}{t_1 - gc_1},\quad c_1 = \frac{4}{\pi}\left[\frac{b_s}{2g}\tan^{-1}(\frac{b_s}{2g}) - \text{in}\sqrt{1+(\frac{b_s}{2g})^2}\right]$$

여기서 t_1은 슬롯 피치(mm)이고, b_s는 고정자의 슬롯 폭(mm)이다.

3.1.4 자기 포화(자화) 효과

그림 3.7은 2극 전동기의 회전자가 우측으로 편심되었을 때의 자속 분포 예를 나타낸다. 우측 그림에서 주 2극 파와 회전자 편심에 의해 발생하는 4극 파가 기본 성분임을 나타낸다. 회전자에 작용하는 순 흡인력은 오른 쪽으로 작용하고, 이는 공극 내에 저장되는 에너지를 고려하거나 회전자 또는 고정자 표면의 Maxwell 응력을 이용하여 표현될 수 있다. 자속 밀도를 이용한 철심과 공극의 경계에서 수직 방향의 응력은

$$\sigma = \frac{b_n^2 - b_t^2}{2\mu_0}\left(1 - \frac{1}{\mu_r}\right) \tag{3-5}$$

로 표현되고, 아래 첨자 n과 t는 자속 밀도의 법선과 접선 성분을 나타내며, μ_r은 이 선단(tooth tip)의 비투자율(relative permeability)을 나타낸다.

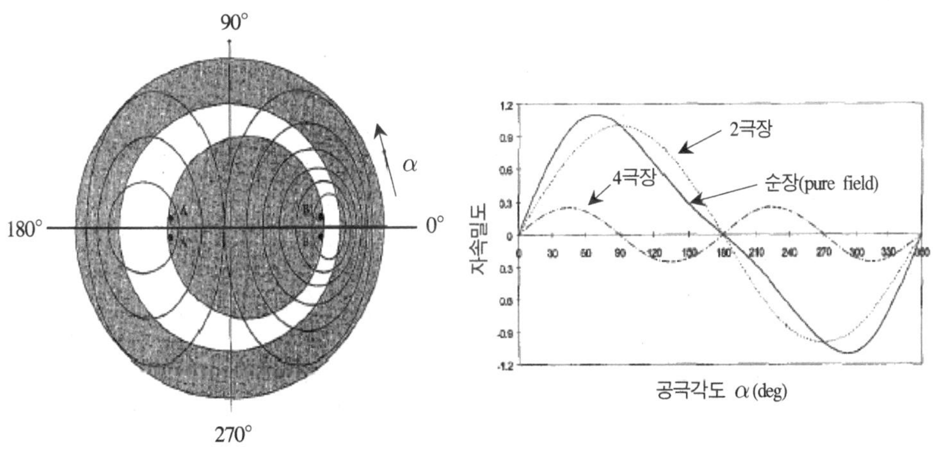

그림 3.7 2극 전동기의 자속 분포 예

그림 3.7에서 알 수 있듯이 편심 회전자는 비대칭 자속 분포를 발생시키고, 힘을 일으킨다. 자기 포화(magnetic saturation, 자화)는 자속 분포에 영향을 미치기 때문에

역시 힘의 크기와 방향에 영향을 미친다. 앞에서 설명하였듯이, 통상 회전자 편심에 기인하는 UMP는 해석적인 방법에 의해 다수 연구가 이루어졌다. 그러나 포화 효과는 해석적으로 고려하기에는 매우 어렵고, 해석적인 모델은 포화 효과의 단지 근사적인 값만을 제공한다. 수치적인 방법으로는 시간 구간(time stepping) 유한 요소 해석이 주로 이용되고 있다.

Binns와 Dye의 연구 결과에 의하면, 통상적인 환경 하에서는 식(3-5)에서 자속의 접선 성분 b_t는 법선 성분 b_n에 비해 매우 작으므로 무시될 수 있다. 또 다른 일반적인 근사화로 수식의 전개를 단순화하기 위해 철심이 무한 투자율($\mu_r \rightarrow \infty$을 가진다는 가정이 있다. 그러나 이는 그림 3.7의 좌측 그림에서 나타내듯이 자속이 집중되는 최소 공극 위치와 같은 국부적인 자속 레벨이 높다면 부정확하고, 이 선단의 투자율과 순 자기 흡인력은 감소하게 된다. 그러므로 이 선단의 포화가 야기된다면, UMP는 전동기 내의 자속 레벨의 증가(즉, 전압의 증가)에 의해 감소될 수 있다. 이 포화는 또한 자기 저항(reluctance) 경로가 자속의 집중에 의해 좁은 공극 주위에서 크게 증가하기 때문에 자속의 재분포가 일어나고, 이는 UMP의 감소에 동일한 효과를 제공한다.

회전자가 정적 편심을 가지면 최소 공극의 위치는 항상 일정하다. 그러나 동적 편심이 있으면, 편심은 회전자의 속도로 회전하고, 따라서 회전자는 오른 쪽에서 1/2 회전 후에는 왼쪽으로 변위될 것이다. 정적 편심의 경우, 그림 3.7의 우측 그림의 공극 장은 주 공극 장과 하나의 편심 성분으로 다음 식과 같이 표현될 수 있다.

$$b(\alpha, t) = B \cos(\omega t - \alpha) + B_{ec} \cos(\omega t - 2\alpha) \quad (3\text{-}6)$$

회전자 표면에 작용하는 힘은 무한 투자율의 근사화를 이용하여 식(3-5)와 (3-6)을 이용하여 다음과 같이 구할 수 있다.

$$\sigma(\alpha, t) = \frac{b(\alpha, t)^2}{2\mu_0} \quad (3\text{-}7)$$

그림 3.8은 회전자가 우측으로 정적 편심 되었을 때의 회전자 표현에 발생하는 UMP를 발생시키는 힘의 분포를 나타낸다. 회전자에 작용하는 순 힘은 우측으로 작

용하는 것을 알 수 있다.

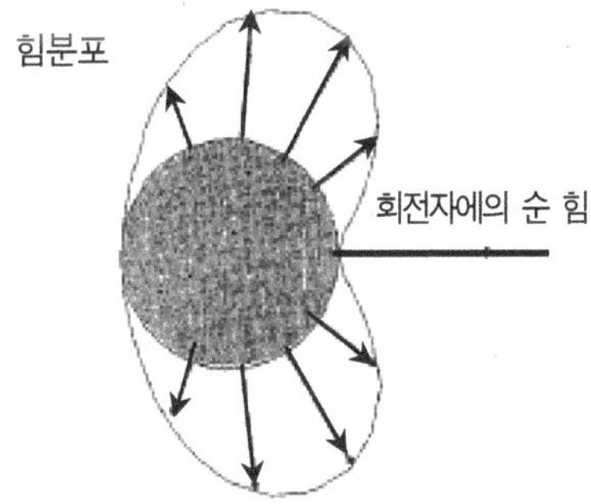

그림 3.8 회전자 표면의 힘의 분포

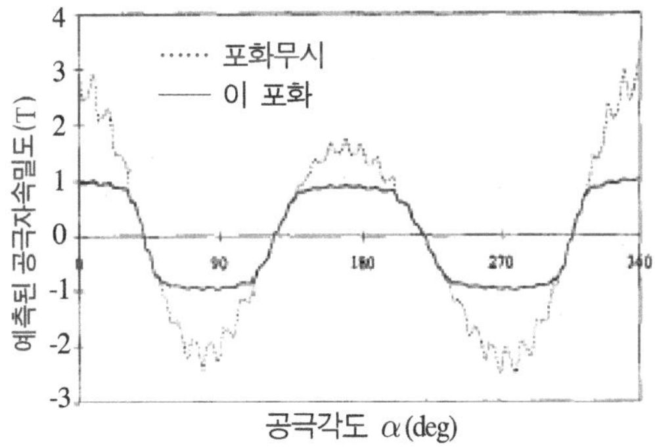

그림 3.9 공극 자속 밀도의 비교

그림 3.9는 예측된 공극 자속밀도의 비교를 나타낸다. 이(tooth)의 포화 효과를 보상한 경우와 무시한 경우의 자속 분포를 나타낸다. 여기서 슬롯 효과는 무시되었다. 초기 포화 효과는 설계 시방의 0.67 mm 대신에 0.56 mm의 좁은 공극의 사용에 따른 정격 전압에서 높은 피크의 자속 밀도에 기인한다. 최소 공극 점이 0이고, 이 점을 향하여 자속이 집중하고 있음을 알 수 있다. 이(tooth)의 포화 효과를 고려하는 것은 공극 자속 밀도를 감소할 뿐만 아니라 편심에 기인하는 불규칙한 자속 분포를 감소함으로써 궁극적으로는 UMP를 작게 하는 효과가 있다.

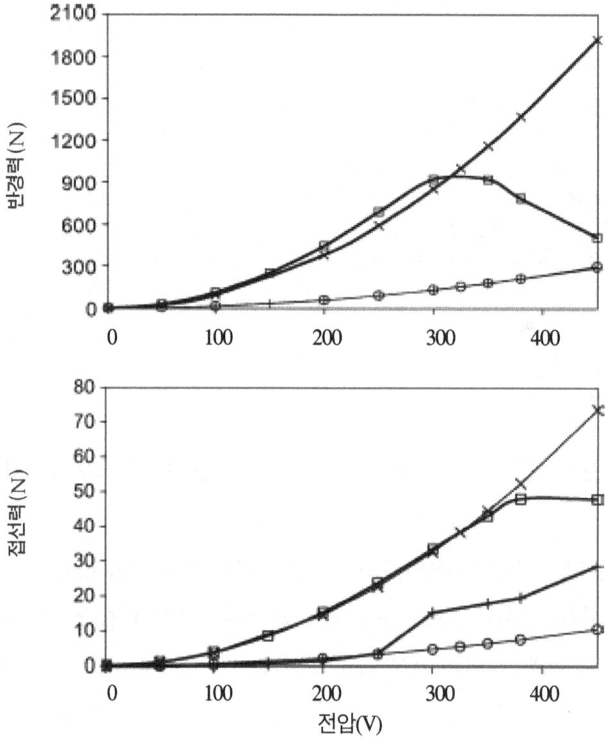

그림 3.10 무부하에서 공극 전압에 따른 반경력과 접선력 성분의 진폭

그림 3.10은 4극 15 kW 유도 전동기의 무부하 조건에서 휘돌림 주파수가 5 Hz 및 25 Hz, 휘돌림 반경 50 um에서의 공급 전압에 따른 반경 및 접선 성분 힘의 진폭을 나타낸다. 포화 효과의 비교를 위해 비투자율을 $\mu_r = 1000$으로 일정하게 하여 선형화한 경우를 함께 나타내었다. 그림에서 기호 ×는 선형화된 25 Hz, □는 원래 25 Hz, ○는 선형화된 5 Hz, +는 원래 5 Hz이다. 힘은 전압과 함께 약 300 V까지 증가하여 최대가 되고 더욱 높은 전압에서는 힘은 역으로 감소한다. 5 Hz의 휘돌림 주파수에서는 자속 밀도의 조화 성분은 선 전류에 의해 크게 감소하고, 반경 성분의 힘은 선형화된 경우와 거의 일치한다. 접선 성분과 반경 성분 힘의 비는 전압에 따라 변화하고, 이는 포화가 역시 힘의 방향에도 영향을 미치는 것을 의미한다. 힘의 방향은 $\theta = \tan^{-1}(F_t / F_n)$으로 표현되기 때문이다.

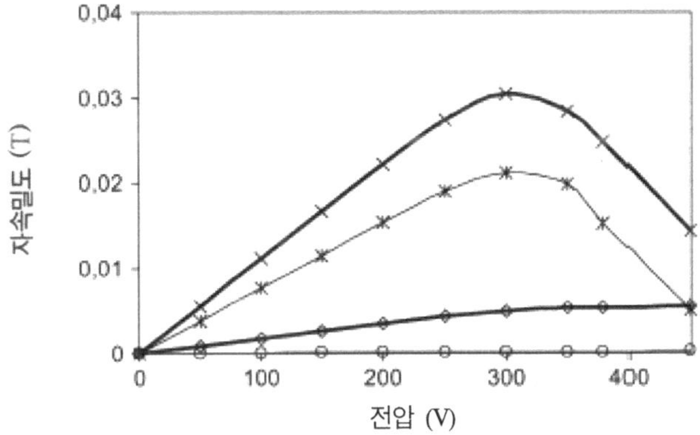

그림 3.11 무부하 시 공급 전압에 따른 자속 밀도 조화 성분

그림 3.11은 그림 3.10과 같은 조건에서 $p\pm1$차의 자속 밀도 조화 성분의 거동을 공급 전압의 변화에 대해 나타낸 결과이다. 포화 효과는 전압에 따른 자속 밀도 조화 성분의 거동으로부터 쉽게 이해할 수 있다. 조화 성분의 진폭은 그림 3.10의 힘의 경우와 같이 약 300 V까지 증가한 후에 다시 감소한다. 휘돌림 주파수 25 Hz에서 $p+1$차(×)와 $p-1$차(*)가 5 Hz일 때(◊, ○)보다 큰 것을 알 수 있다. 회전자 전류의 조화 성분 진폭도 자속 밀도의 조화 성분과 유사한 거동을 가진다.

3.1.5 하중 조건

Dorrell에 의해 수행된 실험은 정적 편심과 동적 편심 모두 고정자 선 전류(line current)에서 측대역(sidebands) 전류를 일으키는 것을 보였다. 그러나, 동적 편심에 의해 유도되는 측대역 전류에 대하여, 무부하 상태에서 위쪽 측대역 성분의 전류 진폭은 전부하에서보다 훨씬 큰 반면, 정적인 편심에 의한 측대역 전류는 전동기 하중에 대하여 거의 일정한 특징을 나타낸다.

반면에, 진동은 특히 $2f_s\pm f_r$ 요소는 어느 정도의 동적인 편심이 있을 때 전동기에 부하가 가해짐에 따라서 감소할 것이다. 그리고 실험 결과들은 또한 부하가 $2f_s$의 진동에 거의 영향이 없다는 것을 보여주었다.

3.2 불평형 자기 흡인력(UMP)의 계산

3.2.1 해석 방법

회전자가 편심 되었을 때 회전자와 고정자 사이에 작용하는 UMP는 오랜 기간에 걸쳐 개발되어 왔다. 수학적 모델은 해석적인 방법이나 수치적 해석이 적용될 수 있다. 여기서는 이들 방법에 대해 간략히 소개한다.

1) 해석적인 방법

UMP의 계산을 위한 해석적 방법(analytical method)은 지금까지도 가장 폭 넓게 사용되고 있는 방법이다. 공극 퍼미언스 조화 성분을 이용하는 방법은 기본 이론의 역사가 50년 이상 되었고, 적절한 실용적인 결과를 제공하기 때문에 지금도 또한 널리 사용되고 있다. 간혹 이용되는 또 다른 방법으로는 권선 임피던스 방법과 결합된 순응 변환 기법(conformal transformation technique)이 있다. 그러나 공극 퍼미언스 조화 성분의 해석이 일반적인 방법으로, 전자기력이나 전동기의 공극 내의 힘의 분포를 계산하기 위해 가장 널리 사용되고 있다. 순응 변환 기법은 회전자가 편심 되었을 때 힘을 계산하기 위해 개발된 매우 특수한 도구이다.

해석적 방법의 이점은 힘과 이 힘을 일으키는 원인에 대한 일반적인 개념을 신속하게 이해할 수 있다는 점이다. 계산시간이 매우 짧지만, 불행히도 수학적 모델링 과정에서 많은 단순화의 가정이 이루어진다. 해석적 방법의 특성 때문에 힘 성분의 주파수와 같은 결과의 일부는 매우 정확하게 계산될 수 있다. 그러나 단순화로 인해 이들 힘 성분의 진폭은 통상 근사적인 값이 된다. 이러한 단점에도 불구하고 해석적 방법은 전동기의 거동을 파악하는데 매우 유용하게 이용될 수 있다.

2) 수치적인 방법

컴퓨터의 처리 능력과 속도의 비약적인 향상으로 시간 구간 (time-stepping) 유한요소법이 폭 넓게 사용되도록 되었다. 대부분의 전동기의 모델링은 경제적 측면에서 2차원이 주로 이용된다. 이는 물론 3차원 모델이 더욱 정확한 결과를 제공하지만 계산 용량과 처리시간이 막대하게 증가하기 때문이다. 수치적 방법을 이용한 전자기력의 계산은 지난 십 여 년간 인기 있는 연구 과제였다. 유한요소법(FEM)은 편심 회전자의 모든 수치적 해석에 사용되어 왔다. 2차원 FEM은 힘을 계산할 때 매우 양호한 정도를 제공하지만, 불행히도 정상 상태와 신뢰할 수 있는 결과에 도달하기까지의 과도 상태 해석에 요구되는 시뮬레이션 시간이 매우 길다는 단점이 있다. 다른 수치적 방법으로 경계요소법(boundary element method: BEM)과 자기 저항 네트워크법(reluctance network method: RNM)이 있으며, 이들 기법을 이용한 해석에 대해 최근 많은 연구가 시도되고 있다.

3.2.2 일반적인 고려 사항

농형 유도 전동기가 가장 널리 사용되기 때문에, UMP 계산의 대상 모델은 주로 농형 유도 전동기를 이용하고, 회전자 케이지는 전기적으로 대칭적이라고 가정한다.

그러나 조화 유도 전자기력(electromagnetic force: EMFs)은 주파수, 변위와 분포에 따라 다를 수 있기 때문에 per-harmonic 바탕에서 설명되어야 한다. 그러나 각각의 조화에 대한 전류 분포는 정현파 형태이고 완전한 회전자 케이지는 2개의 인접한 봉과 연결되는 단락 링 세그먼트(end-ring segments)로 구성되는 하나의 회전자 루프로 감소될 수 있다. 그러므로, 전기 기계는 다양한 회로 사이에 상호작용을 정의하는데 사용되는 결합 임피던스를 가진 연성된 회로의 시스템으로 간주될 수 있다.

UMP의 계산 과정에서는 주로 다음과 같은 가정들이 이용된다.

- 자속은 공극을 반경 방향으로 교차하는 것으로 가정한다.
- 슬롯 효과는 공극 길이상에서 Carter 계수의 사용에서 고려될 수 있다.
- 포화(saturation) 효과는 무시된다.

3.2.3 불평형 자기 흡인력의 유도

회전자와 고정자 사이에 작용하는 UMP의 계산에 사용되는 기본적인 방법으로는 Maxwell 응력에 기초한 방법과 가상 일(virtual work)의 원리에 기초한 방법이 있다. Maxwell 응력에 기초한 방법은 몇 가지 가정을 가지는 단순화된 모델의 해석적 연구에 일반적으로 널리 사용된다.

UMP의 일반적인 계산 방법은 Maxwell 응력 텐서로부터 면적 적분으로 다음과 같이 구해질 수 있다.

$$\mathrm{F} = \int_s \sigma dS = \int_s \left[\frac{1}{\mu_0}(\mathrm{b} \cdot \mathrm{n})\mathrm{b} - \frac{1}{2\mu_0}\mathrm{b}^2\mathrm{n} \right] ds \tag{3-8}$$

여기서 σ는 Maxwell 응력 텐서, n은 적분 표면 S의 단위 법선 벡터이고 b는 자속 밀도(magnetic flux density)이다. μ_0는 다음과 같이 정의되는 자유 공간에서 공극의 투자율(permeability)로 진공의 투자율이다.

$$\mu_0 = 4\pi \times 10^{-7}\ \text{(H/m)}$$

자계의 세기 H(A/m)가 존재하는 모든 곳에서는 자속 밀도 b(Wb/m^2)가 발생한다. 이들 사이에는

$$b = \mu H = \mu_r \mu_0 H \ (\text{Wb/m}^2 \text{ 또는 T})$$

의 관계가 있고, μ는 매질(medium)의 특성으로 매질의 투자율, μ_0는 진공의 투자율, μ_r는 매질의 비투자율(relative permeability)로서 투자율의 비 μ/μ_0이다. 진공, 전도체(알루미늄, 구리 등), 절연체의 비투자율은 1이다. 그러나 아연, 코발트, 니켈과 같은 강자성 재료(ferromagnetic material)의 비투자율은 통상 수백 ~ 수천 범위의 값을 갖는다. 통상 전기 기기에서는 $\mu_r = 2000 \sim 6000$ 사이의 비투자율을 갖는 강자성 재료가 사용된다. 비투자율이 크다는 것은 전기 기기에서 작은 전류로서 큰 자속 밀도를 만들 수 있는 것을 의미한다.

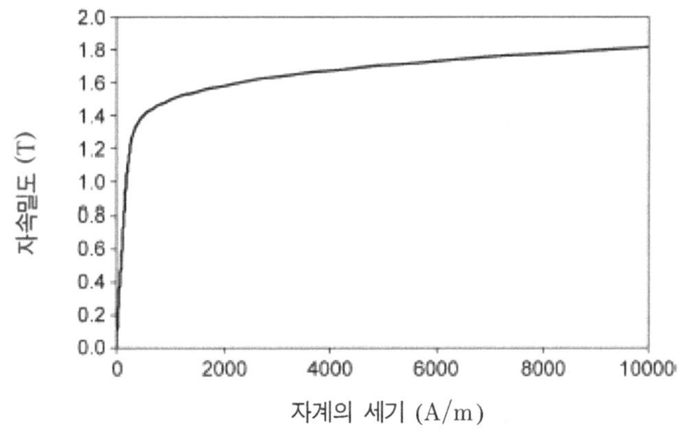

그림 3.12 자화 곡선($b-H$ 곡선)의 예

철심에서 전류가 증가함에 따라 자계가 증가한다면, 철심의 자속 밀도는 그림 3.12와 같이 변화한다. 자속 밀도 b는 자계의 세기 H가 작은 영역에서는 거의 선형적으로 증가하지만, H의 값이 큰 영역에서 b는 비선형적으로 변화하고 자기 재료는 포화(saturation)되었음을 나타낸다. 그림 3.12의 b-H 곡선을 자화 곡선(magnetization curve)이라 한다. 일반적으로 전동기의 적층된 철심(iron core)은 그림 3.12와 같이 자기적으로 비선형 매질 특성을 가진다. 따라서 계산에서는 비투자율은 이 곡선을 이용하여 선형 보간하여 사용한다.

2차원 모델에서는 식(3-8)의 면적 적분은 공극에 따른 선 적분으로 축소된다. 반경 r_i 의 원을 적분 경로로 취하면, 힘은 다음 식으로부터 얻어진다.

$$\mathrm{F}=\int_0^{2\pi}\left[\frac{1}{\mu_0}b_n\, b_t\, e_t+\frac{1}{2\mu_0}(b^2-b_t^2)\, e_n\right]rda \tag{3-9}$$

여기서 b_n, b_t는 각각 자속 밀도의 법선(반경) 성분 및 접선 성분, e_t, e_n은 접선 및 법선 방향의 기초 벡터, α는 원주 방향의 각 좌표(rad)를 나타낸다.

적층 재료(core material)의 투자율이 무한대라 가정하면, 자속 선들은 고정자와 회전자 표면에 수직으로 들어오고 나간다. 그러므로 자속 밀도의 접선 성분 b_t는 무시되고, Maxwell 응력 텐서 σ는 공극 내의 자속 밀도 분포의 법선 성분 b_n으로부터 다음 식과 같이 계산된다.

$$\sigma=\frac{1}{2\mu_0}b_n^2 \ \ (\mathrm{N/m^2}) \tag{3-10}$$

여기서 b_n은 고정자 내부 표면의 원주를 따르는 어떤 특정한 점에서의 공극 장(자속 밀도)을 의미한다. 자속 밀도 분포는 공극 장의 조화 해석(harmonic analysis)을 이용하여 계산될 수 있고, 그러므로 UMP는 회전자 주위의 Maxwell 응력 텐서를 적분함으로써 구할 수 있다.

전통적으로, 공극에 편심이 없고 원주 방향의 공극이 일정하다고 가정된 동심 원의 전동기에서는 접선 성분은 무시될 수 있는 것으로 가정된다. 그러나 편심 회전자에 대해서는 이 가정은 신뢰성이 떨어진다. Binns 등에 의해 발표된 이 결과는 특정 조건 하에서 접선 응력은 중요할 수 있다는 것을 암시하고 있다. 그러나 통상 큰 편심을 피할 수 있다면, 이 가정은 또한 합리적인 것으로 고려될 수 있다.

법선 방향의 공극 장(자속 밀도)은 고정자와 회전자 요소 양쪽으로부터 결정된다.

$$b_n=b_{sn}+b_{rn} \tag{3-11}$$

여기서 아래 첨자 sn과 rn은 각각 고정자(s)와 회전자(r)의 법선 성분(n)을 나타낸다.

자속 밀도의 분포는 공극의 퍼미언스 $\Lambda(\alpha, t)$와 공극 MMF F_{mmf}의 곱으로 계산된다.

$$b_n(\alpha, t) = \Lambda(\alpha, t) F_{mmf}(\alpha, t) \tag{3-12}$$

공극 퍼미언스 $\Lambda(\alpha, t)$와 공극 MMF $F_{mmf}(\alpha, t)$는 일반적으로 균일하지 않은 공극과 권선의 비 정현 분포를 고려하기 위한 공간 조화 성분(spatial harmonics)들의 급수로 표현된다. 공극 내의 총 퍼미언스는 그림 3.13에 보이듯이 회전자 및 고정자 슬롯 퍼미언스, 포화 퍼미언스 그리고 편심 퍼미언스로 이루어진다. 공극 MMF는 고정자 및 회전자 MMF의 합으로 얻어진다. 따라서 MMF 조화 성분들의 각각은 퍼미언스 조화 성분들과의 각각과 상호작용을 하고 일련의 자속 밀도의 조화 성분을 만들어 낸다. 자속 밀도의 해석은 공극에서 작용하는 MMF의 분포를 푸리에 급수 성분으로 표현하고, 공극 퍼미언스는 상수 항과 푸리에 급수 성분들의 합으로 표현되는 개념에 기초하여 이루어진다. 그러므로 이들 급수 성분들 사이의 곱에 의해 다양한 공극 자속 밀도 분포의 급수가 만들어지게 된다.

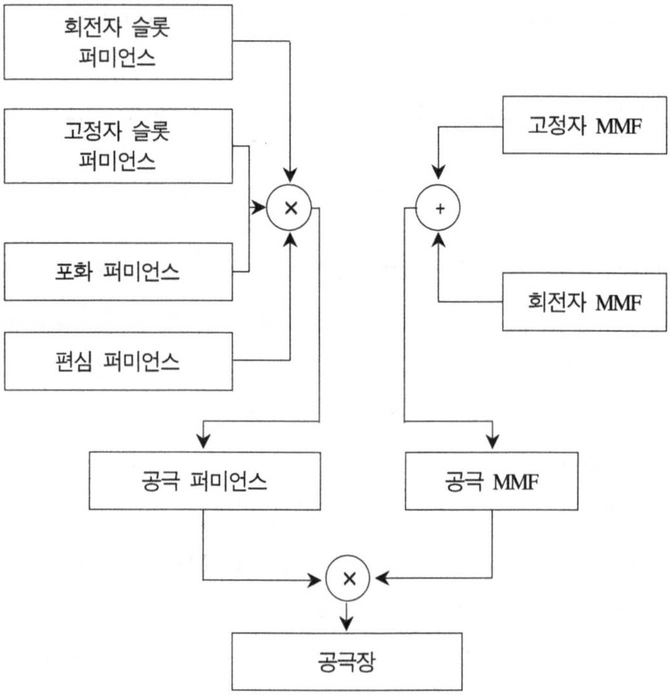

그림 3.13 MMF **퍼미언스파 기법을 이용한 공극 장의 계산**

암페어(ampere)의 주회 법칙(circuital law)에 의하면, 만약 편심 회전자를 가지고도 자속이 공극을 수직으로 교차한다면, 공극 장(air-gap field)은 회전자와 고정자의 퍼미언스 $\Lambda(\alpha, t)$와 전류 밀도(MMF파형) $j(\alpha, t)$로부터 다음의 형태로 유도될 수 있다.

$$b_n(\alpha, t) = \Lambda(\alpha, t) \int \mu_0 \, j(\alpha, t) \, d\alpha \tag{3-13}$$

그러므로 전체 응력은 다음과 같이 주어지고

$$\sigma = \frac{1}{2\mu_0}(b_{sn}^2 + b_{rn}^2 + 2b_{sn}b_{rn}) \tag{3-14}$$

전체 힘 또는 불평형 자기 흡인력은 회전자 표면을 적분함으로써 얻어질 수 있다.

$$F_{ump}(t) = \int_0^L \int_0^{2\pi} \sigma \, d\alpha \, dz \tag{3-15}$$

이 힘은 다음과 같이 직교 좌표계에서 수평 방향(x) 성분과 수직 방향(y)의 성분으로 분리할 수 있다.

$$F_{ump}^x = \int_0^L \int_0^{2\pi} \frac{b_n}{2\mu_0} \cos\alpha d\alpha dz \quad F_{ump}^y = \int_0^L \int_0^{2\pi} \frac{b_n}{2\mu_0} \sin\alpha d\alpha dz \,, \tag{3-16}$$

여기서 z는 전동기의 회전자 축 방향좌표이고, L은 전동기의 축 방향 길이이다. 위 첨자 x는 정적 편심의 방향이나 수평 방향을 나타내고, y는 수직 방향을 나타낸다.

전동기에서 발생하는 UMP 계산의 흐름도는 그림 3.14와 같이 요약하여 나타낼 수 있다.

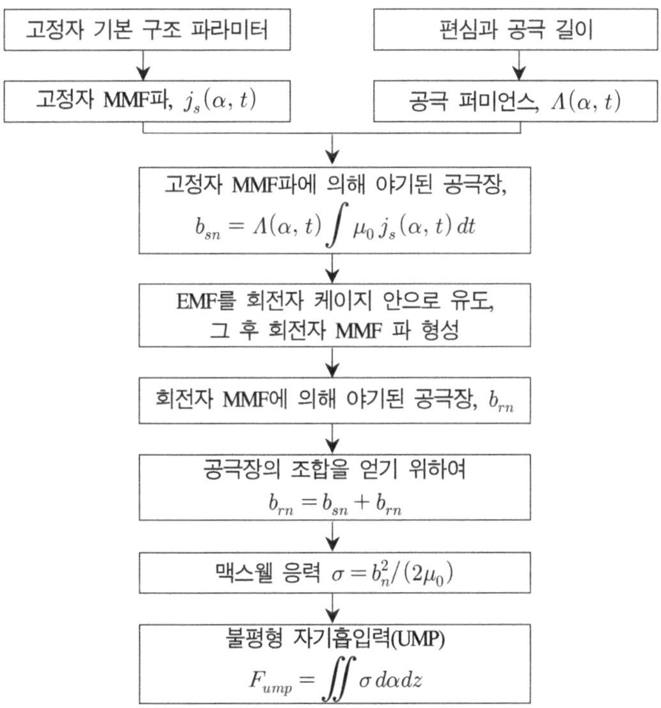

그림 3.14 불평형 자기 흡인력 계산의 흐름도

1) 암페어의 주회 법칙의 적용

도선에 전류가 흐를 때 그 주위에는 자계(magnetic field)가 형성된다. 이 때 자속선(flux line) 또는 자계의 세기(intensity) H의 방향은 암페어의 오른손 법칙에 의해 구해진다. 자계의 세기 H는 자기력이 작용하는 공간을 나타내며, 단위로는 N/Wb 또는 AT/m로 나타낸다. 여기서 Wb는 Weber, AT는 암페어 권선 수(ampere-turns)라 하며 전류와 코일 권선 수의 곱으로 기자력(MMF)의 단위로 사용된다. 오른손으로 도선을 잡을 때 엄지 손가락은 도선에서 전류의 방향을 나타내고 나머지 손가락 끝은 자계 밀도의 방향을 나타낸다. 전류와 자계 밀도 사이의 관계는 암페어의 주회 법칙(ampere's circuit law)에 의해 구할 수 있다.

전동기는 회전 공극 장(rotating air-gap field)의 조화 성분과 고정자 및 회전자 표면 MMF 조화 성분 파형의 항으로 모델링 될 수 있다. 고정자 MMF 파형이 정현파로 변화한다고 가정하면, 고정자 내측 표면에서의 전류 밀도(MMF 파형)는 다음 식과 같이 표현될 수 있다.

$$j_s(\alpha, t) = J_S \sin(\omega t - p\alpha) \qquad (3\text{-}17)$$

여기서 J_s는 전류 밀도의 피크, ω는 전원 주파수(rad/s), p는 평균 반경의 역 수이며, α는 어느 기준점으로부터 공극 원주 둘레의 각도이다.

암페어의 주회 법칙으로부터 공극 장 성분을 유도할 수 있다. 비록 편심된 회전자라 하더라도 만약 자속이 공극을 수직으로 교차한다고 가정하면, Dorrell의 연구 결과에 따라 공극 장은 다음과 같이 유도될 수 있다.

$$b(\alpha, t) = \Lambda(\alpha, t) \int \mu_0\, j_s(\alpha, t) d\alpha \qquad (3\text{-}18)$$

여기서 $\Lambda(\alpha, t)$는 다음에서 정의하는 공극 퍼미언스이다.

2) 공극 퍼미언스

유효 공극은 슬롯, 편심 및 포화 효과에 의해 발생하는 상수 성분과 조화 성분들이 합으로 모델링 된다. 따라서 단위 면적당의 퍼미언스는 다음 식과 같이 표현된다.

$$\Lambda(\alpha, t) = \frac{1}{\delta(\alpha, t)} = \frac{1}{\delta_{sl}(\alpha, t) + \delta_{ec}(\alpha, t) + \delta_{sa}(\alpha, t)} \quad (3\text{-}19)$$

여기서 δ_{sl}은 고정자와 회전자 슬롯 만을 고려하였을 때의 유효 공극, δ_{ec}는 편심에 기인하는 공극의 변화, δ_{sa}는 이 선단(tooth tips)의 포화 효과를 고려하는 공극 내의 가상의 증가를 나타낸다.

고정자와 회전자에서 슬롯의 존재는 평균 공극을 약간 크게 하는 원인이 된다. 이 공극은 그러므로 다음 식과 같이 표현될 수 있다.

$$\delta_{sl}(\alpha,t) = \delta_1(\alpha,t) + \delta_2(\alpha,t)$$

여기서 δ_1과 δ_2는 각각 고정자와 회전자에서 슬롯에 기인하는 공극 길이의 변화이다. 상기 식에서 유효 공극은 Heller와 Hamata에 의해 설명되었듯이 슬롯 형상으로부터 계산되는 계수를 가지는 푸리에 급수를 이용하여 결정될 수 있다.

포화 효과는 기본 공극 자속 밀도와 관련하여 변화하는 가상 공극을 고려함으로써 모델링 할 수 있고, 이 공극의 증가는 다음 식으로 표현된다.

$$\delta_{sa}(\alpha,t) = \delta_s\{1 + \cos 2(\omega t - p\alpha - \phi_{sa})\}$$

여기서 상수 δ_s는 이(tooth), back iron 및 공기의 자화(magnetization) 사이의 관계에 의해 결정된다.

그림 3.15는 어느 한 순간 t에서 고정자 철심에 대해 회전자 편심이 있는 전동기 내의 공극을 보여준다. 그림에서 $xO_s y$는 이 전동기 시스템에서의 관성 좌표계이고, $\zeta O_\sigma \eta$는 회전하는 회전자 상에 고정된 회전 좌표계이다. 여기서 η축은 가장 작은 공극(최소 공극)의 방향에 대응한다. O_s는 고정자의 중심이고, O_r과 O_{rs}는 각각 정

적 편심과 동적 편심에 대응하는 회전자 중심 위치이다. O_{rs}는 전동기가 조립된 후의 일정한 위치이지만, O_r는 회전자 중심의 시간에 의존하는 위치이다.

동심원인 전기 기계에서는 일반적으로 공극은 길이 방향으로 일정하고, 동심 상태의 평균 공극 δ_0는 $\delta_0 = R_{in} - r_o$로 나타낼 수 있다. 이는 회전자와 고정자 사이에 편심이 없는 평균 반경 방향 공극이다. 그러나 만약 정적 편심과 동적 편심이 존재하면, 어느 순간 t에서 점 O_s, a, b 및 c의 기하학적 관계로부터, 길이 ab는 예를 들면, 각도 α에서 공극 길이는 다음과 같이 표현될 수 있다:

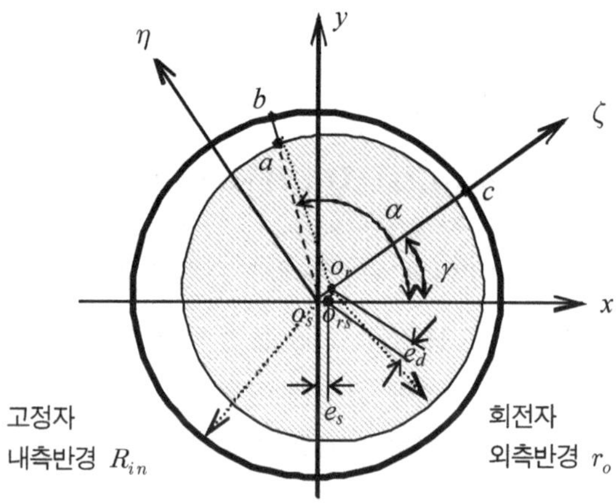

그림 3.15 편심 전동기의 공극

$$\begin{aligned}\delta(\alpha, t) &= \overline{ab} \approx (R_{in} - r_o) - \overline{O_s O_{rs}} \cos\alpha - \overline{O_r O_{rs}} \cos(\alpha - \gamma) \\ &= \delta_0 - e_s \cos\alpha - e_d \cos(\alpha - \gamma) \\ &= \delta_0 \{ 1 - \varepsilon_s \cos\alpha - \varepsilon_d \cos(\alpha - \gamma) \}\end{aligned} \tag{3-20}$$

여기서 $e_s (= \overline{O_s O_{rs}})$는 정적 편심, $e_d (= \overline{O_r O_{rs}})$는 동적 편심, $\varepsilon_s = e_s / \delta_0$, $\varepsilon_d = e_d / \delta_0$는 무차원의 정적 편심과 동적 편심이다. α는 관성 좌표계에서 고정자 표면을 따르

는 각 위치이다. $\gamma = \omega_r t$는 회전 좌표계와 관성 좌표계 사이의 각을 나타내고, 회전자의 회전각속도 ω_r은 $\omega_r = (1-s)\omega/p$이고, 여기서 s는 슬립(slip)이다.

일반적으로 회전자와 고정자 사이에 접촉을 회피하기 위해서는 $e_s + e_d < 1$의 조건을 만족하여야 한다. 식(3-20)에서 γ를 치환하면

$$\delta(\alpha,t) = \delta_0\{1 - \varepsilon_s \cos\alpha - \varepsilon_d \cos(\omega_r t - \alpha)\} \tag{3-21}$$

여기서 δ_0는 공칭 공극(nominal air-gap)이다.

먼저 여기서는 슬롯 및 포화 효과를 무시하고 편심 효과만을 고려하여 유도한다.

암페어의 주회 법칙을 표면 전류 밀도에 적용하기 위하여, 공극 퍼미언스에 대한 식을 얻기 위하여 공극 길이에 대한 역 수를 취한다.

$$\Lambda(\alpha,t) = \frac{1}{\delta(\alpha,t)} = \frac{1}{\delta_0\{1 - \varepsilon_s \cos\alpha + \varepsilon_d \cos(\omega_r t - \alpha)\}} \tag{3-22}$$

공극 퍼미언스는 다음과 같이 푸리에 급수(Fourier series)의 형태로 전개된다.

$$\begin{aligned}\Lambda(\alpha,t) &= \frac{1}{\delta_0}\{\Lambda_0 + \Lambda_1 \cos\alpha + \Lambda_1 \cos(\omega_r t - \alpha) + \cdots\} \\ &= \frac{1}{\delta_0}\sum_{n=0}^{\infty}\{\varepsilon_s \cos\alpha + \varepsilon_d \cos(\omega_r t - \alpha)\}^n \\ &= \sum_{n=0}^{\infty}\Lambda_n \{\cos n\alpha + \cos n(\omega_r t - \alpha)\}\end{aligned} \tag{3-23}$$

여기서 Λ_0는 평균 공극 퍼미언스, Λ_1, Λ_2등은 편심에 기인하는 조화 퍼미언스 성분들이다.

식(3-23)에서 정적 편심만을 고려하면 공극 퍼미언스는

$$\begin{aligned}\Lambda_s(\alpha) &= \frac{1}{\delta_0(1 - \varepsilon_s \cos\alpha)} = \frac{1}{\delta_0}(\Lambda_0 + \Lambda_1 \cos\alpha + \Lambda_2 \cos 2\alpha + \cdots) \\ &= \frac{1}{\delta_0}\sum_{n=0}^{\infty}\Lambda_0 \cos n\alpha\end{aligned} \tag{3-24}$$

로 되고, 조화 퍼미언스 파의 크기는 Cameron(1986) 등에 의해 다음과 같이 주어진다.

$$\Lambda_n = 2\frac{1-\sqrt{1-\varepsilon_s^2)^n}}{\varepsilon_s^n\sqrt{1-\varepsilon_s^2}}(n=0\sim\infty) \tag{3-25}$$

그림 3.16은 식(3-24)를 각각의 정적 편심률에 대해 정규화된 편심 퍼미언스의 변화를 그림으로 나타낸 것이다. 그림 3.17은 정적 상대 편심, 즉 편심률 ε_s의 변화에 대한 조화 성분들의 크기를 나타내었다. 퍼미언스의 모든 조화 성분들이 편심률의 증가에 따라 증가하고, 특히 60% 이상에서는 매우 급격히 증가하고 있다.

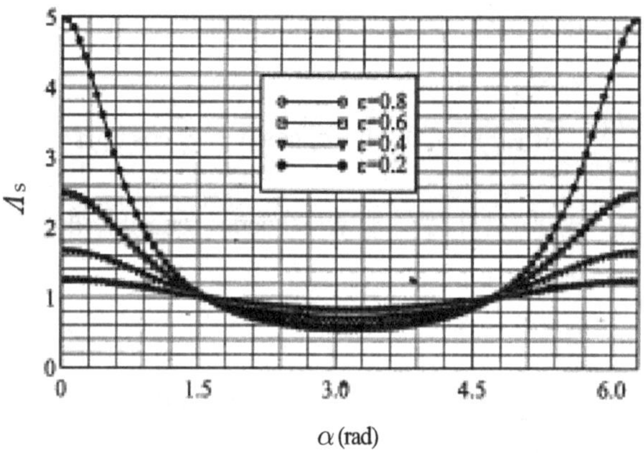

그림 3.16 **정적 편심률에 따른 퍼미언스의 변화**(Guldemir, 2003)

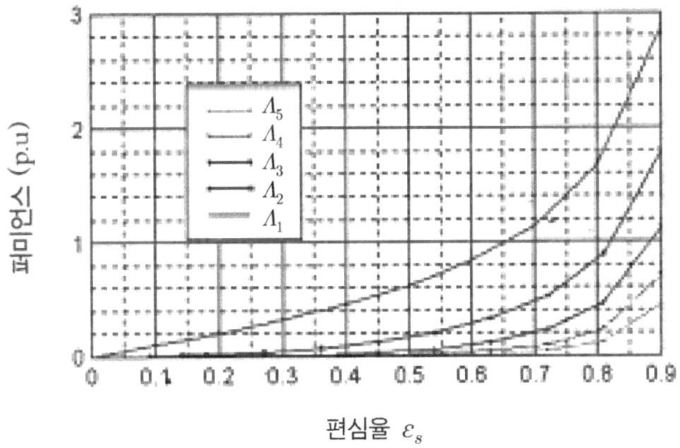

그림 3.17 **정적 편심의 퍼미언스 조화 성분 크기**(Guldemir, 2003)

식(3-23)에서 동적 편심만을 고려하면, 공극 퍼미언스는

$$\begin{aligned}\Lambda_s(\alpha) &= \frac{1}{\delta_0\{1-\varepsilon_d\cos(\omega_r t-\alpha)\}} \\ &= \frac{1}{\delta_0}(\Lambda_0+\Lambda_1\cos(\omega_r t-\alpha)+\Lambda_2\cos(\omega_r t-\alpha)+\cdots) \\ &= \frac{1}{\delta_0}\sum_{n=0}^{\infty}\Lambda_n\cos n(\omega_r t-\alpha)\end{aligned} \tag{3-26}$$

로 되고, 조화 퍼미언스 파의 크기는 Fruchtenicht(1982) 등에 의해 다음과 같이 주어진다.

$$\Lambda_n = \begin{cases} \dfrac{1}{\sqrt{1-\varepsilon_d^2}} & : n=0 \\ \dfrac{2}{\sqrt{1-\varepsilon_d^2}}\left(\dfrac{1-\sqrt{1-\varepsilon_d^2}}{\varepsilon_d}\right)^n & : n>0 \end{cases} \tag{3-27}$$

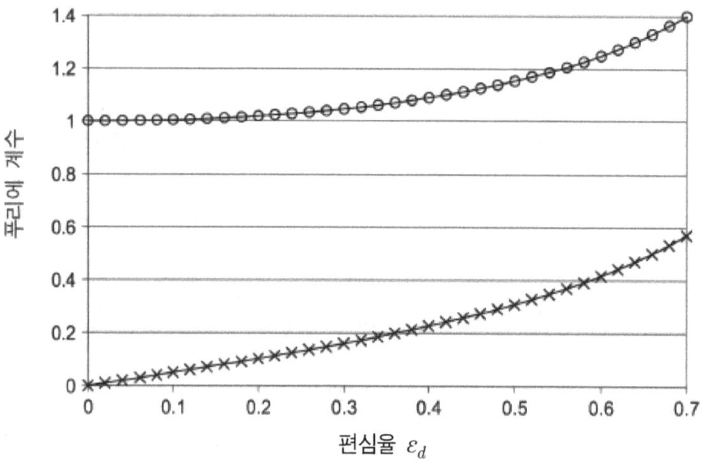

그림 3.18 **퍼미언스 파의 푸리에 계수**(Tenhunen **등**)

그림 3.18은 Tenhunen 등(2003)에 의한 조화 퍼미언스 파의 크기, 즉 식(3-27)의 퍼미언스 파의 1차 및 2차 푸리에 계수 Λ_1, Λ_2에 대한 상대적인 크기를 동적 편심 ($\varepsilon_d = 0 \sim 0.7$)에 대해 나타낸 것이다.

Dorrell의 연구에 의하면, 정적 또는 동적 편심 만이 있는 경우의 푸리에 급수의 계수는 약 40%의 편심, 즉 편심률 0.4에서 2차 조화 성분의 크기가 1차 조화 성분의 단지 20%이고, 또한 1차 조화 계수는 전체의 약 45%의 크기를 갖는 것을 나타내었다. 그러므로 정적 및 동적 편심이 매우 작다는 가정에 의한 식(3-28)의 결과는 실험적인 입증에 근거하여 약 40%까지의 편심에서는 합리적인 근사라고 할 수 있다.

정적 편심과 동적 편심이 매우 작다고 고려하면 $(\varepsilon_s, \varepsilon_d \ll 1)$, 공극 퍼미언스는 고차 조화 성분을 무시하고 다음과 같이 기본파 성분만을 고려하여 간략화 될 수 있다.

$$\Lambda(\alpha, t) = \frac{1}{\delta_0}\{1 + \varepsilon_s \cos\alpha + \varepsilon_d \cos(\omega_r t - \alpha) \qquad (3\text{-}28)$$

그러므로 이 식은 암페어의 주회 법칙을 이용한 간략화된 고정자 공극장 성분을 얻기 위해 사용될 수 있다.

3) 기자력(MMF)과 공극 장

권선의 모든 코일이 고정자의 2개의 슬롯 내에서 N 회수의 권선이 감겨 있는 집중 권선(concentrated winding)을 가정한다. 전류 I가 권선에 흐르면 각도 α에 의해 정의되는 기자력(MMF) F는 점선에 의해 둘러싸인 암페어 권선 수(ampere-turns)로 주어지고, $F(\alpha) = Ni$가 된다. 공극의 기자력 분포는 그림 3.19(b)와 같다. 공극이 균일하고 공극 길이가 δ이며, 고정자와 회전자 철심의 자기 저항을 무시한다. 그러면 공극에서 자속 밀도의 분포는 MMF 분포에 비례하므로 다음과 같다.

$$b(\alpha) = \mu_0 \frac{Ni}{2\delta} \tag{3-29}$$

자속 밀도의 분포는 정현파가 아닌 구형파(square wave)이므로, 자속 밀도는 기본파 성분과 홀수 차수의 조화 성분 성분으로 다음과 같이 표현된다.

$$b(\alpha) = B_{1(\max)}\sin\alpha + B_{3(\max)}\sin 3\alpha + B_{5(\max)}\sin 5\alpha + \cdots = \sum_{n=1,3,5,\cdots} \frac{4B_{\max}}{\pi n}\sin n\alpha \tag{3-30}$$

일 예로 그림 3.19(a)에 MMF파와 그림 (b)에 기본파 성분 B_1, 3차 조화 성분 B_3 및 5차 조화 성분 B_5의 자속 밀도 파형을 보인다. 이 조화 성분의 자속 밀도는 권선에 조화 성분 전압을 유도한다.

실제 대부분의 전동기에서는 조화 성분의 크기를 감소시키기 위해 권선 코일은 보통 여러 개의 슬롯에 분포된 분포 권선(distributed winding)이 사용된다. 그림 3.20은 12개의 슬롯에 감겨있는 것을 나타내고, 분포 권선에 의한 MMF 분포는 그림 (b)에 보이듯이 기본파인 정현 파형에 매우 가까운 형태가 됨을 알 수 있다.

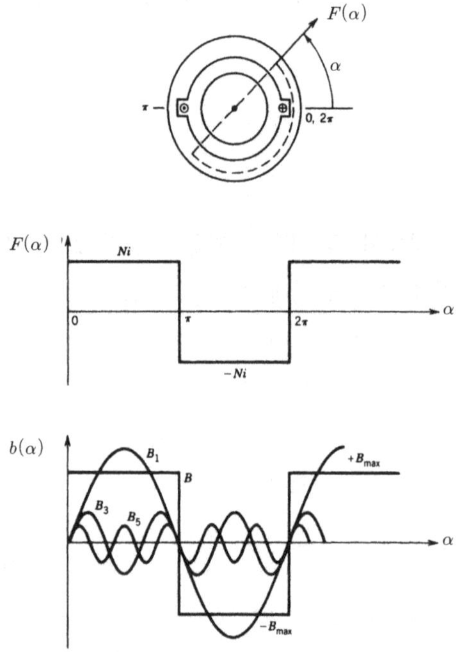

그림 3.19 집중 권선의 MMF와 자속 밀도 분포

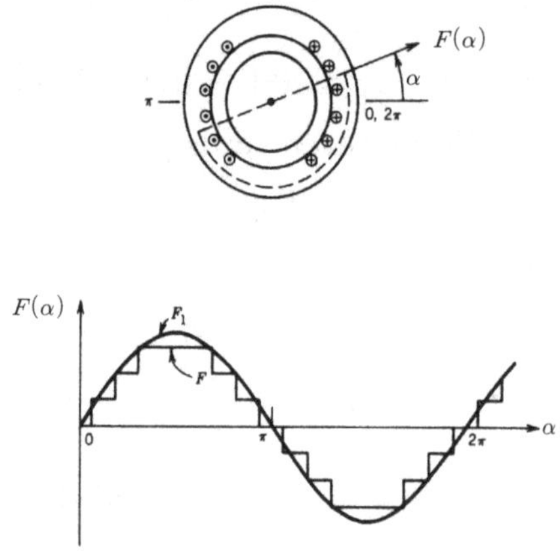

그림 3.20 분포 권선의 MMF 분포

그러나 현실적으로 무수히 많은 슬롯에 분포시킬 수 없고, 유도기의 상 권선은 제한된 개수의 슬롯들 속에 분포되어 있다. 이에 따라 전류가 권선을 통하여 흐를 때 발생하는 MMF는 공극 속에서 비정현파 형태의 모양으로 분포되므로, 공극의 MMF (즉, 자속 밀도) 분포는 기본파 성분과 조화 성분을 포함하게 된다. 분포 권선에 의해 발생된 조화 성분 자속은 공간 조화 성분으로 알려져 있다.

고정자와 회전자 권선 내의 전류의 흐름은 기본파 성분과 함께 공간 조화 성분 MMF의 급수를 생성한다. 따라서 총 MMF는 고정자 MMF와 회전자 MMF의 합으로 다음과 같은 일반적인 형태로 표현될 수 있다.

$$F_{mmf}(\alpha,t) = F_{s0}(\alpha,t) + F_{sh}(\alpha,t) + F_{r0}(\alpha,t) + F_{rh}(\alpha,t) \qquad (3\text{-}31)$$

여기서 F_{s0}는 고정자 기본 MMF파, F_{sh}는 고정자 MMF 조화 성분, F_{r0}는 회전자 기본파 전류에 의해 발생하는 회전자 MMF, F_{rh}는 회전자 전류의 조화 성분에 의해 발생하는 회전자 MMF를 나타낸다. 이하에서는 고정자 MMF와 회전자 MMF를 분리하여 유도한다.

4) 고정자 표면 MMF와 공극 장

전동기는 회전하는 공극 장 조화 성분과 고정자와 회전자 표면의 MMF 조화 성분과 관련하여 모델링 될 수 있다. 고정자 MMF파의 정현 변화를 가정하면, 고정자 표면의 전류 밀도는 식(3-32)와 같이 표현될 수 있다.

$$j_s(\alpha,t)=\sum_{n=-\infty}^{+\infty}\mathrm{Re}\{N_s^n(1+a^{n-1}+a^{1-n})\,I_s\,e^{i(\omega t-np\alpha)}\} \tag{3-32}$$

여기서 $a=\exp(i2\pi/3)$는 3상 전류 사이의 위상차, I_s는 각 상의 rms 전류, n은 조화 성분이며, p는 전동기의 극 쌍수이다. N_s는 다음 식과 같이 표현되는 권선 분배(winding distribution)이다.

$$N_s^n=\frac{1}{2\pi r}\sum_{w=1}^{N_{slot}}k_s\,C_w\,e^{inp\alpha_w} \tag{3-33}$$

여기서 N_{slot}은 직렬 연결된 권선(series connected winding)에 의해 지배되는 슬롯의 수, C_w는 슬롯 내의 권선 수(turns)이며, 부호는 밖으로 나가거나 되돌아 오는 것을 나타낸다. α_w는 주어진 회전자 슬롯의 공간 위치이다. k_s는 슬롯 개방 계수(opening factor)이고, 다음과 같이 표현될 수 있다:

$$k_s=\frac{\sin(np\,b_s/d)}{np\,b_s/d} \tag{3-34}$$

여기서 d는 평균 공극 직경, b_s는 폭(width)이다.

식(3-20), (3-26) 및 (3-27)을 조합하면 다음 식을 얻을 수 있다.

$$
\begin{aligned}
b_s(\alpha,t) &= \Lambda(\alpha,t)\int \mu_0 j_s(\alpha,t)d\alpha \\
&= \left\{\frac{1}{\delta_0}(1+\varepsilon_s\cos\alpha+\varepsilon_d\cos(\omega_r t-\alpha))\right\} \\
&\quad \times\mu_0\sum_{n=-\infty}^{+\infty}\mathrm{Re}\{N_s^n(1+a^{n-1}+a^{1-n})I_s\int e^{i(\omega t-p\alpha)}d\alpha\} \\
&= \{1+\varepsilon_s\cos\alpha+\varepsilon_d\cos(\omega_r t-\alpha)\} \\
&\quad \times\sum_{n=-\infty}^{+\infty}\mathrm{Re}\left\{\frac{\mu_0}{\delta_0}N_s^n(1+a^{n-1}+a^{1-n})I_s\frac{1}{-jnp}e^{i(\omega t-p\alpha)}\right\} \\
&= \sum_{n=-\infty}^{+\infty}\mathrm{Re}\left\{\frac{\mu_0}{np\delta_0}J_s e^{i(\omega t-p\alpha)}(1+\varepsilon_s\cos\alpha+\varepsilon_d\cos(\omega_r t-\alpha))\right\}
\end{aligned}
\tag{3-35}
$$

여기서,

$$J_s = i(1+a^{n-1}+a^{1-n})I_s\sum_{w=1}^{N_{slot}}\left\{\frac{\sin(npb_s/d)}{\pi b_s}C_w e^{inp\alpha_w}\right\}$$

그리고, i는 복소 표현에서 허수 부호이다.

식(3-35)를 확장하고 재배열하면, 고정자 공극 장은 다음과 같이 표현될 수 있다.

$$
\begin{aligned}
b_s(\alpha,t) = \sum_{n=-\infty}^{+\infty} &\{B_s^{np}\cos(\omega t-np\alpha) \\
&+B_{ss}^{np-1}\cos(\omega t-(np-1)\alpha)+B_{ss}^{np+1}\cos(\omega t-(np+1)\alpha) \\
&+B_{sd}^{np-1}\cos((\omega-\omega_r)t-(np-1)\alpha)+B_{sd}^{np+1}\cos((\omega+\omega_r)t-(np+1)\alpha)\}
\end{aligned}
\tag{3-36}
$$

여기서,

$$B_s^{np}=\frac{\mu_0 J_s}{np\delta_0},\qquad B_{ss}^{np\pm1}=\frac{\mu_0 J_s}{2np\delta_0}\varepsilon_s,\qquad B_{sd}^{np\pm1}=\frac{\mu_0 J_s}{2np\delta_0}\varepsilon_d$$

B의 아래 첨자 ss 및 sd는 처음 s는 고정자 공극 장을 의미하고, 두 번째 s 및 d는 각각 정적 편심 및 동적 편심에 의해 야기된 고정자 공극 장을 의미한다.

이들 장은 차례로 회전자 케이지 내에서 전자기력(electromagnetic force: EMF)을 발생시키고, 그리하여 회전자 표면 MMF파를 생성한다. 식(3-36)으로부터 정적 편심과 동적 편심 모두 그들 자신의 $np \pm 1$ 장 성분을 생성함을 볼 수 있고, 그들 사이의 유일한 차이는 회전 속도이다. 식(3-36)은 $p > 1$의 전동기에 해당되고, 2극 전동기는 $p-1$장이 단극(homopolar) 자속인 특별한 경우를 나타낸다. 예를 들면 대상 전동기가 2극 전동기라면, $p-1$장 성분은 공간적으로 공극 둘레로 변하지 않을 것이다.

통상은 1차 조화 성분($n=1$)이 탁월하고, 편심이 작다고 가정하면 단지 기본장(p) 성분과 $p \pm 1$장 성분만을 고려하면 된다. 이 경우에는 식(3-36)은 다음 식과 같이 된다.

$$
\begin{aligned}
b_s(\alpha, t) = B_s^p \cos(\omega t - p\alpha) \\
+B_{ss}^{p-1} \cos(\omega t - (p-1)\alpha) + B_{ss}^{p+1} \cos(\omega t - (p+1)\alpha) \\
+B_{sd}^{p-1} \cos((\omega - \omega_r)t - (p-1)\alpha) + B_{sd}^{p+1} \cos((\omega + \omega_r)t - (p+1)\alpha)
\end{aligned} \tag{3-37}
$$

여기서,

$$
B_s^p = \frac{\mu_0 J_s}{p\delta_0}, \qquad B_{ss}^{p\pm1} = \frac{\mu_0 J_s}{2p\delta_0}\varepsilon_s, \qquad B_{sd}^{p\pm1} = \frac{\mu_0 J_s}{2p\delta_0}\varepsilon_d
$$

5) 회전자 MMF 파와 공극 장

회전자 전류는 고정자 전기장에 의해 회전자에 유도되는 EMF에 의해 생성된다. 고정자 전기장은 식(3-37)에서 고정자 자기장으로부터 유도되고 다음 식과 같다.

먼저 고정자 장을 위한 표현을 회전자 기준 좌표로 변환하기 위해 다음과 같은 좌표 관계식을 이용한다.

$$\alpha = \omega_r t + \alpha' \tag{3-38}$$

여기서 α'는 회전자 기준점으로부터 회전자 원주 방향의 각도이다.

식(3-38)의 회전자 기준 좌표를 이용하여 식(3-37)을 표시하면

$$\begin{aligned} b_s(\alpha',t) &= B_s^p \cos\{s\omega t - p(\alpha' - \phi_1)\} \\ &+ B_{ss}^{p-1}\cos\left(\frac{1+(p-1)s}{p}\omega t - (p-1)\alpha' - p\phi_2\right) \\ &+ B_{ss}^{p+1}\cos\left(\frac{-1+(p+1)s}{p}\omega t - (p+1)\alpha' - p\phi_3\right) \\ &+ B_{sd}^{p-1}\cos\{s\omega t - (p-1)\alpha' - p\phi_4\} \\ &+ B_{sd}^{p+1}\cos\{s\omega t - (p+1)\alpha' - p\phi_5\} \end{aligned} \tag{3-39}$$

여기서 모든 장의 크기는 슬립과 함께 증가한다. EMF는 공극 자속에 대응하는 공극 전기장에 기인하는 회전자 내에 유도될 것이다. 공극 장에 대한 표현은 다음 식을 이용하여 얻을 수 있다.

$$e^z(\alpha',t) = \frac{db(\alpha',t)}{dt}d\alpha'$$

여기서 z는 축 방향(axial direction)을 나타낸다. 그러므로, 공극 전기장은

$$\begin{aligned} e_s^z(\alpha',t) &= E_s^p \cos\{s\omega t - p(\alpha' - \phi_1)\} \\ &+ E_{ss}^{p-1}\cos\left(\frac{1+(p-1)s}{p}\omega t - (p-1)\alpha' - p\phi_2\right) \\ &+ E_{ss}^{p+1}\cos\left(\frac{-1+(p+1)s}{p}\omega t - (p+1)\alpha' - p\phi_3\right) \\ &+ E_{sd}^{p-1}\cos\{s\omega t - (p-1)\alpha' - p\phi_4\} \\ &+ E_{sd}^{p+1}\cos\{s\omega t - (p+1)\alpha' - p\phi_5\} \end{aligned} \tag{3-40}$$

여기서,

$$E_s^p = \frac{-s\omega B_s^p}{p}, \quad E_{ss}^{p\pm1} = \frac{-\{(p\pm1)s\mp1\}\omega B_{ss}^{p\pm1}}{p\pm1}, \quad E_{sd}^{p\pm1} = \frac{-s\omega B_{sd}^{p\pm1}}{p\pm1}$$

주 장(main field)을 위한 전기장 성분과 동적 편심장은 슬립과 자기장과 함께 증가하지만, 정적 편심장은 슬립이 매우 작을 때, 즉 정상 상태 조건 하에서만 단지 자기장과 함께 근사적으로 변화한다. 회전자 내에서 유도되는 EMF는 이들 전기장 성분들과 비례한다.

전기장 성분과 회전자 조화 성분 임피던스의 크기는 다음 식으로 주어지는 회전자 조화 성분 전류 밀도에 의해 지배된다. 고정자장 성분은 회전자 표면 MMF파가 다음 식과 같이 표현될 수 있도록 회전자 전류 j_r를 생성한다.

$$\begin{aligned} j_r(\alpha',t) &= J_r^p \sin\{s\omega t - p(\alpha'-\phi_1)\} \\ &+ J_{rs}^{p-1}\sin\left(\frac{1+(p-1)s}{p}\omega t-(p-1)\alpha'-p\phi_2\right) \\ &+ J_{rs}^{p+1}\sin\left(\frac{-1+(p+1)s}{p}\omega t-(p+1)\alpha'-p\phi_3\right) \\ &+ J_{rd}^{p-1}\sin\{s\omega t-(p-1)\alpha'-p\phi_4\} \\ &+ J_{rd}^{p+1}\sin\{s\omega t-(p+1)\alpha'-p\phi_5\} \end{aligned} \tag{3-41}$$

상기 식으로부터 슬립이 매우 적은($s \ll 1$) 특정 운전 범위에서 정적 편심은 근사적으로 ω/p의 전류 주파수를 가지는 회전자 내에 $p\pm1$ MMF파를 유도한다. 그러나 동적 편심은 $p\pm1$ MMF파를 위한 슬립 주파수($s\omega$)의 전류 성분을 발생시킨다. 회전자 표면에서의 $p\pm1$ MMF파는 전동기가 정적 편심에 대응하는 파에 비해 동적 편심에 대응하는 파로 부하를 받을 때 크기가 급격히 증가할 것이다. Dorrel은 그의 박사논문에서 정적 편심에 기인하는 UMP는 전동기가 무부하로부터 부하가 가해짐으로써 급격히 증가하고, 보조적인 $p\pm1$ 고정자 장들이 선 전류가 예리하게 증가하기 때문에 점점 더 감쇠되지 않는 것을 보였다. 이것은 회전자가 무부하로부터 부하가 가해짐으로써 UMP가 낮아지고 전부하 속도에 가까우면 증가가 시작되는 Dorrel

의 다른 결과와는 대조적이다. 어떻든 모든 회전자 MMF파는 단자 전류(terminal current)의 증가에 기인하여 정상 상태 운전 범위에 걸쳐 부하와 함께 어느 정도 증가할 것이다.

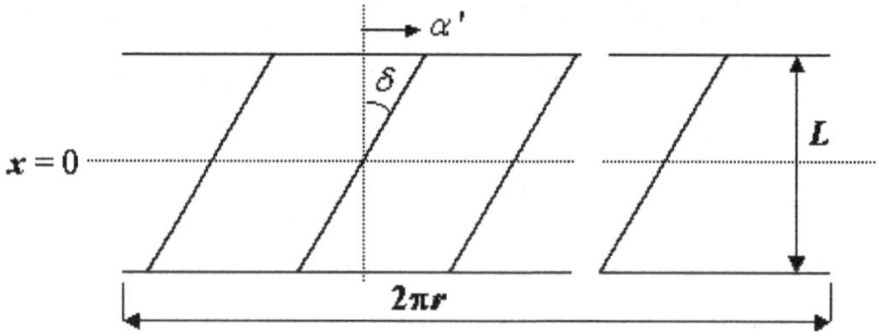

그림 3.21 **회전자 경사**(skew)**의 표시**

고정자 장은 인접한 봉 사이에 흐르는 전류를 유도할 것이다. 문헌 [23]의 연구로부터 케이지의 임피던스가 봉에서 봉까지 그리고 단락 링 둘레에서 일정하다면, 회전자 MMF파는 단지 하나의 루프에서 흐르는 전류의 지식으로부터 얻어질 수 있다는 것을 보여주었다(연결하는 단락 링 세그먼트가 있는 인접한 봉들). 축의 각 측면에서 두 봉의 회전자 루프 분포는

$$n_r^p(z,\gamma) = N_r^p\, e^{-ip\gamma}\, e^{-ip(z/r)\tan\delta}$$

$$N_r^p = \frac{-j}{\pi r}\sin\left(\frac{\pi p}{n_b}\right) \tag{3-42}$$

여기서 γ는 회전 좌표계($\zeta o\eta$)와 관성 좌표계(xoy) 사이의 각도, $\gamma = \omega t - \alpha$, i는 복소 표현의 허수, z는 회전자 케이지 길이를 따르는 축 거리이며, n_b는 회전자 봉의 수, δ는 회전자 케이지의 경사 각도이다(그림 3.21). 다른 회전자 루프의 조화적인 분포에 대하여 존재하는 유사한 등식들이 고정자에 대하여 계산된 것과 같은 방법으로 계산될 수 있다. 회전자 루프의 전체 개수는 봉의 개수와 동일하다.

하나의 회전자 루프에서 가변 고정자 장의 유도 전압은 식(3-43)과 같이 표현될 수 있다.

$$e(z,\gamma,t)=\frac{d(b_s(z,\gamma,t))}{dt} \tag{3-43}$$

그리고 회전자 내에서 p 고정자 조화 성분에 의해 유도된 전체 전압은 식(3-44)에서 적분될 수 있다.

$$u(t)=\int_0^L\int_0^{2\pi r}-e^p(z,\gamma,t)\,n_r^p(z,\gamma)\,d\gamma dz \tag{3-44}$$

여기서 e는 하나의 회전자 루프에서 고정자 장 유도 전압이고, $b_s(z,\gamma,t)$는 식(3-36)으로부터 유도될 수 있는 회전 좌표계에서의 고정자 장으로, 이것은 아래의 좌표 변환을 사용하여 행해진다.

$$\begin{aligned}
&\alpha=\omega_r t+\gamma\\
&b_s(z,\gamma,t)=\sum_{n=-\infty}^{+\infty}\{B_s^{np}\cos[(1-n(1-s))\omega t-np\gamma]\\
&\quad+B_{ss}^{np-1}\cos\left[\frac{(1-n)p+(np-1)s+1}{p}\omega t-(np-1)\gamma\right]\\
&\quad+B_{ss}^{np+1}\cos\left[\frac{(1-n)p+(np+1)s-1}{p}\omega t-(np+1)\gamma\right]\\
&\quad+B_{sd}^{np-1}\cos[(1-n(1-s)\omega t-(np-1)\gamma]\\
&\quad+B_{sd}^{np+1}\cos\left[\frac{(1-n)p+nps+2}{p}\omega t-(np+1)\gamma\right]\}
\end{aligned} \tag{3-45}$$

위의 식을 식(3-43)에 대입하고 식(3-44)과 결합하면 식(3-46)이 되고, 공극에서 전기장에 대한 표현을 나타내고 그럼으로써 공극 자속에 의해 고리(loop)로 유도되는 back-EMF가 계산될 수 있다. p극 쌍 고정자 장은 back-EMF $u(t)$를 회전자 고리 안

으로 유도하여

$$u(t) = \text{Re}\left[\frac{\omega_p 2\pi rL}{kp} k_{sk}^p B_s^P N_r^p e^{j\omega_p t}\right] \tag{3-46}$$

여기서 $p = np-1, np, np+1$, n은 고정자 장의 조화 성분, p는 전동기의 극 쌍수이다.

$$\omega_p = (1-n+ns)\omega$$

그리고 경사 계수(skew factor)는 문헌 [23, 27]에 의해 다음과 같이 주어진다.

$$k_{sk}^p = \frac{2\sin\{0.5pL\tan(\delta)/r\}}{pL\tan(\delta)/r}$$

유사한 등식은 $p\pm1$ 회전자 MMF 파로부터의 p극 쌍을 가진 회전자 장에 대하여 존재할 것이다. 어떻든, 하나의 회전자 고리에 대한 전압 식은

$$u(t) + \text{Re}[(j\omega_p(L_{self} + 2(L_b + L_{er}) + L_{diff}) + 2(R_b + R_{er}))I_r^p e^{j\omega_p t}] = 0 \tag{3-47}$$

여기서 L_{er}과 R_{er}은 연결 단락 링 세그먼트 누설 인덕턴스와 저항이며, 이들은 전동기 시방에 의해 제공된다. L_{self}는 하나의 고리의 유효 회전자 자신 인덕턴스와 모든 다른 p번째 공간적인 조화 고리 전류의 합이다.

$$L_{self} = \frac{2\pi r^3 L\mu_0 n_b \left|N_r^p\right|^2}{\delta_0 p^2}$$

여기서 n_b는 회전자 봉의 개수이고, L_b와 R_b는 유효 봉 누설 인덕턴스와 저항이고, 다음과 같이 정의될 수 있다.

$$R_b = \left[1-\cos\left(\frac{2\pi p}{n_b}\right)\right]R_{bar}, \qquad L_b = \left[1-\cos\left(\frac{2\pi p}{n_b}\right)\right]L_{bar}$$

여기서 R_{bar}와 L_{bar}는 회전자 봉의 인덕턴스와 저항으로서 전동기의 설계 파라미

터에 의하여 제공될 수 있다.

식(3-47)에서 L_{diff}는 공극 미분 누설이고, 다음과 같이 표현될 수 있다.

$$L_{diff}=\sum_{\mu=-\infty}^{\infty}\frac{2\pi r^3 L\mu_0\left|N_r^{p+n_b\mu}\right|^2}{\delta_0(p+n_b\mu)^2}\Bigg|_{\mu\neq 0}$$

전체 유도 시간 조화 back-EMF $u(t)$는 고정자 MMF 파와 다른 공간 회전자 MMF 파에 의한 것이고, 이들은 공극 변조에 의해 이 조화 성분을 연결한다. 식(3-46)과 유사한 식이 각 고정자 MMF 파에 대하여 유도될 수 있다. 고정자의 슬립과 전원 주파수를 측정을 통해 안다고 하면, 식(3-47)에서 회전자 전류는 고려되는 각 고정자 MMF 파에 대한 3개의 연립 방정식을 풂으로써 얻어질 수 있다.

회전자가 편심이 있다고 보면, p 공간 MMF 파에 의한 p번째 공간 회전자 공극 자속 밀도는 다음과 같이 표현될 수 있다.

$$b_r^p(z,\alpha,t)=\mathrm{Re}\left\{B_r^p e^{j(\omega t-p\alpha-pz\tan(\delta)/r)}\right\} \tag{3-48}$$

여기서,

$$B_r^p=\frac{j\mu_0 n_b N_r^p I_r^p}{\delta_0 p/r}$$

반면에, p번째 공극 장 조화 성분은 공극 퍼미언스에 의해 변조되는 $p\pm 1$ 공간 MMF 파에 의해 야기될 수 있다.

$$b_{r(p-1)}^p(z,\alpha,t)=\mathrm{Re}\{B_{r(p-1)}^p e^{j(\omega t-p\alpha-(p-1)z\tan(\delta)/r)}\} \tag{3-49}$$

여기서,

$$B_{r(p-1)}^p=\frac{j\mu_0 n_b N_r^{p-1} I_r^{p-1}}{\delta_0(p-1)/\gamma}\varepsilon_d$$

이것은 약간 다른 공간 이동을 보여준다. 전동기의 축 길이를 따라서 다른 정도의 공간 이동과 연관하여 퍼미언스 변조에 의하여 고려되는 각각의 회전자 MMF 파에 대한 공극 $p-1, p, p+1$장 요소가 있을 것이다.

만약 주요 조화 성분들이 식(3-36)에 있는 것들로서 고려된다면, 식(3-36), (3-48) 및 (3-49)를 대입하고, 이는 모든 고정자와 회전자 공극 요소들로 이루어진 어떠한 특정한 점에서의 공극 장을 산출한다. 즉, 공극 내에서의 자속 밀도 분포는

$$\begin{aligned} b(\alpha,t) &= B^p \cos(\omega t - p\alpha - \theta_1) \\ &+ B_{(s)}^{p-1} \cos\{\omega t - (p-1)\alpha - \theta_2\} + B_{(s)}^{p+1} \cos\{\omega t - (p+1)\alpha - \theta_3\} \\ &+ B_{(d)}^{p-1} \cos\{(\omega - \omega_r)t - (p-1)\alpha - \theta_4\} + B_{(d)}^{p+1} \cos\{(\omega + \omega_r)t - (p+1)\alpha - \theta_5\} \end{aligned} \tag{3-50}$$

여기서 θ_i는 고정자 MMF와 회전자 MMF에 의해 상호 작용하는 위상이고, $B^p, B^{p\pm 1}$은 자속밀도 조화 성분의 진폭을 나타낸다. 첨자 s는 정적 편심에 의해 야기되는 요소들을 의미하고, d는 동적 편심에 의해 야기되는 요소를 의미한다.

식(3-50)을 제곱하여 식(3-13)과 (3-14)에 대입하면 회전자 경사를 가진 주어진 정적 편심과 동적 편심에 의해 야기되는 UMP의 결과 식을 얻을 수 있다. 식(3-50)의 제곱을 정성적으로 분석하면, 다음과 같은 몇 가지 현상을 관찰할 수 있다.

- 식(3-50)의 우변 첫째 항의 제곱인 주 장(main field)은 60 Hz 전원 주파수의 2배인 120 Hz의 진동을 일으키고, 이 장의 크기가 지배적이다.
- 정적 편심은 부가적인 120 Hz의 진동 성분을 발생시키고, 이는 정적 편심에 의해 120 Hz의 진동에서 주목할 만한 증가를 기대할 수 있지만, 심각하지는 않다.
- $p\pm 1$ 고정자 공극 장은 기본적인 p극 쌍(pole-pair) 장으로부터 편심의 정도에 의해 크기가 정해진다. 정적 편심에 의한 두 번째와 세 번째 항의 크기는 첫째 항에서의 기본적인 장의 크기보다 훨씬 작다. Dorell의 최근 연구 결과는 정적 편심에 의한 UMP는 식(3-50)에서의 장만이 고려된다면 무부하에서 전부하까지 일정하다는 것을 보였다.
- 동적 편심은 회전 주파수 성분의 진동에 더하여 전원 주파수의 2배수가 아닌 진동 주파수 성분을 발생시킨다. 위의 식으로부터, 이 힘의 파형은 여현(cosine) 항의 합과 차로부터 유도됨을 알 수 있다. 그러므로, 동적 편심에 의한 전원

주파수의 2배수가 아닌 주파수는 회전주 파수 f_r, $2(f_s \pm f_r)$ 및 회전 주파수의 2배수 $2f_r$이다. 또한 작은 $2f_s$ 진동이 있지만, 이는 일반적으로 평가하기 어렵다.

식(3-50)에서 보면, 공극 장 $b(z, \alpha, t)$는 고정자와 회전자 공극 성분들로 이루어진다. 식(3-16)으로부터 유도된 UMP에 대한 표현의 각 요소는 2개의 공간 장 조화 성분들의 곱에 의한 것이고, 회전자가 동적 편심을 나타낼 때, 이것은 다음의 형태가 될 것이다.

$$F_{m,n}(t) = \frac{\pi r L}{4\mu_0} \mathrm{Re}(k_{sk}^l \; B^m \; B^n \; e^{\pm j\omega_r t}) \tag{3-51}$$

여기서 k_{sk}는 앞에서 정의된 경사 계수이다. $|m-n|=1$ (예, 2개의 공간 장 조화 성분 사이의 극 쌍 차이는 1). 예로 정적 편심의 경우는 $\omega_r = 0$이므로, 다음 식과 같이 유도된다.

$$F_{m,n}(t) = \frac{\pi r L}{4\mu_0}(k_{sk}^l B^m B^n)$$

전체 UMP는 극 쌍의 수가 1만큼 차이 나는 고정자와 회전자 장 성분의 모든 다른 조합의 합이다. 이것들은 동적인 UMP는 그 자체가 회전 속도이고 정적 UMP는 정적 흡인력(steady pull) 임을 보여준다.

만약, 고정자 장만을 고려한다면, $l=0$이 되고, 말하자면 k_{sk}의 지수는 0과 같다. 그러므로, 경사는 UMP에 어떠한 영향을 미치지 않는다. 만약 고정자와 회전자 장 사이에 상호작용이 있다면 경사 계수의 지수는 $p \pm m$이 되고, 경사 회전자를 가진 높은 극 수의 전동기에서는 이들 UMP의 상당한 감소가 있을 수 있다. 이것은 고정자와 회전자 공극 장 사이의 관계를 고려할 때 중요하다. 사실상, 회전자 장은 매우 작은 값의 슬립에서는 고정자의 반대 위상(anti-lagging)에 약 90도 처짐에서 시작하지만, 전동기에 부하가 걸림에 따라서, 고정자 장에 대한 반대 위상 근처로 매우 빨리 접근한다. 식(3-50)에서 $p \pm 1$ 고정자 장은 동일한 위상을 갖지만 ε_s나 ε_d에 의하여 줄어들므로, p와 $p\pm1$ 고정자 장의 곱(product)은 실수이고 양의 값이다. 유사한 경우는 회전자 장에 대하여 존재한다. 그러나, 고정자 장과 회전자 장의 곱은 음의 값을 만들 것이고, 이들은 말하자면, UMP를 감쇠하는 항들이다. 감쇠 항들은 회전자-회전자 장 상호작용$(m=0,1,2)$보다 더 높은 경사 계수 누승(power)$(m=p,\ p\pm1,\ p\pm2)$을 갖기 용이하므로, 경사는 특히 높은 극 수의 전동기에서 UMP 감쇠 항들의 축소로 인하여 UMP를 증가시킬 것이다.

6) 공극 자속 밀도

공극 자속 밀도는 앞에서 설명하였듯이 공극 퍼미언스와 MMF의 곱으로 얻어진다. 이들의 특성을 완전히 고려한 곱 계산은 다음과 같이 많은 항들을 포함한다.

- 기본 자속밀도 파
- 고정자 권선 조화 성분
- 고정자 슬롯 조화 성분
- 회전자 슬롯 조화 성분
- 회전자 조화 성분
- 포화 조화 성분
- 편심 조화 성분

이들 자속 밀도파의 진폭, 주파수 및 조화 성분 차수를 표 3.1에 정리하였다.

표 3.1 자속 밀도 파 성분의 특성

성분	진폭	각주파수	조화 성분 차수
기본 자속 밀도파	$\Lambda_0 F_{s0}$	ω	$v=p$
고정자 권선 조화 성분	$\Lambda_0 F_{sh}$	ω	$v=p(6k\pm1)$
고정자 슬롯 조화 성분	$\Lambda_1 F_{s0}$	ω	$v=kN_s\pm p$
회전자 슬롯 조화 성분	$\Lambda_2 F_{s0}$	$\omega\,[1\pm kN_r(1-s)/p]$	$u=kN_r\pm p$
회전자 조화 성분	$\Lambda_0 F_{dh}$	$\omega\,[1\pm kN_r(1-s)/p]$	$u=kN_s\pm v$
포화 조화 성분	$\Lambda_{sa} F_{s0}$	$\omega,\ 3\omega$	$p, 3p$
편심 조화 성분	$\Lambda_{ec} F_{s0}$	ω	$p+1,\ p-1$

표 3.1에서 k는 양의 정수, N_s와 N_r은 각각 고정자와 회전자 슬롯 수이다.

그러나 실제적인 측면에서는 이들 항을 모두 고려하여 해석하는 것은 일반적으로 매우 어려우므로, 단지 중요한 자속 밀도 항만을 고려하여 UMP를 평가하고 있다.

3.2.4 불평형 자기 흡인력의 간략 식

1) 위의 유도에 근거한 UMP의 간이 계산식

UMP의 계산을 간소화하기 위하여 고정자 기본(fundamental) MMF 파와 무부하 조건만이 고려되었다. 전기 기계의 기본 원리에 의하면, 무부하 조건하의 3상 유도 전동기에서의 공극의 기본 MMF는 식(3-52)와 같이 표현될 수 있다.

$$F_{mmf}(\alpha,\ t)=F_r\cos(\omega t-p\alpha) \tag{3-52}$$

여기서, F_r은 전동기의 시방에서 주어질 수 있는 회전자 유도 전류의 기본 MMF이다. 공극 장(자속 밀도)은 식(3-13)에 의해 얻어질 수 있고 식(3-53)과 같이 유도된다.

$$b(\alpha,t) = \Lambda(\alpha,t)\int \mu_0 j(\alpha,t)d\alpha = \mu_0 \Lambda(\alpha,t)F_{mmf}(\alpha,t) \tag{3-53}$$

식(3-23)과 (3-52)를 식(3-53)에 대입하면

$$b(\alpha,t) = \left[\frac{\mu_0}{\delta_0}F_r\cos(\omega t - p\alpha)\right]\sum_{n=0}^{\infty}\{\varepsilon_s\cos\alpha + \varepsilon_d\cos(\omega_r t - \alpha)\}^n$$

위의 식을 확장하고 재배열하여, 무한 급수의 처음 2차(two order)만을 취한다.

$$\begin{aligned} b(\alpha,t) &= c_0\cos(\omega t - p\alpha) \\ &+ \sum_{i=-1,i\neq 0}^{1}\left[c_1\cos\{\omega t-(p+i)\alpha\} + c_2\cos\{\omega t-(p-2i)\alpha\}\right. \\ &\quad + c_3\cos\{(\omega+i\omega_r)t-(p+i)\alpha\} + c_4\cos\{(\omega+2i\omega_r)t-(p+2i)\alpha\} \\ &\quad \left.+ c_5(\cos\{(\omega+i\omega_r)t-p\alpha\} + \cos\{(\omega+i\omega_r)t-(p+2i)\alpha)\}\right] \end{aligned} \tag{3-54}$$

여기서,

$$c_0 = \frac{\mu_0 F_r}{2\delta_0}(2+\varepsilon_s^2+\varepsilon_d^2),\quad c_1 = \frac{\mu_0 F_r\varepsilon_s}{2\delta_0},\quad c_2 = \frac{\mu_0 F_r\varepsilon_s^2}{4\delta_0}$$

$$c_3 = \frac{\mu_0 F_r\varepsilon_d}{2\delta_0},\quad c_4 = \frac{\mu_0 F_r\varepsilon_d^2}{4\delta_0},\quad c_5 = \frac{\mu_0 F_r\varepsilon_s\varepsilon_d}{2\delta_0}$$

단지 p와 $p\pm1$ 고정자 기본 MMF 파만이 고려되었고, 제곱을 한 후 식(3-16)에 대입하면, 다음과 같이 된다.

$$F_{ump}^{x}=\frac{\pi RL}{2\mu_0}\times\begin{cases}(3c_0c_3+8c_5c_1+c_3c_5)\cos(\omega_r t)/2 \\ +(2c_0c_1+2c_3c_5)\cos(2\omega t)/2+c_3c_5\cos(2\omega_r t) \\ +(c_0c_3+c_5c_1)\cos((2\omega-\omega_r)t)+c_5c_1\cos((2\omega+\omega_r)t) \\ +c_3c_5\cos((2\omega\pm 2\omega_r)t)/2+(c_1^2+3c_0c_1+4c_3c_5)/2 & p=1 \\ \\ \quad (4c_0c_3+8c_1c_5+c_3c_5)\cos(\omega_r t)/2 \\ \quad +c_3c_5\cos(2\omega_r t)) \\ \quad +2c_3c_5+2c_0c_1+0.5c_1^2 & p\geq 2\end{cases}$$

$$F_{ump}^{y}=\int_0^L\int_0^{2\pi}\frac{b^2}{2\mu_0}\sin(\alpha)d\alpha dz$$

$$=\frac{\pi RL}{2\mu_0}\times\begin{cases}2\pi c_3c_0\sin(\omega_r t)+(\pi c_0c_3+\pi c_1c_5)\sin((2\omega-\omega_r)t) \\ +(1.5\pi c_1c_5)\sin((2\omega+\omega_r)t)+(\pi c_0c_1+\pi c_3c_5)\sin(2\omega t) & p=1 \\ +\pi c_3c_5\sin(2\omega_r t)/2+\pi c_5c_3\sin((2\omega-2\omega_r)t) \\ \\ \quad 2\pi c_0c_3\sin(\omega_r t)+0.5\pi c_3c_5\sin(2\omega_r t) & p\geq 2\end{cases}$$

상세한 유도 과정은 길고 복잡하므로, 부록에 나타내었다

2) 경험 식에 근거한 UMP의 간이 계산식

측정된 회전자의 진동에 근거한 UMP에 관한 또 다른 간소화된 계산식은 다음과 같이 표현될 수 있다.

$$F_{ump} = \frac{LDB^2}{16K_\delta}\left[k_1\frac{e}{\delta_0} + k_2\left(\frac{e}{\delta_0}\right)^3\right]\times 10^3 \tag{3-55}$$

여기서 e는 측정된 고정자 중심에 대한 회전자 중심의 상대적인 진동이고, L과 D는 각각 전동기 회전자의 길이와 직경이다. B는 회전자와 고정자 사이의 공극에서의 평균 자속 밀도이고, K_δ, k_1, k_2는 각각 전동기의 상수로서 일반적으로, $0.8 \le k_1 \le 1.0$, $0.9 \le k_2 \le 1.5$, K_δ는 전동기의 유형, 권선 구조 및 전동기의 다른 파라미터에 관계한다. δ_0는 회전자와 고정자가 동심일 때의 반경 틈새이다. UMP는 가장 작은 공극의 방향에서의 값이다.

3) 선형화된 UMP의 간이 계산식

회전자의 편심은 동적 편심만을 고려하면, 공극 길이 δ는 식(3-21)로부터 각도 α와 시간 t의 함수이다.

$$\delta(\alpha, t) = \delta_0\{1-\varepsilon_d\cos(\omega_r t-\alpha)\} \tag{3-56}$$

공극 퍼미언스 Λ는 공극 길이의 역수이고

$$\begin{aligned}\Lambda(\alpha) &= \frac{1}{\delta_0\{1-\varepsilon_d\cos(\omega_r t-\alpha)\}}\\ &= \frac{1}{\delta_0}(\Lambda_0 + \Lambda_1\cos(\omega_r t-\alpha) + \Lambda_2\cos 2(\omega_r t-\alpha) + \cdots)\\ &= \frac{1}{\delta_0}\sum_{n=0}^{\infty}\Lambda_n\cos n(\omega_r t-\alpha)\end{aligned} \tag{3-26}$$

로 되고, 조화 퍼미언스파의 크기는 Fruchtenicht(1982) 등에 의해 다음과 같이 주어진다.

$$\Lambda_n = \begin{cases} \dfrac{1}{\sqrt{1-\varepsilon_d^2}} & : n = 0 \\ \dfrac{2}{\sqrt{1-\varepsilon_d^2}}\left(\dfrac{1-\sqrt{1-\varepsilon_d^2}}{\varepsilon_d}\right)^n & : n > 0 \end{cases} \tag{3-27}$$

MMF는 공극 내에서 여현 곡선과 같이 분포된다고 가정하면, 다음 식과 같이 표현된다.

$$F_{mmf}(\alpha, t) = F_{\max}\cos(\omega t - p\alpha) \tag{3-57}$$

따라서 자속 밀도 $b(\alpha,\ t)$는 MMF와 공극 퍼미언스의 곱이다.

$$b(\alpha, t) = F_{mmf}(\alpha, t)\ \Lambda(\alpha, t) \tag{3-58}$$

여기서는 극 쌍 수가 1보다 큰 전동기만을 고려한다($p > 1$). 따라서 회전자 주위의 자속 밀도의 적분은 0이 된다는 가정에 의해 단극 자속(homopolar flux)은 무시된다. 그러므로 공극 퍼미언스의 1차 조화 성분만을 고려하면, 식(3-58)로부터 공극에서의 자속 밀도 분포는

$$\begin{aligned} b(\alpha, t) = {} & B_p\cos(\omega t - p\alpha) \\ & + B_{p-1}\cos\{(\omega - \omega_r)t - (p-1)\alpha\} \\ & + B_{p+1}\cos\{(\omega + \omega_r)t - (p+1)\alpha\} \end{aligned} \tag{3-59}$$

여기서 자속 밀도의 조화 성분 진폭은 $B_p = F_{\max}\Lambda_0$ 및 $B_{p\pm1} = F_{\max}\Lambda_{p\pm1}$이다.

따라서 회전자와 고정자 사이의 UMP의 수평(x) 및 수직 방향(y) 성분은 회전자 외부 표면에 대해 적분함으로써 다음 식과 같이 얻어진다.

$$F_x = \int_0^{2\pi} \frac{b(\alpha,t)^2}{2\mu_0} RL\cos\alpha d\alpha$$
$$F_y = \int_0^{2\pi} \frac{b(\alpha,t)^2}{2\mu_0} RL\sin\alpha d\alpha \tag{3-60}$$

여기서 R, L은 각각 회전자의 외부 반경 및 길이이다.

결과적으로 휘돌림 주파수 ω_r로 회전하는 반경 방향의 힘 벡터가 얻어지고, 다음 식과 같은 복소수 형태로 주어진다.

$$F_{ump} = \frac{\pi RL}{2\mu_0}(B_p B_{p-1} + B_p B_{p+1})\{\cos(\omega_r t - \alpha) + i\sin(\omega_r t - \alpha)\} \tag{3-61}$$

이 힘 벡터의 진폭은 MMF의 진폭 $F_{\max}$가 일정하기 때문에 단지 퍼미언스 파의 진폭 Λ에만 의존되고, 이 값에 비례한다. 따라서 퍼미언스 파의 진폭 Λ는 퍼미언스 파의 진폭 Λ_0와 Λ_1의 푸리에 계수의 곱으로 되고, 다음 식과 같다.

$$\Lambda = \left(\frac{\mu_0}{\delta_0}\right)^2 \left(\varepsilon_d + \frac{3}{4}\varepsilon_d^3 + \frac{7}{8}\varepsilon_d^5 + \frac{51}{64}\varepsilon_d^7 + \cdots\right) \tag{3-62}$$

식(3-62)의 첫 항은 선형 항이고, 나머지 항들은 비선형 항을 나타낸다. UMP가 회전자의 변위, 즉 휘돌림 운동의 반경에 비례한다고 하는 선형 가정은 비선형 항을 모두 무시한 것을 의미한다. 동적 편심률 ε_d가 클수록 비선형 항의 크기가 증가하여 오차가 크게 되므로, 동적 편심률이 작은 경우에만 선형 가정이 타당하다.

4) 상 전압 불평형에 의한 UMP의 계산식

각 상 권선은 정현 파형에 가까운 기자력(MMF) 파형을 발생하며, 서로 공간적으로 120°의 전기 각으로 떨어져 있다. 3상 권선에 평형 3상 전류가 흐른다고 가정하면, 3상 2극에서의 각 상 a, b, c의 순시 상 전류(phase current)는 다음 식과 같이 표현된다.

$$\begin{aligned} i_a &= I_m \cos \omega t \\ i_b &= I_m \cos(\omega t - 120^\circ) \\ i_c &= I_m \cos(\omega t + 120^\circ) \end{aligned} \tag{3-63}$$

상 전류가 각각의 상 권선에 흐를 때, 각 상 권선은 공간적으로 정현파 형태의 MMF 파형을 발생시킨다. 각 상의 축을 따라서 MMF는 진동하고 상의 축에서 MMF의 최대치가 유지된다. 그림 3.22에서 a상 축으로부터의 각도를 α로 취하면, 순간적인 시점에서 각 상의 MMF는 α를 변수로 하는 공극의 합성 MMF를 다음 식과 같이 만들게 된다.

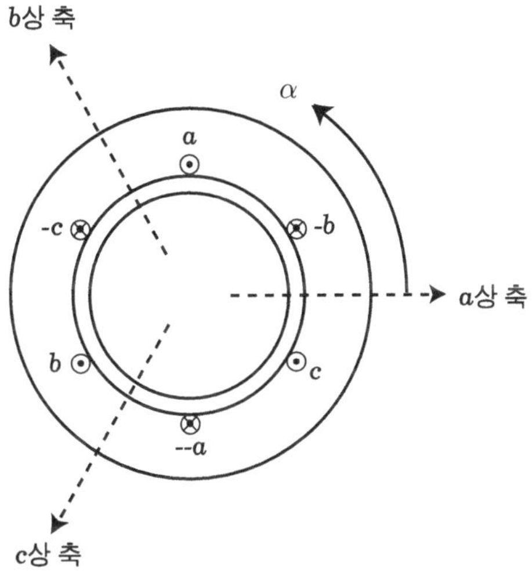

그림 3.22 2극 3상 고정자 권선의 개략도

$$F_{mmf}(\alpha) = F_{a,mmf}(\alpha) + F_{b,mmf}(\alpha) + F_{c,mmf}(\alpha) \tag{3-64}$$

순간 시점에서 각 상 권선에서 발생하는 MMF는 정현 파형의 분포 파형으로서 그 크기는 상 전류의 순시치에 비례하며 최대치는 상 권선의 축에서 결정된다. 각도에 따른 각 상의 기본 MMF는 다음과 같다.

$$\begin{aligned} F_{a,mmf} &= Ni_a \cos\alpha \\ F_{b,mmf} &= Ni_b \cos(\alpha - 120^\circ) \\ F_{c,mmf} &= Ni_c \cos(\alpha + 120^\circ) \end{aligned} \tag{3-65}$$

여기서 N은 각 상에서의 유효 권선 수(effective number of turns), I는 각 상에 흐르는 전류이다. 따라서 α 위치에서 합성 기자력(MMF)은

$$F_{mmf} = Ni_a \cos\alpha + Ni_b \cos(\alpha - 120^\circ) + Ni_c \cos(\alpha + 120^\circ) \tag{3-66}$$

여기서 각 상의 전류는 시간 함수로서 식(3-63)으로 정의되며, 이를 식(3-66)에 대입하면

$$\begin{aligned} F_{mmf} = &Ni_m \cos\omega t \cos\alpha \\ &+ Ni_m \cos(\omega t - 120^\circ)\cos(\alpha - 120^\circ) \\ &+ Ni_m \cos(\omega t + 120^\circ)\cos(\alpha + 120^\circ) \end{aligned} \tag{3-67}$$

상기 식을 삼각 항등식의 관계를 이용하여 다시 쓰면

$$\begin{aligned} F_{mmf} &= \tfrac{1}{2}NI_m\cos(\omega t - \alpha) + \tfrac{1}{2}NI_m\cos(\omega t + \alpha) \\ &\quad + \tfrac{1}{2}NI_m\cos(\omega t - \alpha) + \tfrac{1}{2}NI_m\cos(\omega t + \alpha - 240^\circ) \\ &\quad + \tfrac{1}{2}NI_m\cos(\omega t - \alpha) + \tfrac{1}{2}NI_m\cos(\omega t + \alpha + 240^\circ) \\ &= \tfrac{3}{2}NI_m\cos(\omega t - \alpha) = \tfrac{3}{2}F_{\max}\cos(\omega t - \alpha) \end{aligned} \tag{3-68}$$

이는 일정 각속도 $\omega(=2\pi f)$로서 회전하는 MMF 파형을 나타내며, p극기의 분당 회전수는 $n=120f/p$이다. 최대 MMF $F_{\max}(=NI_m)$은 Arnold에 의해

$$F_{\max}=0.9\frac{k_w z I_s}{\pi p} \tag{3-69}$$

로 주어진다.

상 전압의 불평형을 고려하면, 기자력의 불평형에 의한 UMP에 영향을 미치게 된다. 상 전압 불평형이 발생할 때, MMF 파형은 다음과 같은 불평형이 발생한다. 즉, 3상 중 1상, 예로 a상에 $(1-u)\%$의 불평형이 발생하였다고 가정할 때, 상 a의 전압은 공칭 전압(normal value) V의 uV (Volt), 즉 $u\%$이고, 상 b, c는 공칭 전압 V를 가지게 된다. 따라서 3상 권선의 각각에 발생하는 상 전류는

$$\begin{aligned} i_a &= uI_m\cos\omega t \\ i_b &= I_m\cos(\omega t-120^\circ) \\ i_c &= I_m\cos(\omega t+120^\circ) \end{aligned} \tag{3-70}$$

따라서 전체 MMF 파형은 각 상의 MMF 파형의 기여 합력으로 다음과 같이 유도된다.

$$F_{mmf}(\alpha, t)=\left(1+\frac{u}{2}\right)F_{\max}\cos(\omega t-\alpha)-\frac{1}{2}(1-u)F_{\max}\cos(\omega t+\alpha) \tag{3-71}$$

3.3 반경 진동과 고정자 전류에 대한 불평형 자기 흡인력의 영향

3.3.1 소음 원과 진동 원

Ishibashi 등은 소형 유도 전동기, 특히 4극과 6극 전동기에서의 진동의 대부분은 UMP에 의해 발생하는 진동으로부터의 결과라고 보고하였다. 편심에 의해 발생하는 UMP는 고정자 코어에 작용할 수 있고, 고정자 권선에 불필요하고 잠재적으로 유해한 진동을 발생시킨다. 또한 회전자와 고정자 사이에 접촉(rubbing)을 야기할 수 있어서 결과적으로 코어와 감김 및 회전자 케이지에 손상을 줄 수 있다. 이는 고정자 권선의 절연 파손, 또는 회전자 봉이나 단락 링(end-rings)의 절단을 야기할 수 있고, 그 결과 대형 고전압 유도 전동기에서는 엄청난 수리비용을 지불하게 될 수 있다. Guo는 UMP가 있는 경우와 없을 때 단순 회전체인 Jeffcott(회전체) 모델에서 변위 진폭을 비교하였다. 이는 UMP가 있을 때, 회전 주파수 요소를 제외한 다른 주파수 성분들이 나타나고, 또한 진폭이 증가하는 것을 보였다.

3.3.2 전동기 회전자-베어링 시스템의 고유 진동수 감소

Belmans는 UMP 때문에 전자기적으로 유도된 스프링 계수와 감쇠 계수가 발생하고, 이는 고유 진동수의 감소와 전체 감쇠비(damping ratio)의 변화를 초래한다고 생각하였다. Guo는 고유 진동수와 4극 전동기 회전자-베어링 시스템의 MMF파의 크기와의 관계를 나타내었으며, 이는 고유 진동수가 MMF파의 크기와 함께 감소할 것이라는 것을 명확히 하였다.

3.3.3 고정자 전류에서 측대역파(sideband) 전류

전류 조화 성분들은 $f_L \pm f_r$(Hz)[24, 25]에 대응하는 주파수의 고정자 전류 스펙트럼에서 관찰되었다. 여기서 f_L는 전원 주파수, f_r은 회전자의 회전 주파수이다. 이것은 동적으로 편심이 있는 회전자와 함께 존재하는 약간의 내재하는 정적 편심 때문이다. 이것은 회전자의 편심에 의한 기본적인 MMF 파의 퍼미언스 변조에 의하여 보여질 수 있다. 이들 측대역파 전류의 크기는 동적 편심과 정적 편심 모두의 정도와 회전자 케이지에 의한 변조 장 요소의 감쇠에 매우 의존한다.

정적 편심과 동적 편심은 모두 고정자 선 전류(line current)의 측대역파 전류 크기의 변화를 야기하고, 이 변화는 정적 편심과 동적 편심의 조합된 효과이다. 또한, 거의 0(nominal zero)의 동적 편심 또는 정적 편심이 있을 때 하위 측대역파 전류는 무부하에서부터 전부하까지 감소하지만, 두 형태의 편심의 상당한 정도가 있다면 전동기에 부하가 부가될 때, 약간 달라진다. 예를 들면, 상위 측대역파 전류는 동적 편심과 함께 변하지만, 무부하 조건 하에서의 진폭은 전부하 상태보다 훨씬 높다. 정적 편심은 측대역파 전류가 전동기 부하 증가와 함께 거의 일정하게 된다. 만약 두 형태의 편심이 존재한다면, 무부하 상위 측대역파 진폭은 전부하 조건에서의 진폭보다 훨씬 커진다. 이것은 더 낮은 측대역파 특성과 대조적이다. 간단히 말하면, 편심이 약간 증가하더라도, 측대역파 전류의 크기가 증가한다.

3.4 전자기력의 계산 결과

이 장에서 UMP를 평가하기 위해 두 가지의 프로그램을 나타내었다. 첫 번째 프로그램(이하 Program 1)은 상전압 불평형(u)을 고려한 다음 식을 이용하여 코딩(coding)한 프로그램이다.

$$
\begin{aligned}
F_x = \frac{3}{16}\frac{\pi l r A_0^2}{\mu_0 \delta_0} \{ & 2(u^2+u+1)e_s \cos\alpha + (2u^2+2u-1)\, e_s \cos\alpha \cos 2\omega_0 t + (2u+1)\, e_s \sin\alpha \sin 2\omega_0 \\
& + 2(u^2+u+1)\, e_d \cos(\omega_r t+\beta) + (2u+1)\, e_d \sin 2\omega_0 t \sin(\omega_r t+\beta) \\
& + (2u^2+u-1)\, e_d \cos 2\omega_0 t \cos(\omega_r t+\beta) \}
\end{aligned}
$$

$$
\begin{aligned}
F_y = \frac{1}{16}\frac{\pi l r A_0^2}{\mu_0 \delta_0} \{ & (2u^2+2u+14)\, e_s \sin\alpha + (6u+3)\, e_s \cos \sin 2\omega_0 t \\
& + (2u^2+2u-13)\, e_s \sin\alpha \cos 2\omega_0 t + (2u^2+2u+14)\, e_d \sin(\omega_r t+\beta) \\
& + (6u+3)\, e_d \sin 2\omega_0 t \cos(\omega_r t+\beta) + (2u^2+2u-13)\, e_d \cos 2\omega_0 t \sin(\omega_r t+\beta) \}
\end{aligned}
$$

(3-72)

여기서 $A_0 = \dfrac{\mu_0 F_{\max}}{\delta_0}$ 이다.

두 번째 프로그램(이하 Program 2)은 기자력파를 구하기 위해 전류치를 대입하여야 하며, 이것을 구하는 과정이 Program 1과 다르다. 그림 3.23은 모든 파라미터들을 유도전동기의 등가 직병렬 회로로 나타낸 것이다.

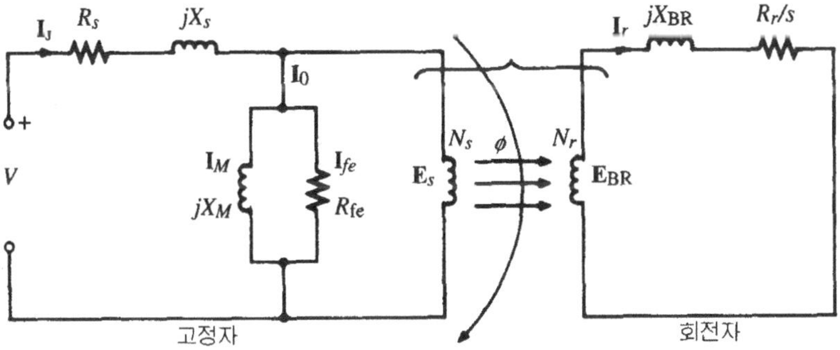

그림 3.23 유도 전동기의 등가 회로

그림 3.23에서 R_s는 고정자 저항, R_r은 회전자 저항, R_{fe}는 기준 저항(reference resistance), X_s는 고정자 누설 리액턴스, X_{BR}은 회전자 구속 리액턴스(blocked reactance), X_m은 자기 리액턴스(magnetic reactance)를 나타낸다.

고정자와 회전자에 대한 위의 파라미터들을 대입하여 등가 회로에 흐르는 전류를 구하고, 그 값을 다음 식(3-73)에 대입하여 기자력파를 구하여 식(3-72)의 UMP를 구 하는 방식이 Program 2의 계산 방법이다.

$$F_{\max} = \frac{0.9}{\pi}\frac{k_w\, z\, I_s}{p} \tag{3-73}$$

두 종류의 프로그램으로 계산하고 그 결과를 실제 회사에서 현재 사용되고 있는 간이식으로 계산한 값과 비교한 결과를 나타낸다 계산 결과는 수평 방향의 힘과 수직 방향의 힘 그리고 이들 힘의 실효치(rms치)로 나타내었다. 표 3.2는 계산에 사용된 실제 생산되는 전동기 모델 HRQ7-453에 대한 파라미터를 나타낸다.

표 3.2 전동기의 각종 파라미터

파라미터	치수	파라미터	치수
고정자 내측 반경	0.175 m	극 쌍 수	1 (2극)
회전자 외측 반경	0.1728 m	권선 계수(winding factor)	0.7946
회전자 봉 길이	0.617 m	극당, 상당 권선 수	96
공기 투자율	$4\pi \times 10^{-7}$H/m	입력 전압	6600 V
상 불평형	0	각 상 전류	36.40 A
정적 편심	5%, 0.11 mm	평균 공극	2.2 mm
동적 편심	5%	선 주파수	60 Hz
초기 각	$6\pi/4$ rad	자속 밀도	0.57 tesla
슬립율	0.0084	회전자 저항(RSTA)	0.7525Ω
포화도	100%	회전자 권선 리액턴스	8.27Ω
초기 공극	2.2 mm	자기 저항(XMA)	411.779Ω
고정자 상 수	3	회전자 권선 저항	0.6086Ω
고정자 권선 수	192		

그림 3.24는 수직 방향의 정적 편심을 5% 고려한 경우의 Program 1에 대한 계산 결과를 나타낸다. 정적 편심 위치의 초기 위상을 수직 아래 방향으로 가정했기 때문에, 수평 방향의 UMP는 0축의 상하로 대칭적으로 이동하지만, 수직 방향의 UMP는 하래로 이동한 상태에서 변동하고 있고, 그림 (b)에서 벡터들이 그림과 같이 분포됨을 볼 수 있다. UMP의 실효치는 4,102 N이다.

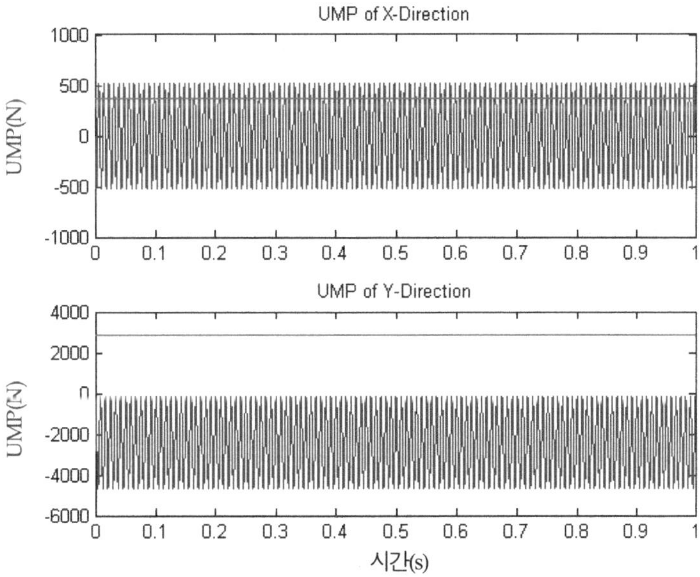

(a) 수평 및 수직 방향의 UMP 파형

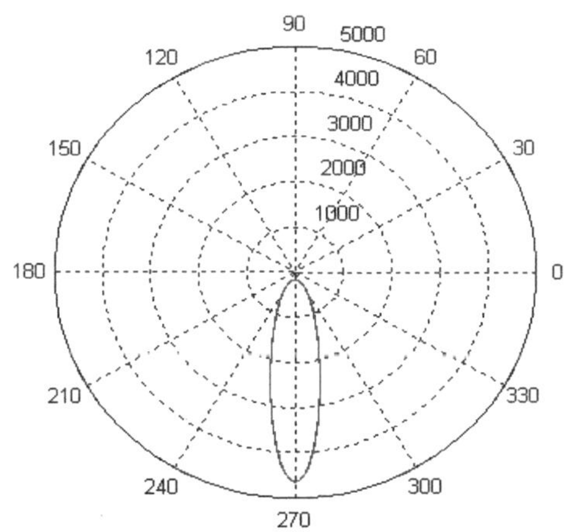

(b) 극좌표 상의 UMP

그림 3.24 Program 1**의 계산 결과 (정적 편심만** 5% **고려)**

그림 3.25는 수직 방향의 정적 편심을 5% 고려한 경우의 Program 2에 대한 계산 결과를 나타낸다. Program 1과 마찬가지로 정적편심의 초기 위상을 수직 아래방향으로 가정하였다. UMP의 실효치는 5,296 N이다.

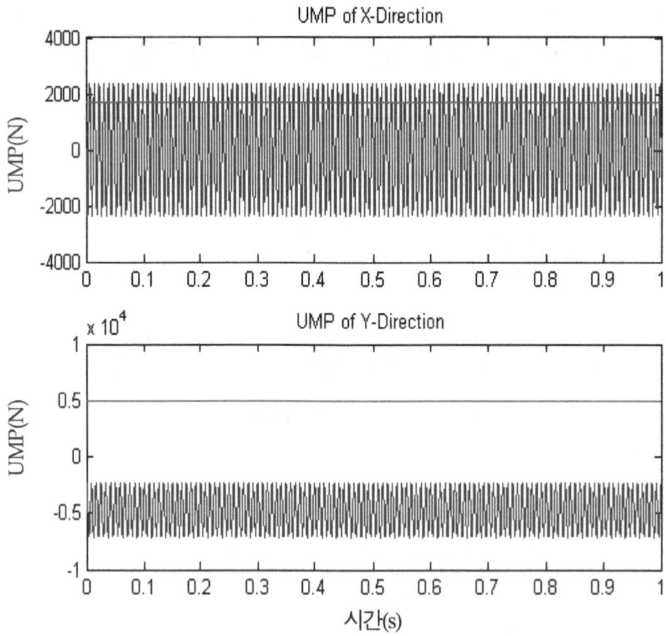

(a) 수평 및 수직 방향의 UMP 파형

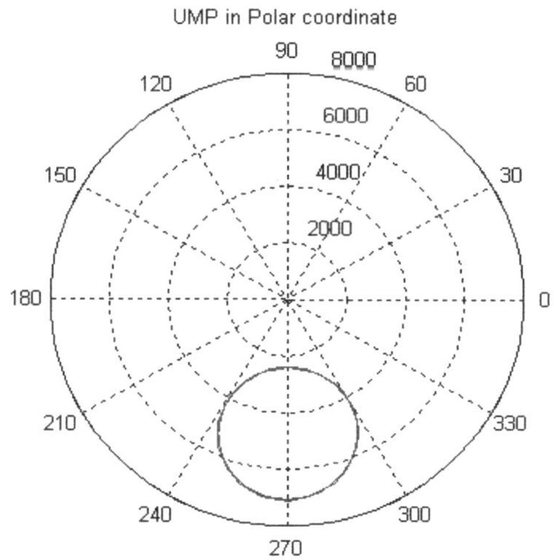

(b) 극좌표 상의 UMP

그림 3.25 Program 2의 계산 결과 (정적 편심만 5% 고려)

그림 3.26은 수직 방향의 정적 편심 5%와 동적 편심 5%를 동시에 고려한 경우, Program 2에 대한 계산 결과를 나타낸다. 정적 편심만이 작용하는 경우와 달리 동적 편심에 의해 파형이 일정하지 않고 변동하는 것을 알 수 있다. UMP의 실효치는 6,926 N이다.

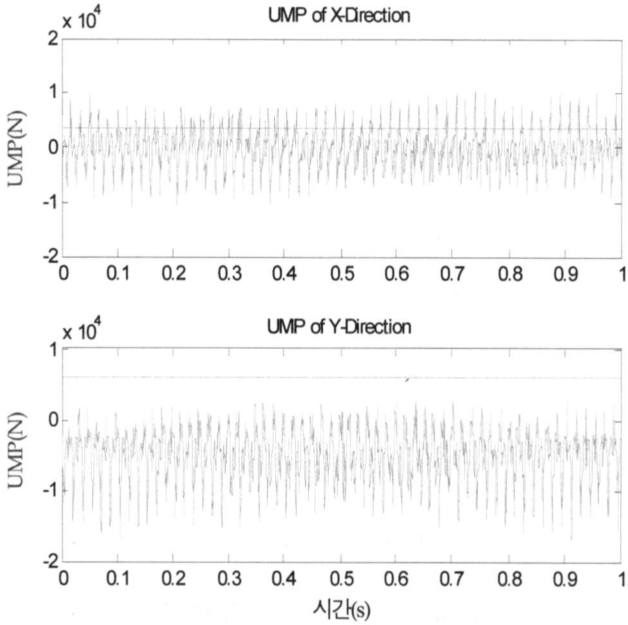

(a) 수평 및 수직 방향의 UMP 파형

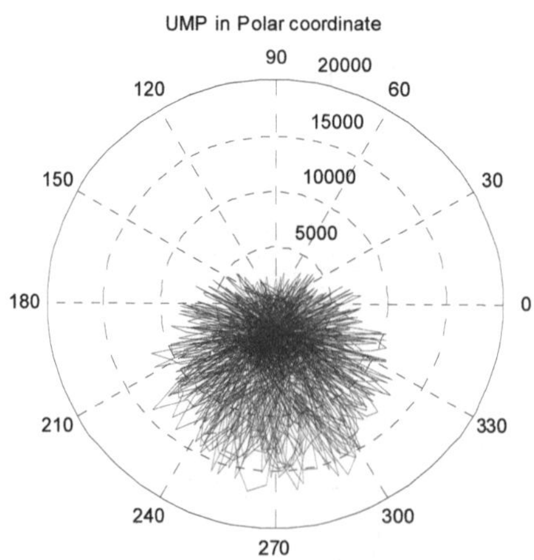

(b) 극좌표 상의 UMP

그림 3.26 Program 2**의 계산 결과 (정적 편심** 5%, **동적 편심** 5% **고려)**

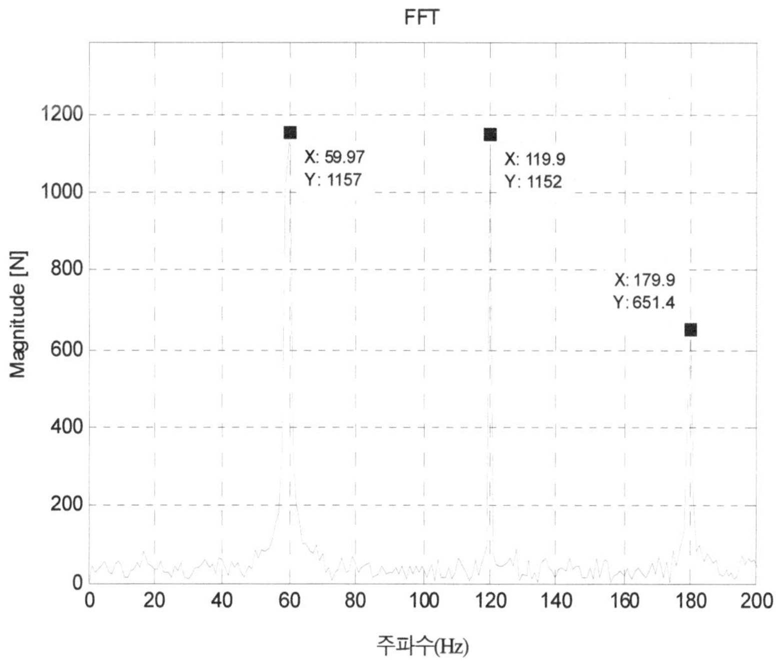

그림 3.27 UMP의 주파수 스펙트럼

그림 3.27은 UMP 파형의 주파수 스펙트럼을 구한 것이다. 전원 주파수 (60 Hz) 및 2배수 (120 Hz), 3배수 (180 Hz) 성분들이 발생하고 있다. 특히 2배수 성분이 크게 발생하고 있고, 이는 정적 편심 및 동적 편심에 기인한다.

현재 국내 H중공업에서 전동기 축계 해석시 UMP를 평가를 위해 사용하고 있는 Cochan 식은 식(3-74)와 같고, Siemens사에서 사용하는 간이 식은 식(3-75)이다

$$UMP_{cocrhan} = \frac{1}{2\mu_0} B^2 \pi D_2 L \varepsilon_s \tag{3-74}$$

$$UMP_{siemens} = 0.003 D_2 L \times 10^6 \times 9.8 \tag{3-75}$$

Cocrhan 식에서 변수는 자속 밀도 B, 고정자 내경 D_2, 철심(core) 길이 L 및 정적

편심량 ε_s이다. Siemens 식은 편심량을 고려하지 않고, 전동기의 크기, 즉 고정자 내경과 철심 길이만으로 결정된다.

이들 식과 Program 1 및 Program 2의 결과를 비교하기 위해, 표 3.3의 데이터를 이용하였다. 표 3.4는 정적 편심을 5%, 10%, 15% 및 20%로 변화하였을 때의 4가지 방법에 의한 UMP의 계산 결과를 비교한 것이다. Program 1과 Program 2의 결과는 정량적으로 차이는 있으나 어느 정도 일치하고 있으나, Siemens 식은 편심량의 크기에 따른 영향을 반영하지 못하고 있다. Cocrhan 식은 Program 1과 Program 2의 결과의 중간 정도의 값을 제시하지만, 편심이 증가하면 급격히 증가하는 문제가 있다.

표 3.3 전동기 파라미터

파라미터	치수
공기 투자율	4×10-7 H/m
자속 밀도	0.57 tesla
고정자 내측 반경	0.350 m
회전자 봉 길이	0.617 m
정적 편심	5 ~ 20%

표 3.4 편심률의 변화에 따른 UMP 계산 결과의 비교

계산 방법	전자기력 (N)			
	5%	10%	15%	20%
Program 1	4,102	8,204	12,307	16,409
Program 2	5,296	9,739	13,539	16,840
Cocrhan	4,330	8,660	12,990	17,320
Siemens	6,269	6,269	6,269	6,269

3.5 결 언

이 장에서는 불평형 자기 흡인력(UMP)에 미치는 각종 파라미터의 영향을 검토하고, UMP를 계산할 수 있는 평가 식을 체계적으로 유도하였다. 그리고 이를 계산하기 위한 프로그래밍을 개발하여, 산업 현장에서 사용되고 있는 간이식과의 계산 결과를 비교 검토하였다.

향후 수행되어야 할 과제로는 UMP를 고려한 안정성이 양호하고 신뢰할 수 있는 전동기의 동적 설계 기술을 확보하기 위해 다음 사항을 들 수 있다.

- 전동기 회전자의 안정성 해석(stability analysis)
- 전동기 회전자베어링 시스템의 굽힘 진동에 대한 전자기력의 영향 해석
- 고정자 선 전류에 관한 전자기력 영향의 정량적 분석

【참고문헌】

[1] S.P. Verma, A. Balan, Experimental investigations on the stators of electrical machines in relation to vibration and noise problems, IEE, 1997, pp. 74-80.

[2] G. Singh, S. Ahmed, Induction machine drive condition monitoring and diagnostic research- a survey, Electrical power system research, 64(2003), pp. 145- 158.

[3] F. lshibashi, S. Noda, M. Mochizuki, Numerical simulation of electromagnetic vibration of small induction motors, IEE Proc. Electr. Power Appl., 145(6), 1998, pp. 528-534.

[4] D.G. Dorrel, W.T. Thomson, S. Roach, Analysis of airgap flux, current and vibration signals as a function of the combination of static and dynamic airgap eccentricity in 3-phase induction motors, IEEE, 1995, pp. 563-570.

[5] A.C. Simith, D.G. Dorrel, Calculation and measurement of unbalanced magnetic pull in cage induction motors with eccentric rotors, part I: Analytical model, Proc IEE on Electric power applications, 143(3), pp. 193-201.

[6] P. Von Kaehne, Report Ref. Z/T-142, Electrical research association, U.K. Unbalanced magnetic pull in rotating electrical machines. Survey of published work, 1963.

[7] K.J. Binns, M. Dye, Identification of principal factors causing unbalanced magnetic pull in cage induction motors, Proc. IEE 120, 1973, pp. 349-354.

[8] A. Swann, Effects of rotor eccentricity on the magnetic field in the airgap of a non-salient-pole machine, Proc. IEE, 110(5), 1963, pp. 903-915.

[9] M. Bradford, Unbalanced magnetic pull in a 6-pole induction motor, Proc. IEE, 115, 1968, pp. 1619-1627.

[10] R. Belmans, A. Vandenput, W. Geysen, Influence of unbalanced magnetic pull on the radial stability of flexible-shaft induction machines, Proc. IEE, 134(2), 1968, pp. 101-109.

[11] A. Arkki, O. Lindgren, Unbalanced magnetic pull in a high speed induction motor with an eccentric rotor, Proc. ICEM'94, 1968, Paris, pp. 53-58.

[12] D.G. Dorrel, A.C. Simith, Calculation of UMP in induction motors with series or parallel windings, IEEE Trans on energy conversion, 9(2), 1994, pp. 304- 310.

[13] D.G. Dorrel, A.C. Simith, Calculation and measurement of unbalanced magnetic pull in cage induction motors with eccentric rotors, part II: Experimental investigation, Proc IEE on Electric power applications, 143(3), pp. 202-210.

[14] E.W. Summers, Vibration in 2-pole induction motors related to slip frequency, Transactions of the American IEE 74, 1955, pp. 69-72.

[15] J. Fruchtenicht, H. Jordan, H.O. Seinsch, Running instability of cage induction motors caused by harmonic fields due to eccentricity. Part 1. Electromagnetic spring constant and electromagnetic damping coefficient. Part 2. Self-excited transverse vibration of the rotor, Archives of Elektrotech, 65, 1982, pp. 271-292.

[16] R. Belmans, W. Geysen, H. Jordan, A. Vanenput, Unbalanced magnetic pull and homopolar flux in three-phase induction motor with eccentric rotors, Proceedings, International Conference on Electrical Machines-Design and Application, London, 1982, pp. 916-921.

[17] R. Belmans, W. Geysen, H. Jordan, A. Vanenput, Unbalanced magnetic pull in three-phase two-pole motors with eccentric rotor, Proceedings, International Conference on Electrical Machines-Design and Application, London, 1982, pp. 65-69.

[18] S. Salon, M. Debortola, D. Burrow, C. Slavik, Calculation of circulating current between parallel windings in induction motors with eccentric rotor by the finite element method, Proceedings, International Conference on Electrical Machines-Design and Application, London, 1992, pp. 371-375.

[19] M.J. Debortola, S.J. Salon, D.W. Burrow, C.J. Slavik, Electric of rotor eccentricity and parallel windings on induction machine behaviour: a studyusing finite element

analysis, IEEE 1ransactions on Magnetics, 29, 1993, pp. 1676-1682.

[20] D.G. Dorrel, Calculation of unbalanced magnetic pull in small cage induction motors with skewed rotors and dynamic rotor eccentricity, IEEE, 11(3), 1996, pp. 483-488.

[21] D. Guo, F. Chu, D. Chen, The unbalanced magnetic pull and its effects on vibration in a three-phase generator with eccentric rotor, Journal of sound and vibration, 254(2), 2002, pp. 279-312.

[22] S. Williamson, H. Mirzoian, Analysis of cage induction motors with stator winding faults, IEEE Trans., 1985, pp. 93-100.

[23] D.G. Dorrell, Calculation of unbalance magnetic pull in cage induction machine, PhD thesis, University of Cambridge, 1993.

[24] W.T. Thomson, On-line current monitoring to diagnose shaft misalignment in three-phase induction motor drive systems, Proc ICEM, 1994, pp. 238-243.

[25] A. Stavrou, J. Penman, The on-line quantification of air-gap eccentricity in induction machines, Proc ICEM, Paris, 1994, pp. 261-266.

[26] S.J. Chapman, Electric machinery fundamentals, Boston: McGraw-Hill, 1999.

[27] A.E. Fitzgerald, C. Kingsley, Jr., S.D. Umans, Electric machinery, the 4th Ed., McGraw-Hill, 1992.

[27] B.S. Yang, Y.H. Kim, B.G. Son, Instability and unbalance response of large induction motor rotor by unbalanced magnetic pull, Journal Vibration and Control, 10(3), pp. 387-395, 2004.

[28] R. Becerril-Arreola, M. Maggiore, Modeling for control of a three degrees-of-freedom magnetic levitation system, Systems Control Group Report No. 0204, March 17, 2003.

[29] D.G. Dorrell, Experimental behaviour of unbalanced magnetic pull in 3-phase induction motors with eccentric rotors and the relationship with tooth saturation, IEEE Trans. on Energy Conversion, Vol. 14, No. 3, pp.304-309, 1999.

[30] A. Tenhunen, T. P. Holopainen, A. Arkkio, Effects of saturation on the forces in induction motors with whirling cage rotor, IEEE Trans. on Magnetics, Vol. 40, No.2, pp.766769, 2004.

[31] C.I. McClay, S. Williamson, The variation of cage motor losses with skew, IEEE Trans. on Industry Applications, Vol. 36, No. 6, pp.1563-1570, 2000.

[32] S.L. Nau, The influence of the skewed rotor slots on the magnetic noise of three-phase induction motor, IEE Conference on EMD97, pp.396-399, 1997.

[33] S. Williamson, T.J. Flack, A.F. Volschenk, Representation of skew in time-stepped two-dimensional finite-element models of electrical machines, IEEE Trans. on Industry Applications, Vol. 31, No. 5, pp.1009-1015, 1995.

[34] S. Nandi, et al., IEEE Trans. on Energy Conversion, Vol. 17, No. 3, 2002.

[35] 김선화, 유도전동기의 불평형 자기흡인력 및 이를 고려한 회전자 축계의 진동평가, 부경대 석사학위 논문, 2007

【부 록】

식(3-25)를 확장하고 재배열하여, 다음과 같이 공극 장을 구하기 위하여 단지 p와 $p\pm1$ MMF 파만을 고려하면

$$\begin{aligned} b(\alpha,t) = c_0\cos(\omega t - p\alpha) + \sum_{i=-1,i\neq0}^{1} \big[c_1\cos(\omega t-(p+i)\alpha) \\ +c_3\cos((\omega+i\omega_r)t-(p+i)\alpha)+c_5(\cos((\omega+i\omega_r)t-p\alpha))\big] \end{aligned} \tag{A-1}$$

위의 식을 제곱하면 다음과 같다.

$$\begin{aligned} b^2(\alpha,t) &= c_0 b(\alpha,t)\cos(\omega t-p\alpha) \\ &+c_1 b(\alpha,t)\cos(\omega t-(p-1)\alpha)+c_1 b(\alpha,t)\cos(\omega t-(p+1)\alpha) \\ &+c_3 b(\alpha,t)\cos((\omega+\omega_r)t-(p+1)\alpha)+c_3 b(\alpha,t)\cos((\omega-\omega_r)t-(p-1)\alpha) \\ &+c_5 b(\alpha,t)\cos((\omega-\omega_r)t-p\alpha)+c_5 b(\alpha,t)\cos((\omega+\omega_r)t-p\alpha) \end{aligned} \tag{A-2}$$

가정에 따라

$$\begin{aligned} f_j^{\omega} &= b(\alpha,t)\cos(\omega t-(p+j)\alpha)\cos(\alpha) \\ &= \frac{c_0}{4}(\cos(2\omega t-(2p+j-1)\alpha)+\cos(2\omega t-(2p+j+1)\alpha)+\cos((j+1)\alpha)+\cos((j-1)\alpha))) \\ &+\frac{1}{4}\sum_{i=-1,i\neq0}^{1}\big[c_1(\cos(2\omega t-(2p+i+j-1)\alpha)+\cos(2\omega t-(2p+i+j+1)\alpha)) \\ &\qquad +c_1(\cos((i-j+1)\alpha)+\cos((i-j-1)\alpha)) \\ &\qquad +c_3(\cos((2\omega+i\omega_r)t-(2p+i+j-1)\alpha)+\cos((2\omega+i\omega_r)t-(2p+i+j+1)\alpha) \\ &\qquad +c_3(\cos(i\omega_r t+(j-i+1)\alpha)+\cos(i\omega_r t+(j-i-1)\alpha)) \\ &\qquad +c_5(\cos((2\omega+i\omega_r)t-(2p+j-1)\alpha)+c_5(\cos((2\omega+i\omega_r)t-(2p+j+1)\alpha)) \\ &\qquad +c_5(\cos(i\omega_r t+(j+1)\alpha)+\cos(i\omega_r t+(j-1)\alpha))\big] \end{aligned}$$

$$
\begin{aligned}
f_j^{\omega+k\omega_r} &= b(\alpha,t)\cos((\omega+k\omega_r)t-(p+j)\alpha)\cos(\alpha) \\
&= \frac{c_0}{4}(\cos((2\omega+k\omega_r)t-(2p+j-1)\alpha)+\cos((2\omega+k\omega_r)t-(2p+j+1)\alpha) \\
&\quad +\cos(k\omega_r t-(j-1)\alpha)+\cos(k\omega_r t-(j+1)\alpha)) \\
&\quad +\frac{1}{4}\sum_{i=-1,i\neq 0}^{1}\big[c_1(\cos((2\omega+k\omega_r)t-(2p+i+j-1)\alpha)+\cos((2\omega+k\omega_r)t-(2p+i+j+1)\alpha)) \\
&\qquad +c_1(\cos(k\omega_r t+(i-j+1)\alpha)+\cos(k\omega_r t+(i-j-1)\alpha)) \\
&\qquad +c_3(\cos((2\omega+(i+k)\omega_r)t-(2p+i+j-1)\alpha)+\cos((2\omega+(i+k)\omega_r)t-(2p+i+j+1)\alpha)) \\
&\qquad +c_3(\cos((k-i)\omega_r t+(i-j+1)\alpha)+\cos((k-i)\omega_r t+(i-j-1)\alpha)) \\
&\qquad +c_5(\cos((2\omega+(i+k)\omega_r)t-(2p+j-1)\alpha)+\cos((2\omega+(i+k)\omega_r)t-(2p+j+1)\alpha)) \\
&\qquad +c_5(\cos((i-k)\omega_r t+(j+1)\alpha)+\cos((i-k)\omega_r t+(j-1)\alpha))\big]
\end{aligned}
$$

여기서 $j=-1,\ 0,\ 1,\ k=\pm 1$이다.

식(A-2)를 식(3-4)에 대입하면 아래와 같다.

$$
\begin{aligned}
F_x &= \int_0^{2x}\sigma(\cos\alpha)RL\,d\alpha = \frac{RL}{2\mu_0}\int_0^{2\pi} b^2\cos\alpha\,d\alpha \\
&= \frac{RL}{2\mu_0}\int_0^{2\pi}(c_0 f_0^{\omega}+c_1(f_{-1}^{\omega}+f_1^{\omega})+c_3(f_1^{\omega+\omega_r}+f_{-1}^{\omega-\omega_r})+c_5(f_0^{\omega-\omega_r}+f_0^{\omega+\omega_r}))\,d\alpha \\
&= \frac{RL}{2\mu_0}\times[c_0\int_0^{2\pi} f_0^{\omega}\,d\alpha + c_1\int_0^{2\pi}(f_{-1}^{\omega}+f_1^{\omega})\,d\alpha \\
&\quad + c_3\int_0^{2\pi}(f_1^{\omega+\omega_r}+f_{-1}^{\omega-\omega_r})\,d\alpha + c_5\int_0^{2\pi} f_0^{\omega-\omega_r}+f_0^{\omega+\omega_r})\,d\alpha]
\end{aligned}
$$

여기서

$$
c_0\int_0^{2\pi} f_0^{\omega}\,d\alpha =
\begin{cases}
\pi c_0 c_1(\cos(2\omega t)+2)/2 \\
+\pi c_0 c_3\cos((2\omega-\omega_r)t)/2+\pi c_0 c_3\cos(\omega_r t) & p=1 \\
\\
\pi c_0 c_1+\pi c_0 c_3\cos(\omega_r t) & p\geq 2
\end{cases}
$$

$$c_1 \int_0^{2\pi} f_1^{\omega}\, d\alpha = \begin{cases} \pi(c_0 c_1 + c_1^2 + 2c_5 c_1 \cos(\omega_r t))/2 & p = 1 \\ \dfrac{\pi c_1 (c_0 + c_1)}{2} + c_1 c_5 \cos(\omega_r t) & p \geq 2 \end{cases}$$

$$c_1 \int_0^{2\pi} f_{-1}^{\omega}\, d\alpha = \begin{cases} \pi c_1 (c_0 + c_0 \cos(2\omega t) + 2c_5 \cos(\omega_r t) + c_5 \cos((2\omega \pm \omega_r) t))/2 & p = 1 \\ \pi c_1 (c_0 + 2c_5 \cos(\omega_r t))/2 & p \geq 2 \end{cases}$$

$$c_5 \int_0^{2\pi} f_0^{\omega+\omega_r}\, d\alpha = \begin{cases} \begin{aligned} &\pi c_5 (c_3 + c_1 \cos((2\omega + \omega_r) t) + 2c_1 \cos(\omega_r t) \\ &+ c_3 \cos(2\omega t) + c_3 \cos(2\omega_r t))/2 \end{aligned} & p = 1 \\ \pi c_5 (c_3 + 2c_1 \cos(\omega_r t) + c_3 \cos(2\omega_r t))/2 & p \geq 2 \end{cases}$$

$$c_5 \int_0^{2\pi} f_0^{\omega-\omega_r}\, d\alpha = \begin{cases} \begin{aligned} &\pi c_5 (c_3 + c_1 \cos((2\omega - \omega_r) t) + 2c_1 \cos(\omega_r t) \\ &+ c_3 \cos((2\omega - 2\omega_r) t) + c_3 \cos(2\omega_r t))/2 \end{aligned} & p = 1 \\ \pi c_5 (c_3 + 2c_1 \cos(\omega_r t) + c_3 \cos(2\omega_r t))/2 & p \geq 2 \end{cases}$$

$$c_3 \int_0^{2\pi} f_1^{\omega+\omega_r}\, d\alpha = \begin{cases} \pi c_3 (c_5 + c_5 \cos(\omega_r t) + c_0 \cos(\omega_r t))/2 & p = 1 \\ \pi c_3 (c_5 + c_5 \cos(\omega_r t) + c_0 \cos(\omega_r t))/2 & p \geq 2 \end{cases}$$

$$c_3\int_0^{2\pi} f_{-1}^{\omega-\omega_r}\,d\alpha=\begin{cases}\pi c_3(c_0\cos(\omega_r t)+c_0\cos((2\omega-\omega_r)t)+c_5+c_5\cos(\omega_r t) \\ c_5\cos((2\omega+2\omega_r)t)+c_5\cos(2\omega t))/2 & p=1 \\ \\ \pi c_3(c_0\cos(\omega_r t)+c_5+c_5\cos(\omega_r t))/2 & p\geq 2\end{cases}$$

$$F_x=\frac{\pi RL}{2\mu_0}\times\begin{cases}(3c_0c_3+8c_5c_1+c_3c_5)\cos(\omega_r t)/2 \\ +(2c_0c_1+2c_3c_5)\cos(2\omega t)/2+c_3c_5\cos(2\omega_r t) \\ +(c_0c_3+c_5c_1)\cos((2\omega-\omega_r)t)+c_5c_1\cos((2\omega+\omega_r)t) \\ +c_3c_5\cos((2\omega\pm 2\omega_r)t)/2+(c_1^2+3c_0c_1+4c_3c_5)/2 & p=1 \\ \\ (4c_0c_3+8c_1c_5+c_3c_5)\cos(\omega_r t)/2 \\ +c_3c_5\cos(2\omega_r t)) \\ +2c_3c_5+2c_0c_1+0.5c_1^2 & p\geq 2\end{cases}$$

y 축에서 불평형 자기 흡인력에 유사한 절차는 아래와 같이 가정하면

$$\begin{aligned}f_{jy}^{\omega}&=b(\alpha,t)\cos(\omega t-(p+j)\alpha)\sin(\alpha)\\&=\frac{c_0}{4}(\sin(2\omega t-(2p+j-1)\alpha)-\sin(2\omega t-(2p+j+1)\alpha)+\sin((j+1)\alpha)-\sin((j-1)\alpha)))\\&\quad+\frac{1}{4}\sum_{i=-1,i\neq 0}^{1}\big[c_1(\sin(2\omega t-(2p+i+j-1)\alpha)-\sin(2\omega t-(2p+i+j+1)\alpha))\\&\qquad+c_1(\sin((i-j+1)\alpha)-\sin((i-j-1)\alpha))\\&\qquad+c_3(\sin((2\omega+i\omega_r)t-(2p+i+j-1)\alpha)-\sin((2\omega+i\omega_r)t-(2p+i+j+1)\alpha)\\&\qquad+c_3(\sin(i\omega_r t+(j-i+1)\alpha)-\sin(i\omega_r t+(j-i-1)\alpha))\\&\qquad+c_5(\sin((2\omega+i\omega_r)t-(2p+j-1)\alpha)-\sin((2\omega+i\omega_r)t-(2p+j+1)\alpha))\\&\qquad+c_5(\sin(i\omega_r t+(j+1)\alpha)-\sin(i\omega_r t+(j-1)\alpha))\big]\end{aligned}$$

$$
\begin{aligned}
& b(\alpha,t)\cos((\omega+k\omega_r)t-(p+j)\alpha) \\
& = c_0(\cos((2\omega+k\omega_r)t-(2p+j)\alpha)+\cos(k\omega_r t-j\alpha))/2 \\
& \quad + \sum_{i=-1,i\neq 0}^{1} \left[c_1(\cos((2\omega+k\omega_r)t-(2p+i+j)\alpha)+\cos(k\omega_r t+(i-j)\alpha))/2\right. \\
& \quad +c_3(\cos((2\omega+(i+k)\omega_r)t-(2p+i+j)\alpha)+\cos((k-i)\omega_r+(i-j)\alpha))/2 \\
& \quad \left.+c_5(\cos((2\omega+(i+k)\omega_r)t-(2p+j)\alpha)+\cos((i-k)\omega_r+j\alpha))/2\right]
\end{aligned}
$$

여기서 $k=\pm 1,\ j=-1,0,1$이다.

$\sin\alpha$를 곱하여 다음을 얻는다.

$$
\begin{aligned}
f_{jy}^{\omega+k\omega_r} & = b(\alpha,t)\cos((\omega+k\omega_r)t-(p+j)\alpha)\sin(\alpha) \\
& = \frac{c_0}{4}(\sin((2\omega+k\omega_r)t-(2p+j-1)\alpha)-\sin((2\omega+k\omega_r)t-(2p+j+1)\alpha) \\
& \quad +\sin(k\omega_r t-(j-1)\alpha)-\sin(k\omega_r t-(j+1)\alpha)) \\
& \quad +\frac{1}{4}\sum_{i=-1,i\neq 0}^{1}\left[c_1(\sin((2\omega+k\omega_r)t-(2p+i+j-1)\alpha)-\sin((2\omega+k\omega_r)t-(2p+i+j+1)\alpha))\right. \\
& \qquad +c_1(\sin(k\omega_r t+(i-j+1)\alpha)-\sin(k\omega_r t+(i-j-1)\alpha)) \\
& \qquad +c_3(\sin((2\omega+(i+k)\omega_r)t-(2p+i+j-1)\alpha)-\sin((2\omega+(i+k)\omega_r)t-(2p+i+j+1)\alpha)) \\
& \qquad +c_3(\sin((k-i)\omega_r t+(i-j+1)\alpha)-\sin((k-i)\omega_r t+(i-j-1)\alpha)) \\
& \qquad +c_5(\sin((2\omega+(i+k)\omega_r)t-(2p+j-1)\alpha)-\sin((2\omega+(i+k)\omega_r)t-(2p+j+1)\alpha)) \\
& \qquad \left.+c_5(\sin((i-k)\omega_r t+(j+1)\alpha)-\sin((i-k)\omega_r t+(j-1)\alpha))\right]
\end{aligned}
$$

그러면 최종적으로 각 방향의 불평형 자기흡인력은 다음 식과 같이 얻어진다.

$$
\begin{aligned}
F_{ump}^{y} & = \int_0^{2\pi}\sigma(\sin\alpha)RL\,d\alpha = \frac{RL}{2\mu_0}\int_0^{2\pi} b^2\sin\alpha\,d\alpha \\
& = \frac{RL}{2\mu_0}\int_0^{2\pi}(c_0 f_{0y}^{\omega}+c_1(f_{-1y}^{\omega}+f_{1y}^{\omega})+c_3(f_{1y}^{\omega+\omega_r}+f_{-1y}^{\omega-\omega_r})+c_5(f_{0y}^{\omega-\omega_r}+f_{0y}^{\omega+\omega_r}))\,d\alpha \\
& = \frac{RL}{2\mu_0}\times[c_0\int_0^{2\pi} f_{0y}^{\omega}\,d\alpha + c_1\int_0^{2\pi}(f_{-1y}^{\omega}+f_{1y}^{\omega})\,d\alpha \\
& \qquad + c_3\int_0^{2\pi}(f_{1y}^{\omega+\omega_r}+f_{-1y}^{\omega-\omega_r})\,\mathrm{d}\alpha + c_5\int_0^{2\pi}(f_{0y}^{\omega-\omega_r}+f_{0y}^{\omega+\omega_r})\,d\alpha]
\end{aligned}
$$

여기서, 상기 식의 각 적분 항들은 다음과 같이 계산된다.

$$c_0 \int_0^{2\pi} f_{0y}^{\omega}\, d\alpha = \begin{cases} \pi c_0 c_1 (\sin(2\omega t))/2 \\ +\pi c_0 c_3 \sin((2\omega - \omega_r)t)/2 + \pi c_0 c_3 \sin(\omega_r t) & p=1 \\ \pi c_0 c_3 \sin(\omega_r t) & p \geq 2 \end{cases}$$

$$c_1 \int_0^{2\pi} f_{-1y}^{\omega}\, d\alpha = \begin{cases} \pi c_1 (c_0 \sin(2\omega t) + c_5 \sin((2\omega \pm \omega_r)t))/2 & p=1 \\ 0 & p \geq 2 \end{cases}$$

$$c_1 \int_0^{2\pi} f_{1y}^{\omega}\, d\alpha = 0$$

$$c_5 \int_0^{2\pi} f_{0y}^{\omega+\omega_r}\, d\alpha = \begin{cases} \pi c_5 (c_1 \sin((2\omega + \omega_r)t) + c_3 \sin(2\omega t))/2 & p=1 \\ 0 & p \geq 2 \end{cases}$$

$$c_5 \int_0^{2\pi} f_{0y}^{\omega-\omega_r}\, d\alpha = \begin{cases} \pi c_5 (c_1 \sin((2\omega - \omega_r)t) + c_3 \sin((2\omega - 2\omega_r)t))/2 & p=1 \\ 0 & p \geq 2 \end{cases}$$

$$c_3 \int_0^{2\pi} f_{1y}^{\omega+\omega_r}\, d\alpha = \begin{cases} \pi c_3 c_0 \sin(\omega_r t)/2 & p=1 \\ \pi c_3 c_0 \sin(\omega_r t)/2 & p \geq 2 \end{cases}$$

$$c_3\int_0^{2\pi} f_{-1}^{\omega-\omega_r}\,d\alpha = \begin{cases} \pi c_3(c_0\sin(\omega_r t)+c_0\cos((2\omega-\omega_r)t)+c_5\sin(2\omega_r t) \\ c_5\sin((2\omega-2\omega_r)t)+c_5\sin(2\omega t))/2 & p=1 \\ \pi c_3(c_0\sin(\omega_r t)+c_5\sin(2\omega_r t))/2 & p\geq 2 \end{cases}$$

$$F_{ump}^{y} = \int_0^L\int_0^{2\pi}\frac{b^2}{2\mu_0}\sin(\alpha)d\alpha dz$$

$$=\frac{\pi RL}{2\mu_0}\times\begin{cases} 2\pi c_3c_0\sin(\omega_r t)+(\pi c_0c_3+\pi c_1c_5)\sin((2\omega-\omega_r)t) \\ +(1.5\pi c_1c_5)\sin((2\omega+\omega_r)t)+(\pi c_0c_1+\pi c_3c_5)\sin(2\omega t) & p=1 \\ +\pi c_3c_5\sin(2\omega_r t)/2+\pi c_5c_3\sin((2\omega-2\omega_r)t) \\ 2\pi c_0c_3\sin(\omega_r t)+0.5\pi c_3c_5\sin(2\omega_r t) & p\geq 2 \end{cases}$$

4장

4

유도 전동기의 기계적 결함

제 4 장

유도 전동기의 기계적 결함

전동기에서 발생하는 기계적인 결함들은 펌프, 압축기, 터빈 등의 각종 회전 기계에서 발생하는 결함과 동일한 문제를 일으킨다. 회전자의 기계적인 결함은 질량 불평형, 축 굽힘, 정적 편심, 동적 편심과 정렬 불량 등이 있고, 고정자의 기계적 결함은 고정자 편심과 철심 이완(core slacking) 등이 주를 이룬다. 더욱이, 회전자의 편심을 발생시키는 베어링 결함은 유도 전동기에서 가장 흔한 기계적 결함이다. 그리고 회전자와 고정자 사이의 접촉(rubbing), 고정자와 회전자의 피로(fatigue)와 같은 결함은 위에서 언급한 결함에 의해 2차적으로 야기되는 결함들이다. 표 4.1은 베어링, 회전자, 고정자 및 커플링 등에서 발생하는 기계적 결함을 나타낸다.

표 4.1 기계적 결함

결함 요소	기계적 결함
베어링(bearing)	• 구름 요소 베어링 요소(내륜, 외륜, 전동체 등) 결함 • 저널 베어링 결함(oil whip/whirl, 베어링 메탈 등) • 정렬 불량(misalignment), 헐거움(looseness)
회전자(rotor)	• 질량 불평형(mass unbalance) • 열 불평형(thermal unbalance) • 축 굽힘(bent shaft) • 슬롯 헐거움 • 접촉(rubbing) • 정적 편심 • 동적 편심 • 공진(resonance)
고정자(stator)	• 정적 편심 • 슬롯 헐거움

고정자 프레임	• 공진
커플링(coupling)	• 질량 불평형 • 정렬 불량
기초(base)	• 취약한 기초 • 헐거움 • 공진
전동 장치	• 기어 결함 • 벨트 진동(장력, 정렬 불량)

4.1 질량 불평형(mass unbalance)

전동기의 회전자는 저널이 베어링으로 지지되어 있는 회전축을 가지고 회전 운동을 한다. 회전자의 제작이나 조립 시의 정밀도에 의해 발생하는 오차, 운전시의 고정자와의 접촉에 의한 마멸(wear)이나 부식(corrosion)에 의한 변형으로 인해 회전자의 축 중심과 무게 중심이 일치하지 않는 불평형이 발생한다. 이 불평형 상태로 회전하면 불평형 원심력(centrifugal force)이 발생하여, 회전자는 어느 한 단면의 중심이 고정축에 대해 순수 회전 운동을 하지 않고 시간 경과에 따라 단면의 중심이 궤도(orbit)를 그리며 회전하는 휘돌림 운동(whirling motion)을 하게 되어 베어링 부분에 변동하는 동적인 힘이 가해져서 진동과 소음이 발생하게 된다.

그림 4.1과 같이 축의 양단이 베어링으로 지지되고, 중앙에 부착된 얇은 원판의 무게 중심 G가 축 중심선으로부터 e만큼 편심(eccentricity)이 되어 일정 각속도 ω로 회전하고 있을 때, 불평형 원심력 $F = Me\omega^2$이 발생하게 되고 이는 외력으로 작용하게 된다. 여기서 M은 원판의 질량(kg), e는 편심(m), ω는 회전 각속도(rad/s)이다.

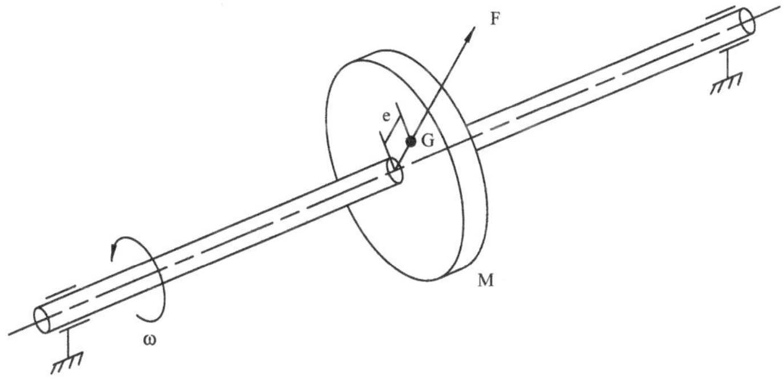

그림 4.1 불평형을 고려한 단순 회전체

원심력 F는 회전축 상에서 일정한 위치에 있기 때문에, 회전축의 회전에 따라서 회전하는 회전 벡터(rotating vector)이다. 이 원심력은 베어링으로 전달되지만, 일반적으로 구름 요소 베어링은 축의 강성(stiffness)에 비해 매우 강(rigid)하여 변형이 발생하기 어렵기 때문에, 베어링은 진동을 하지 않고 힘만이 베어링 하우징을 통하여 기초로 전달된다. 그러나, 베어링이 유연하다면, 베어링은 진동을 한다.

원판 질량 M과 편심 e의 곱인 $U=Me$를 불평형(unbalance) 또는 질량 불평형(mass unbalance)이라고 하며, 회전 벡터인 원심력은 1회전에 1회 힘을 전달하고, 그 방향은 축 중심선과 직각인 반경 방향으로 진동을 발생시킨다. 더욱이, 두 베어링에서 힘의 방향은 같기 때문에, 불평형 진동의 진동수는 $1\times f_r$(f_r은 회전 주파수)이며 진동 방향은 반경 방향이 된다. 또한 두 베어링 사이의 위상차(phase difference)는 없다.

그림 4.1과 같이 직경에 비해 두께가 작은 얇은 원판의 경우는 정적 불평형(static unbalance)이 대부분이지만, 직경에 비하여 두께가 큰 전동기 회전자의 경우는 정적 불평형과 우력 불평형(coupled unbalance)이 함께 발생할 수 있다. 우력 불평형은 진동수와 진동 방향은 정적 불평형과 같으나, 두 베어링의 위상 차이는 서로 180°의 역위상(out of phase)이 된다.

4.1.1 불평형의 원인

불평형은 기본적으로 축 중심선에 대해 회전체의 질량 분포가 비대칭적일 때, 즉 축의 중심 주 관성축들 중의 하나가 축 중심선과 일치하지 않을 때 발생한다. 이 비대칭은 퀜(fan)과 같이 용접된 회전체에서는 현저하고, 전동기 회전자와 같이 일반 조립 회전체는 약간 작으며, 선반 가공 부품에서는 매우 작다.

회전체의 불평형을 발생시키는 원인은 제작상의 문제 이외에 회전체의 열팽창 차에 의한 불균일 변형, 정지부와 회전체의 접촉에 의한 회전체의 굽힘, 회전체의 마모 및 부식, 이물질의 부착, 회전체의 변형 및 파손 등이 있다. 대표적인 질량 불평형의 가장 일반적인 원인은 설계 또는 제도 오차, 재질상의 결함 및 가공 또는 조립 오차로서 표 4.2 및 4.3과 같다.

표 4.2 불평형의 일반적인 원인

불평형의 원인	대상
원판의 설치상 잘못으로 인한 편심	조립 회전체
축 중심에 대한 부품의 질량 분포 변화에 따른 편심	크랭크축, 키 홈
축에 발생하는 기계적, 열적 굽힘(thermal bent)	변형 축, 급속한 가열, 조립 회전체
부품의 조립 상태 이완 또는 유체 불평형	원심, 회전체의 부품

표 4.3 불평형의 구체적인 원인

설계 또는 제도 오차	재질상 결함	제조와 조립 오차
• 부품들의 회전 비대칭성 • 회전체의 가공되지 않는 내부 또는 외부의 표면 • 불충분한 끼워맞춤에 의한 run-out과 경사(swash)오차 • 키 홈보다 짧은 키 • 회전 대칭성을 가지지 못한 가동 부품과 작동하지 않는 부품	• 주조물의 기포집 • 불균일한 재료 밀도 • 예로 용접 조립에서의 불균등한 재료의 두께 • 볼 베어링의 run-out과 틈새	1) 용접, 주조에 의한 형상 오차 2) 가공 중의 죔 오차(clamping error), 예로 • 저널 편심 • 기울어짐 • 축 중심선과 직각을 이루지 못한 끝 면 3) 제조 과정에서 발생한 영구 변형 예, 잔류 응력의 방출, 가공 동안의 비틀림, 땜질, 용접, 수축 끼워 맞춤에 의한 변형 4) 볼트의 불균등한 죔에 의한 변형 5) 예로 길이가 다른 볼트, 형태가 다른 와셔와 너트 등의 결합 요소에서의 변동

4.1.2 평형잡기의 평가 기준과 품질 등급

회전체의 불평형은 일반적으로 유해한 진동을 발생하므로 이를 저감하도록 평형잡기(balancing)를 하여야 한다. ISO 1940의 정의에 따르면, 평형잡기는 회전체의 질량 분포를 조사하고 필요하다면 저널의 진동과 베어링의 작용력들이 운전 속도에 대응하는 주파수에서 특정 한계(허용 한계) 내에 있도록 보증하기 위한 조정을 수행하는 과정이다.

모든 회전체는 어느 정도의 초기 불평형(initial unbalance)으로 불리는 임의의 불평형을 가지고 있으므로, 제작 과정의 하나로 평형잡기가 요구된다. 평형잡기는 회전체의 질량 분포를 고르게 하여, 전 질량 분포를 회전 중심과 일치시켜 주는 작업이다. 평형잡기의 목적은 완벽하게 평형이 잡힌 회전체를 달성하는 것이 아니므로, 임의의 잔류 불평형(residual unbalance)은 항상 허용된다. 경제적인 이유에서도 회전체는 일반적으로 요구되는 적절한 허용치 이상으로 평형잡기를 하지 않는다. 어느 정도의 일치가 요구되는가에 따라 평형잡기의 난이도가 결정된다. 예를 들면, 어느 정도의 운전을 한 총 조립 부품의 불평형을 가진 회전체는 저속 평형잡기 기계를 사용하여 불평형을 제거하므로 평형을 잡을 수 있다.

굽힘 위험 속도의 70% 이하의 속도에서 운전되는 강성 베어링을 사용한 저속 회전체의 경우에는 모든 운전 속도에 대하여 초기의 저속 평형잡기를 수행하는 것으로 충분하다. 그러나 3,000 rpm 이상의 고속 회전체, 특히 회전체의 지지 조건이 운전 속도 범위에서 강체 모드의 위험 속도를 발생시킬 수 있는 경우에는 운전 속도에서 2차 평형잡기가 요구된다. 운전 속도 범위에 굽힘 위험 속도가 포함되는 경우에는 회전체의 큰 굽힘 진동이 발생하므로, 탄성 회전체로 고려하여 평형잡기를 운전 속도는 물론 굽힘 위험 속도 부근에서도 수행해야 한다. 회전체의 평형잡기는 회전축계의 동특성에 의해, 특히 운전 범위 내에 굽힘 위험 속도의 존재 유무에 따라 그 절차가 결정된 필요한 평형잡기 형태(강성 또는 탄성 회전체)에 따라 실제 현장(site)에서의 현장 평형잡기(field balancing)가 필요한지 여부가 결정된다.

1) **평가 기준**(evaluation standards)

평형잡기를 수행해야 하는 수많은 회전체들 모두가 알맞은 허용치(허용잔류불평형)를 결정하기 위해 개별적으로 평가될 수는 없다. 1 g 이하의 손목시계용 balance wheel에서 400톤 정도의 원자력 발전소용 저압 터빈까지, 그리고 100 rpm의 저속 공작기계 회전축에서 400,000 rpm의 고속 자이로스코프용 회전자까지 효과적으로 평가할 수 있는 적절한 평가 기준을 찾는 것이 필요하다. 강성 회전체에 대해서는 ISO 1940: 회전 강체의 평형 품질(balance quality) 규격에서 다음과 같은 내용이 규정되어 있다.

(1) 회전체 질량과 허용 잔류 불평형의 관계

일반적으로 회전체의 질량이 클수록 잔류 불평형도 크게 된다. 따라서 회전체의 질량 M에 대한 허용 잔류 불평형 U_{per}를 기준으로 하는 것이 합리적이다. 잔류 불평형이 정적 불평형이면, 허용 잔류 비불평형(permissible residual specific unbalance) e_{per}는 $e_{per} = U_{per} / M$로 정의되고, 이는 질량 편심에 상당한다.

(2) 운전 속도와 허용 잔류 불평형의 관계

실제 고장에 대한 통계적인 평가 경험으로부터 비슷한 회전체에 대해 허용 잔류 비불평형 e_{per}는 회전체의 회전속도 n(rpm) 또는 회전 각속도 ω(rad/s)에 반비례한다는 것이 알려져 있다. 이 관계는 다음과 같이 쓰여질 수 있다.

$e_{per} n$ = 일정 또는 $e_{per}\ \omega$ = 일정

$e_{per}\omega$의 표현은 보통 mm/s의 단위로 표시되는 무게 중심의 접선 속도이다. 동일한 관계가 유사성의 법칙(laws of similarity)으로부터 유도될 수 있다. 즉, 동일한 원주 속도를 가지는 기하학적으로 유사한 회전체(왜냐하면 이것은 재질에 의존하기 때문), 예로 전동기에서는 만일 강체 베어링으로 간주하여 $e_{per}\omega$의 값이 일정하게 유지된다면, 회전자에 동일한 응력과 동일한 베어링 비하중이 발생한다. 즉, 기하학적으로 유사한 회전체에서는 접선과 반경 방향 응력이 원주 속도의 제곱에 비례한다. 그리고 이들의 분포도 또한 유사하다. 만일 원주 속도가 일정하게 유지된다면, 비슷한 위치에서 접선과 반경 방향 응력은 베어링 비하중을 포함하여 N/mm^{2}의 단위를 가지는 모든 양과 함께 일정하다. 만일 후자가 일정하게 유지된다면, 유사성의 법칙은 $e_{per}\omega$도 또한 일정하게 유지되어야 한다는 것을 필요로 한다.

2) **품질 등급**(quality grades)

(1) 강성 회전체

$e_{per}\omega$는 임의 값을 가질 수 있으므로, ISO 1940 규격에서는 그림 4.2와 같이 문제를 단순화하기 위해서 G630부터 G0.4까지 인수 2.5로 나누어진 9개의 일정한 값으로 설정되어 있다. 각각의 품질 등급 G는 0.1부터 $e_{per}\omega$값에 의해 주어지는 일정한 크기까지의 허용 잔류 불평형의 범위를 나타낸다. 그림 4.2에서 가로축을 cps (cycle per second)와 rpm으로 회전체의 최대 운전 속도를 나타내고, 세로축에 회전체의 단위 질량당의 허용 잔류 불평형을 나타내는 허용 잔류 비불평형 e_{per}로 하여 각각의 품질 등급에 대하여 주어진다. 허용 잔류 비불평형 e_{per}는 회전 속도(cps, rpm)의 증가에 따라 직선적으로 감소하는 반비례의 형태를 취하고 있다.

강성회전체의 평형은 회전체의 기능, 형태, 회전 속도 및 회전체의 중량에 따라 결정된다. 표 4.4는 강성 회전체의 평형 품질 등급(balance quality grade)과 허용 잔류 불평형 및 이에 따른 대상 회전체의 분류를 나타내고 있다. 회전체의 기능과 분류에 대한 평형잡기 정도는 G1로 시작하여, G10.2, G6.4등과 같이 표시된다. 주어진 강성 회전체의 잔류 불평형의 정도를 결정하고, 회전체 형태에 적합한 평형잡기 정도가 표 4.4를 이용하여 결정된다. 그리고 그림 4.2를 이용하여 잔류 비불평형(g · mm/kg 또는 μm)의 허용 범위를 결정한다. 이 그림은 Muster와 Flores의 연구 결과를 바탕으로 작성되어 MIL-STD-167과 ISO 규격 등에서 적용되고 있다.

예로, 운전 속도 $n = 3{,}000$ rpm의 전동기에서 허용 잔류 비불평형 e_{per}를 구해보자. 표 4.4에서 통상 전동기의 평형 품질 등급은 G6.3이다. 허용 잔류 비불평형을 나타내는 그림 4.5로부터 가로축 상의 3,000 rpm에서 수직선을 긋고, G6.3의 직선과의 교점에서 수평선을 그어 세로축 e_{per}의 좌표 값을 읽는다. 즉, $e_{per} \fallingdotseq 20\mu$m 또는 20 g · mm/kg이다. 이는 또한 $e_{per}\omega =$ 일정의 식으로부터 계산할 수 있다. G6.3이 무게 중심의 허용 접선 속도가 6.3 mm/s인 것을 의미하므로

$$e_{per} = V_{per}/\omega = 6.3/(2\times\pi\times 3{,}000/60) = 0.020\,\text{mm} \text{ 또는 } 20\mu\text{m}$$

따라서, 이 허용 잔류 비불평형을 이용하여 전동기에서 필요로 하는 회전체의 평형 품질을 파악할 수 있고, 이 값 이하가 되도록 평형잡기를 수행하여야 한다.

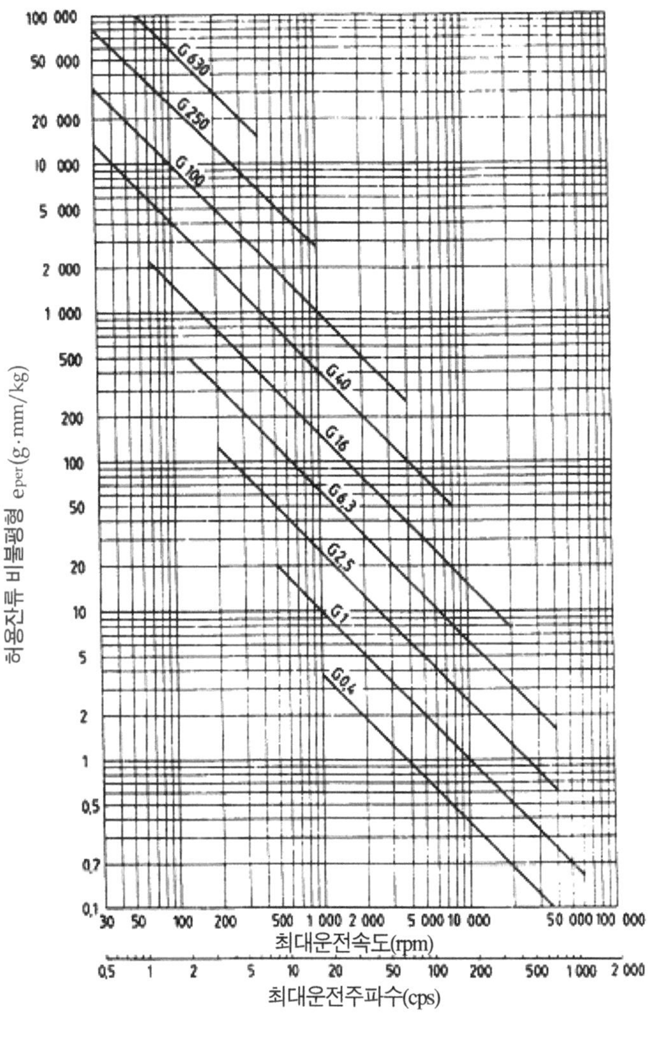

그림 4.2 각 품질 등급에 대한 허용 잔류 비불평형(ISO 1940)

표 4.4 강성 회전체의 평형 품질 등급(ISO 1940)

평형품질등급	$e_{per}\omega$ (mm/s)	회전체 또는 회전 기계의 예
(none)	(>1600)	• 다수의 실린더를 가지는 저속 선박용 디젤 엔진을 단단히 설치된 크랭크축 구동기
G1600	1600	• 대형 2 사이클 엔진을 단단히 설치된 크랭크축 구동기
G630	630	• 대형 4 사이클 엔진을 단단히 설치된 크랭크축 구동기 • 선박용 디젤 엔진을 탄성적으로 설치된 크랭크축 구동기
G250	250	• 고속 4 실린더 디젤 엔진을 단단히 설치된 크랭크축 구동기
G100	100	• 6 실린더 이상의 고속 디젤 엔진의 크랭크축 구동기 • 자동차, 트럭 및 기관차용 완전한 가솔린 또는 디젤 엔진
G40	40	• 차륜, wheel rim, wheel sets, 운전 축, 6 실린더 이상의 고속 4사이클 가솔린 또는 디젤 엔진을 탄성적으로 설치한 크랭크축 구동기 • 자동차, 트럭, 기관차 엔진용 크랭크축 구동기
G16	16	• 특별한 요구에 의한 원동 축(프로펠러 축, Cardan 축) • 분쇄 기계류의 부품, 농업용 기계의 부품 • 자동차, 트럭 및 기관차용 가솔린 또는 디젤 엔진의 각 구성 요소 • 특별한 요구에 의한 6 실린더 이상의 엔진 크랭크축 구동기
G6.3	6.3	• 부품 또는 Process plant 기계, 선박용 주 터빈 기어(상선용) • 원심 분리기 드럼, 홴(fan), 조립된 항공용 가스 터빈 회전체 • 플라이 휠, 펌프 임펠러, 공작 기계와 보편적인 기계류 부품 • 통상의 전동기 전기자(armature) • 특별한 요구 하에 있는 엔진의 개개 구성 요소
G2.5	2.5	• 선박용 주 터빈을 포함한 가스 터빈과 증기 터빈(상선용) • 강체 터빈 발전기 회전체, 터보 압축기 • 공작 기계 구동기, 특별한 필요에 의한 중형 및 대형 전기자 • 소형 전동기 전기자, 터빈 구동 펌프
G1	1	• 테이프 녹음기와 축음기 구동기, 연마용 기계 구동기 • 특별한 요구에 의한 소형 전동기 전기자
G0.4	0.4	• 정밀 연삭기의 스핀들, 원판(disc), 전기자 , 자이로스코프

3) 회전체의 분류

회전체의 평형잡기를 위해 모든 종류의 회전체는 표 4.5와 같이 5가지로 분류된다. 이러한 분류는 주어진 회전체의 운전 상태나 구성 상태에 적합한 평형잡기 기술을 선택하도록 하는데 그 목적이 있다. 예를 들면, 주어진 전동기 회전자의 상태를 보고 양면 평형잡기를 할 것인지 또는 다면 평형잡기를 할 것인지를 판단할 수 있다.

최종적으로 회전자의 조립은 잔류 불평형 값과 진동의 전달 정도에 대한 규격을 만족해야 한다. 전동기의 회전자는 회전축에 냉각 퀜 블레이드 등의 원판 형상과 같은 부착물이 결합된 형태로 이루어진다. 일반적으로 개개의 부품을 먼저 평형잡기 한 후, 결합된 조립물에 대해 최종적으로 평형잡기를 실시한다. 부품의 평형잡기는 조립물의 평형잡기에 도움을 주지만, 최종 조립 회전자의 불평형이 허용치 이내에 있다고는 말할 수 없다.

표 4.5 평형잡기를 위한 회전체의 분류

분류	회전체의 종류	평형잡기 방법
분류 1	강성 회전체 (rigid rotor)	이 분류에 속하는 회전체에 대한 평형잡기는 ISO 1940에 기술
분류 2	준탄성 회전체 (quasi-flexible rotor)	이 분류의 회전체는 탄성 회전체는 아니지만, 저속 평형잡기 기계에 의해 평형잡기를 수행하는 경우
분류 3	탄성 회전체 (flexible rotor)	이 분류의 회전체는 저속 평형잡기 기계에 의해서는 평형잡기를 할 수 없으며, 주어진 회전체의 운전 조건 등에 의해 어느 정도 고속에서 평형잡기를 수행
분류 4	탄성 부착물을 가지는 회전체(flexible attachment rotor)	이 경우의 회전체는 전술한 분류 1, 2, 3의 회전체로서 분류될 수 있으나, 팬 블레이드와 같은 유연한 부품들이 부착되어 있어 탄성 회전체와 같이 거동하는 회전체
분류 5	단일 회전수로 운전되는 탄성 회전체(single speed flexible rotor)	분류 3의 회전체와 동일하나, 여러 가지 이유로 단일 회전수에서만 평형잡기가 수행되는 경우의 회전체

최종 회전자는 표 4.12에서 언급된 분류에 따라 평형잡기가 수행되어야만 한다. 이하에서 분류 1, 2의 강성 회전체 및 분류 3, 4, 5의 탄성 회전체에 대한 평형잡기 과정과 기준에 대해서 설명한다.

(1) 강성 회전체의 분류

표 4.5에서 대부분의 동일한 형태의 회전체는 집단 별로 함께 모아 다양한 품질 등급으로 구별되어 있다. 이 분류는 일상적인 경험에 근거를 둔 권고를 나타낸다. 만일 권고 값들에 만족하다면, 진동에 대해 만족스러운 운전이 이루어 질 수 있다는 것을 보증한다. 새로운 회전 기계가 제작되거나 회전체의 분류에 영향을 미치는 새로운 인자가 발견된다면, 이 항목에 첨가나 수정이 있을 수 있다. 어떤 회전체는 다양한 적용에 의해 여러 품질 등급에 속할 수 있다. 예로, 전동기 회전자는 등급 G6.3, G2.5 및 G1에 속할 수 있다.

그림 4.2를 보면 여러 품질 등급에 대한 직선들이 회전 속도의 일정한 적용 범위에 대해 주어져 있으며, 품질 등급이 증가할수록 이 적용 범위는 더욱 높은 회전 속도 방향으로 이동하고, 적용 운전 속도 범위가 제한된다. 이는 400 rpm 이상에서 운전되는 G1600에서의 저속 운전 선박용 디젤 엔진이나, 1,000 rpm 이하에서 운전되는 G0.4의 자이로스코프는 없기 때문이다.

(2) 탄성 회전체의 분류

탄성 회전체는 앞에서 설명한 강성 회전체의 정의를 만족하지 않는 회전체를 말하고, 일반적으로 운전 속도가 1차 위험 속도의 80% 이상에서 운전되는 중, 대형 유도 전동기가 이에 해당된다. 표 4.5의 탄성 회전체는 다시 표 4.6과 같이 4가지로 분류된다. 이 표의 분류를 이용하여 사용자는 적절한 평형잡기 방법을 선택할 수 있으며, 회전체가 원활히 운전될 수 있는 잔류 불평형의 한계치를 파악할 수 있다. 표 4.6은 ISO 11342에 기술된 여러 가지 형태의 탄성 회전체의 형태 및 이에 따른 권장 평형잡기 방법을 나타내고 있다.

표 4.6 탄성 회전체의 분류

분류	회전체의 종류	평형잡기 방법
분류 2	준탄성 회전체	양면 평형잡기로 충분
분류 3	탄성 회전체	효과적인 탄성 평형잡기법으로 평형잡기를 수행
분류 4	탄성 부품이 부착된 회전체	분류 1, 2, 3에서 적절한 방법을 사용하여 평형잡기를 수행
분류 5	단일 회전 속도로 운전되는 탄성 회전체	단일 회전 속도에서만 평형잡기를 수행함으로써 적절한 평형이 이루어짐

분류 2에 속하는 회전체는 불평형으로 인해 운전 중 회전체의 굽힘(flexure)이 발생하더라도 원활한 운전을 위해 2개의 수정면에서 충분히 평형잡기가 될 수 있는 기계를 나타낸다. 이러한 회전체는 운전 중에 강한 굽힘 휘돌림 모드(주로 강체 변위)가 발생하지 않으므로, 강성 회전체의 평형 기준을 적용하여 평형잡기 기계에서 평형잡기가 이루어진다.

분류 3의 회전체는 전형적인 탄성 회전체이다. 이러한 회전체는 전술한 2개의 수정면 상에서의 불평형의 제거만으로는 평형이 이루어지지 않는다. 따라서 여러 평면 상의 평형잡기, 즉 다면(multi-plane) 평형잡기를 수행하여야 한다. 평형잡기 방법으로는 모드 평형잡기법(modal balancing method), 영향계수법(influence coefficient method) 및 분류 3에 속하는 특수한 형태의 회전체를 제작하는 업체에서 개발한 다른 여러 가지 방법이 있다.

분류 4의 회전체는 1개 이상의 탄성 부품이 부착되었거나, 긴 탄성 블레이드를 가지는 터빈 회전체와 같이 회전체에 부품이 탄성적으로 부착된 회전체로서, 분류 1, 2, 3에 포함될 수 있다.

분류 5의 회전체는 경제적인 이유 등으로 단지 하나의 회전 속도에서 분류 3의 회전체와 같은 방법으로 평형잡기를 하는 경우이다. 이러한 회전체는 보통 1차 굽힘 위험 속도를 통과하게 된다. 만약 1차 굽힘 모드가 평형이 되고 운전 속도가 2차 굽힘 모드 부근이 아니라면, 초 위험 속도의 운전(super-critical operation)은 원활하게 된다. 일반적으로 분류 5의 회전체는 위험 속도를 통과할 때, 진폭의 증가가 무시될 수 있을 정도로 회전 속도를 급 가속하거나, 충분한 감쇠 능력을 가지는 저널 베어링으로 지지된 대형 유도 전동기에 적용될 수 있다.

4.1.3 불평형 진동 특성

최근에는 진동 신호뿐만 아니라 고정자의 전류 신호를 이용한 상태 감시 및 진단 방법이 널리 사용되고 있다. 질량 불평형이나 정렬 불량이 발생하면, 전동기 공극의 편심을 야기하고, 이는 고정자 전류에 전원 전압 주파수에 회전 주파수의 측대역 성분(sidebands)을 가지는 특징 주파수를 발생하기 때문이다. 불평형에 의해 발생하는 일반적인 진동 특성 및 고정자 전류 특성은 표 4.7과 같이 요약된다.

진동은 회전 주파수 성분이 탁월한 거의 정현 파형의 형상으로, 불평형 원심력이 회전 각속도의 제곱에 비례하므로 응답도 2차 곡선 형태로 회전 속도가 증가에 따라 성장한다.

그림 4.3은 4극, 5 HP의 전동기에 대해 정상 회전자와 불평형이 있는 경우의 고정자 전류 신호에 대한 스펙트럼을 비교한 것이다. 정상의 경우에는 전원 주파수인 60 Hz 성분만이 탁월하게 발생하지만, 불평형이 있는 경우(그림 b)에는 불평형 원심력에 의해 회전자는 휘돌림 운동을 하게 되고 이에 따라 전류 스펙트럼에는 전원 주파수(60 Hz) 성분의 좌우에 회전 주파수(30 Hz) 만큼 떨어진 측대역 성분(sidebands)이 발생한다.

표 4.7 진동 및 전류 신호 특성의 비교

진동 신호	• 시간 파형은 조화 파형 • 주파수 스펙트럼에서 회전 속도인 1X 성분이 크게 발생 • 회전 속도의 증가에 따라 1X 성분이 급격히 증가
전류 신호	• 전원 주파수(f_L) 성분의 좌우에 회전 주파수(f_r) 성분의 측대역 성분 ($f_L \pm f_r$) 발생

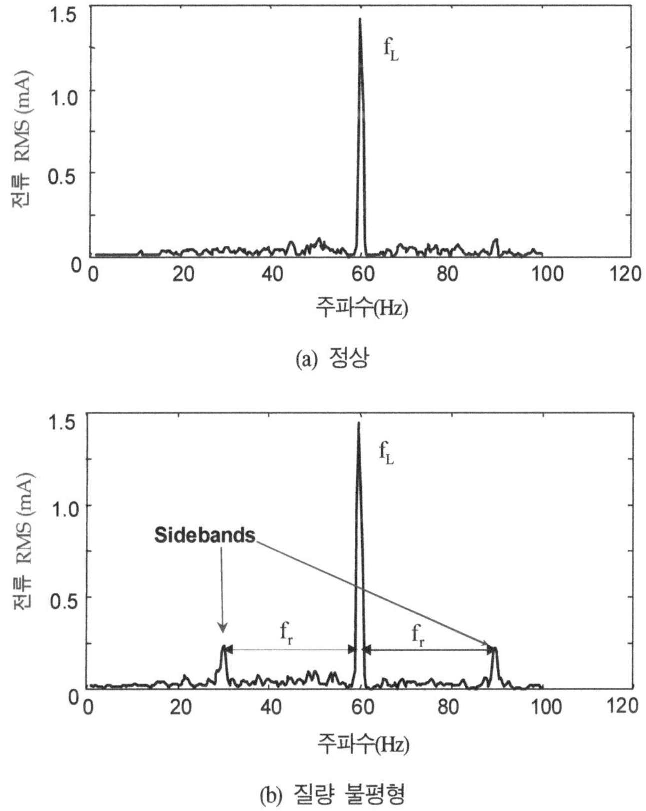

그림 4.3 불평형 결함 시의 전류 스펙트럼의 비교

그림 4.4는 Habetler에 의해 제시된 소형 전동기(5 HP, 4극)에 불평형 원판을 이용하여 질량 불평형을 부가하는 방법을 나타낸다. 이는 금속 원판에 드릴 가공을 하여 홈을 내고 볼트와 너트를 결합하여 인위적으로 불평형을 부가하는 것이다. 그림과 같이 원판의 중심에서 반경 방향으로 2.5, 5.0, 7.6, 10 및 15.2 cm의 거리에 6개의 구멍을 가공하였다.

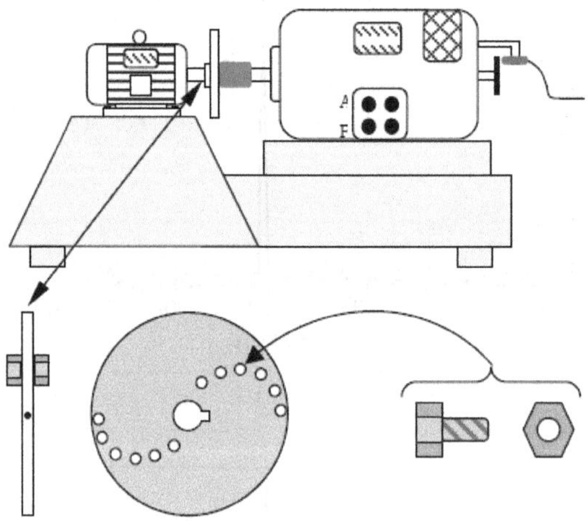

그림 4.4 불평형 원판을 이용한 질량 불평형의 부가

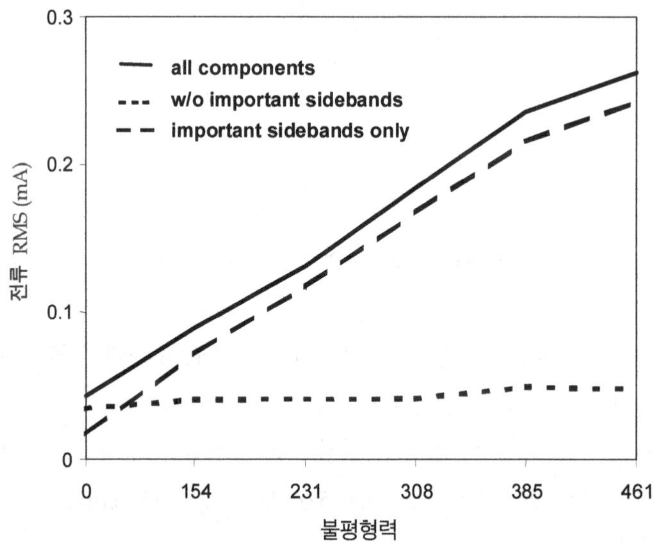

그림 4.5 불평형력에 따른 전류 스펙트럼의 크기 변화

그림 4.5는 불평형 원심력의 크기 변화에 따른 전체 전류 성분과 기본 측대역 성분만을 고려한 경우와 고려하지 않은 경우의 전류 진폭의 비교를 나타낸다. 그림에서 불평형 외력이 증가함에 따라 회전자의 휘돌림 진폭이 성장하고 이의 결과로 회전 주파수의 측대역 성분의 크기가 거의 비례하여 증가하는 것을 알 수 있다. 이는 과대한 기계적인 질량 불평형은 기계적인 진동뿐만 아니라 이의 결과로 공극의 동적 편심을 야기시켜 전기적인 결합을 발생시킬 수 있음을 보여준다.

그림 4.6은 평형 상태와 여러 불평형 레벨에 따른 전류 스펙트럼에서 $f_L \pm f_r$ 성분 진폭의 실효치(rms치)를 전부하를 100%로 하였을 때의 부하의 변화에 따른 영향을 나타낸다. 이들 성분의 진폭은 불평형량(레벨)의 증가에 따라 평형 상태보다 크게 증가한다. 이는 불평형 원판에서 발생하는 불평형력에 의해 전동기의 공극을 변화시키고 결국 전류의 큰 증가를 야기시키기 때문이다. 또한 이들 성분의 진폭은 무부하(0%)에서 50% 부하까지는 증가하다가 50% 이상에서는 급격히 감소하는 특성을 보인다. 이처럼 유도 전동기의 부하는 전동기의 강성을 더욱 강화시켜 기계적인 진동을 감소시키는 역할을 한다. 또한 전류 신호 내의 잡음을 감소시켜 부하에 따른 전류 스펙트럼 내의 관심 주파수 성분을 검지하기 쉽도록 한다.

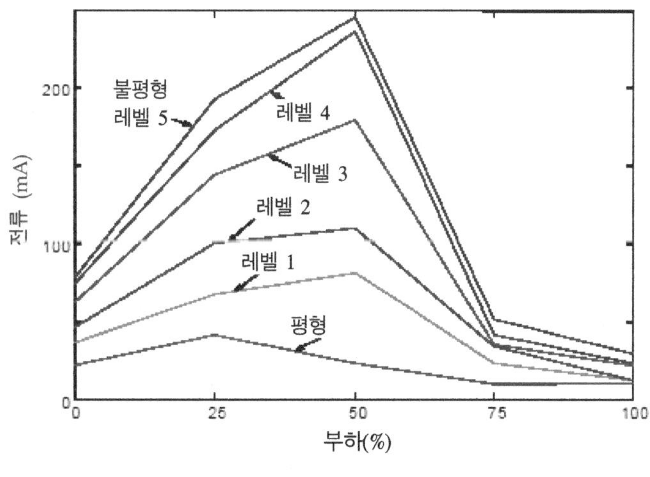

그림 4.6 부하 및 불평형 레벨의 변화에 따른 전류 성분의 변화

4.1.4 불평형의 형태

1) 전동기 회전자의 불평형

전동기를 포함한 모든 회전 기계는 앞에서 설명한 대로 정숙한 운전을 위해 평형잡기가 요구된다. 이는 전동기 속도, 크기 및 진동 요구 사항에 의해 결정되는 허용 레벨로 공장 내에 설치된 평형잡기 기계(또는 평형시험기라고 함)에서 수행된다. 일반적으로 2극 전동기는 가장 높은 정도의 평형이 요구된다. 2극 및 대형 4극 전동기는 평형잡기 기계에서 전동기의 운전 속도로 평형잡기가 이루어져야 한다. 그리고 조립된 전동기는 진동에 대한 요구 사항을 운전 중에 만족하는지를 확인하기 위해 시험 운전된다.

비록 최근에 속도를 조정할 수 있는 구동기로서 변속용 전동기의 수와 크기가 증가하고 있지만, 대부분의 중형에서 대형 전동기들은 정속 운전용으로 사용된다. 정속 전동기는 단지 하나의 속도, 즉 운전 속도에서 정밀한 평형잡기가 필요하고, 변속 기계의 경우는 동기 속도의 40%에서 100%까지의 운전 속도 범위에서 양호한 회전자의 평형이 유지될 것이 요구된다.

회전자의 평형잡기는 축, 회전자 적층, end heads, 회전자 봉, end connectors, 단락 링, 냉각 홴(fan) 등의 여러 개의 부품들이 결합된 완전한 회전자 구조물에서 최종적으로 수행된다. 이들 부품은 안정된 정밀 평형 등급을 달성할 수 있도록 설계 및 제작 과정에서 잘 관리되어야 한다. 정밀한 평형을 얻기 위한 기본적인 요구 사항으로서는

- 부품들은 개별적으로 동심도 및 최소 불평형을 만족하도록 정밀 제작
- 운전 중 이동이 되거나 평형을 변경시킬 수 있는 부품의 느슨함은 회피 또는 최소화
- 평형 수정 중량(correction weights)은 불평형의 위치 또는 그 부근에 부착

전동기의 경우, 회전자는 모든 관심 있는 부분들이 동심도(concentricity)에 가깝도록 정밀 가공되어야 하고, 모든 운전 속도와 온도에서 동심도가 유지되도록 축에 가

열 끼워 박음(shrink fit) 되어야 한다. 회전자 봉은 봉들이 슬롯 내에 꼭 끼워지도록 쐐기를 이용하여 틈새를 메우거나 또는 맞는 틀을 만들어야 한다. 축 및 조립되는 회전자는 정밀 가공되어야 하고, 25.4 μm(0.001 in) 이내로 잘 동심이 맞도록 연마되어야 한다. 회전자는 냉각 홴(fan)이 부착되지 않은 상태에서 사전에 평형잡기가 이루어진 후에 홴을 축에 조립하고 최종적으로 평형잡기를 수행한다. 홴은 회전자에 조립되기 전에 독립적으로 평형잡기가 이루어진다. 무거운 외부 냉각형 홴을 갖는 전동기의 경우는 홴에 대한 2면 평형잡기가 필요할 수 있다.

정속 전동기에서는 통상 소형 기계의 경우에는 강체 축(rigid shaft)으로 설계되고, 대형 전동기의 경우에는 탄성 축(flexible shaft)로 설계된다. 강체 축 설계는 축의 1차 굽힘 위험 속도(critical speed)의 약 70% 이하에서, 탄성 축은 1차 굽힘 위험 속도 부근 또는 그 이상에서 운전되도록 설계된 것을 의미한다. 위에서 설명하였듯이 회전자가 정밀하게 설계되고 제작되었을 때는 탄성 회전자라 할지라도 회전자의 양단에 수정 중량을 부착하여 불평형을 수정하는 2면(양면) 평형잡기로 통상 충분하다. 그러나 때로는 탄성 회전자는 기동 또는 정지 동안에 회전자의 위험 속도를 통과하는 기계의 과도한 진동을 제한하기 위해 3면 평형잡기가 필요할 수도 있다. 이 때는 회전자의 중앙단면 1개와 2개의 양단에서 중량 수정이 이루어진다.

변속 기계는 탄성 축에서 발생할 수 있는 축의 변형(deflection)에 기인하여 속도와 함께 중대한 평형의 변화를 방지하기 위해 강체 축이 요구된다. 부가적으로 이 복잡한 구조물의 평형에 영향을 미칠 수 있는 많은 다른 인자들이 변화하는 운전 속도에서 양호한 평형을 유지할 수 있도록 관리되어야 한다. 특히 어느 회전자 봉에서 발생하는 느슨함(헐거움)은 회전 속도에 따라 평형을 과대하게 변경시킬 수 있다. 이는 회전자 봉의 끼움 쇠(shimming)에 의해 방지할 수 있다. 봉 주위의 끼움 쇠는 슬롯 내에서 봉이 움직이지 않고 단단하게 고정되도록 하여 준다. 이는 또한 봉이 철심과 같은 비율로 팽창되거나 수축되지 않는 곳에서 가열 및 냉각 동안에 발생할 수 있는 느슨함으로부터 봉을 보호할 수 있다.

공장 내에서 평형잡기와 무부하 시험을 실시하는 동안, 축의 키 홈(keyway) 부분에서 불평형이 발생하지 않도록 가공된 슬리브(sleeve)를 키 홈에 끼워 넣어 완전하게 채운다. 부하 시험에서는 전동기를 무겁고 강한 기초(rigid base) 위에 설치한 후, 동력계(dynamometer)와 정확하게 정렬을 맞추고, 정밀 평형잡기가 된 커플링과 적절한 키로 결합하여 실시한다.

2) **열적 불평형**(thermal unbalance)

열적인 불평형은 불평형의 한 특별한 형태로서, 회전자에 균일하지 않은 가열 또는 회전자의 가열에 기인하는 불균일한 굽힘(bending)이 그 원인이다. 이에 대한 적절한 해결 방안으로는 축의 직진도(straightness)에 영향을 미치는 불균일한 가열을 일으키는 원인을 파악하고 회전자를 수리하는 것이다. 이러한 작업을 수행하기 전에 열적인 상황에 대한 심각도를 먼저 확인할 필요가 있다.

모든 회전자는 초기 운전시의 냉각 상태(cold-run)에서 어느 정도 운전된 후의 가열 상태(hot-run)로 변화하는 동안 온도 변화에 따른 어느 정도의 진동 변화는 발생한다. API 514 규격의 제 3판에서는 회전 주파수(1X)의 축 진동 성분은 15.24 μm (0.6 mil), 그리고 하우징 진동에서는 1.27 mm/s (0.05 in/s)의 변화는 허용하고 있다. 그러나 전동기가 연속 운전이 되고, 진동 레벨이 기동 동안(냉각 상태)에 과도하지 않다면, 전동기에 어떠한 손상이 없이 냉각 상태에서 가열 상태까지 더욱 많은 변화를 허용할 수 있을 것이다. 이러한 상황에서 가장 낮은 진동 레벨이 운전 조건에서 요구된다면, hot trim 평형잡기 절차가 수행될 수 있다. 이 절차를 수행하기 위해서는 전동기는 열적으로 안정된 모든 조건까지 운전을 실시하고, 이 조건에서 신속하게 trim 평형을 수행한다. 필요하다면, 초기 시행 중량(trial weights)이 설치된 후에 다시 전동기를 운전하고, 최종 중량 수정을 위한 부가적인 진동 측정을 하기 전에 전동기를 열적으로 안정화 시킨다.

3) 커플링 불평형(coupling unbalance)

커플링에서 발생하는 불평형의 한계치는 API 671에 40 W/N로 주어져 있다. 일 예로 1,000 HP, 3,600 rpm인 2극 전동기의 경우, 이 한계치는 한쪽 단에서 전동기 불평형 한계치의 약 1/3과 같다. 적절한 키의 사용과 커플링의 평형은 전동기의 정렬에도 중요하다. 부적절한 키의 사용은 계 전체의 불평형을 증가시킬 수 있고, 허용 한계를 초과하는 진동을 발생시킬 수 있다. 일 예로 특정 1,000 HP, 2극, 3,600 rpm의 전동기에서 키 길이 3.175 mm의 오차는 6.59 N · mm의 불평형을 일으킨다. 이는 전동기의 경우, API 541에서 주어지는 4 W/N의 회전자의 양단에서 잔류 불평형 한계와 거의 같다. 따라서 커플링의 크기를 적절하게 선정하여야 한다. 커플링이 너무 크면, 커플링 불평형의 증가에 따라 전동기의 진동을 증가시키고, 커플링의 중량 증가로 위험 속도의 변경이나 회전자의 진동 응답을 변화시킨다. 또한 과대한 크기의 커플링은 과대한 축 굽힘과 진동을 야기시키고, 최소 틈새 부분에서 심한 마찰(rubbing)을 일으켜 종국에는 파멸적인 축 고장을 일으킬 수 있다.

4) 피동기의 불평형(driven machine unbalance)

정상적인 환경하에서는 피동기의 불평형은 전동기의 진동에 중대한 영향을 미치지는 않는다. 그러나 만일 피동기의 불평형이 매우 크거나 또는 강체 커플링(rigid coupling)으로 결합된다면, 피동기의 불평형에 의한 진동이 전동기에 전달되어 진동을 야기시킬 수 있다.

4.2 정렬 불량(misalignment)

4.2.1 정렬 불량의 정의 및 종류

정렬불량은 불평형과 함께 기계적인 진동 원인의 대부분을 차지한다. 대부분의 회전 기계는 전동기 또는 엔진과 같이 동력을 발생시키는 구동 기계와 송풍기, 펌프 등과 같이 특별한 용도로 이용되는 피동 기계와의 결합으로 운전된다. 때문에 두 기계의 결합이 요구되며, 커플링 또는 벨트를 이용하여 결합하는 것이 일반적이다. 정렬 불량이란 구동 축(drive shaft)과 피동 축(driven shaft)이 같은 중심선 상에 있지 않기 때문에 높은 진동이 발생하는 현상을 말한다. 정렬 불량이 있으면 이에 따른 강제 구속력과 구속 모멘트가 발생하고, 커플링, 축 및 베어링에 높은 응력을 야기시키며 이들에 의해 회전체 축이 강제적으로 굽혀지기 때문에, 외관 상의 초기 굽힘(initial bent)이 생기고, 그것에 의해 진동과 소음이 발생하며, 마멸을 가속시키게 된다. 진동과 소음은 정렬 불량의 증상으로 나타나는 것이고, 마멸은 회피하여야만 하는 정렬 불량의 결과이다.

정렬(alignment) 또는 중심맞추기(centering)의 목적은 진동과 소음을 저감하고, 마멸을 감소시켜 기계의 운전 수명을 증가시키도록 하기 위해 커플링에 가해지는 과대한 부하를 줄이는 것이다. 축 정렬은 일반적으로 온도에 의해 영향을 받는다. 따라서 냉각 상태에서 정렬된 경우, 가열된 실제 상태에서 기계는 기계 구조물의 열 팽창을 허용하여야 한다.

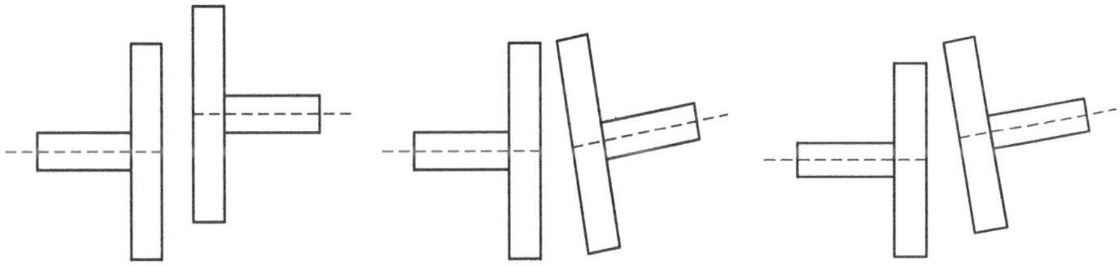

(a) 편심 정렬 불량 (b) 편각 정렬 불량 (c) 복합 정렬 불량

그림 4.7 정렬 불량의 유형

정렬 불량에는 그림 4.7과 같이 두 축의 축 중심선의 편심 편차에 의한 편심 정렬 불량(parallel misalignment 또는 offset), 두 축의 축 중심선의 편각 편차에 의한 편각 정렬 불량(angular misalignment 또는 angularity) 그리고 편심 및 편각 정렬 불량이 혼합된 복합 정렬 불량(combined misalignment)의 3가지로 나눌 수 있다.

4.2.2 정렬 불량의 허용 기준

베어링의 수명을 최대로 하기 위해서는 전동기 축과 피동 장비 축 사이의 적절한 정렬을 유지하는 것이 매우 중요하다. 베어링의 정렬은 외륜에 대한 내륜의 중심선 각도가 동일 축을 이루어야 한다. 또는 내, 외륜의 면이 평행하거나, 외륜의 면이 축 회전 중심(축이 직선이라면, 축 중심선과 동일)과 수직이 되어야 한다. 후자의 판정 기준은 설치된 베어링에서도 측정될 수 있다. 즉, 축에 영구 자석 스탠드를 설치하고 여기에 고정된 다이얼 게이지를 외륜의 측면에 설치하여 축을 회전시키면 1회전당의 외륜의 축 방향의 어긋남을 측정된다. 표 4.8은 이 경우의 여러 유형의 베어링에 대한 외륜에서의 허용 run-out을 나타낸다.

표 4.8 회전 중심을 기준으로 한 허용 run-out (Wowk)

베어링 유형	허용 run-out (m/mm)
볼 베어링	2.0
원통형 롤러 베어링	1.0
평면 저널 베어링	1.0
평면 스러스트 베어링	0.5

표 4.9 정렬의 허용 공차 (Bonnett & Albers, 2002)

	rpm	Installation	In Service
Soft foot (mils)*	All	±1.0	±1.5
Short couplings	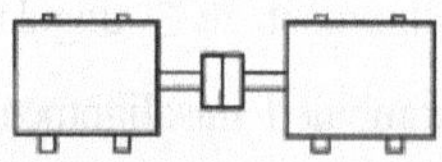		
	rpm	Installation	In Service
Parallel offset (mils) 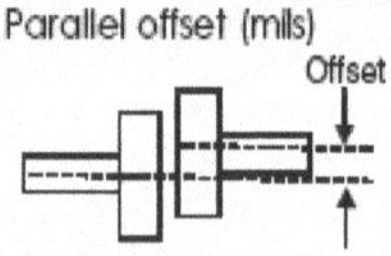	1,200 1,800 3,600	±1.25 ±1.0 ±0.5	±2.0 ±1.5 ±0.75
Angular misalignment** (mils/in) 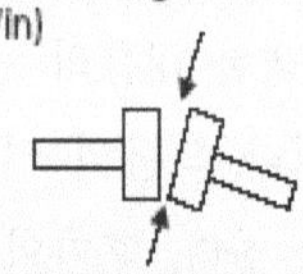	1,200 1,800 3,600	0.5 0.3 0.2	0.8 0.5 0.3
Couplings with spacers	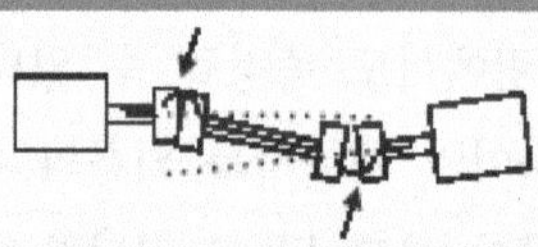		
	rpm	Installation	In Service
Parallel offset Per inch of spacer Length (mils/in)	1,200 1,800 3,600	0.9 0.6 0.3	1.5 1.0 0.5

표 4.9는 피동기 장비 제작사 또는 다른 적용 가능한 규격이 제시되지 않았을 때 하나의 지침으로서 EASA(Electrical Apparatus Services Association)이 기술 매뉴얼 Section 11에서 제시한 권장치이다. 3개의 운전 속도(rpm)에 대해 설치(installation) 시와 운전(in service)시의 허용치를 제시하고 있다. 표에서 soft foot은 4개의 mounting feet가 모두 동일 평면에 있지 않은 상태를 나타낸다. 커플링 직경의 편각 정렬 불량을 구하기 위해서는 화살표와 같이 가장 넓은 개구부(opening)의 거리(mils)을 측정하여 가장 좁은 개구부의 거리(mils)를 뺀 뒤 커플링의 직경(in)으로 나눈다(1 mils = 10^{-3} in).

커플링은 결합된 두 기계들의 베어링과 축에서 높은 하중과 응력이 발생하지 않도록 어느 정도의 정렬 불량을 허용할 수 있도록 설치된다. 따라서 커플링 제작자는 커플링이 보상될 수있거나 보상되어야 하는 허용 가능한 편각 및 편심 정렬 불량을 명기하고 있다. 표 4.10은 두 축 사이의 편심 및 편각 정렬 불량에 대한 허용치를 나타내고 있다. 이들 값은 수십 년 동안 미국의 국방 및 산업용 기계에서 경험된 자료를 바탕으로 얻어진 것이다. 편심 정렬 불량, 즉 옵셋(offset)의 허용 값은 커플링의 중앙 또는 양측 커플링 사이의 중앙에서 적용된다. 이는 커플링이 어느 정도의 편각 정렬 불량을 조정하도록 설계되지만, 편심 정렬 불량에는 관대하지 못하다는 사실에 기초한다. 어느 위치에서의 실제 옵셋은 그 평면에서 총 인디케이터 눈금의 반이 된다. 편각 정렬 불량은 임의 편리한 위치에서 교차점으로부터 측정된다. 이 값은 반경 방향의 옵셋을 교차점까지의 축 방향 거리로 나눈 값이다.

표 4.10 편심 및 편각 정렬의 허용 값(tolerance)

회전 속도(rpm)	중심에서 최대 편심 허용 값	최대 편각 허용 값
600	127 μm (5.0 mils)	2.5 μm/mm (2.5 mils/in)
900	101.6 μm (4.0 mils)	2.0 μm/mm (2.0 mils/in)
1,200	76.2 μm (3.0 mils)	1.5 μm/mm (1.5 mils/in)
1,800	50.8 μm (2.0 mils)	1.0 μm/mm (1.0 mils/in)
3,600	25.4 μm (1.0 mils)	0.5 μm/mm (0.5 mils/in)
4,000 이상	12.7 μm (0.5 mils)	0.25 μm/mm (0.25 mils/in)

4.2.3 정렬 불량 진동의 특징

정렬 불량의 특징을 나타내는 진동 패턴으로는 스펙트럼 상의 조화성분, 베어링에서의 충격 펄스 및 회전 속도에서 높은 축 방향 진동이 있다. 가속도계를 이용하여 측정된 진동을 주파수 분석하면 이 세가지 패턴을 검지할 수 있다. 통상 주파수 스펙트럼 상에 많은 조화성분이 발생하는 것은 재료 등의 비선형성(nonlinearity)에 기인하는 심각한 왜곡(distortion)을 나타낸다. 조화 성분은 정렬 불량의 절대적인 지표는 아니지만, 왜곡을 나타낸다. 이 왜곡은 축 정렬 불량, 베어링 정렬 불량, 굽힌 축 또는 다른 기계적인 왜곡에 의해 야기될 수 있다. 두 회전기계가 결합된 경우, 가장 큰 조화 성분의 방향이 대략적인 방법으로 정렬 불량의 방향을 나타낸다. 일 예로 수직 방향에 높은 조화 성분은 기계가 수직 방향으로 정렬의 조정을 필요로 한다는 것을 의미한다. 비록 정렬 불량의 양을 정량화 할 수는 없지만, 이와 같이 단지 진동 스펙트럼의 패턴으로부터 정렬불량을 진단할 수 있다는 사실은 중요하다. 조화성분의 판정을 위해 overall 진동값인 실효치(rms치)를 사용할 수 있다. 이 값은 관심 주파수 대역 내에서 모든 진동 피크 $x_i(i=1, 2, ..., n)$들을 다음 식과 같이 구한 값이다.

$$\text{rms} = \sqrt{x_1^2 + x_2^2 + \cdots +, x_n^2} = \sqrt{\sum_{i=1}^{n} x_1^2}$$

만일 주파수 구간이 적어도 운전 주파수의 10배 이상 충분히 높다면, overall 측정치는 10개의 조화 성분들을 포함한다.

정렬 불량 상태에서 베어링은 보다 높은 동적 하중을 받게 되고, 금속과 금속이 접촉하기 쉽다. 구름 요소 베어링에서 이것은 더욱 많은 충돌(impact)과 충격 펄스(shock pulse)가 발생할 수 있음을 의미한다. 저널 베어링에서는 역시 보다 높은 압력의 하중이 작용하고, 접촉의 위험이 높게 된다. 이들 증상은 모두 약 1 kHz에서 10 kHz의 높은 주파수에서 측정된다. 진동 파형은 접촉의 경우와 약간 달리 더욱 불규칙하다.

정렬 불량의 마지막 진동 패턴은 높은 축 방향의 진동 발생이다. 정렬 불량이 되었을 때 커플링에서의 힘들은 축을 변형시키도록 한다. 축은 축 강성(stiffness) 때문에, 이 변형에 저항하지만 약간은 굽히게 된다. 이 힘은 베어링에 그리고 하우징에 전달된다. 축의 키 홈이나 베어링의 불완전한 상태는 대개 1X에서 기계의 진동과 부가적으로 약간의 조화 성분들을 일으킨다. 기계 케이싱은 통상 하부 다리(feet)에서 기초(foundation)까지 부착되고, 상부에서는 지지되지 않는다. 그러므로 하부는 진동이 없고 상부가 많이 진동하게 되고, 축 방향 진동은 기초로부터 가능한 높은 위치에서 측정할수록 잘 측정된다.

정렬 불량의 결과로 발생하는 커플링에 작용하는 힘들은 기초 부분을 회전 중심으로 축 방향으로 로킹(rocking) 운동을 일으킨다. 기계는 수직 방향으로 강하게 설치되고, 중력을 거슬러 움직여야 하기 때문에 크게 움직일 수 없다. 따라서 진동 에너지의 대부분은 수평 방향으로 그리고 일부는 축 방향으로 이동한다. 축 방향의 진동이 크고, 일반적으로 수평 방향 진동의 50% 이상이 되면 정렬 불량을 의심한다. 주요 진동 특성을 살펴보면 아래와 같다.

- 진동 신호의 시간 파형은 조화 파형(harmonic waveform)이다.
- 반경 방향의 진동 주파수 스펙트럼에서 1X 성분과 2X 성분을 주요 성분으로 나타나며, 대부분의 경우 1X 성분보다 2X 성분이 크게 나타난다.
- 축 방향의 진동 주파수 스펙트럼에서 1X 성분이 크게 나타난다.
- 전형적인 축의 휘돌림은 전향(forward)이며, 궤적(orbit)은 바나나 형상이다.
- 진동은 하중에 민감하고, 진폭은 하중의 증가에 따라 증가한다.

표 4.11 불평형 진동과 정렬 불량 진동의 비교

불평형 진동	정렬 불량 진동
• 1X에서 높은 진동 발생 • 반경 방향의 진동이 크고, 축 방향의 진동은 작음 • 온도 변화와 무관 • 원심력에 기인하는 1X 진동으로 속도 변화에 따라 변동 • 부하에 둔감	• 1X에 대한 높은 조화 성분 발생 • 높은 축 방향 진동 발생 • 온도 변화에 따른 진동 특성이 변화 • 속도 변화에 둔감 • 정렬 불량에 기인하는 구속력으로 속도 변화와 무관하게 일정 • 커플링이 lock되었을 때 부하에 민감

표 4.12 정렬 불량의 진동 특성

	Hook 조인트	기어 커플링	Elastomer/Metallic 커플링	
정렬 불량 형태	편각(angular)	편각(angular)	편각(angular)	편심(parallel)
진동 방향	반경, 축	반경, 축	축	반경
발생 주파수 성분	$2f_r, 4f_r, 6f_r$, …	$2f_r, 4f_r, 6f_r$, …	$1f_r, 2f_r, 3f_r$, …	$2f_r, 4f_r, 6f_r$, …
위상	180°			
궤도(orbit)	2개 또는 그 이상의 고리모양(loop)			

불평형과 정렬 불량은 기계 고장 중 가장 일반적인 형태로 매우 빈번하게 나타나며, 모든 고장의 원인이 되기 때문에 항상 중요하게 생각해야 한다. 또한 심하지 않는 정렬 불량에 의한 진동은 축 중심이 회전 중심과 어긋나기 때문에 불평형에 의한 진동과 같이 회전 속도 성분의 피크가 높게 나타나게 된다. 따라서 이들 진동을 구별할 수 있어야 한다. 표 4.11에 불평형과 정렬 불량에 의한 진동 특성의 차이를 나타내었다.

3개 이상에서 반경 방향의 하중을 가하는 베어링을 가진 회전체와 같이, 과도하게 지지된 회전체의 정렬 불량은 베어링, 축 그리고 외부 커플링에서 축 속도의 주파수로 회전하는 예하중(preload)을 일으킨다. 결과적으로 진동의 크기는 계를 구성하는 요소들인 베어링, 축, 커플링 등의 반경 방향 강성에 좌우된다. 정렬 불량이 심해지면, 베어링의 비대칭성과 베어링 지지대 그리고 기초의 강성에 따라 한쪽 혹은 양방향으로 비선형적인 베어링 특성을 일으킬 수 있다. 정렬 불량이 있으면 회전축이 강제적으로 굽혀지기 때문에, 외관상의 초기 굽힘이 생기고 그것에 의해 진동을 발생시킨다. 베어링의 정렬 불량은 불완전한 베어링 설치에 의해 흔히 발생하는 결과로, 그림 4.8에 대표적인 4가지 유형을 나타내었다.

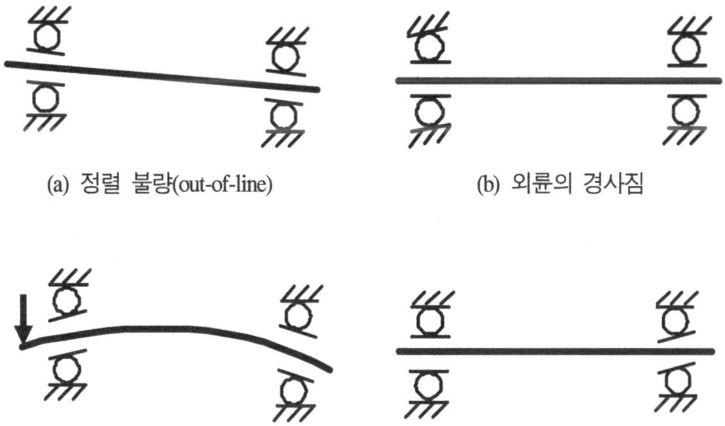

(a) 정렬 불량(out-of-line)

(b) 외륜의 경사짐

(c) 축의 굽힘 변형

(d) 내륜의 경사짐

그림 4.8 부적절한 설치에 의한 4가지 유형의 정렬 불량

이는 두 베어링 사이의 중심이 일치하지 않는 경우(out-of-line), 한쪽 또는 양쪽의 베어링 외륜이 하우징과 정렬이 맞지 않도록 설치되어 기울어진 경우(cocked 또는 tilted), 내다지(overhung) 하중에 의해 축의 변형이 발생하고 이에 의해 내륜이 기울어진 경우 및 한쪽 또는 양쪽의 베어링 내륜이 잘못 설치되어 기울어진 경우이다.

그림 4.9와 4.10은 편심 정렬 불량 및 편각 정렬 불량의 경우에 발생하는 진동 신호의 시간 응답 파형과 주파수 스펙트럼을 각각 나타낸다. 회전 주파수(29.69 Hz) 성분을 비롯한 저차 조화 성분들이 폭 넓게 보이고, 특히 2차 조화 성분(2X)인 59.375 Hz 성분이 크게 발생하고 있다.

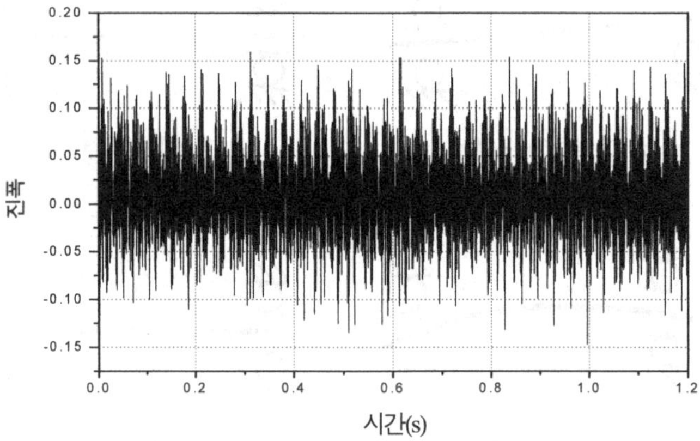

(a) 시간 응답 파형

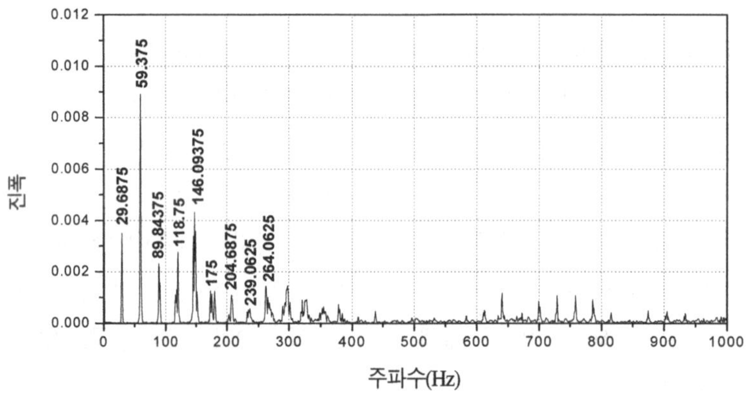

(b) 주파수 스펙트럼

그림 4.9 편심 정렬 불량 시의 진동 신호 예

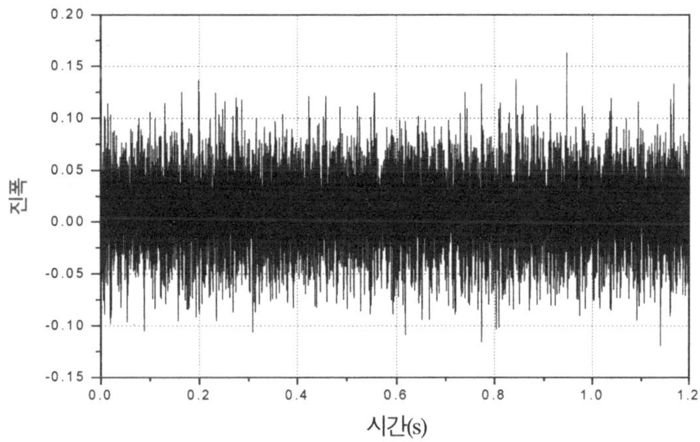

(a) 시간 파형

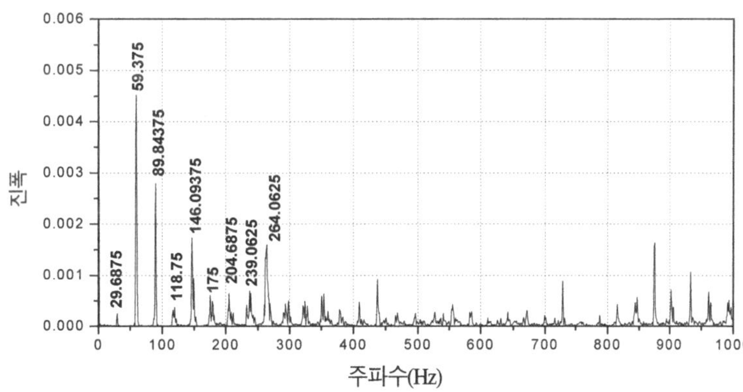

(b) 주파수 스펙트럼

그림 4.10 편각 정렬 불량 시의 진동 신호 예

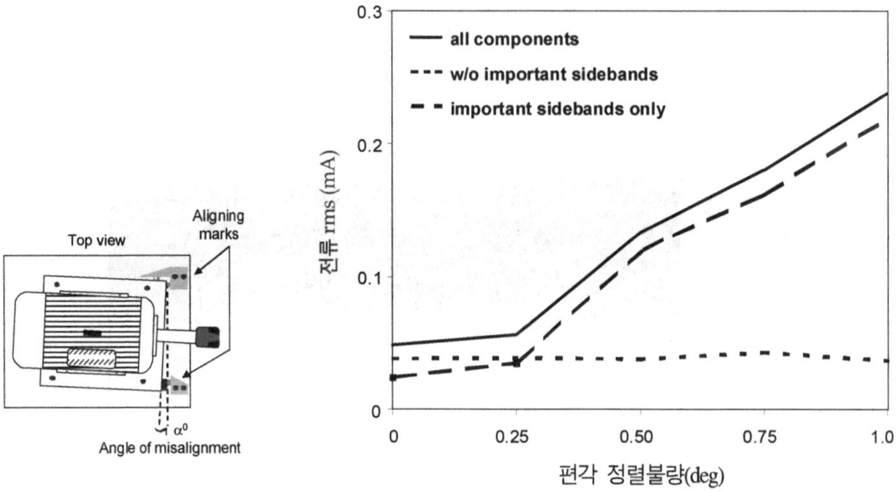

그림 4.11 편각 정렬 불량의 크기에 따른 전류 성분의 변화 예

그림 4.11과 4.12는 각각 편각 및 편심 정렬 불량의 변화에 따른 고정자 전류의 스펙트럼 성분의 크기를 비교하고 있다. 편각 α는 그림과 같이 1.0°까지 변경하였으며, 편심은 전동기 하부에 심(shim)을 삽입하여 1.25 mm까지 변경하였다. 정렬 불량의 경우도 그림 4.3의 질량 불평형의 경우와 마찬가지로 전원 주파수의 좌우에 측대역 성분이 발생하고, 정렬 불량이 발생하면 전원 주파수 성분의 변화는 거의 없고, 이들 측대역 성분들이 크게 증가하는 것을 보이고 있다.

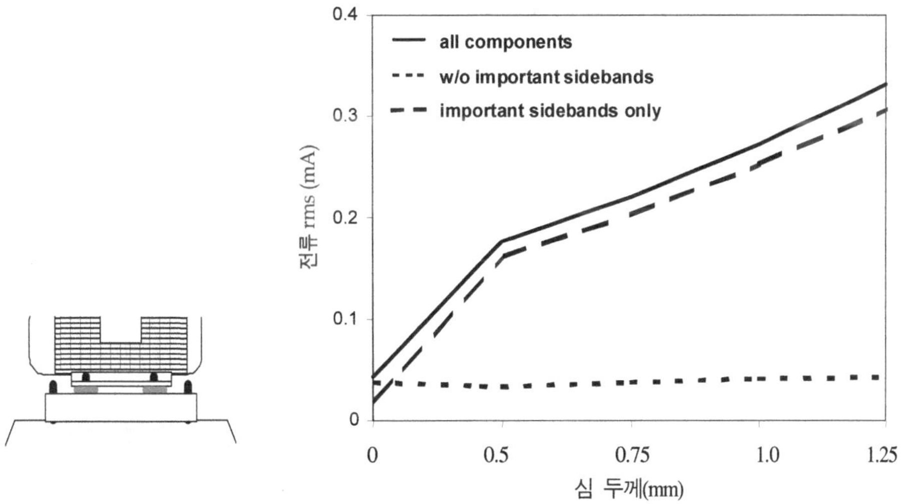

그림 4.12 **편심 정렬 불량의 크기에 따른 전류 성분의 변화 예**

그림 4.13과 4.14는 각각 편각 및 편심 정렬 불량의 크기(레벨)와 부하의 변화에 따른 고정자 전류의 스펙트럼 성분의 크기를 비교한 예이다. $f_L \pm f_r$성분의 전류 진폭은 편각 및 편심 정렬 불량의 크기의 증가에 따라 증가하고, 0%에서 100%까지 부하 레벨의 증가에 따라 단조롭게 감소한다. 이들 측대역 성분의 크기는 결함 상태의 심각도에 비례하여 증가한다.

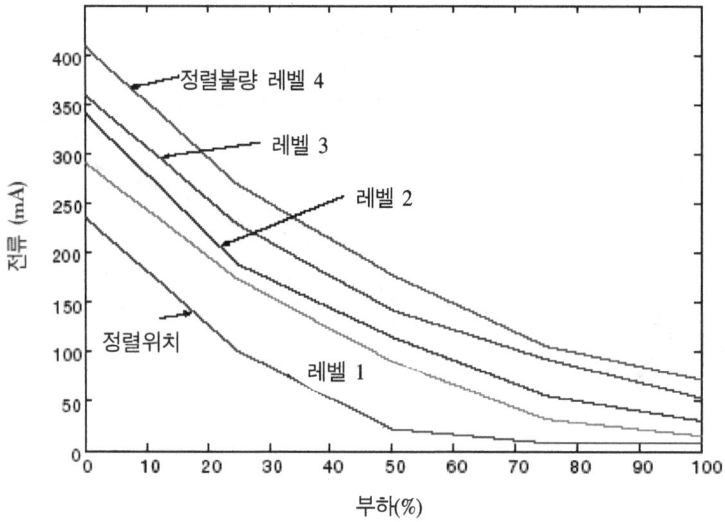

그림 4.13 편각 정렬 불량의 크기와 부하에 따른 전류 성분의 변화

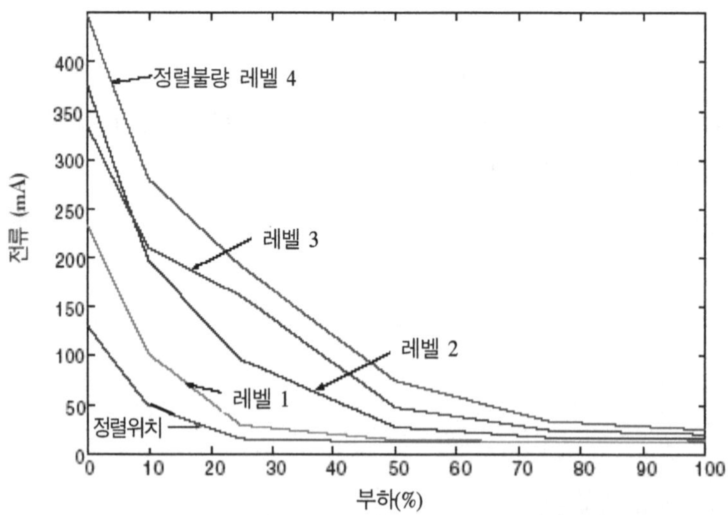

그림 4.14 편심 정렬 불량의 크기와 부하에 따른 전류 성분의 변화

4.3 공진(resonance)

공진현상은 계의 가진력 주파수 또는 외부에서 전달되는 강제 진동의 주파수가 구조의 고유 진동수(natural frequency)와 같거나 유사할 경우 진동이 증폭되어 과대한 진동이 발생하는 현상을 말한다. 유도 전동기에는 기계적 및 전기적인 힘에 의한 가진 주파수가 많이 존재하고 이들 진동수가 전동기의 회전자 또는 고정자 구조의 고유 진동수와 공진을 일으킬 수 있다. 따라서 설계 단계에서 시스템의 고유 진동 해석을 통하여 고유 진동수를 예측하고 공진이 발생하지 않도록 공진 회피 설계를 실시하여야 한다. 또한 제작 후에는 충격 가진 시험(impact test 또는 hammering test)을 실시하여 고유 진동수를 확인하고 운전 영역 내에 특정 모드들에서 공진이 발생할 수 있으면 구조 변경을 실시하여 이를 회피하도록 하여야 한다.

표 4.13 주요 가진력의 가진 주파수 및 특징

가진력	주요 가진 주파수	특 징
불평형력	회전주파수(f_r)	회전수가 일정하면, 진동 크기, 가진력과 진동의 위상차는 일정
정렬 불량, 불평형 모멘트	f_r, $2f_r$, $4f_r$, $6f_r$	커플링 등의 정렬 불량에 의한 강제 구속력과 구속 모멘트에 의한 굽힘 진동과 종 진동 발생
기어 맞물림력	$f_m \pm nf_r$(n: 정수)	기어에서 기어 이의 맞물림 불량에 의해 발생. 기어 맞물림 주파수 f_m 으로 가진
구름베어링충격력	f_b, f_i, f_0, f_c	베어링 결함 부위의 반복적인 충격력
비선형 요소력	$(1/n \times f_r)$, n :정수	거더, 비선형 스프링 등이 있을 때, 가진력 진동수의 $1/n$ 부근에 고유진동수가 있으면 분수 조화 공진 발생

<table>
<tr><td colspan="2" rowspan="2">유체력
(hydraulic force)</td><td>f_r, $1/2f_r$</td><td rowspan="2">펌프 등의 유체 기계에서 임펠러가 최소 틈새를 통과 할 때 발생하는 압력 변동력</td></tr>
<tr><td>Zf_r, Z:깃(날개) 수</td></tr>
<tr><td colspan="2">토크 변동
(torque pulsation)</td><td>변동 주파수</td><td>토크 맥동 주파수와 비틀림 공진의 가능성</td></tr>
<tr><td rowspan="2">실속
(stall)</td><td>임펠러</td><td>약 $(0.4 \sim 0.8)f_r$</td><td rowspan="2">가진 진동수가 회전체의 고유 진동수에 가까울때, 진동 과대</td></tr>
<tr><td>디퓨저</td><td>약 $0.1f_r$</td></tr>
<tr><td colspan="2">전자기력
(magnetic pull)</td><td>$2f_L$, $f_r \pm 2s\,f_L$</td><td>주로 전동기, 발전기에서 발생하는 전자 진동</td></tr>
<tr><td colspan="2">왕복동력</td><td>nf_r
n:정수(1, 2, 3, ⋯)</td><td>왕복 엔진, 압축기 등의 가진력은 기본 성분과 정수배 성분을 가지는 주기 파형이 되어 기본 성분과 고차 조화 성분으로 발생</td></tr>
<tr><td colspan="2">지진력</td><td>어느 범위의 연속 가진 주파수</td><td>진동은 가진 주파수 성분을 포함. 고유 진동수마다 공진 배율이 다르므로, 발생하는 것은 고유진동수 성분 만의 탁월 진동</td></tr>
<tr><td colspan="2">외부 가진력</td><td>일반적으로 회전 비동기</td><td>주위 기계에서 진동 전파에 의한 가진으로 회전체의 고유진동수와 근접할 때, 공진 발생</td></tr>
</table>

4.3.1 회전자의 공진 문제

모든 기계적인 구동 장치는 여러 개의 횡(굽힘) 및 비틀림 고유 진동수를 가질 수 있다. 통상 소형 유도 전동기는 비교적 강한 축과 프레임으로 제작되므로 고유 진동수는 운전 속도 영역보다 매우 높은 영역에 위치하기 때문에, 공진이 발생하는 경우는 매우 드물다. 그러나 중, 대형 전동기는 매우 무거운 회전자 및 고정자 철심과, 베어링 사이의 길이(span)이 길며 비교적 유연한 탄성 축으로 설계되기 때문에 운전 속도 영역 이내에 저차 고유 진동수가 존재할 수 있다.

공진을 일으킬 수 있는 가진 원으로는 회전자 불평형, 커플링 정렬 불량 또는 불평형, 굽힌 축, 베어링 불량, 비대칭 공극(공극 편심) 또는 공극 자속 밀도 변동 등을 들 수 있다. 전동기 외부의 가진 원으로는 왕복동 하중, 펌프 깃(vane) 통과 진동, 팬과 송풍기 블레이드 통과 진동 및 기어의 백래시(backlash) 진동 등이 있다. 공진이 발생하면, 이들 진동수 성분의 가진력이나 가진 토크를 증폭시키고, 결과적으로 파괴적인 힘을 발생시킬 수 있다. 볼이나 롤러 베어링과 같은 구름 요소 베어링으로 지지되는 전동기는 통상 감쇠가 거의 없거나 매우 작기 때문에 수직 펌프에 사용되거나 프로펠러 팬과 같이 관성 부하가 매우 큰 곳에는 특별한 주의가 요구된다.

1) **굽힘 공진**(lateral resonance)

굽힘공진은 굽힘 고유 진동수와 가진 주파수가 일치하여 회전자의 축 단면과 수직 방향으로 주기적인 진동을 하게 된다. 공진이 발생하면, 흔히 축계의 공진 속도(위험 속도)에서 진동이 증가한다. 이는 기동 및 정지 시에 위험 속도를 통과하는 경우와 정격 운전 속도가 위험 속도와 일치하거나 부근에 있을 때 발생한다.

일반적으로 3,600 rpm으로 운전되는 고출력 대형 전동기에서는 고유 진동수를 운전 속도 이상이 되도록 설계하는 것은 구조적으로 어렵다. 따라서 통상 제작자는 운전 속도 범위 내에 고유 진동수를 가지는 탄성 축(flexible shaft)으로 설계하고 큰 가속도로 빠르게 위험 속도를 통과하도록 한다. 이렇게 하면 비록 위험 속도를 통과할 때 진폭이 증폭되지만, 빠른 시간 내에 이 속도를 통과하므로 진폭이 파괴적인 수준까지 충분히 성장하지 못하므로 안전하게 통과할 수 있다.

굽힘 고유 진동수는 흔히 강 베어링(rigid bearing)으로 가정하여 계산된다. 여기서 강 베어링이란 베어링의 지지 강성(stiffness)이 무한대로 가정한 것을 의미한다. 그러나 실제 공진 주파수와 진폭은 베어링의 종류, 윤활제의 점도, 기초(foundation) 강성에 따라 다르다. 구름 요소 베어링의 경우, 비록 지지 강성이 축의 굽힘 강성에 비해 크기는 하지만 무한대는 아니다. 따라서 실제 공진 주파수는 계산된 값보다 낮아지게 된다. 또한 유막 베어링으로 지지되는 대형 전동기의 경우는 베어링의 강성 및 감쇠 특성이 회전 속도에 의존하기 때문에 정밀한 진동 해석이 요구된다.

비록 굽힘 공진은 통상 고속 전동기에서의 주 관심사이지만, 이들은 펌프, 송풍기 등의 피동기에서도 역시 존재한다. 잘 평형잡기가 수행된 탄성 축을 가지는 전동기에서는 초기 운전 시에는 명백한 기계적인 공진이 나타나지 않을 수도 있으나, 운전 속도 범위 내에 위험 속도가 존재한다면 수개월이나 수년 이내에 장비가 열화되었을 때에 좁은 운전 범위에서 과대한 진동이 발생할 수 있다.

공진에 의한 진동의 특성을 살펴보면 다음과 같다.

- 원심력에 의한 진동으로 1X 성분만 나타난다.
- 약간의 속도 변화에도 진동 특성이 급격히 감소한다. 이는 공진 속도만 회피하게 되면 공진 현상이 사라지기 때문이다.
- 수평과 수직 방향의 강성 차이로 인해 두 방향의 공진 속도가 서로 다르다
- 진동의 크기에 관계없이 공진에 의한 진동은 시간이 지남에 따라 점점 성장한다.

그림 4.15는 회전자 축의 굽힘 고유 진동수를 계측하기 위한 측정 장치의 개략도를 나타낸다. 자유 경계 조건을 만족하도록 지지 베어링의 위치에 해당하는 저널 위치에 고무 줄(rubber string)을 이용하여 회전자를 천정에 매단다. 충격 해머(impact hammer)를 이용하여 회전자를 타격하고, 이때의 진동 응답을 가속도계를 이용하여 취득한다. 가진 신호와 응답 신호는 이들의 비를 나타내는 주파수 응답 함수(FRF, frequency response function)를 계산하기위해 2채널 분석기에 입력된다. 충격 해머는 강제 팁(steel tip)을 이용하면 6 kHz 이상까지 FRF를 얻을 수 있다. FRF는 모드 형상(mode shape)을 추출하기 위해 모드 해석 시스템으로 보내진다.

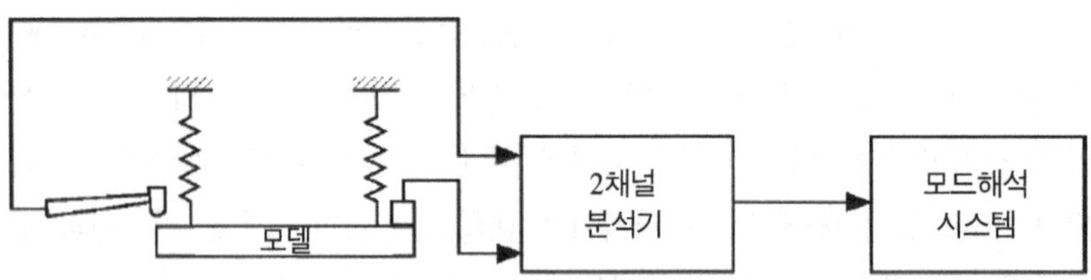

그림 4.15 굽힘 고유 진동수의 측정 방법

그림 4.16은 3개 모델의 전동기에 대한 주파수 응답 함수를 측정한 예이다. 일반적으로 적층은 적층 판의 FRF 크기를 감소시킨다. 감소되는 양은 적층 수와 모드 형태에 의존된다. 적층은 굽힘 진동 모드의 고유 진동수에 큰 영향을 미치지만, 면내(in-plane) 진동 모드의 고유 진동수에는 영향을 미치지 않는다. 적층 수와 죔 압력(clamping pressure)이 증가하면, 적층 실린더의 모든 굽힘 진동 모드들은 사라지고, 단지 면내 모드(순수 반경 방향의 진동 모드)만이 존재하게 된다. 면내 모드의 고유 진동수는 일반적으로 적층의 두께, 적층 수 및 죔 압력에 관계가 없다. 적층된 두꺼운 원형 형상의 고정자를 가지는 전동기 고정자는 주로 순수한 반경 방향의 진동 거동이 나타난다.

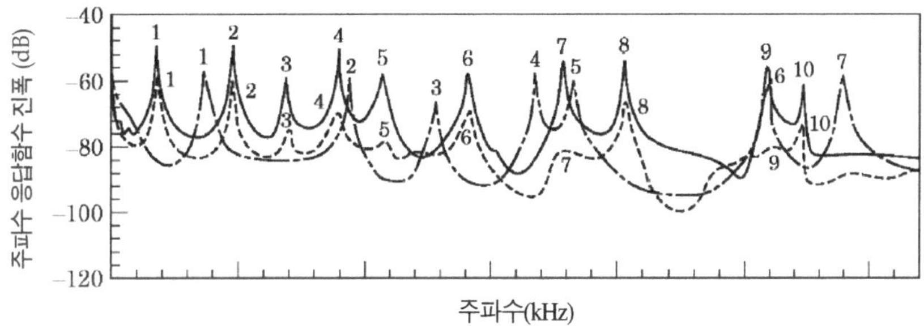

(a) 굽힘 진동

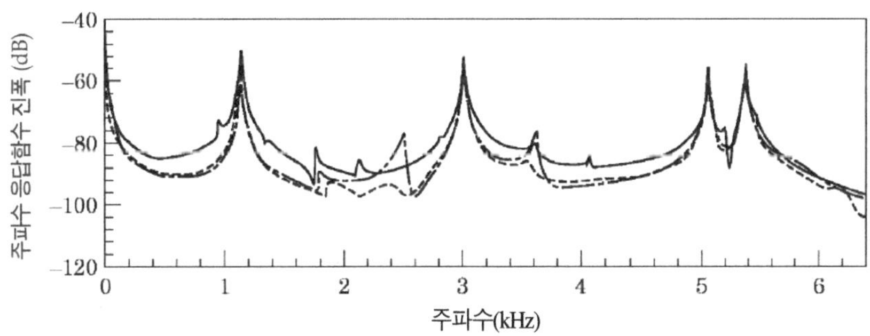

(b) 면내 진동

그림 4.16 주파수 응답 함수의 측정 결과 결과 예

2) 비틀림 공진(torsional resonance)

비틀림 공진은 일반적으로 구동기, 커플링 및 피동기로 구성되는 완전한 구동 열(drive train)에 의존하고, 구동축의 높은 회전 토크에 의해 발생한다. 비틀림 공진은 회전 장비 축에 작용하는 비틀림 토크의 주파수가 축계의 비틀림 고유 진동수와 일치할 때 발생하고, 이 때 과도한 비틀림 각변위가 발생한다. 이 진동은 통상 굽힘 진동에 비해 검지하고 측정하는 것이 매우 어렵다. 측정은 통상 축에 트랜스미터를 가지는 스트레인 게이지를 부착하여 측정하거나 양단에 측정용 기어를 부착하고 이 부분에서 와전류형 비접촉식 변위계를 이용하여 상대 각변위를 측정할 수 있다.

심각한 비틀림 공진은 축이나 커플링의 파손을 야기할 수 있다. 대형 또는 고속 전동기에서는 회전 관성(inertia)이 증가하여 이에 대한 축의 비틀림 강성의 비가 상대적으로 감소하게 되고, 이는 1차 비틀림 고유 진동수를 낮추게 된다. 이러한 문제가 발생할 것이 예상되면 설계 단계에서 비틀림 진동 해석을 수행하여야 한다. 계산에는 전동기와 커플링뿐만 아니라 피동기에 대한 상세한 정보가 요구된다.

3) 공진 대책

기본적으로 제작 또는 설치 후에 공진이 발견된 경우에는 대책이 매우 제한되고 수동적일 수 밖에 없다. 따라서 무엇보다도 중요한 것은 설계 단계에서 정밀한 진동 해석을 통하여 예상 가능한 진동 특성을 파악하고, 이를 설계에 반영할 수 있는 능력을 갖추어야 한다. 즉, 고유 진동수의 해석 결과에 따라 운전 범위 내에 고유 진동수가 있으면, 고유 진동수를 운전 범위 이상으로 이동하도록 하거나, 정속 운전의 경우에는 운전 속도와 고유 진동수가 서로 일치하지 않도록 하기 위해 가능한 높은 속도 영역으로 이동시키고 이것이 어려우면 낮은 속도 영역으로 이동하도록 설계 변경을 하여야 한다. 이 작업을 공진 회피 설계라 부른다. 그러나 비틀림 공진의 경우에는 피동기의 정보가 필요하지만, 전동기의 설계 단계에서는 이 정보를 입수할 수 없기 때문에 실제적으로는 어렵다.

굽힘 또는 비틀림 공진이 발견되었다면, 다음과 같은 몇 가지 가능한 해결책이 있을 수 있다. 첫째로는 고유 진동수 이하 또는 이상에서 운전하여 공진을 회피하도록 운전 속도를 변경하는 것이다. 이는 당연히 피동기의 효율을 낮추는 문제가 발생한다. 문제가 굽힘 공진이고, 신규 기계이라면, 축이 보다 강한 강체 축의 회전자를 구매하는 것이 이익이 될 것이다. 비틀림 공진 문제인 경우에는 플렉시블 커플링을 교체하여 감쇠를 변경하거나, 커플링 강성을 변경하여 비틀림 고유 진동수를 이동하도록 한다. 일반적으로 모든 굽힘 고유 진동수는 적어도 운전 속도 범위의 20% 이상, 비틀림 고유 진동수는 10% 이상이 되도록 하는 것이 바람직하다.

이상의 3가지 진동 원인(불평형, 정렬 불량 및 공진)에 의한 진동은 가장 일반적인 형태의 기계적 진동으로, 전체 기계적 진동 문제의 90% 이상을 차지하고 있다. 현장에서 발생되는 이들 사이의 대략적인 비율은 불평형 진동 40%, 축 정렬 불량 30%, 공진 20% 정도이다.

4.3.2 고정자의 공진 문제

유도 전동기의 고정자 철심은 운전 중에 회전자로부터 전자기적인 가진력을 받기 때문에 가진 진동수가 고정자 철심의 고유 진동수와 일치하면 고정자 철심이 공진을 하여 과대 진동을 일으키거나 이상 소음을 발생하게 된다. 이러한 고정자 철심 공진을 회피하기 위해서는 먼저 가진 주파수 및 고유 진동수의 예측이 무엇보다도 중요하다.

회전자에서 고정자 철심에 작용하는 가진력의 주요 주파수로는 회전 주파수 f_r와 회전자 슬롯 수 N_s의 곱 $N_s f_r$ 및 그 조화 성분들이다. 이 가진력은 고정자 철심을 반경 방향으로 가진하는 외에 구동력의 맥동 성분에 의한 가진력이 고정자 철심의 원주 방향으로 작용한다. 고정자는 일반적으로 이(tooth), 코일, 절단 부위, 송풍 덕트 등의 복잡한 구조로 이루어져 있고, 적층 구조를 이루므로 관계되는 물리 정수를 평가하는 것이 매우 어렵다. 이하에 고정자 고유 진동수 예측에 실제 사용되고 있는 몇 가지 모델을 이용하여 설명한다.

1) 단순 모델의 고유 진동수

고정자 철심은 근사적으로는 원통 형상의 링(ring)으로 간주되므로, 다음 식과 같이 표현되는 링의 고유 진동수가 고정자 공진을 검토할 때 참고가 될 수 있다.

$$f = \frac{1}{2\pi}\frac{n(n^2-1)}{\sqrt{n^2+1}}\sqrt{\frac{EIg}{\gamma AR^4}}$$

여기서 f는 링의 고유 진동수(Hz), n은 공진의 파수(wave number) 즉, 차수 (n= 1, 2, 3등), EI는 굽힘 강성도(bending rigidity), g는 중력 가속도, R은 중심선의 반경, A는 단위 길이당의 중량이다.

$$f = \frac{\sqrt{3}}{6\pi}\frac{K}{R_e}\frac{n(n^2-1)}{\sqrt{n^2+1}}\sqrt{\frac{E\,g}{\gamma}}$$

여기서 등가 반경 $R_e = r_2 + (r_1 - r_2)/2$, 두께 비 $K = h/R_e$, r_1과 r_2는 각각 고정자 외측 및 내측 반경, E는 종탄성 계수(Young 계수), γ는 비중량, h는 고정자의 두께이다.

이들 식은 낮은 차수에서 변형의 차수가 적은 경우에만 일치하고, 고차 고유 진동수에서는 잘 맞지 않는다. 따라서 다음 식과 같은 수정 식이 사용된다.

$$f' = \sqrt{\frac{1}{1+n^2\alpha}f}\ ,\quad \alpha = \frac{h^2}{12R_e^2}\frac{E}{\beta G}$$

여기서 G는 횡탄성 계수, β는 전단 계수(shear coefficient)이다.

그림 4.17은 각 차수 n의 고유 진동수에 대응하는 진동 모드 형상(mode shape)의 일 예를 나타낸다. 모드 형상은 다음 식에 보이는 회전자와 고정자의 슬롯 수 사이의 차이의 결과로 나타난다.

$$n = (N_s - N_r) \pm kp$$

여기서 N_s, N_r은 각각 고정자와 회전자 슬롯 수, p는 극 수, k는 모든 정수(0, 1, 2, 3 등)이다.

이들 저차 진동 모드는 가진 주파수와 가까이에 있는 공진 주파수에 의해 발생한다. 고정자 이와 철심에 작용하는 자기력의 가진 주파수는 회전자 봉 통과 주파수(회전자 봉 수 × 회전 주파수) f_{bp}와 이 주파수 좌우에서 발생하는 $2f_L$, $4f_L$, $6f_L$, 8 f_L 등의 폭을 가지는 측대역 성분이 있다. 즉,

$$f_{bp} \pm 2f_L, 4f_L, 6f_L, 8f_L$$

기본 가진력은 회전자 슬롯의 통과 주파수에서 발생하고, 측대역 성분은 이 힘 진폭이 전원 주파수 f_L의 2배에서 변조될 때 발생된다. 각각의 이에 작용하는 이들 힘은 이와 철심의 진동을 일으키고 소음원이 된다.

고정자 철심이 반경 방향으로 진동을 하여 링 부분에 굽힘이 발생하면, 고정자 이 부분(철심의 내측 돌기 부분)은 회전자의 회전 방향으로 진동을 하므로 링 부분의 면내에 있어서 굽힘 진동과 이 부분의 굽힘 진동이 서로 연성되어 진동하게 된다.

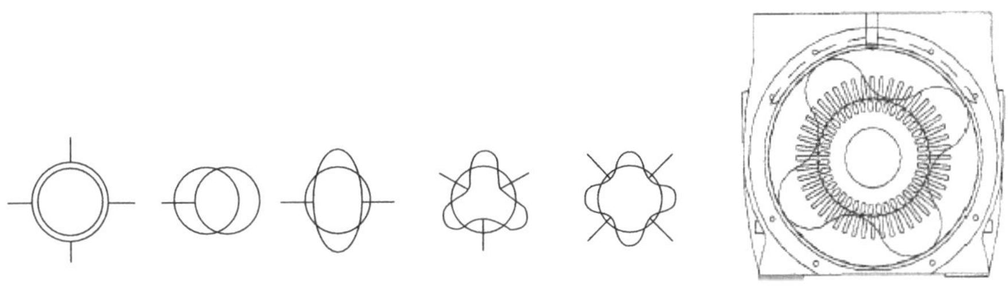

(a) $n=0$ (b) $n=1$ (c) $n=2$ (d) $n=3$ (e) $n=4$ (f) $n=4$

그림 4.17 진동 모드의 예 (Finley)

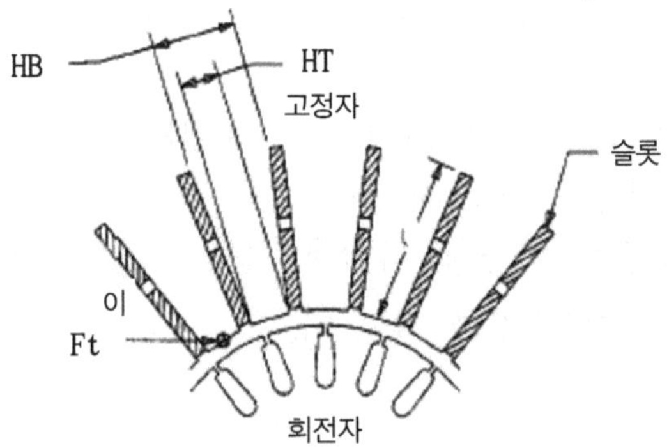

그림 4.18 고정자 이 부분의 개략도

따라서 고정자 이의 공진 주파수도 관심사가 된다. 고정자 이에 작용하는 접선력의 가진 주파수가 고정자 이의 고유 진동수와 공진을 일으킬 수 있다. 고정자 이는 그림 4.18에 보이듯이 철심의 뿌리(root) 부분에서 지지되는 가늘고 긴 외팔 보(cantilever beam) 형상으로 낮은 공진 주파수를 가진다. 각 고정자 이에 작용하는 힘은 고정자 이와 철심에 변위를 발생시킨다. 이의 변위는 가진 주파수가 철심이나 이의 공진 주파수와 가까울수록 크게 증폭된다. 증폭의 비율을 나타내는 동적 배율 즉, 확대율(amplification factor)은

$$\text{확대율} = \frac{1}{1-(f/f_0)}$$

여기서 f는 전원 주파수, f_0는 고유 진동수이다.

고정자 이 만의 원주 방향의 고유 진동수는 변 단면의 편지지 보(beam) 요소로 고려되고, 이의 부분을 분할하여 유한요소 모델이나 전달행렬법 등으로 이론적으로 계산할 수 있다. 만약 이가 길이 방향으로 일정 단면을 갖는다고 가정하면, 외팔 보의 근사적인 고유 진동수는 보의 길이와 폭의 함수로 다음 식과 같이 간단히 계산될 수 있다.

$$f_i = \frac{\lambda_i^2}{2\pi L^2}\left(\frac{EI}{\rho}\right)^{1/2}$$

여기서 $\lambda_1 = 1.875, \lambda_2 = 4.694, \lambda_3 = 7.855, \lambda_4 = 10.996, \lambda_5 = 14.137$,

$\lambda_i = \pi(2i-1)/2 \ (i > 5)$이다.

고정자 철심의 고유 진동수는 고정자 이 부분의 영향을 생략한 고유 진동수 f_1와, 고정자 이 부분만의 고유 진동수 f_2를 고려하였을 때의 고유 진동수 f_s를 Dunkerley의 식으로부터 다음 식과 같이 구할 수 있다.

$$\frac{1}{f_s^2} = \frac{1}{f_1^2} + \frac{1}{f_2^2}$$

링의 고유 진동수 f_1의 계산식에는 링 부만의 굽힘 강성도 EI와 링 및 이 부분의 질량을 대입하여 계산한다. 이 Dunkerley의 식을 이용하여 계산하면 비교적 측정 결과와 잘 일치하는 것이 알려져 있다.

2) 2 질량 2자유도계 모델의 고유 진동수

권선을 가지는 고정자 철심에서 권선은 니스 칠을 하여 경화시키며, 권선 종단(end winding)은 그림 4.19(b)와 같이 고정자 슬롯들로부터 지탱되는 코일의 36다발(bundle)로 구성되는 하나의 링을 형성한다. 고정자 철심과 링 형상의 권선 종단은 고정자 철심으로부터 지탱되는 코일들의 다발에 의해 연결된다.

철심과 권선 종단 사이의 코일 다발들은 철심과 권신 종단보다 강하지 못하다. 그러므로 이들 다발은 탄성체로 취급된다. 결과적으로 권선을 가지는 고정자 철심은 그림 4.20과 같이 코일에 의해 연결된 두 링으로 모델링 된다. 고정자 철심 ①과 권선 종단 ②는 스프링에 의해 연결된다. 철심 링은 슬롯 아래 부분의 직경과 철심 외경을 가지는 하나의 요크(yoke) 부분으로 가정된다. 슬롯 내의 고정자 이와 코일은 철심에 대한 부가적인 질량(mass)으로 처리된다. 해석에서 권선을 가지는 고정자 철심은 동일한 축 방향 길이를 가지는 두 부분으로 나누어 진다.

(a) 고정자 철심

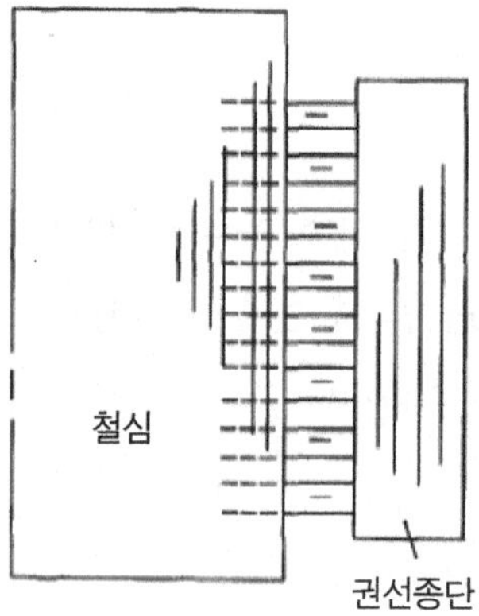

(b) 권선 종단의 모델

그림 4.19 고정자 외관과 권선 종단의 모델(Ishibashi등)

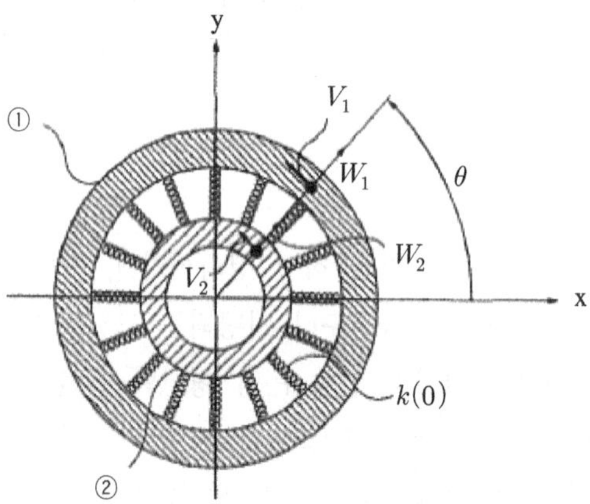

그림 4.20 이중 링 모델

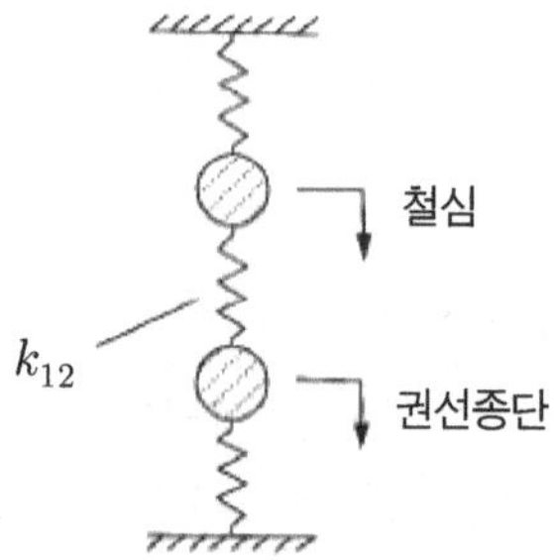

그림4.21 2 질량 2 자유도 모델

이 시스템은 그림 4.21과 같이 2개의 질량이 3개의 스프링으로 연결된 2자유도 진동계로 모델링 된다. 이 진동계의 고유 진동수는 다음 식과 같이 얻어진다.

$$\omega_i^2 = \frac{1}{2}\left[\omega_{11}^2 + \omega_{22}^2 \pm \sqrt{(\omega_{11}^2 - \omega_{22}^2)^2 + 4\omega_{12}^4}\right] (i = 1, 2)$$

여기서

$$\omega_{11}^2 = \frac{(k_1 + k_{12})}{m_1}, \omega_{22}^2 = \frac{(k_2 + k_{12})}{m_2}, \omega_{12}^2 = \frac{k_{12}}{\sqrt{m_1 m_2}}$$

$$m_i = a_i(1 + 1/L^2), k_i = b_i(1 - L^2), a_i = \rho A_i R_i, b_i = E_i I_i / R_i^3$$

상기 식으로부터 고유 진동수를 구하기 위해서는 아래에 정의하는 등가 중량과 강성 계수가 필요하다. 등가 중량은 철심, 슬롯 내의 코일, 슬롯 절연재 및 니스(vanish)의 중량의 합으로 계산된다.

$$m_i = M_i(1 + \frac{1}{L^2})$$

스프링 계수의 각 부분은 고유 진동수와 등가 중량으로부터 계산된다.

$$k_i = m_i \omega_i^2$$

여기서 고유 진동수 ω_i는 링의 굽힘 고유 진동수의 계산식으로부터 계산된다.

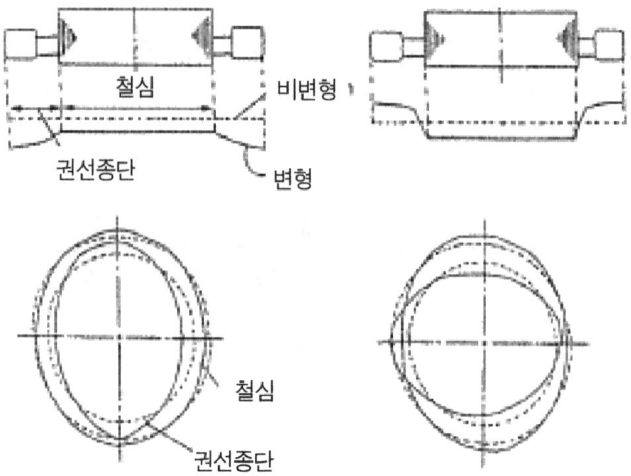

(a) 동위상 모드(1,490 Hz) (b) 역위상 모드(1,910 Hz)

그림 4.22 고유 진동 모드

그림 4.22는 그림 4.23과 같은 충격 가진 시험을 통하여 소형 전동기(4극, 2.2 kW, 200 V, 60 Hz)에 대한 충격 가진 시험에 의해 실험적으로 얻어진 고유 진동 모드를 보인다. 그림 (a)에서 철심과 권선종단이 동시에 1,490 Hz에서 아래 및 위 방향으로 변형되는, 즉 철심과 권선종단이 같은 방향으로 진동하는 동위상(in-phase) 모드를, 그림 (b)는 철심과 권선종단이 서로 반대 방향으로 진동하는 역위상(out-of-phase) 모드를 보인다. 철심의 타원 장축 방향과 권선종단의 타원 장축의 방향이 1,490 Hz의 동위상 모드에서는 일치하지만, 1,910 Hz의 역위상 모드에서는 90° 차이가 있다.

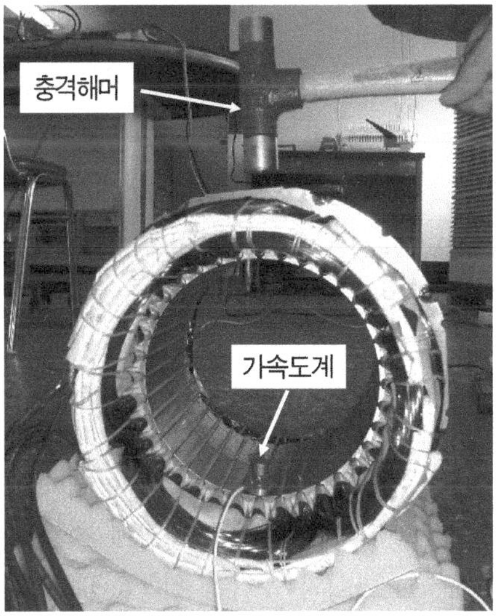

그림 4.23 충격 가진 시험의 예

표 4.14 고유 진동수의 비교

	동위상 모드	역위상 모드
측정치	1,490 Hz	1,910 Hz
2 질량 2 자유도계 모델	1,450 Hz (-2.7%)	1,970 Hz (+3.1%)
유한 요소 모델(FEM)	1,555 Hz (+4.4%)	1,960 Hz (+2.6%)
단순 계산 모델	1,725 Hz	

표 4.14는 측정 및 계산에 의해 구해진 고유 진동수의 비교를 나타낸다. 이 모델에는 철심 링을 외측 링으로 권선 종단을 내측 링으로 하는 외측 링의 내경은 철심 요크의 내경, 즉 슬롯 하부 직경이다. 2개의 단순화된 철심 링으로 구성된다.

NASTRAN을 이용한 유한 요소 모델(FEM) 계산에 이용된 외측 링과 내측 링의 치수는 각각 외경 145, 124 mm, 내경 125, 106 mm, 두께 46, 28 mm이다. 종래의 단순 계산 모델은 고정자의 고유 진동수 계산에 권선 종단의 영향을 무시한 고전적인 방법의 결과이다. 이는 진동 위상의 차이가 없이 하나의 고유 진동수를 제공하고, 다른 방법에 비해 오차가 크다. 2 질량 2 자유도계 모델은 2개의 고유 진동수를 비교적 정확하게 계산하는 것을 확인할 수 있다. 이 계산 모델은 0.2 kW에서 37 kW의 저전압 임의 권선(random winding) 고정자 철심을 가지는 소형 전동기에서 설계 단계에서 저진동 및 저소음 설계에 유용하게 사용될 수 있다.

3) 균질의 두꺼운 원통 모델

비록 고정자는 적층된 구조이지만, 단순화를 위해 과거에는 진동 해석을 위한 고정자의 모델로서 균질(homogeneous)의 두꺼운 원통(cylinder) 모델이 흔히 사용되었다. 그리고 해석에는 대칭 및 비대칭 종방향 모드(longitudinal mode)의 두 분류를 이용하여 원통의 모드를 분류하였다. 이 분류는 균질 원통에는 효과적인 분류 방법이지만, 고정자와 같이 적층된 원통에는 효과적이지 않다. 이는 예측된 모드가 실제 모드인지 또는 거짓 모드인지를 이 분류에서는 결정될 수 없기 때문이다. 따라서 최근에는 3차원 모드 형상을 이용한 새로운 분류 방법이 사용된다. 이 모드 분류 방법에 따르면, 모든 진동 모드는 그림 4.24와 같이 순수 반경 모드(pure radial mode)(그림 a), 전단 모드(shearing mode)를 가지는 반경 운동(그림 b), 확장 모드(extensional mode) (그림 c), 원주 모드(circumferential mode)(그림 d), 축 굽힘 모드(axial bending mode) (그림 e), 전역 모드(global mode) (그림 f)의 6개의 영역으로 분류될 수 있다.

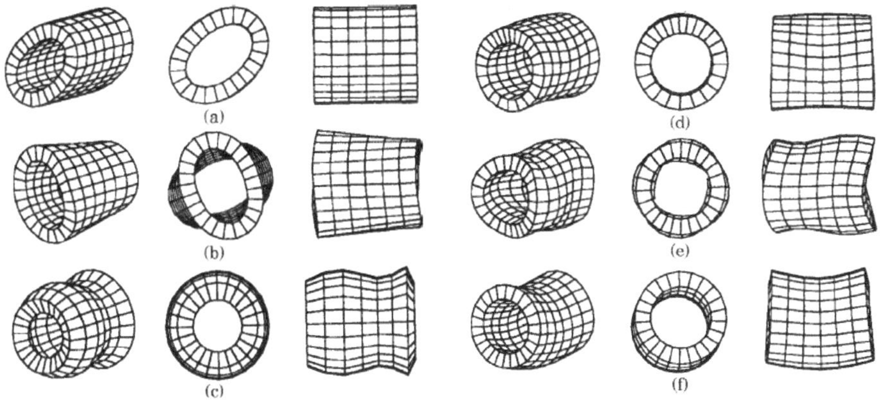

그림 4.24 균질의 두꺼운 원통 모델의 진동 모드 계산 예(Wang & Williams)

이들은 또한 순수 반경 모드와 나머지 5개를 포함하는 비 순수 반경 모드의 2개의 유형으로 분류할 수 있다. 순수 반경 모드는 고유 진동수와 모드 형상이 원통의 반경 차원에만 의존하고, 축 방향 길이와는 무관하다. 따라서 길이 방향(종방향)의 모드가 없다. 주어진 차수의 순수 반경 모드의 고유 진동수와 모드 형상은 그들의 반경 방향의 차원이 같다면, 원통과 원판의 경우가 동일하다. 모든 순수 반경 모드들은 고정자의 실제 모드이고, 비 순수 반경 모드들은 소위 거짓 모드들이다. 그러므로 이 모드 분류는 고정자의 진동 해석에 가장 유용하고, 이 방법을 이용하여 균질의 두꺼운 원통이 고정자의 모델로 이용될 때 해석적으로 고정자의 실제 모드를 예측하는 것이 가능하다.

4) Solid **모델**

고정자는 여러 적층된 환상 판(annular plate)으로 고려될 수 있기 때문에 개개의 환상 판의 진동 해석은 조립 판 진동의 기본이 된다. 환상 판의 진동은 면내 진동(in-plane vibration)과 횡 진동(transverse vibration)으로 구분할 수 있다. 여러 환상 판들에 죔 압력(clamping pressure)을 가하여 적층된 원통을 구성할 때, 각 판의 경계

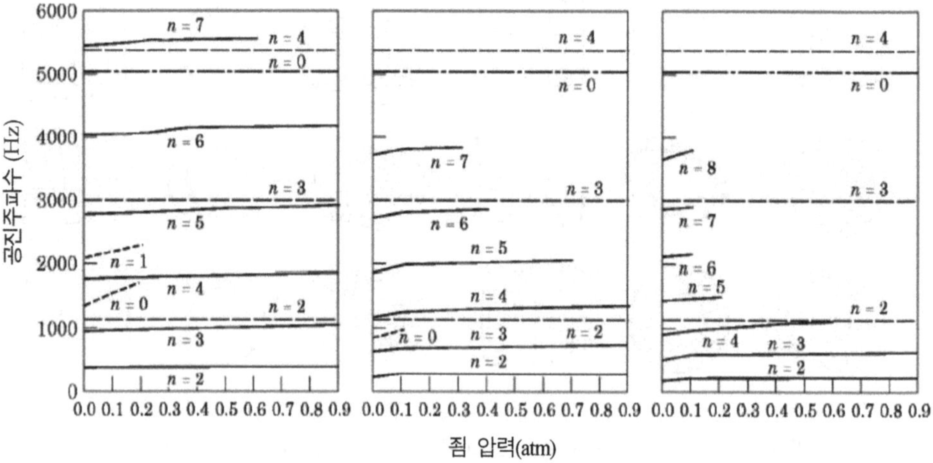

그림 4.25 고유 진동수에 대한 죔 압력의 영향(Wang & Williams)

조건들은 독립적으로 자유롭게 지지된 판의 경계 조건과는 더 이상 같지 않다. 이 경계 조건의 영향이 면내 진동 모드들과 횡 진동 모드들의 특성을 아주 다르게 변경시키게 된다. 이 모델을 이용하여 해석적으로 고유 진동수와 진동 모드들을 계산하는 경우에는 통상 유한요소법(FEM)과 ANSYS 등의 범용 소프트웨어가 사용된다.

그림 4.25는 3개의 계산 모델에 대해 죔 압력에 대한 고유 진동수의 변화를 나타낸 것이다. 그림에서 굵은 점선은 면내 순수 반경 모드, 일점 쇄선은 면내 원주 모드, 실선은 노드 반경(nodal radii)을 가지는 원주 모드 그리고 가는 점선은 노드 원(nodal circle)을 가지는 횡 모드를 나타낸다. 적층은 횡 진동 모드의 고유 진동수에 큰 영향을 미치지만, 면내 진동 모드의 고유 진동수에는 영향이 없다. 면내 진동 모드의 고유 진동수는 적층의 두께, 적층의 수 및 죔 압력과 무관하기 때문이다. 이들은 단지 적층의 반경 방향의 차원에만 의존한다. 이 주파수의 독립성 때문에, solid 환상 판, 적층 환상 판 및 균질의 두꺼운 원통 모델에 의해 계산된 면내 진동 모드의 고유 진동수는 동일한 반경 차원을 가진다면 동일하다. 이 경향은 3개의 모델 모두 같다. 이 때문에 과거에 주로 이용되었던 균질의 두꺼운 원통 모델이 순수 반경 모드의 고유 진동수를 계산하기 위해 고정자의 모델로 사용될 수 있었던 이유이다.

동일한 죔 압력의 경우, 적층의 수가 증가하면 모든 모드의 주파수 응답 함수가 더욱 감소하고, 감소 양은 모드에 따라 다르다. 횡진동 모드의 감소는 면내 진동 모드의 경우보다 더욱 크게 된다.

5) 고정자의 감쇠

일반적으로 그림 4.26(a)와 같은 고정자 셀(shell)은 균질의 강 구조(steel structure)이므로, 감쇠가 매우 적다. 표 4.15는 120 HP의 전동기를 대상으로 고정자 셀과 적층된 고정자 모델에 대해 여러 공진 주파수에서 측정된 감쇠비(damping ratio)를 비교한 예이다. 고정자 셀 모델의 감쇠비는 1×10^{-4} ~ 6×10^{-4} 의 범위로 매우 미소하다. 이 모델의 경우는 공진 주파수가 클수록 감쇠비가 크게 감소하고, 이러한 경향은 마찰 감쇠(friction damping)가 지배적임을 나타낸다. 권선을 가지는 적층된 고정자 모델의 감쇠비는 공진 주파수의 변화에 따라 일관된 경향을 보이지 않는다. 이는 많은 재료를 이용하여 조립된 구조물에서 통상 나타나는 비선형 감쇠 효과가 존재함을 암시한다. 에너지의 소비(dissipation)가 여러 구조 요소들의 경계에서 발생함을 나타낸다. 감쇠비는 고정자 셀 모델의 10~100배 정도 크고, 높은 주파수에서 더욱 크게 된다. 실제 고정자는 적층과 권선으로 구성되고, 이들은 진동 감쇠에 결정적인 영향을 미친다. 일반적으로 프레임의 두께와 재료에 따라 변하는 고정자의 여러 공진 주파수에서의 응답은 철심과 프레임 사이의 결합(coupling)에 의해 주로 지배를 받는다. 즉, 결합이 강할수록, 이들 변화의 영향이 더욱 크다. 강(steel) 프레임의 경우, 결합이 주철 프레임의 경우보다 더욱 강하다.

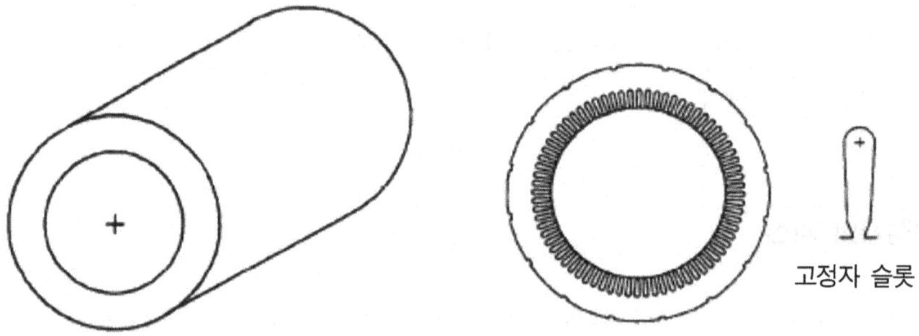

(a) 원통형 고정자 셀　　(b) 고정자 철심단면

그림 4.26 고정자 모델

표 4.15 감쇠비 측정 값의 비교(Verma & Balan)

고정자 셀 모델		권선을 가지는 적층 고정자 모델	
f (Hz)	ζ	f (Hz)	ζ
1242	0.00043	470	0.01241
1432	0.00046	531	0.01624
3032	0.00024	1801	0.01292
3197	0.00012	1907	0.02032
3432	0.00019	2055	0.03558
3456	0.00031	2306	0.03066
3942	0.00017	2491	0.04232
4254	0.00021	3016	0.05165
5513	0.00011	3339	0.03021
5729	0.00008	3820	0.01748
8012	0.00017	4325	0.01638
8193	0.00014		

4.3.3 전동기 지지 구조물의 공진 문제

발전, 양수 플랜트 등에 설치된 각종 대형 펌프들은 설치 공간을 절약하기 위해 상부에 전동기를 설치한 수직형의 구조를 갖는다(그림 4.27). 이러한 형태는 상부에 매우 중량이 큰 전동기가 설치되므로 진동계는 외팔 보(cantilever beam) 형태가 되고, 현장에서 많은 진동 문제를 야기시킨다. 이 경우는 전동기 자체의 문제이기보다는 지지 조건이 취약하여 운전 속도 영역에서 공진을 일으키는 경우가 대부분이다.

전동기와 지지 구조물로 이루어진 진동계의 공진 주파수는 바람에 흔들리는 갈대(reed)의 운동과 같이 진동을 한다고 하여 리드 주파수(reed frequency)라고도 부른다. 이 주파수는 전동기의 질량, 무게 중심의 높이, 지지 프레임의 강성과 기초 강성의 함수가 된다. 이를 단순한 1 자유도 계의 모델로 나타내면, 전동기의 질량을 m, 지지부 및 기초부의 합성 강성을 k라 하면 공진 주파수는 $f_n = 1/2\pi\sqrt{k/m}$ 로 된다.

그림 4.27 수직형 펌프 - 전동기 설치 예

그림 4.28 수직형 펌프와 1자유도 계 모델

따라서 이 공진 문제를 회피하기 위해서는 피동기에서 발생하는 가진 주파수(주로 운전 주파수)에 대한 정보를 전동기 제작사에 제공하여야 한다. 특히 전동기 단독 무부하 운전에서도 진동이 높기 때문에 전동기 자체의 문제로 잘못 취급되는 경우가 많다. 지지 프레임이 펌프 토출관 방향과 이의 수직 방향의 지지 강성이 다르므로 2개의 공진 주파수가 존재하는 경우가 많다. 따라서 방향에 따른 진동 값이 다르기 때문에 상태 감시용 센서를 설치할 경우에는 주의를 요한다.

그림 4.29는 리드 주파수 공진이 발생한 냉각수 펌프 구동용 대형 유도 전동기(2,000 HP)에 대한 회전 속도 변화에 따른 진폭 및 위상 정보를 나타내는 보데 선도(Bode plot)이다. 토출 방향(점선)과 이의 수직 방향(실선)의 최대 진폭을 나타내는 리드 주파수가 다른 것을 알 수 있다.

공진 회피 방안으로는 일반적으로 전동기의 중량을 변경하는 것은 실질적으로 매우 어렵고, 지지 강성을 변경시키는 것이 현실적인 방법이다. 지지 프레임의 하부에 보강용 판을 용접하여 부착하는 방법은 외팔 보의 고정단에 가깝기 때문에 강성 효과가 거의 없고, 그림 4.30과 같이 원주 형상의 지지대(support)를 설치하여 강성을 증가시키고 공진 영역을 운전 영역으로부터 멀어지도록 하는 것이 간편하고 경제적인 방법이다. 이 때 지지대는 시스템의 무게 중심점에 가능한 가깝게 설치하는 것이 가장 효과적이다.

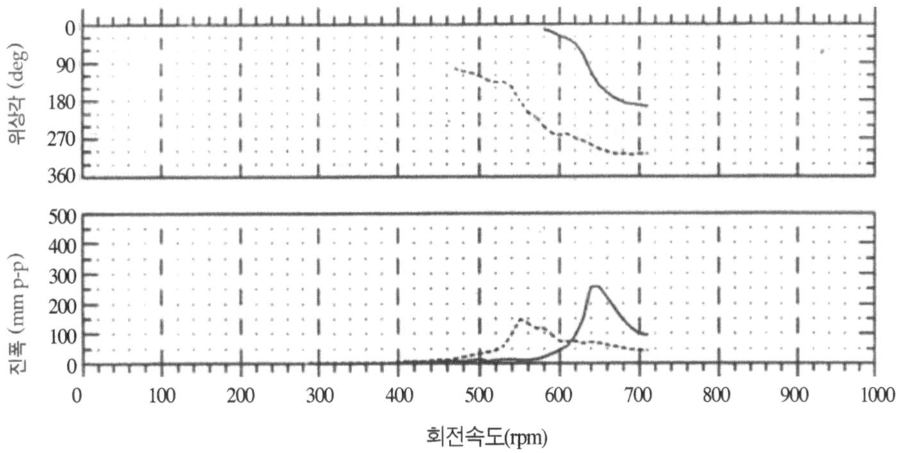

그림 4.29 리드 주파수 공진 발생시의 보데 선도(Bode plot)

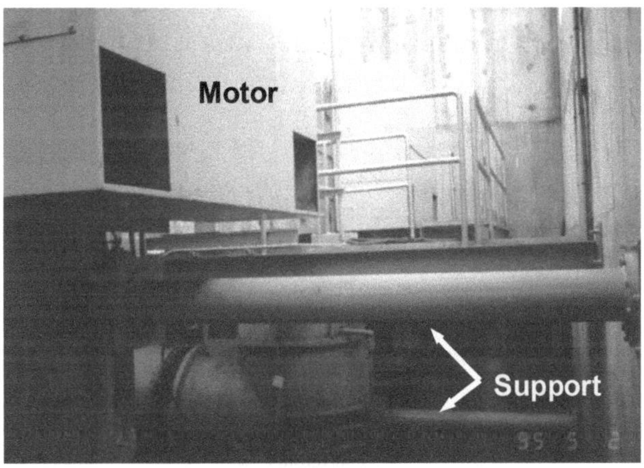

그림 4.30 대형 펌프용 전동기의 프레임에 지지대의 설치 예

4.4 베어링 결함(bearing faults)

ISO 1925(1990)의 용어정의에 의하면, 베어링(bearing)은 횡방향 또는 축방향으로 동역학적인 운동을 구속하면서 회전체의 축을 지지하고 회전을 허용하는 마찰이 적은 지지 요소로서 횡방향(레이디얼 베어링) 또는 축방향(스러스트 베어링)으로 운동을 구속하면서 회전체를 받치는 기계 요소이다. 통상 구조에 따라 구름 요소 베어링과 유막(미끄럼) 베어링으로 분류한다. 베어링은 회전 기계의 운전 신뢰성 및 성능에 직접적인 영향을 미치는 가장 중요한 핵심 기계 요소 중의 하나이다.

일반적인 회전 기계에서 발생하는 많은 문제들은 주로 베어링 자체의 결함이나 또는 베어링과 연관되어 발생한다. 따라서 베어링에서 발생되는 사소한 문제는 회전 기계 시스템 전체의 운전에 영향을 미칠 뿐만 아니라 시스템의 운전 정지에 따른 엄청난 경제적 손실을 초래한다.

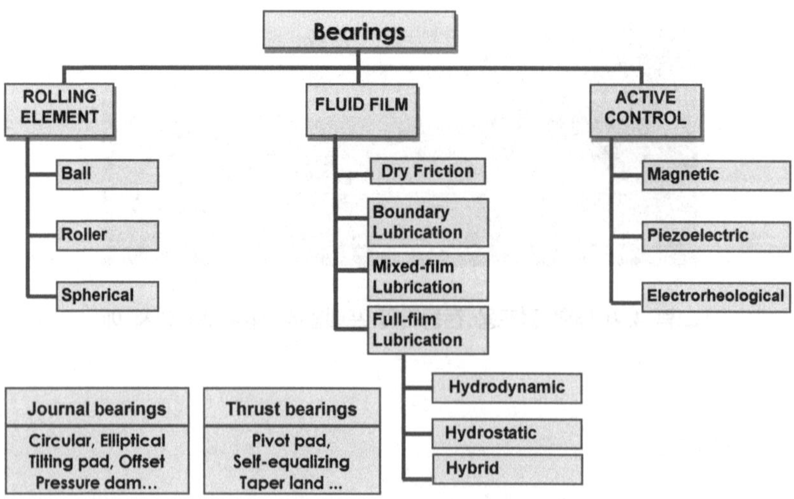

그림 4.31 베어링의 종류

4.4.1 구름 요소 베어링(rolling element bearing)

1) 베어링의 구조

구름 요소 베어링은 일반적으로 홈(raceway) 내를 회전하는 여러 개의 볼 또는 롤러 사이에 외륜(outer race)과 내륜(inner race)의 2개의 링으로 구성된다. 베어링은 전동체(rolling element)의 구조에 따라 볼 베어링, 롤러 베어링, 니들 베어링 등으로 구별되며, 하중의 지지 방향에 따라 레이디얼 베어링과 스러스트 베어링으로 구별된다. 여기서는 마찰 손실이 적고 수명이 긴 구름 요소 베어링의 일반적인 결함 특성에 관하여 설명한다.

그림 4.32와 4.33은 대표적인 구름 요소 베어링인 볼 베어링의 구조를 나타내고 있으며, 외륜, 내륜, 전동체 및 보지기(retainer)로 구성되어 있다. 볼 베어링은 구조상 극히 작은 틈새(clearance)를 갖고 있으며, 축에서부터 전달된 진동 신호는 베어링의 전동체를 통하여 베어링의 외륜까지 전달되어 결국에는 베어링의 하우징까지 전달된다. 구름 요소 베어링은 장점으로서는

- 표준화되어 호환성이 우수
- 구조가 단순

그림 4.32 구름 요소 베어링의 예

- 보수와 점검이 용이
- 적은 기동 마찰 토크
- 반경/축 방향 하중을 동시에 지지 가능

등이 있는 반면에 단점으로서

- 파손으로 인한 유한 수명
- 감쇠 능력의 부족으로 진동 저감의 어려움
- 하중 지지 능력의 제한
- 소형, 저속용

등을 나열할 수 있다.

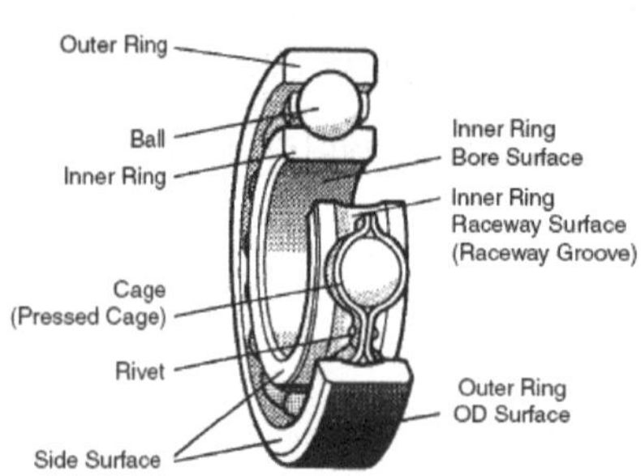

(a) 깊은 홈 볼 베어링

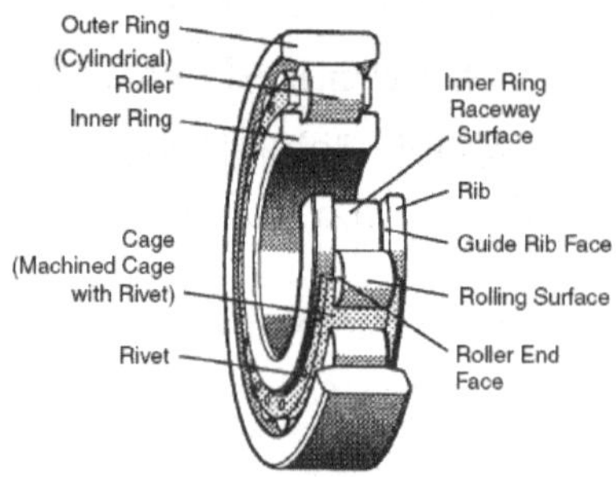

(b) 원통형 롤러 베어링

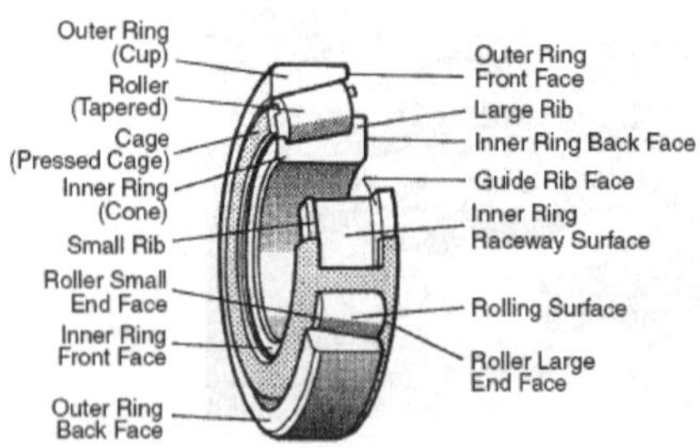

(c) 테이퍼 롤러 베어링

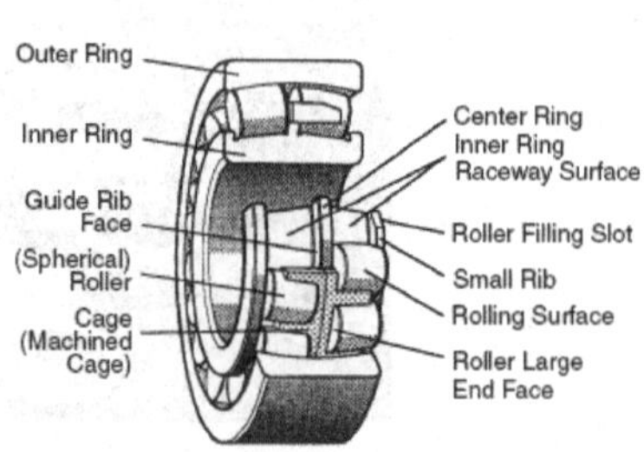

(d) 이중 원통형 롤러 베어링

그림 4.33 구름 요소 베어링의 구조 예

2) 베어링 하중 및 수명

베어링의 결함 문제는 흔히 베어링이 설치되는 축 위의 또는 하우징 내에서 베어링에 부적절하게 가하여지는 과대한 하중에 의해 발생한다. 그림 4.34는 전동기 축에 작용하는 힘들을 개략적으로 나타낸 것이다. 베어링에 반력(reaction force)으로 작용하게 되는 이들 힘으로는 축의 자중, 전자기력(magnetic pull), 불평형 원심력, 피동축과의 결합에 따른 내다지 하중(overhung load) 및 추력(thrust)이 있다. 구동단(DE, drive end) 베어링의 반경 방향과 축 방향의 반력은 각각 그림 내에 나타내듯이 표현된다. 따라서 베어링에 작용하는 총 하중은 이 두 방향의 반력의 합으로 이루어진다.

일반적으로 L_{10} 수명으로 간주되는 베어링의 피로 수명(fatigue life)은 고장의 주원인이 재료 피로라고 가정하여 예측된다. L_{10}은 많은 모집단의 10%가 고장을 일으키는 경우의 추정된 시간을 의미하고 다음 식으로 정의된다.

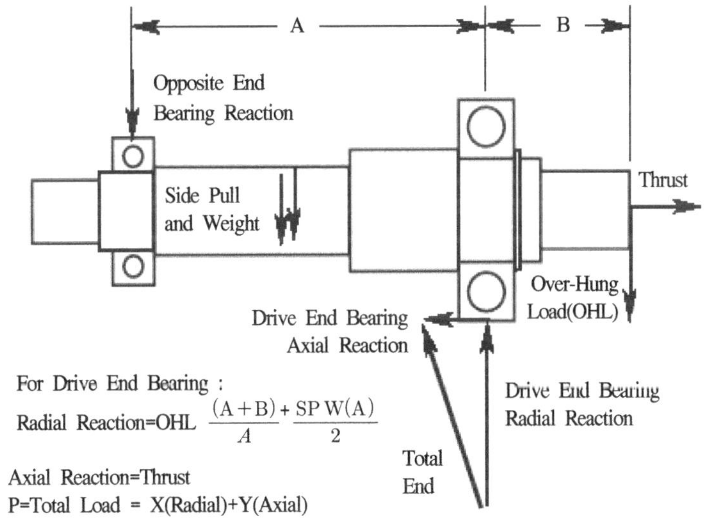

그림 4.34 축에 가해지는 하중(Bonnett & Albers)

$$L_{10} = \frac{10^6}{60n} \times \left(\frac{C}{P}\right)^a$$

여기서 a는 3(볼 베어링), 10/3(롤러 베어링), n은 운전 속도(rpm), C는 베어링의 동적 용량, P는 등가 베어링 하중이다.

그림 4.35는 베어링 고장과 L_{10} 수명 및 중간 수명(median life) L_{50}의 관계를 나타낸다. 이 선도에서 수명은 하중 관계와 관련된다. 즉, L_{10} 이 1년이면, L_{50} 또는 평균 수명은 5년(5배)이다. 이것은 1년의 L_{10} 수명을 갖는 베어링의 경우, 베어링들의 10%가 1년 이내에 고장을 일으킬 수 있고, 베어링의 반은 5년 후에 고장을 일으킬 수 있다는 것을 의미한다. 볼 베어링의 수명은 상기 식과 같이 대략 하중 P의 3승 및 회전 속도 n에 반비례한다. 베어링은 제한된 허용 속도를 가지며, 이 한계를 초과하면 과도한 온도, 윤활제의 열화, 진동 및 유효 내부 틈새의 손상 등을 일으킬 수 있다.

이들 힘은 또한 조기 고장을 초래하는 외륜이나 내륜에 브리넬링(brinelling)이나 거짓 브리넬링과 같은 물리적인 손상을 일으킨다. 그림 4.7과 같은 베어링의 정렬 불량 역시 부적절한 베어링 설치의 일반적인 결과로 나타날 수 있다.

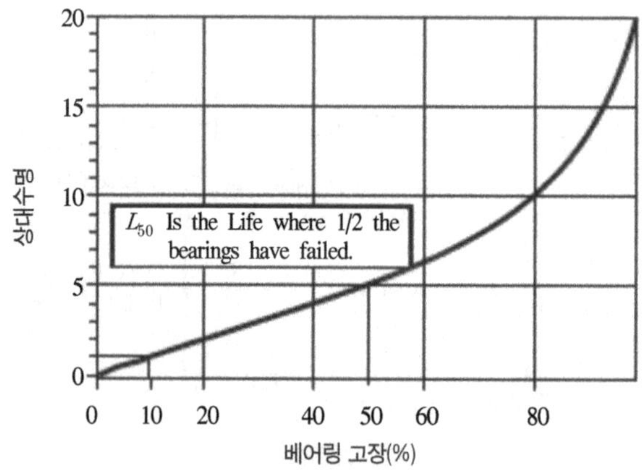

그림 4.35 베어링 고장과 L_{10} 수명 및 중간 수명의 관계(Benett & Albers)

3) 베어링 결함의 유형별 증상, 원인 및 대책

균형된 부하와 양호한 정렬 상태 하의 정상 운전 조건에서는 피로 고장은 홈과 전동체 표면 아래에 위치한 미소한 균열로부터 시작되어 점차 표면까지 전파된다. 연속된 응력은 프레킹(flacking) 또는 스폴링(spalling)으로 알려진 국부적인 피로 현상을 발생하여 재료의 파편(fragment)을 야기시킨다. 결함이 발생하면 영향을 받는 면적은 급속히 증가하고 윤활제를 오염시키며 국부적인 과부하의 원인이 된다. 이는 통상적인 구름 요소 베어링의 결함 모드를 설명한 것이다. 그러나 이외에도 베어링의 수명을 단축시키는 다양한 외부적인 결함 요인들이 있으며, 가장 중요한 요인은 다음과 같다.

- 오염(contamination)
- 부식(corrosion)
- 부적절한 윤활(lubrication)
- 부적절한 설치(installation)

전동기는 대부분 가혹한 설치 환경에서 사용되기 때문에 오염과 부식은 빈번하게 베어링 고장을 가속시킨다. 먼지와 다른 이물질들은 통상 베어링 윤활제를 오염시킨다. 이 미세한 입자들은 상대적으로 부드러운 것에서부터 다이아몬드와 같이 경도(hardness)가 높은 것까지 다양하게 변할 수 있으며, 이의 연마 특성은 전동체와 홈의 마멸을 일으키는 점부식(pitting)과 마멸 작용(sanding action)을 일으킨다. 베어링 부식은 물, 산(acids), 열화된 윤활제 및 설치 시의 부주의한 취급에 의한 땀으로부터 발생된다. 화학 반응이 충분히 진행되면, 입자들은 베어링 오염에 의해 발생한 연마 작용과 동일한 결과를 일으켜 마멸을 야기시킨다.

부적절한 윤활은 너무 적거나 너무 많은 윤활제를 공급하였을 때 발생한다. 다른 경우로는 구름 요소들이 유막(oil film)내에서 적절한 회전이 허용되지 않고 과열을 야기하는 경우이다. 과대한 가열은 그리스를 파단시키고, 윤활제가 베어링 요소를 윤활 하는 능력을 떨어트리며, 고장의 진행을 가속화 시키는 요인이 된다. 윤활제는 베어링 요소들 사이에 존재하는 여러 미끄럼과 구름 접촉을 위한 윤활 막(film)의 제공, 부식과 먼지로부터 레이스와 전동체의 표면 보호, 이물질로부터 베어링의 밀봉 및 베어링 요소의 열 방출을 돕는 기능을 한다. 일반적으로 1~500 HP의 수평형 중소형 전동기는 그리스 윤활이 가장 일반적인 방법이며, 2극 또는 고속 회전기에는 슬리브 베어링이 그리고 약 50 HP 이상의 수직형 전동기는 유 윤활 베어링이 사용된다. 그 이외에 특수용으로 오일 분무(oil mist) 또는 유욕(oil bath) 시스템이 사용된다.

적절한 윤활제의 양을 공급하는 것이 중요하다. 통상 전동기에 너무 적은 양의 윤활제를 공급하는 것보다는 과대한 주유가 훨씬 많은 문제를 야기시킨다. 이러한 이유로 대부분의 전동기에서는 운전 동안에 부가되는 그리스 양은 단지 매우 적은 양을 보충하는 것이 필요하다. 그리스의 재급유 빈도는 운전 온도, 전동기 속도, 설비 중요도, 환경 조건/오염, 베어링 크기, 사용률(duty cycle), 진동 레벨 등에 의존한다. 표 4.16은 범용 전동기의 그리스 재급유를 위한 하나의 기본 지침으로 사용될 수 있을 것이다. 여기서 Fl. Oz는 액량 온스(fluid ounces)를 나타낸다. 수직형 전동기나 열악한 환경에 설치된 경우는 약 50% 윤활 간격을 줄이도록 한다. 표에 포함되지 않은 베어링의 경우는 다음 식을 이용하여 필요한 그리스 양 Q를 계산할 수도 있다.

$$Q = 0.11 \times D \times B \text{ (Fl. Oz)}$$

여기서 D는 베어링 외경(inch), B는 베어링 폭(inch)을 나타낸다.

표 4.16 그리스의 권장 보충량 및 보충 간격 (Bonnett)

베어링 호칭 번호	그리스 양		윤활 간격		
	cc	Fl. Oz.	3600 rpm	1800 rpm	1200 rpm
6203 ~ 6208	5.875	0.2	2년	3년	3년
6209 ~ 6309	11.75	0.4	1년	2년	2년
6310 ~ 6311	17.625	0.6	1년	2년	2년
6312 ~ 6317	23.5	0.8	1년	1년	1년
6218 ~ 6220	29.375	1.0	0.5년	1년	2년

부적절한 설치 문제는 축이나 하우징을 통하여 베어링에 부적절한 힘을 가하는 것에 의해 흔히 발생한다. 고장 메커니즘에 불문하고, 베어링의 결함은 각 부품의 회전 속도에서 기계적인 진동을 발생시키게 되고, 이를 측정함으로써 역으로 결함의 원인을 파악할 수 있다.

베어링의 온도 증가는 윤활제 고장, 베어링 마멸, 과부하 등에 기인하여 발생한다. 베어링의 결함에 의한 권선, 회전자, 축 및 피동 장치를 심각한 손상으로부터 보호하기 위해 운전 정지(shutdown) 또는 경고(alarm)를 위한 감시가 중요하다. 이를 위한 온도 센서로는 열전대(thermocouple), 서미스터(thermistor)가 일반적으로 사용되고, 측정된 온도치와 표 4.17과 같은 비상 정지(trip) 한계치를 비교하여 한계치를 초과할 때는 운전 정지를 실시한다. 이 표는 어디까지나 참조일 뿐으로 사용자는 과거 운전 실적치를 참고로 하여 정상 베어링 운전 온도를 결정하고, 경고 온도를 정상 운전 온도보다 15 ~ 20℃ 높도록 조정한다.

그림 4.36은 베어링 구성 요소들인 외륜, 내륜, 볼 및 보지기(retainer)의 결함 사진을 나타낸다.

표 4.17 베어링 온도 한계치 (Bonnett & Albers)

	표준 윤활제	합성 윤활제
정상(normal)	80 ~ 90℃	110 ~ 115℃
경고(alarm)	90 ~ 95℃	120 ~ 125℃
정지(shutdown)	100 ~ 105℃	130 ~ 135℃

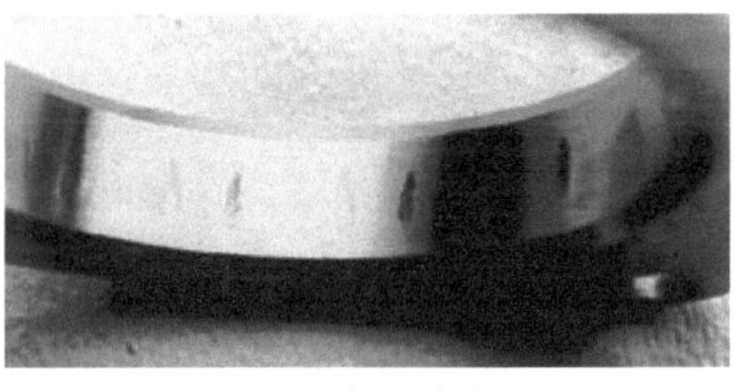

(a) 외륜 결함

(b) 내륜 결함

(c) 볼 결함

(d) 보지기 결함

그림 4.36 베어링 요소의 결함 예

Barden에 의하면 베어링 결함의 주요 유형으로는 다음을 들 수 있고, 이를 이하의 그림에 나타내었다.

- 과대 하중(excessive load)
- 과열(overheating)
- 거짓 브리넬링(false brinelling)
- 참 브리넬링(true brinelling)
- 피로 결함(fatigue failure)
- 반대 방향의 하중(reverse loading)
- 오염(contamination)
- 윤활제 결함(lubricant failure)
- 부식(corrosion)
- 정렬 불량(misalignment)
- 헐거운 끼워 맞춤(loose fits)
- 억지 끼워 맞춤(tight fits)

베어링의 파손 형태로는 구름 피로(flacking), 균열(crack), 압흔(indentation), 얼룩(smearing), 마멸(wear), 녹아 붙음(seizure), 전식(electrical corrosion), 녹(rust), 부식 등이 있다. 고장 유형별 증상, 원인 및 대책을 정리하면 표 4.18과 같다.

표 4.18 구름 요소 베어링의 파손 형태별 원인 및 대책

베어링의 파손 형태		원 인	대책
구름 피로 (flaking)	레이스 한쪽 만	스러스트 하중 과대	자유측의 작동 조사
	레이스의 원주 대칭 위치	하우징의 진원도 불량	하우징 내경면의 정밀도 수정
	레이스의 경사 방향, 끝부분	설치 오차, 축 변형, 모멘트 하중	설치 수정, 베어링 주위 강성 증가
	전동체의 피치간격	설치 시의 충격 하중	설치에 주의
	조기 구름 피로	틈새 과소, 하중 과대, 윤활 및 밀봉 불량	끼워 박음, 틈새, 윤활 및 밀봉 수정
균열 (crack)	레이스, 전동체	하중 및 체결력 과대, 플레이킹(flaking)의 진전	하중 조건, 끼워 박음 수정
압흔 (indentation)	전동체 피치 간격(brinelling)	설치 시의 충격, 정지 시 과대 하중	설치 및 취급 시 주의
	레이스, 전동체 면	마멸분, 먼지 등 이물질 침입	부품 세정, 밀봉 장치 개선
얼룩 (smearing)	레이스, 전동체 면	윤활 불량, 그리스 응고, 기동 가속도 과대	유연 그리스 선정, 급 가속의 회피
	롤러 테(rib)의 면	윤활 불량, 설치 오차, 과대 하중	설치 및 윤활 수정
마멸 (wear)	거짓 브리넬링 (false brinelling)	정지 시의 진동, 미소 요동	축과 하우징 고정, 기름 사용
	프레팅(fretting)	끼워박음면의 미소 미끄럼	체결 강화, 기름 도포
	크리프(creep)	끼워박음 면 미끄럼과 구름	체결 강화
	마찰 면	윤활 불량, 이물질 침입	밀봉과 윤활의 개선, 세정
녹아 붙음 (seizure)		틈새 과소, 윤활 불량, 설치 오차	끼워 박음, 틈새, 윤활 및 설치 수정
전식 (electrical corrosion)		통전에 의한 spark로 용접	절연, 어스
녹(rust)		공기 중의 수분의 결로	보관 주의
부식(corrosion)		부식성 물질의 침입	밀봉 장치 개량

(1) 과열(overheating)

- 증상: 링, 볼 및 케이지가 금색에서 청색까지 변색된다.
- 원인: 약 200℃ 이상의 과대한 온도가 링과 볼 재료를 어닐링(annealing)하고, 결과로 발생하는 경도(hardness)의 손실이 조기 결함의 원인이 되는 베어링 용량을 감소시키고 극단적인 경우, 볼과 링이 변형된다. 온도의 증가는 윤활제를 열화 시키거나 파괴시킨다. 공통적인 원인으로는 심한 전기적인 열 부하, 부적절한 열 경로(heat paths), 과대한 하중과 부하에 대한 불충분한 냉각 또는 윤활이 있다.
- 대책: 열 또는 과부하의 조정, 적절한 열 경로 및 추가 냉각이 효과적이다.

(2) 과대 하중(overload)

- 증상: 과대한 하중은 통상 조기 결함의 원인이 된다. 억지 끼워 맞춤, 브리넬링, 부적절한 예하중(preload) 역시 조기 피로 결함(fatigue fault)을 일으킨다. 이 유형의 결함은 통상의 피로 결함과 같은 증상을 보인다.
- 원인: 베어링에의 과대한 하중

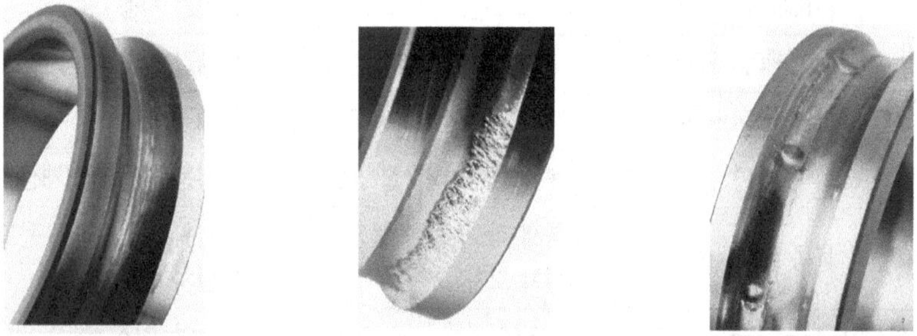

(a) 과열 (b) 과대 하중 (c) 참 브리넬링

그림 4.37 베어링의 결함 유형

• 대책: 하중을 감소시키고, 보다 큰 용량의 베어링을 사용하도록 재설계한다.

(3) 참 브리넬링

• 증상: 하중이 링 재료의 탄성 한계를 초과할 때 발생한다. 브리넬 자국(marks)은 베어링 진동(소음)이 증가하는 레이스에서 오목 자국, 즉 압흔을 발생한다. 심각한 브리넬 자국은 조기 피로 결함의 원인이 된다.

• 원인: 정적 과부하나 심각한 충격이 원인이다. 베어링의 분해나 설치 시 해머의 사용, 조립된 장비의 낙하나 타격, 외륜에 가해지는 힘이 원인이 된다.

• 대책: 축에 내륜을 끼워 박을 때 외륜을 밀지 않도록, 프레스를 이용하여 작용력이 내륜에만 가해지도록 한다. 조심스런 취급과 설치 만이 이 문제를 최소화 할 수 있다.

(4) 거짓 브리넬링

이는 각각의 볼 위치에서 축 방향으로 밝게 다듬질되고, 예리한 경계를 가지는 타원 형상의 마멸 흔적으로, 흔히 갈색 파편의 링으로 둘러싸인다.

• 증상: 거짓 브리넬링은 과대한 외부 진동을 나타낸다. 볼과 레이스 사이의 미소한 상대 운동은 외부 진동을 받기 쉬운 비회전 볼 베어링에서 발생한다.

• 원인: 베어링이 선회하지 않을 때는 레이스 마멸을 방지하도록 유막이 형성될 수 없다. 마멸된 파편은 산화하고 마멸 과정을 가속시킨다.

• 대책: 외부 진동으로부터 베어링을 절연시키고, 내마멸 첨가제(molybdenum disulfide 등)를 포함한 그리스를 사용한다.

(5) 피로 결함

• 증상: 통상 스폴링(spalling)으로 간주되는 피로 고장은 운전 표면의 파괴로, 재

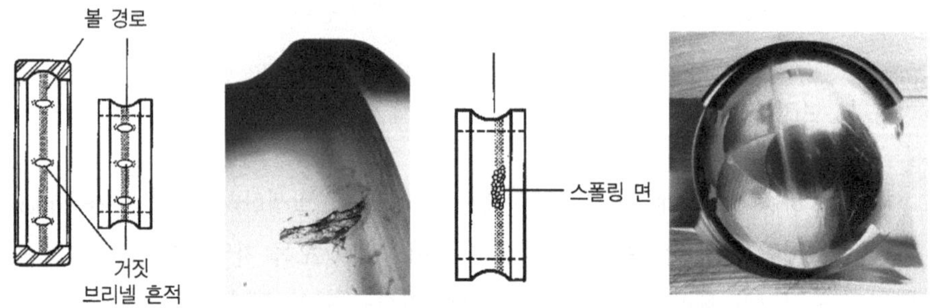

(a) 거짓 브리넬링 (b) 피로 결함 (c) 역 하중

그림 4.38 베어링의 결함 유형

료의 미소한 이산적인 입자의 연속적인 이탈로 나타난다. 스폴링은 내륜, 외륜 또는 볼에서 발생한다. 이 결함은 연속적이며, 한번 발생하면 계속된 운전에 의해 전파되고, 이상을 나타내는 진동의 뚜렷한 증가를 항상 동반한다.

• 대책: 베어링의 교체 또는 계산된 피로 수명이 보다 큰 베어링을 사용하도록 재설계를 고려한다.

(6) 역하중(inverse load)

• 원인: 앵귤러 컨택 베어링은 단지 한 방향의 축 방향 하중을 허용하도록 설계되고, 반대 방향의 하중이 가해졌을 때, 외륜 위의 타원 접촉면적이 외륜의 그 측의 낮은 shoulder에 의해 잘려진다. 결과로 과대한 응력과 온도가 증가하고, 이에 따라 진동의 증가와 조기 결함의 원인이 된다.

• 증상: 결함 모드는 심한 억지 끼워 맞춤과 매우 유사하다. 볼은 레이스의 외측 모서리를 타는 볼에 의한 홈이 난 마멸 무늬를 나타낸다.

• 대책: 베어링을 올바르게 설치한다. 앵귤러 컨택 베어링은 외륜과 내륜의 넓은 면에 합력 스러스트를 받도록 설치되어야 한다.

(7) 오염(contamination)

- 증상: 오염은 베어링 결함의 주요 원인의 하나이다. 오염의 증상은 높은 진동과 마멸의 결과로 베어링 레이스와 볼에 움푹 패인 자국이 나타난다.
- 원인: 베어링 내의 통로에서 발견되는 먼지, 매진 또는 마멸성 물질로서, 주 오염원은 더러운 도구, 오염된 작업 부위, 더러운 손 및 윤활제 또는 청소용 용제 내의 이물질 등이다.
- 대책: 작업 부위, 도구, 고정구(fixture) 및 손을 청결하게 하여 오염에 의한 결함을 저감한다. 실(seal)이 중요하다. 손상되거나 작동이 되지 않는 실은 오염원으로부터 베어링을 보호할 수 없다.

(8) 윤활제 결함

- 증상: 볼 통로와 볼의 변색(청색/갈색)이 증상이다. 윤활제의 결함은 과도한 마멸과 과열을 일으키고, 이어서 파국적인 고장을 초래한다. 볼 베어링은 볼과 레이스, 케이지, 베어링 링과 볼 사이의 매우 얇은 윤활제의 막(수 ㎛)의 연속적인 존재에 의존한다.

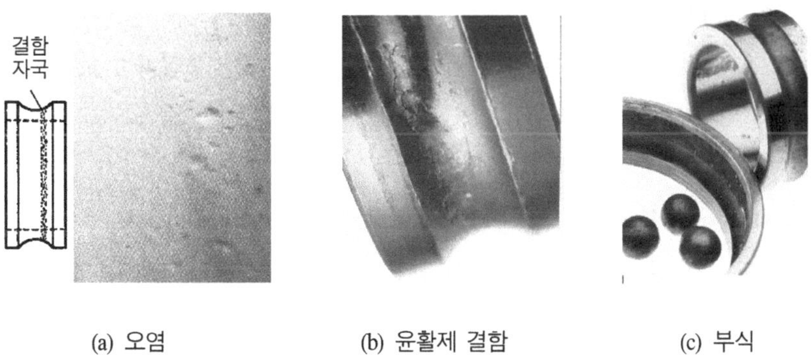

(a) 오염　　(b) 윤활제 결함　　(c) 부식

그림 4.39 베어링의 결함 유형

- 원인: 특히 한정된 윤활제의 유동이나 윤활제의 특성을 열화시키는 과도한 온도가 원인이다.
- 대책: 가장 적절한 윤활제 및 윤활량을 선정한다. 부적절한 끼워 맞춤을 수정하고, 보다 양호한 예하중의 조정, 베어링 온도 감소 및 윤활제 수명 향상을 위한 축과 하우징의 냉각을 실시한다.

(9) 부식

- 증상: 볼, 레이스, 케이지에서 적색/갈색 부분이 부식의 증상이다. 통상 마멸에 의해 진동이 증가하고 이어서 반경 틈새의 증가 또는 예하중(preload)의 손실이 발생한다. 극단적인 경우, 부식은 조기 피로 결함을 개시할 수 있다.
- 원인: 부식성 유체 또는 부식 환경에 베어링의 노출
- 대책: 부식성 유체를 베어링 부분으로부터 다른 곳으로 전환한다. 가능한 밀봉된 베어링의 사용과, 스테인리스 강 베어링을 사용한다.

(10) 정렬 불량

- 증상: 비회전 링의 레이스에서 볼 마멸 경로(path)가 레이스 단(edge)과 평행하지 않는 것에 의해 검지가 가능하다. 만약 정렬 불량이 1 m/mm를 초과하면, 베어링이나 하우징 또는 양자에서 비정상적인 온도 증가 및 케이지 볼 포켓에서 큰 마멸을 예상할 수 있다.
- 원인: 대부분의 원인은 굽힌 축, 찌꺼기(burr) 또는 축이나 하우징 shoulder의 먼지, 축 시트(seat)와 직사각이 아닌 축 나사 및 나사 축과 직사각으로 접하지 않는 로크 너트이다.
- 대책: Shoulder와 베어링 시트의 런 아웃(run-out)을 위한 축과 하우징의 조사, 연삭 나사(ground thread)의 사용, 정밀급 로크 너트의 이용 등이다.

(11) 헐거운 끼워 맞춤

• 증상: 변색과 긁힌 자국(scoring)이 증상이다. 헐거운 끼워 맞춤(loose fit)은 짝을 이루는 부품 사이에 상대 운동을 발생하고, 상대 운동이 작으나 연속이면, 프레팅(fretting)을 발생한다. 프레팅은 산화된 미세 금속 입자를 발생하고 특이한 갈색을 남긴다. 이 재료는 마멸되고, 느슨함을 악화시킨다.

• 원인: 느슨함이 내륜 또는 외륜의 상당한 운동을 허용하기에 충분하면, 마운트 표면(bore, 외경, 면)은 마멸 및 가열되어, 소음과 런 아웃 문제의 원인이 된다.

• 대책: 베어링 제작사의 끼워 맞춤에 대한 권장 사항을 숙지하여, 올바르게 설치한다.

(12) 억지 끼워 맞춤

• 증상: 내륜과 외륜의 전체 원주방향에 걸쳐 레이스의 밑부분에 심한 볼 마멸 경로가 억지 끼워 맞춤(tight fit)을 나타낸다. 억지 끼워 맞춤이 운전 온도에서 반경 틈새를 초과하면, 볼은 과대 하중을 받게 된다. 이는 높은 토

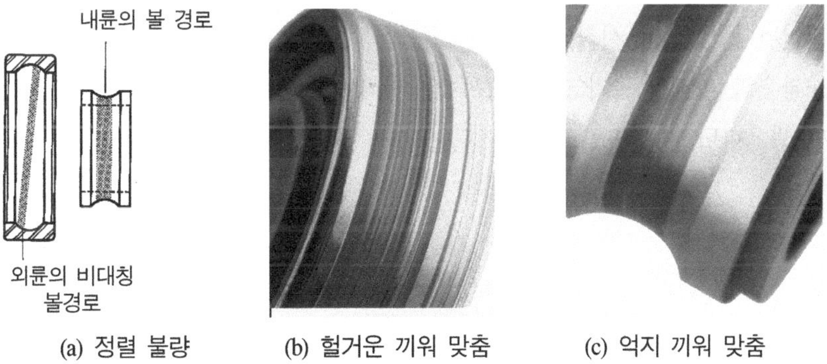

(a) 정렬 불량 (b) 헐거운 끼워 맞춤 (c) 억지 끼워 맞춤

그림 4.40 베어링의 결함 유형

크에 의한 급속한 온도 증가를 발생하고, 연속 운전은 급속한 마멸과 피로를 초래한다.

• 대책: 베어링이 축과 하우징에 잘 맞추어지도록 재료와 운전 온도에서의 차이를 고려하여 총 죔새(interference)를 감소한다. 위의 상태에서 베어링 수명의 증가를 위해 반경 틈새를 증가시킨다.

4) 베어링 결함의 열화 진행 단계

여기서는 IRD사에서 오랜 경험을 토대로 제시한 베어링 결함의 진행 단계를 설명한다. 이는 베어링 결함의 시작부터 최종 파손까지를 4개의 단계로 구분하여 각 단계에서 발생하는 진동 주파수 특성을 설명하고 있다. 통상 구름 요소 베어링의 약 80%가 이 진행 단계를 통하여 결함이 진전되며, 베어링의 설계 수명은 대략 5 ~ 10년으로 설정하고 있다. L_{10} 수명의 10%는 6개월에서 1년 정도의 수명을 의미한다.

(1) 제 1단계: L_{10} 수명 중 약 10 ~ 20% 잔여 수명

이 단계는 양호한 베어링의 상태로, 아래의 진동 스펙트럼 선도와 같이 운전 속도(1X)와 이의 조화 성분(2X, 3X 등)만이 발생한다. 베어링에서 피로 파손이 진행되면, 레이스 또는 전동체의 표면 아래 약 0.1 ~ 0.15 mm에서 파손이 시작되어 표면으로 진전된다. 손상이 시작되면 누적 손상은 지수적으로 증가한다. 이 단계에서는 결함 주파수의 파악이 불가능하고, 포락선 처리(enveloping) 등의 처리로 결함의 조기 진단이 필요하다.

그림 4.41 제 1단계의 특징 주파수

(2) 제 2단계: L_{10} 수명 중 약 5 ~ 10% 잔여 수명

이 단계에서는 결함이 진전되어 구름 요소(전동체)와 내, 외륜의 충격으로 베어링 구성품(내륜, 외륜)의 고유 진동수를 가진한다. 회전 속도에 의해 변조되어 고유 진동수 좌우에 회전 주파수의 폭을 가지는 측대역 성분이 발생한다. 간혹 결함 주파수가 변조 주파수로 출현한다. 베어링 전체의 고유 진동수는 일반 베어링은 500 ~ 2,000 Hz, 고 정밀 베어링은 1,250 ~ 2,000 Hz 범위이다. 가속도 스펙트럼에서는 결함 주파수의 조화 성분을 감지할 수 있다.

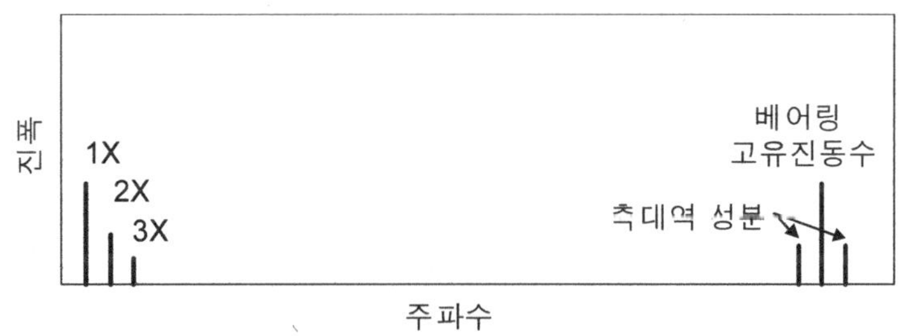

그림 4.42 제 2단계의 특징 주파수

(3) 제 3 단계: L_{10} 수명 중 약 1 ~ 5% 잔여 수명

이 3 단계에서 결함 주파수 성분이 출현한다. 3단계 초기에는 결함 주파수 주위에 측대역 성분이 발생하지 않고, 내, 외륜의 레이스에 마멸이 진행됨에 따라 결함 주파수의 조화 성분이 출현한다. 한 개 이상의 구름 요소에 결함이 나타날 수 있다. 마멸이 더욱 명확하게 되면, 결함 주파수 주위에 회전 속도의 측대역 성분이 발생한다. 말기가 되면 더욱 많은 측대역군이 베어링 고유 진동수의 주위에서 발생한다.

(4) 제 4단계: L_{10} 수명 중 약 1시간 ~ 1% 잔여 수명

마지막 단계인 4단계에서는 회전 속도 성분 (1X)과 이의 조화 성분(2X, 3X)의 진폭이 증가한다. 단계 초기에는 결함 주파수의 조화 성분과 고유 진동수의 진폭이 감소한다. 많은 1X의 조화 성분이 결함 주파수 주위에서 측대역 성분으로 출현한다. 소음 레벨과 하우징 온도의 증가한다. 단계 말기에는 식별할 수 있는 결함 진동수 및 고유 진동수 성분이 사라지고, 랜덤하고 넓은 대역의 높은 주파수의 소음 층으로 대체된다. 파손 직전에 진폭이 엄청나게 성장하며, 4단계는 매우 위험하고, 운전이 허용되지 안는다.

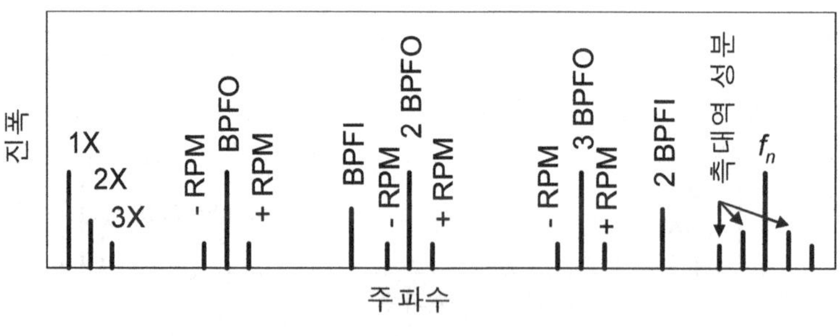

그림 4.43 제 3단계의 특징 주파수

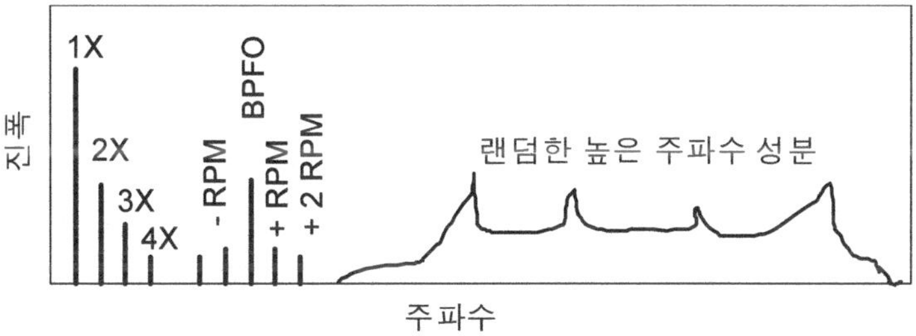

그림 4.44 제 4단계의 특징 주파수

그림 4.45는 Rene과 Gervais에 의해 제안된 베어링 결함의 시간 경과에 따른 열화의 진행 단계를 나타낸다. 베어링 내에 미소 결함이 발생하면, 임의 시간 구간(통상 고속 기계 4초, 저속 기계 8초) 동안 진동 가속도의 시간파형의 최대 피크(max-peak)치는 결함의 크기와 함께 증가하나, 실효치(rms치)는 상대적으로 일정하게 유지된다. 이 때 측정 주파수의 범위는 통상 10 Hz ~ 10 kHz이다. Crest 계수는 max-peak/rms치로 정의되며, 이 값은 통상 10 ~ 15:1 또는 20 ~ 30 dB의 예리한 증가를 초래한다. 이후 결함이 전파되고 베어링 상태가 진전된 열화 상태에 도달하면, rms치는 크게 증가하고 Crest 계수는 3:1비(약 12 dB)로 감소한다. rms치의 증가는 약 10배 (20 dB)로 1 ~ 8 kHz 사이에서 통상 발생한다.

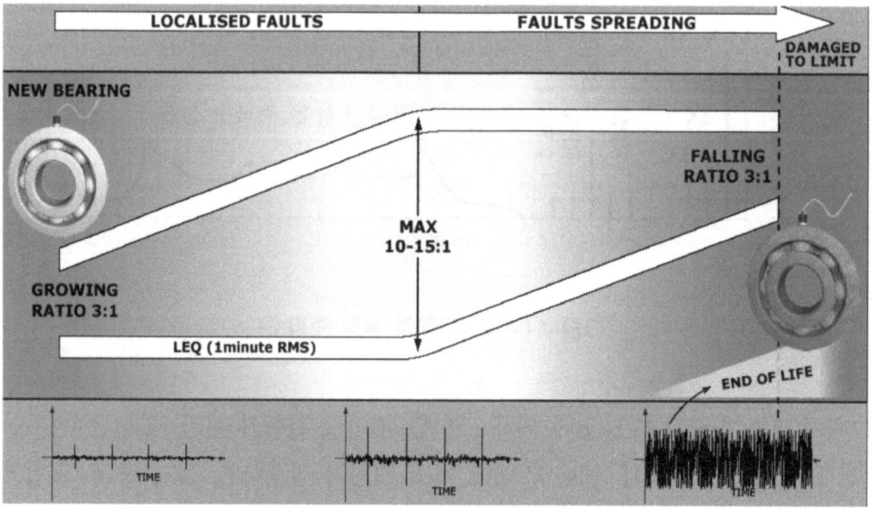

그림 4.45 베어링 결함의 열화의 진행 단계

그림 4.46은 Archambault에 의해 제안된 Crest 계수를 이용한 베어링의 열화 심각도(severity) 선도를 나타낸다. 이 선도들은 다음과 같이 3개의 Class로 구분되고,

- Class 1: 60계열 볼 베어링으로 지지된 운전 속도 1,200 rpm 이하의 전동기
- Class 2: 60계열 볼 베어링으로 지지된 1,800 rpm 이하의 모든 기계(펌프, 홴, 압축기, 컨베이어)
- Class 3: 60계열 볼 베어링, 222계열 복열 롤러 베어링으로 지지된 1,800~3,600 rpm의 모든 기계

심각도의 정도를 매우 양호(very good), 양호(good), 허용/정상(fair) 및 위험(critical)의 4개 영역으로 구분하여 나타내고 있다. 그림에서 가로축은 실효치, 세로축은 피크치를 데시벨(dB) 또는 가속도의 진폭(m/s^2)으로 표시하고 5 ~ 25 사이의 Crest 계수를 대각선으로 표시하고 있다.

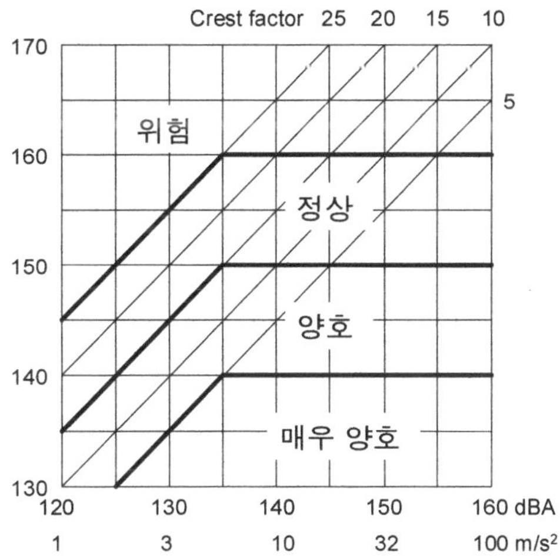

(a) Case 1

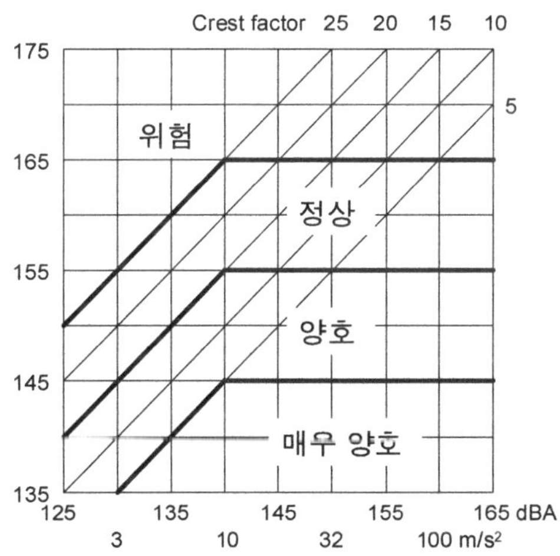

(b) Case 2

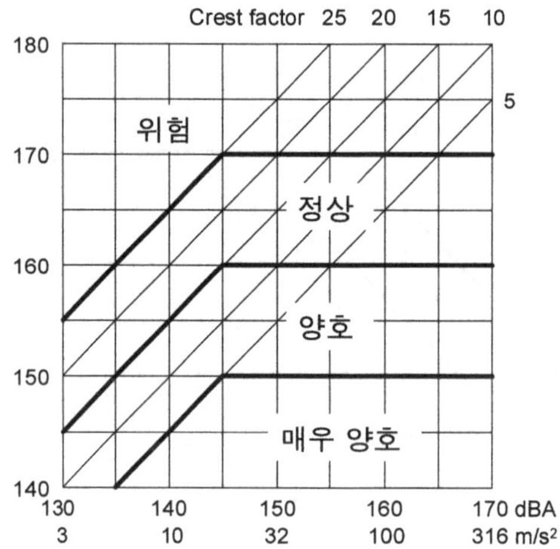

(c) CaSe 3

그림 4.46 Crest 계수에 기초한 베어링 심각도 선도

5) 베어링 결함의 측정 및 분석

- 베어링 결함의 진동 측정을 위한 변환기(센서)로는 일반적으로 속도계(10 Hz ~ 2 kHz)나 가속도계(2 kHz 이상)로 측정한다. 일 예로 $N=1,200$ rpm에서는 3 kHz 이내의 BPFO의 조화 성분이 발생한다. $N=5$ rpm의 저속 기계, 베어링 주파수 10 Hz 이하 등은 변위계를 사용하여야 한다.
- 모든 측정은 가능한 베어링에 가까운 하중 영역(load zone)에서 수행한다.
- 레이디얼 베어링은 반경 방향 진동을 측정하며, 앵귤러 컨택 베어링은 축 방향이 더욱 양호하다.
- 베어링 결함의 초기 단계에서는 이산적 주파수가 발생하고, 측대역 성분은 이후의 단계에서 발생한다. 따라서 운전 주파수와 기본 열 주파수의 측대역 성분을 결정하기 위한 충분한 해상도를 가진 분석기를 사용하는 것이 중요하다.

- 베어링 결함의 초기 단계에서 시간 파형에 충격파(pulse)가 발생한다.
- 베어링 주파수의 작은 진폭들이 정렬 불량, 질량 불평형, 기어 맞물림과 같은 회전 결함으로부터 발생하는 상대적으로 큰 신호에 파 묻일 수 있는 것에 주의한다.

구름 요소 베어링의 협대역 진동 분석의 단계로는

단계 1: 베어링의 결함 주파수를 계산한다.
단계 2: 진동 신호의 측정과 분석을 수행한다.
단계 3: 스펙트럼에서 측대역 주파수 및 중심 주파수를 확인한다.
단계 4: 스펙트럼과 시간 파형의 신호 형태, 에너지 그리고 진폭을 평가한다.

측정된 진동 신호로부터 베어링의 결함을 파악하는 방법으로는 주파수 분석기(FFT analyzer)가 개발되기 전인 1980년대 초반까지는 가속도 신호의 피크치나 실효치를 평가하는 시간 영역 분석이 주로 이용되었으며, 이후 주파수 영역의 주파수 스펙트럼 분석이 널리 사용되고 있고 80년대 후반부터는 포락선 분석이, 90년대 후반부터는 시간-주파수 영역 분석이 사용되고 있다.

시간, 주파수 및 시간-주파수 영역에서 신호의 결함을 나타내는 특징량으로는

- 시간 영역: 피크 레벨, 실효치 레벨, Crest 계수, Kurtosis, 캡스트럼(cepstrum) 해석
- 주파수 영역: FFT 스펙트럼, 포락선(envelope) 해석
- 시간 - 주파수 영역: 스펙트로그램(spectrogram), 웨이블릿(wavelet) 해석

등이 널리 사용된다.

6) 베어링의 결함 주파수

(1) 진동 결함 주파수

구름 요소 베어링에서는 베어링 형상과 운전 속도에 따라 결정되는 특이한 베어링 주파수가 검출되며, 이때 측정된 진동의 크기로 베어링의 상태를 알 수 있다. 기

계 진동 분석 기술은 베어링의 상태를 결정하기 위해 이들 주파수를 감시하기 위해 일반적으로 폭 넓게 사용된다. 손상이 발생된 베어링은 기본적으로 5개의 결함 주파수를 발생하며 다음과 같다.

- 내륜의 회전 주파수: f_r = rpm/60 (rps)
- 기본 열 주파수(fundamental train frequency, FTF), 케이지 주파수:

$$\mathrm{FTF} = f_c = \frac{f_r}{2}\left[1 - \frac{B_d}{P_d}\cos\phi\right] \quad \text{(Hz)}$$

- 볼 자전 주파수(ball spin frequency, BSF):

$$\mathrm{BSF} = f_s = \frac{P_d}{2B_d} f_r \left[1 - \left(\frac{B_d}{P_d}\right)^2 \cos^2\phi\right] \quad \text{(Hz)}$$

- 외륜 통과 주파수(ball pass frequency of outer race, BPFO):

$$\mathrm{BPFO} = f_o = N(FTF) \quad = \frac{f_r}{2} N \left[1 - \frac{B_d}{P_d}\cos\phi\right] \quad \text{(Hz)}$$

- 내륜 통과 주파수(ball pass frequency of inner race, BPFI):

$$\mathrm{BPFI} = f_i = N(f_r - FTF) \quad = \frac{f_r}{2} N \left[1 + \frac{B_d}{P_d}\cos\phi\right] \quad \text{(Hz)}$$

여기서, B_d는 볼의 직경, P_d는 피치 직경, N은 볼의 수, f_r은 내륜의 1초당 회전수(rps), ϕ는 접촉각이다(그림 4.47).

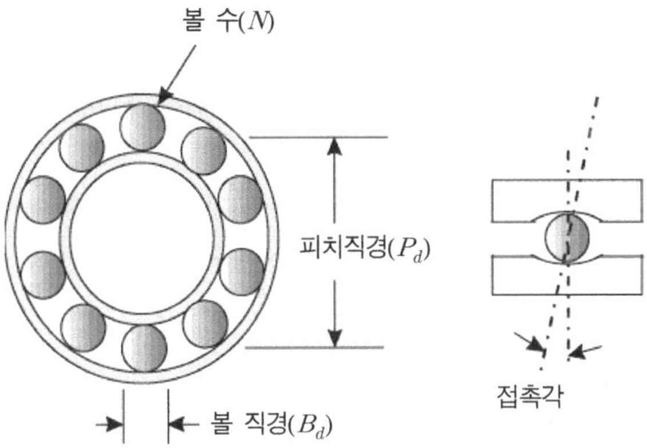

그림 4.47 볼 베어링의 기하학적 치수

표 4.19와 4.20은 각각 외륜이 고정되고 내륜이 회전하는 경우 및 외륜이 회전하고 내륜이 고정된 경우의 결함 주파수를 정리한 것이다. 표 4.20에서 f_{ro}는 외륜의 1초당 회전수(rps)를 나타낸다.

표 4.19 구름 베어링의 진동 특성 주파수(외륜 고정, 내륜 회전의 경우)

베어링 요소	특성 주파수
케이지 주파수 FTF (기본 열 주파수)	$f_c = \frac{f_r}{2}\left[1 - \frac{B_d}{P_d}\cos\phi\right]$
내륜 주파수 BPFI (내륜의 볼 통과 주파수)	$f_i = \frac{f_r}{2}N\left[1 - \frac{B_d}{P_d}\cos\phi\right]$
외륜 주파수 BPFO (외륜의 볼 통과 주파수)	$f_o = \frac{f_r}{2}N\left[1 - \frac{B_d}{P_d}\cos\phi\right]$
전동체 주파수 BSF (전동체 자전 주파수)	$f_s = \frac{P_d}{2B_d}f_r\left[1 - \left(\frac{B_d}{P_d}\right)^2\cos^2\phi\right]$

표 4.20 구름 베어링의 진동 특성 주파수(외륜 회전, 내륜 고정의 경우)

베어링 요소	특성 주파수
케이지 주파수 FTF (기본 열 주파수)	$f_c = \frac{f_r}{2}\left[1 - \frac{B_d}{P_d}\cos\phi\right] + \frac{f_{ro}}{2}\left[1 + \frac{B_d}{P_d}\cos\phi\right]$
내륜 주파수 BPFI (내륜의 볼 통과 주파수)	$f_i = \frac{N}{2}(f_r - f_{ro})\left[1 - \frac{B_d}{P_d}\cos\right]$
외륜 주파수 BPFO (외륜의 볼 통과 주파수)	$f_o = \frac{N}{2}(f_r - f_{ro})\left[1 - \frac{B_d}{P_d}\cos\right]$
전동체 주파수 BSF (전동체 자전 주파수)	$f_s = \frac{P_d}{2B_d}(f_r - f_{ro})\left[1 - \left(\frac{B_d}{P_d}\right)^2\cos^2\right]$

표 4.21 베어링 결함에 따른 발생 주파수

<table>
<tr><th colspan="2">결함</th><th>발생 주파수</th><th>시간 파형/스펙트럼 형상</th></tr>
<tr><td colspan="2">외륜 결함</td><td>BPFO와 그 조화 성분</td><td>BPFO의 조화 성분</td></tr>
<tr><td colspan="2">내륜 결함</td><td>BPFI와 그 조화 성분</td><td>결함 초기: 감소된 크기의 조화 성분
결함 성장: 운전 속도에 의해 변조된 조화 성분</td></tr>
<tr><td colspan="2">전동체 결함</td><td>BSF 또는 FTF 및
그 조화 성분</td><td>FTF로변조된 고유진 동수</td></tr>
<tr><td colspan="2">부적절한 윤활</td><td>고유 진동수, BPFI</td><td>BPFI로 변조된 고유 진동수</td></tr>
<tr><td rowspan="2">느슨함</td><td>축과 베어링</td><td rowspan="2">회전 속도(1X) 및
고차 조화 성분
(2X, 3X, …)</td><td>3X 또는 그 이상의 조화 성분이 탁월</td></tr>
<tr><td>하우징과
베어링</td><td>1X와 4X성분이 탁월</td></tr>
<tr><td colspan="2">과대한 내부 틈새</td><td>고유 진동수</td><td>운전 속도의 배수가 고유 진동수를 변조</td></tr>
</table>

(2) 전류 결함 주파수

베어링 진동과 고정자 전류 스펙트럼의 관계는 공극 편심이 공극 자속 밀도의 변화를 발생시키는 것으로부터 결정될 수 있다. 즉, 회전자 위치가 변화하는 동적 편심의 경우에 공극 길이 내의 진동은 공극 자속 밀도의 변화를 야기시킨다. 이는 이어서 고정자 전류 조화 성분을 발생하는 전동기의 인덕턴스에 영향을 미친다. 베어링은 회전자를 지지하기 때문에 어떠한 베어링의 결함은 전동기 회전자와 고정자 사이의 상대 운동을 일으킨다. 손상된 베어링으로부터 발생하는 기계적인 변위는 전동기의 공극을 변화시키고, 공극 편심의 변화는 예측 가능한 주파수에서 고정자 전류를 발생시킨다. 이 전류 결함 주파수는 진동 결함 주파수와 전원 주파수에 의해 다음 식과 같이 결정된다.

$$f_c = \left| f_L \pm m\, f_v \right|$$

여기서 m은 양의 정수(= 1, 2, 3 등)이고, f_L는 전원 주파수, f_v는 앞에서 정의된 진동 결함 주파수이다.

구체적으로 f_v에 외륜, 내륜 및 전동체의 진동 결함 주파수를 대입하면, 전류 결함 주파수는 다음 식과 같이 표현된다.

$$f_{co} = \left| f_L \pm m\, f_o \right|,\quad f_{ci} = \left| f_L \pm m\, f_i \right|,\quad f_{cs} = \left| f_L \pm m\, f_s \right|$$

이 특성 주파수 성분들은 6개에서 12개의 전동체를 가지는 대부분의 베어링에서 다음 식과 같이 근사화 될 수 있다.

$$f_{co} = 0.4\, n\, f_r,\quad f_{ci} = 0.6\, n\, f_r$$

그림 4.48은 호칭 번호 6205인 볼 베어링에 대해 무부하 조건에서 1,798 rpm (29.967 Hz)에서의 외륜, 내륜, 볼 및 회전자 결함 시의 진동 및 전류 신호에 대한 주파수 스펙트럼을 나타낸다. 기본 진동 결함 주파수는 각각 외륜 107.4 Hz, 내륜 167.3 Hz, 볼 70.5 Hz 및 케이지 18 Hz이다. 그림 (a)의 외륜 결함의 경우, 진동 스펙트럼에는

운전 주파수인 30 Hz(1X)와 이의 조화 성분들이 크게 나타나고, 아울러 외륜 결함의 기본 주파수인 107.4 Hz와 이의 2배수인 214.8 Hz 성분이 뚜렷이 나타나고 있다. 전류 스펙트럼에서는 전원 주파수(60 Hz)가 탁월하게 나타나고, 외륜 결함 주파수($f_L \pm f_0$) 인 47.4 Hz와 167.4 Hz가 보이고 있다. 그림 (b)의 내륜 결함의 경우는 운전 주파수(30 Hz) 및 이의 조화 성분(60 Hz, 90 Hz 등)과 함께 기본 결함 주파수 167.3 Hz 성분이 나타난다. 전류 스펙트럼에서도 전류 신호의 내륜 결함 주파수($f_L \pm f_i$)인 107.3 Hz, 227.3 Hz 성분을 확인할 수 있다. 그림 (c)는 볼 베어링의 진동 결함 주파수인 70.5 Hz와 2배수인 141 Hz 성분이 나타나고 있다. 전류 스펙트럼에서 전류 결함 주파수인 10.5 Hz, 130.5 Hz 및 2차 성분인 200.5 Hz가 나타나고 있다.

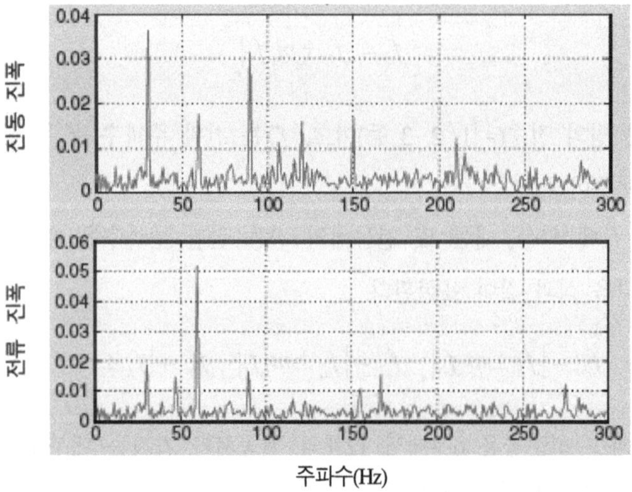

(a) 외륜 결함

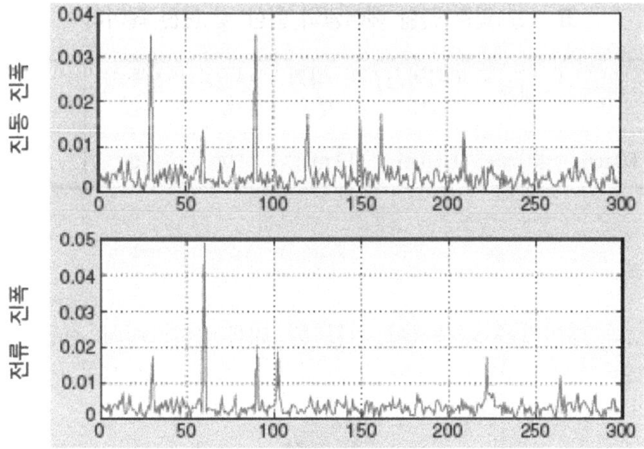

(b) 내륜 결함

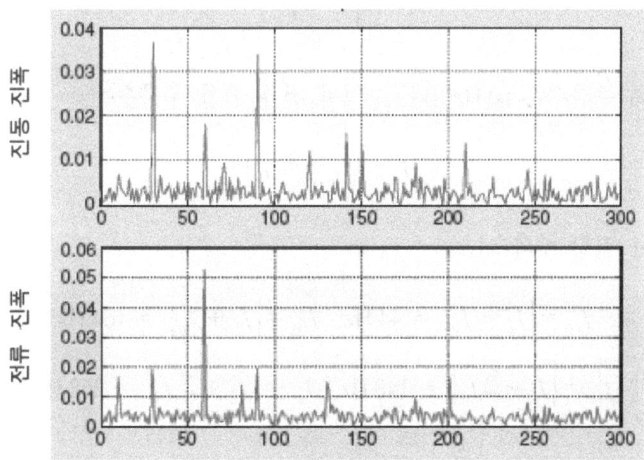

(c) 볼 결함

그림 4.48 각종 베어링 결함의 진동 및 전류 신호의 주파수 스펙트럼

(Devaney & Eren)

표 4.22 외륜 결함 베어링의 형상 및 운전 데이터

제품명	외경	내경	피치직경 P_d	볼 직경 B_d	볼 수 N	접촉각 ϕ	회전주파수 f_r
NSK 6208	80 mm	40 mm	60 mm	12 mm	9	0	1735 rpm(28.9 Hz)

(3) 발생 사례

상기 표 4.22의 데이터를 이용하여 외륜 및 내륜 결함 시의 진동 결함 주파수를 계산하면,

$$\text{BPFO} = f_o = \frac{1}{2} f_r N \left[1 - \frac{B_d}{P_d} \cos\phi \right] = 104 \text{ Hz},$$

$$\text{BPFI} = f_i = \frac{1}{2} f_r N \left[1 + \frac{B_d}{P_d} \cos\phi \right] = 156 \text{ Hz}$$

로 되고, 전원주파수는 60 Hz이다. 고정자 전류 결함 주파수는

$$f_c = \left| f_L \pm m\, f_v \right|$$

로부터, 외륜 결함 주파수는

$$f_{co} = \left| f_L - f_o \right| = 44 \text{ Hz}, \quad f_{co} = \left| f_L + f_o \right| = 164 \text{ Hz}$$

$$f_{co} = \left| f_L - 2 f_o \right| = 148 \text{ Hz}, \quad f_{co} = \left| f_L + 2\, f_o \right| = 268 \text{ Hz}$$

내륜 결함 주파수는

$$f_{ci} = \left| f_L - f_i \right| = 96 \text{ Hz}, \quad f_{ci} = \left| f_L + f_i \right| = 216 \text{ Hz}$$

$$f_{ci} = \left| f_L - 2 f_i \right| = 252 \text{ Hz}, \quad f_{ci} = \left| f_L + 2\, f_i \right| = 372 \text{ Hz}$$

로 얻어진다.

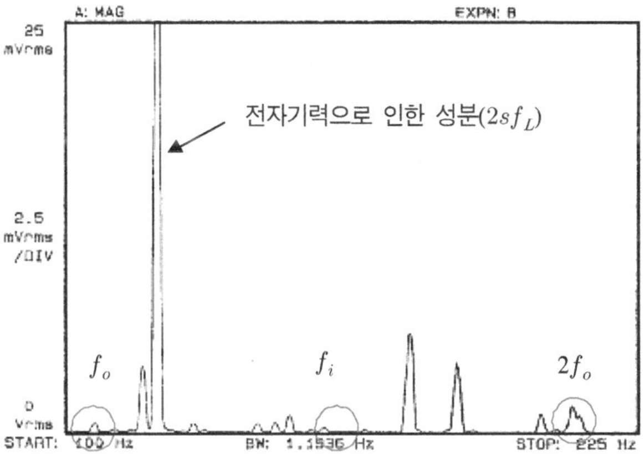

(a) 진동 스펙트럼(100~225 Hz)

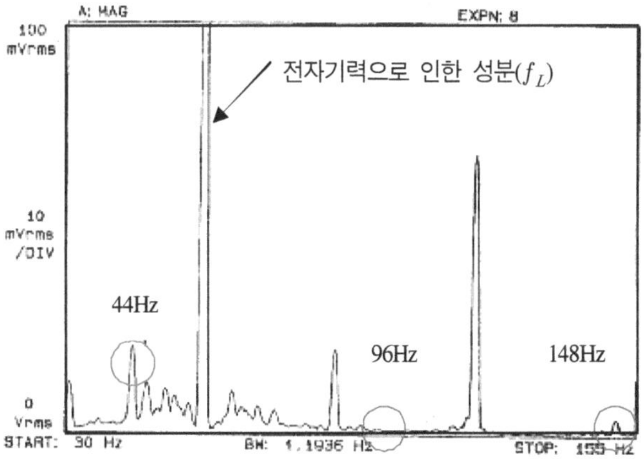

(b) 전류 스펙트럼(30~155 Hz)

그림 4.49 **진동 및 전류 주파수 스펙트럼**(Schoen & Habetler)

그림 4.49로부터 외륜 결함 시에 발생하는 진동 신호의 결함 주파수에 대응하는 104 Hz (f_o), 이의 2배수인 208 Hz의 조화 성분($2f_o$)이 나타나고 있다. 아울러 고정자 전류 신호의 경우도 44 Hz, 148 Hz 성분이 뚜렷이 나타나고 결함의 원인을 파악할 수 있음을 보인다. 그러나 참고로 내륜 결함 시에 발생하는 주파수 성분은 나타나지

않음을 알 수 있다.

또 다른 사례로 외륜과 내륜에 결함이 동시에 발생한 예를 들면 다음과 같다. 표 4.23의 데이터를 이용하여 진동 결함 주파수를 구하면, $f_o = 102\,\text{Hz}$, $f_i = 158\,\text{Hz}$, 로 되고, 전류 결함 주파수는 $f_{co} = 42\,\text{Hz}$, $f_{ci} = 98\,\text{Hz}$가 얻어진다.

그림 4.50에 보이듯이 진동 및 전류 신호의 주파수 스펙트럼에서 외륜 및 내륜 결함 주파수에 대응하는 성분들이 명확히 나타나는 것을 파악할 수 있다.

표 4.23 외륜 및 내륜 결함 베어링의 형상 및 운전 데이터

제품명	외경	내경	피치직경 P_d	볼 직경 B_d	볼 수 N	접촉각 ϕ	회전속도 f_r
NSK 6206	62 mm	30 mm	46 mm	10 mm	9	0	1735 rpm(28.9 Hz)

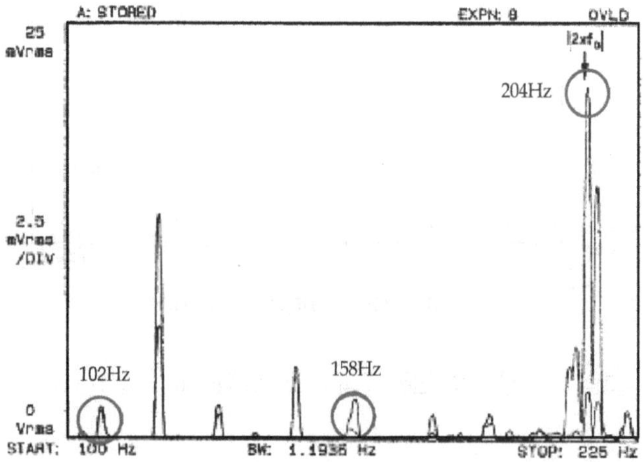

(a) 진동 스펙트럼(100~225 Hz)

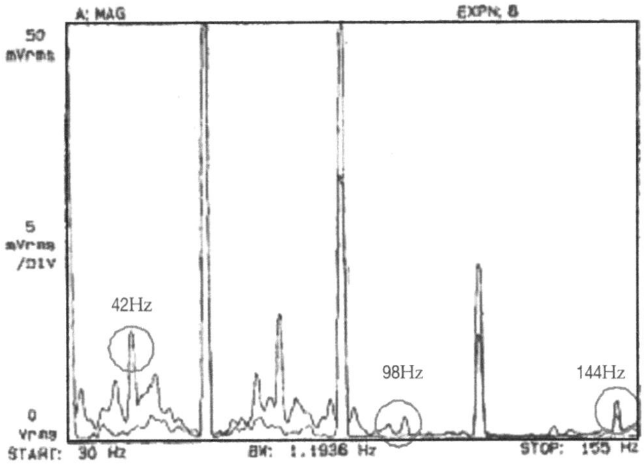

(b) 전류 스펙트럼(30~155 Hz)

그림 4.50 **진동 및 전류 주파수 스펙트럼**(Schoen & Habetler)

부하에 따른 베어링의 결함 주파수 성분을 파악하기 위해 무부하(no load)와 전부하(full load) 조건에서 정상 베어링과 외륜 결함 베어링에 대한 실험 결과를 다음에 나타낸다. 표 4.24와 같이 이론 결함 주파수가 계산된다. 그러나 전동기에 실제 부하가 걸리면 슬립의 증가로 인해 표 4.25와 같이 운전 속도는 조금 낮아지게 된다. 이를 고려한 부하 조건에 따른 이론 주파수와 실제 측정한 결함 주파수는 표 4.25와 같이 비교적 잘 일치하는 것을 알 수 있다.

표 4.24 **외륜 결함 베어링의 형상 데이터 및 결함 주파수**

제품명	볼 수	볼 직경	피치 직경	FTF	BPFO	BPFI	BSF
NSK 6203	8	0.3125	1.319	0.3835	3.066	4.932	2.03

표 4.25 부하 조건에 따른 결함 주파수의 계산치와 실험치의 비교

부하 조건	운전 속도	이론 주파수	실험치
무부하	59.53 Hz	182.5190 Hz	181.4067 Hz
전부하	57.65 Hz	176.7549 Hz	174.375 Hz

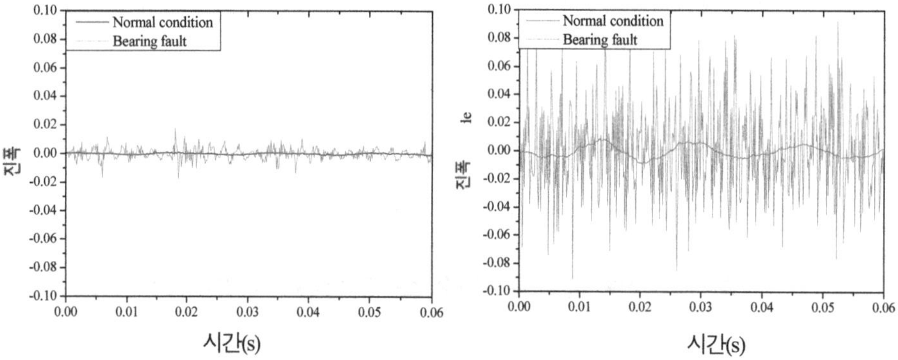

(a) 무부하 (b) 전부하

그림 4.51 외륜 결함 시의 진동 가속도의 시간 파형

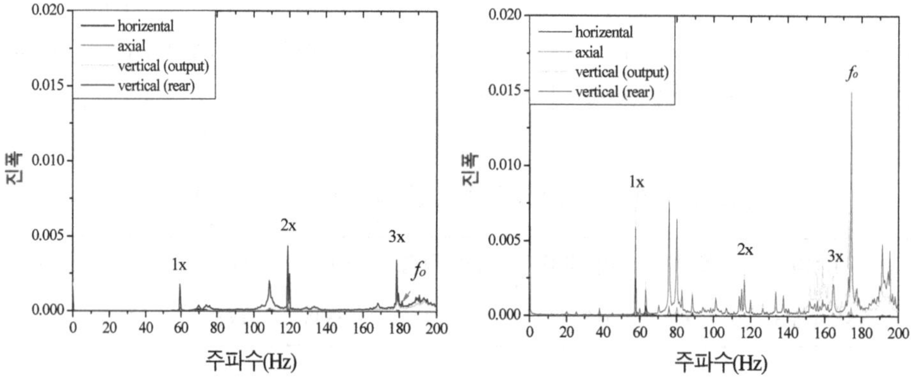

(a) 무부하 (b) 전부하

그림 4.52 외륜 결함 시의 진동 가속도의 주파수 스펙트럼

그림 4.51과 4.52는 정상 베어링과 베어링 외륜에 결함이 있는 경우에 대해 무부하와 전부하 조건에서의 시간 응답 파형과 주파수 스펙트럼을 비교한 것이다. 시간 파형을 보면, 무부하에서는 정상 베어링에 비해 결함 시의 결함 주파수 성분에 의해 진동 진폭이 성장하고는 있으나 뚜렷한 차이를 파악하기 어렵다. 그러나 전부하에서는 정상 베어링에 비해 매우 큰 진폭 파형을 뚜렷이 나타낸다. 이들 신호를 주파수 분석한 그림 4.52를 비교해 보면, 무부하에서는 회전 주파수 성분(1X)과 이의 조화 성분(2X, 3X)들이 나타나고, 외륜 결함 주파수 성분(f_o)이 미소하게 나타나는 것을 알 수 있다. 그러나 전부하 조건에서는 외륜 결함 주파수 성분이 1X 성분보다 크게 나타나고 있어 외륜 결함을 명확히 확인할 수 있다. 이들 결과로부터 정확한 결함 진단을 위해서는 전부하 조건에서 신호를 취득하여야 함을 알 수 있다.

표 4.26 베어링 결함 검출 방법의 비교

방 법	특 징
청진기(stethoscope)	• 주관적인 청음 방법 • 열화 진행 3단계 검지 가능
온도	• 예열 운전 후 열화 진행 4단계 검지 가능
Overall 진동 레벨	• 열화 진행 3단계 검지 가능
파고율(crest factor)	• 열화 진행 3단계에서 랜덤 거동 검지 가능
첨두치(kurtosis factor) K	• 열화 진행 3단계에서 랜덤 거동 검지 가능 • $2.8 < K < 3.2$: 양호한 상태를 표시 • $4 < K < 15$: 열화 상태를 표시
고주파 충격파 (30 ~ 50 kHz)	• 열화 진행 2단계 검지 가능 • 결함이 악화될수록 더욱 빈번 • 금속과 금속 접촉 진단 가능 • 구름 요소 베어링보다는 다른 요소에 의해 야기 가능 • 공진 주파수에서 분명하게 나타남 • 악화될수록 충격 회수가 많아지고, 충격파의 양도 크게 됨

스파이크(spike) 에너지 (IRD사)	• 열화 진행 2단계 검지 가능 • 충격파(shockwaves)의 회수를 계산 • 특수 장비가 필요 • 구름 요소 베어링보다는 다른 요소에 의해 야기 가능
고역 필터(HFP)	• 열화 진행 2단계 검지 가능
포락선(envelop) 검지	• 열화 진행 2단계 검지 가능 • 결함에 의해 발생하는 진폭 변조 • 고급 신호 처리 기법 필요 • 결함을 확인 가능
캡스트럼(cepstrum) 해석	• 열화 진행 2단계 검지 가능 • 고급 신호 처리 기법 필요 • 결함을 확인 가능
고주파 공진	• 열화 진행 2단계 검지 가능 • 공진 주위의 결함에 의해 발생하는 진폭 변조 • 고급 신호 처리 기법 필요 • 결함을 확인 가능
스펙트럼 해석	• 열화 진행 2단계 검지 가능 (log 진폭 척도 사용) • 가장 폭넓게 이용 • 결함을 확인 가능
시간-주파수 해석	• 고급 신호 처리 기법 필요 • 과도 신호 분석에 특히 유용 • 결함을 확인 가능

4.4.2 저널 베어링

회전체 표면과 베어링 메탈 사이의 얇은 유막(oil film)에 의해 마찰을 적게 하여 주는 베어링으로 유막층은 저널의 회전(동압 베어링)에 의해 또는 외부에서 공유압 펌프로 가압한 유체를 공급(정압 베어링)함으로서 생긴다.

베어링은 전동기의 운전 신뢰성 및 성능에 직접적인 영향을 미치는 가장 중요한 핵심 기계 요소의 하나이고, 일반적으로 저널 베어링으로 지지된 전동기에서 발생하는 많은 문제점들은 주로 베어링 자체의 결함이나 또는 베어링과 연관되어 발생한다. 따라서 베어링에서 발생되는 사소한 문제점은 전동기 전체의 안전 운전에 영향을 미치며, 시스템의 운전 정지에 따른 엄청난 경제적 손실(downtime loss)을 초래할 수 있다. 전동기의 운전자는 베어링 손상을 가능한 빨리 검출하여 더 이상의 손상이 진전되지 않도록 올바른 조치를 취해야 한다. 전동기에서 베어링의 손상을 조기에 발견하고, 그 발생 주기를 줄이거나 결함 요인을 제거하는 것은 매우 중요한 일이다.

구름 요소 베어링과 비교하여 저널 베어링이 가지는 장점으로는 높은 하중 지지 능력, 대형/고속용, 충격에 강함, 우수한 감쇠 능력, 낮은 소음 및 긴 수명을 들 수 있고, 단점으로는 자려 진동(oil whip)의 발생, 구조가 복잡(윤활유 공급 시스템), 열에 취약 및 고 비용 등을 들 수 있다. 그림 4.54는 공진 영역에서의 과도한 진동을 흡수할 수 있는 감쇠(damping) 능력을 비교한 것이다. 구름 요소 베어링은 구조상

그림 4.53 저널 베어링의 예

감쇠를 거의 기대할 수 없으나, 저널 베어링은 유막(oil film)의 감쇠 작용으로 인해 과도한 진동을 저감할 수 있는 능력을 가지고 있다.

저널 베어링은 그림 4.55에 나타내듯이 반경 방향의 하중을 지지하는 레이디얼 베어링(radial bearing)과 축 방향의 추력을 받아내는 스러스트 베어링(thrust bearing)으로 분류한다. 그림 4.56과 4.57은 이들 베어링의 실제 사진을 보인다.

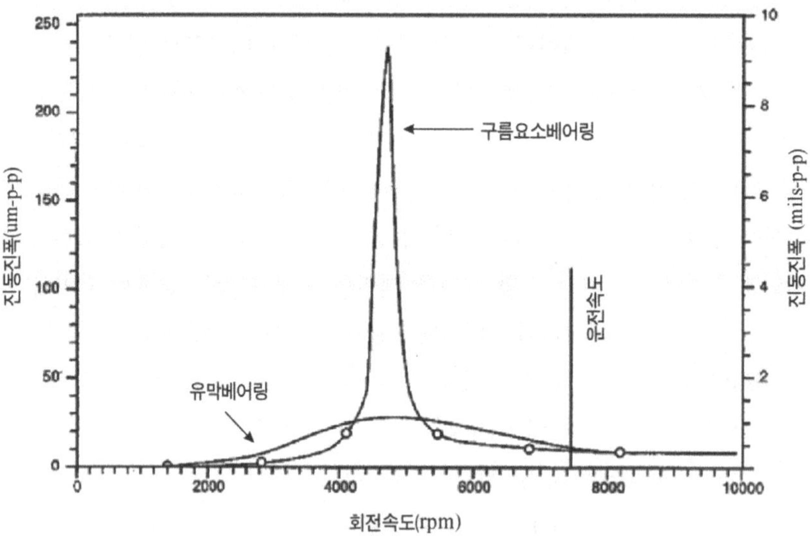

그림 4.54 구름 요소 베어링과 저널 베어링의 감쇠 능력의 비교

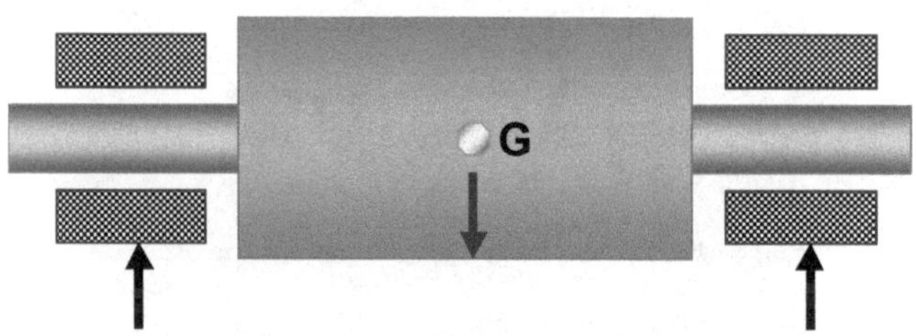

(a) 레이디얼 베어링(저널 베어링)

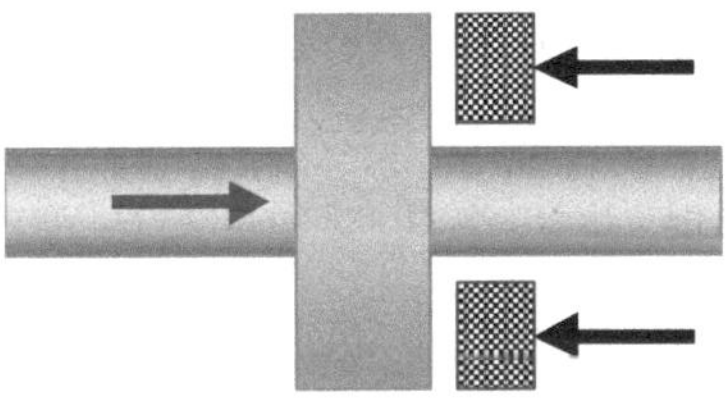

(b) 1방향 스러스트 베어링

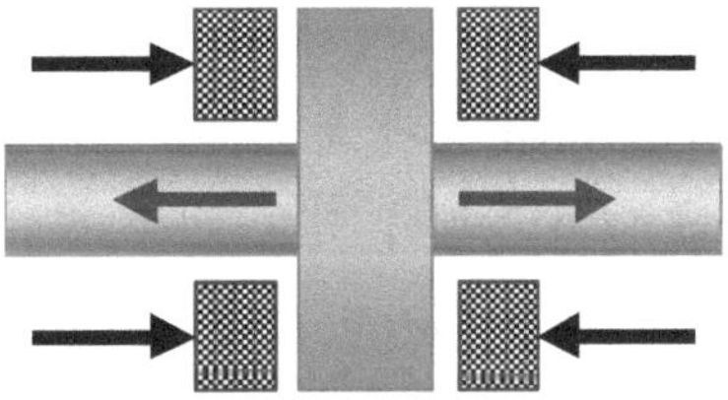

(c) 양방향 스러스트 베어링

그림 4.55 하중 지지 방향에 따른 베어링의 분류

그림 4.56 레이디얼 베어링

그림 4.57 스러스트 베어링

그림 4.58에 대표적인 저널 베어링의 개략도를, 표 4.27 ~ 2.29에 각 베어링 유형별 장단점을 비교하여 설명하였다. 원통 평면(circular plain) 저널 베어링은 가공이 용이하고 저가인 반면 저널 베어링에서 발생할 수 있는 자려 진동인 oil whirl에 매우 취약하다. 축 홈(axial groove) 베어링도 가공이 용이하고, 저가이나 역시 oil whirl에 취약한 단점을 가지고 있다. 타원(elliptical) 베어링은 가공이 용이하고, 저가이며 위험 속도에서 양호한 감쇠 특성을 가지고 있으나, 고속에서 oil whirl에 취약하므로, 저속 및 중간 속도용 베어링으로 가장 널리 사용된다. 3 로브(lobe) 및 4 로브 베어링은 양호한 whirl의 억제 특성을 가지고 있고, 전체적으로 성능이 양호하고, 적절한 가격이지만 몇몇 유형은 고가이고 고속에서 oil whirl에 취약하다. 표준 베어링 설계로서 일부 제작자가 사용하고 있다. 압력 댐(pressure dam) 베어링은 양호한 whirl 억제 특성, 위험 속도에서 양호한 감쇠, 저가, 가공의 용이 등의 장점을 가지고 있으나, 시간 경과에 따른 댐의 마멸에 취약하고, 하중 방향이 알려져야 하는 단점이 있다.

주로 석유화학 산업에 매우 널리 사용된다. 1/2 옾셋(offset half) 베어링은 고속에서 우수한 whirl 억제 특성, 저가, 가공의 용이, 중간 영역의 회전 속도에서 whirl의 상당한 억제 능력이 있고, 하중 방향이 알려져야 한다. 높은 수직 강성과 낮은 수평 강성 특성을 가지고 있다. 정압(hydrostatic) 베어링은 oil whirl의 양호한 억제 특성, 폭 넓은 설계 파라미터 범위, 적절한 가격이지만, 위험 속도에서 빈약한 감쇠로 인해 세심한 설계가 필요하고 고압 윤활제의 공급이 필요하다. 주로 고정밀 회전체에 사용되며, 일반적으로 높은 강성 특성을 가진다. 틸팅 패드(tilting pad) 베어링은 폭 넓은 설계 파라미터의 범위, 베어링 강성의 연성 항이 존재하지 않으므로 whirl 원인의 원천 제거를 통한 안정성 확보의 큰 장점을 가지고 있으나, 가격이 비싸고, 세심한 설계가 필요하며 위험 속도에서 빈약한 감쇠로 인해 실제 틈새의 결정에 어려움이 있으며, 동력 손실이 크다. 베어링 이외 가진의 분수 조화(subharmonics) 진동의 안정화에 널리 사용되고 있다.

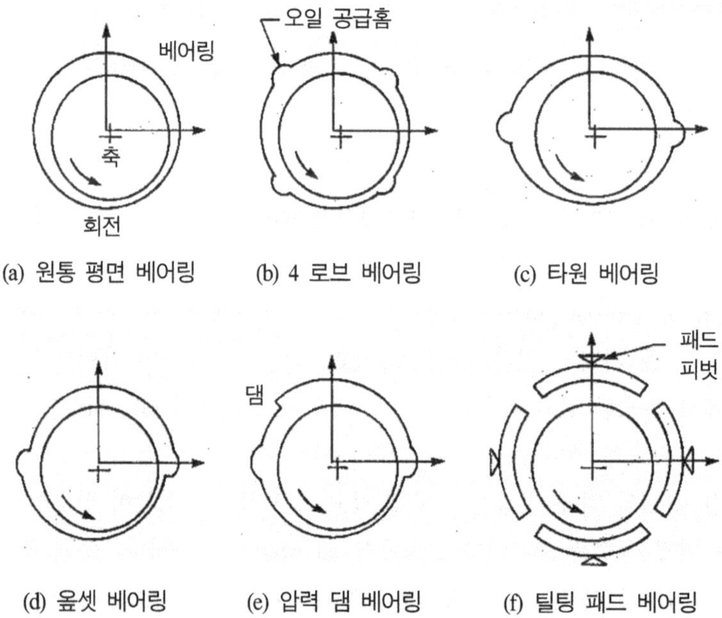

(a) 원통 평면 베어링 (b) 4 로브 베어링 (c) 타원 베어링

(d) 옾셋 베어링 (e) 압력 댐 베어링 (f) 틸팅 패드 베어링

그림 4.58 대표적인 저널 베어링의 유형

표 4.27 베어링 유형별 장단점의 비교

베어링 유형	장 점	단 점
원통 평면 (cylindrical bore)	제작이 용이	Oil whirl 문제 발생 용이
타원(lemon bore)	수직 방향 강성 및 감쇠 양호	수평 방향 강성 및 감쇠 부족
1/2 옾셋	고속 운전 특성이 매우 양호	1 방향 회전에만 적절
대칭 4 로브	부하 능력이 하중 방향에 크게 영향을 받지 않음	부하 능력(load capacity) 부족
대칭 3 로브	고속 운전 특성이 양호	로브(lobe) 형상에 따라 동특성이 쉽게 변화

표 4.28 각 특성별 베어링 유형의 비교

특징	부하 능력	안정성	강성 및 감쇠 계수		오일 펌핑 능력
			수직 방향	수평 방향	
매우 높음	원통 평면	옾셋	타원	옾셋	옾셋
높음	타원	3 로브	4 로브	4 로브	3 로브
보통	옾셋	4 로브	옾셋	3 로브	타원
낮음	3 로브	타원	3 로브	원통 평면	4 로브
매우 낮음	4 로브	원통 평면	원통 평면	타원	원통 평면

표 4.29 각 특성별 베어링 유형의 비교(Glacier)

	평면 2축 홈	평면 1 원주 홈	타원 (레몬)	옵셋	틸팅 패드	유체 피벗 패드	3 로브	4 로브	플로팅 부시	압력 댐	Multi-pocket
1/2 whirl	1	1	2	4	5	5	3	2	3	1	1
부하능력	5	3	4	4	3	3	3	2	2	5	1
강성	2	2	3	5	4	3	4	3	1	2	1
감쇠	2	2	3	5	4	5	3	3	3	2	1
직경(mm)	20~600	20~250	50~600	30~400	20~600	20~300	20~100	20~250	10~30	100~500	50~200
상대가격	저가	저가	보통	보통	고가	고가	보통	보통	보통	보통	보통

주) 5: 매우 높음, 4: 높음, 3: 보통, 2: 낮음, 1: 매우 낮음

저널 베어링의 손상은 주석(tin)이나 납(lead) 기반의 백색 합금(white metal 또는 Babbitt)의 손상을 의미한다. 배빗(Babbitt)은 경도와 용융점이 낮기 때문에 베어링 계에서 손상이 발생할 때, 가능한 한 축의 손상을 방지하고 손상이 베어링에만 국한되도록 할 수 있다. 베어링은 회전축에 비해 상대적으로 가격이 저렴하고, 교환이 용이하기 때문에 널리 채용된다.

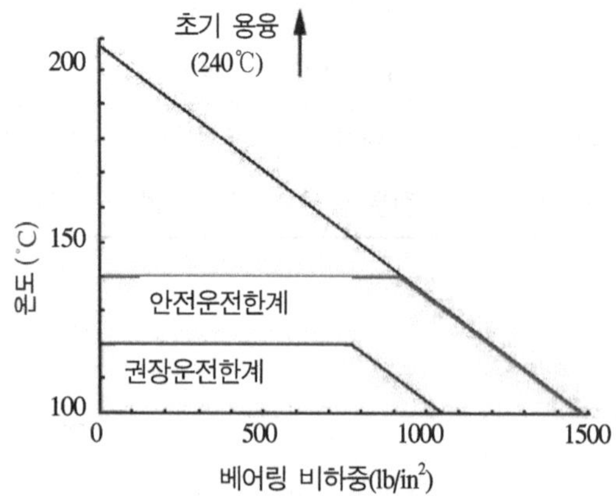

그림 4.59 배빗 메탈 베어링의 운전 한계

베어링의 손상을 최소화 하기 위해서는 베어링에 무리가 가지 않도록 그림 4.60과 4.61에 나타내듯이 최소 유막 두께(h_{min}) 한계, 금속의 온도 한계 및 허용 비하중(specific load) 등에 대한 운전 지침을 준수해야 한다.

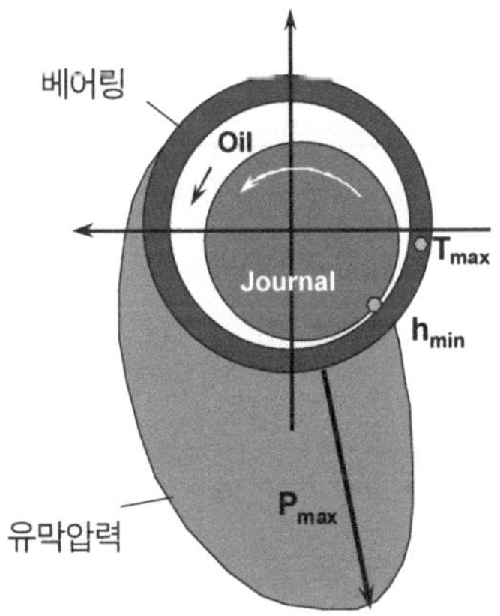

그림 4.60 저널 베어링의 설계 한계

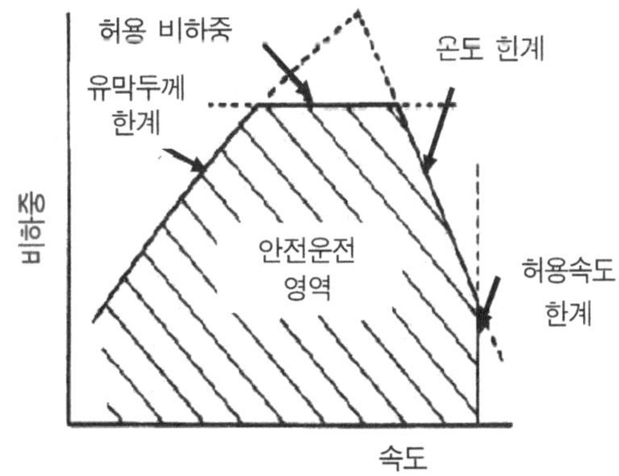

그림 4.61 안전 운전 영역 선도

표 4.30 베어링 손상 원인의 분류

설계 불량	• 부적절한 형상 선정 • 과대 틈새	• 과대 하중 • 과소 틈새	• 경 하중
제작 불량	• 재질 불량 (소재, 열처리) • 과대/과소 절삭(cutting)	• 빈약한 접합(bonding) • 정렬 불량	• 불평형
운전 불량	• 운전 지침의 이해 부족 • 이물질 혼입	• 플러싱(flushing) 불량 • 빈번한 기동 및 정지	• 윤활 파괴

1) **피로 손상**(fatigue damage)

반복 하중(cyclic loads)의 작용에 의해 배빗 메탈의 피로 파손으로, 축의 정렬 불량, 저널 편심, 질량 불평형, 축의 휨, 반복 열, 진동 등에 의해 발생한다.

표 4.31 베어링 손상 형태의 분류

피로 손상	• 주기적 하중에 의한 피로 파괴	• 부적절한 설계
프래팅	• 미소 진동에 의한 응착 마멸(adhesive wear) • 부적절한 억지 끼워 맞춤(interference fit)	
열 피로	• 열 래칫팅(ratcheting)	• 주기적 가열
캐비테이션 침식	• 왕복 엔진	• 고주파 진동
부적합 재료	• 질화 축(nitrided shaft)	• Cr 합금강 사용
윤활 파괴	• 닦임(wiping) 손상 • 과열	• 백색 합금 용해(melting)
마멸	• 입자 연삭 마멸	• 침식 마멸(erosive wear)
전기적 손상	• 전식	• 전기적 아크
화학적 효과	• 부적절한 윤활제	• 오일 오염
제작 결함, 조립 오차	• 과대/과소 절삭	• 정렬 불량

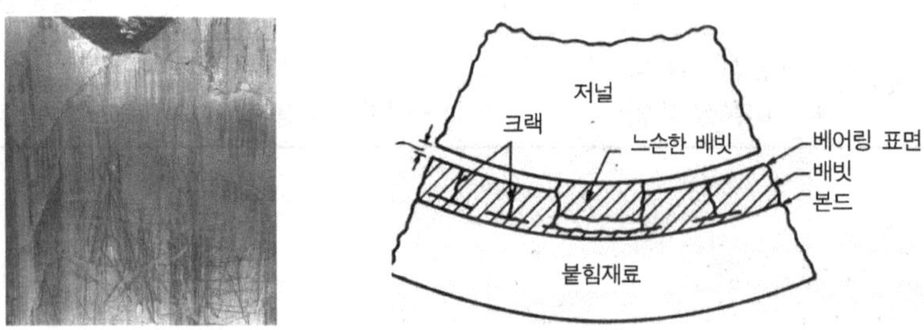

그림 4.62 피로 파손에 의한 배빗 메탈 표면의 균열

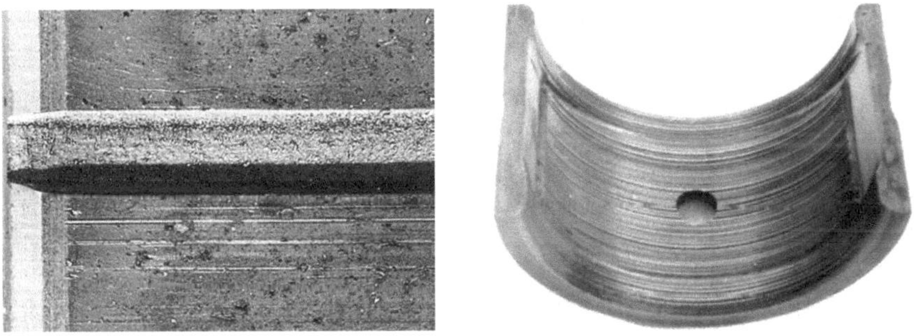

(a) 베어링 표면의 불순물 박힘 (b) 원주 방향 마멸 흔적

그림 4.63 베어링 표면의 연삭 마멸

(a) 과도한 하중 (b) 미소 마찰

그림 4.64 윤활 파손에 의한 기동 시의 닦임 흔적

2) 연삭 마멸(abrasive wear)

윤활유와 함께 베어링 내부로 유입된 단단한 불순물(dirt particles)의 연삭 작용에 의해 베어링 표면이 마멸되는 현상으로, 베어링 제작, 설치, 운전 시의 혼입된 이물질에 의한 연삭 작용이 주 원인이다. 그림 4.63은 경도가 높은 입자가 베어링 표면에 박힌 것을 나타내며, 이 단단한 입자에 의한 원주 방향의 깊은 연삭 마멸이 발생한 예를 그림 (b)에 보인다. 대책으로는 철저한 정제 관리, 조립 시의 철저한 세척으로 예방이 가능하다.

3) 윤활 파손에 의한 기동 시 닦임(start-up wiping)

기동 시의 윤활유 공급 부족과 완전 유체 윤활이 형성되기 이전의 미소 마찰(minor rubbing)에 의해 베어링 표면이 닦이는 현상으로, 정렬 불량, 과도한 하중 등에 의해 손상 흔적이 심해진다. 베어링의 운전 특성, 즉 부하, 공급 유량, 공급 온도, 최소 유막 두께 등을 검토하여 조치를 취하여야 한다.

백색 합금의 과열, 과대 마찰력에 녹거나 문드러져 다른 위치에 부착되거나 탈락하는 현상으로, 정상 운전 또는 기동 시 배관 파손, 펌프 고장 등에 의해 윤활유의 공급이 안될 경우에 발생한다. 과대 하중 및 윤활유의 부족 상태에서 무리하게 기동할 경우에도 발생하며, 정확한 진단을 통하여 대책을 세운후, 베어링을 교환한다.

4) 윤활 파손에 의한 과열 및 열 래칫팅(thermal ratcheting)

순간적 또는 지속적인 금속간 마찰에 의해 생기는 발열 현상에서 기인한다. 축의 정렬 불량, 과대 하중, 비정상적 윤활유 공급 등에 의한 유막 파손 또는 경계 윤활하에서 운전 시에 발생하며, 베어링 면의 변색, 파손, 변형 등이 초래된다. Tin-rich 배빗 면에 열 래칫팅이 발생한다.

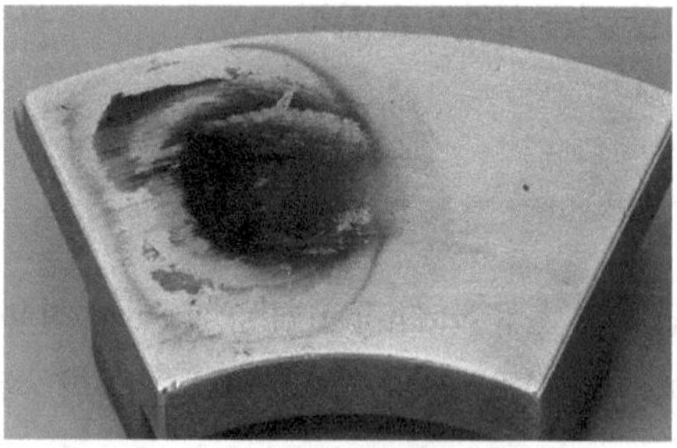

그림 4.65 과열에 의한 손상

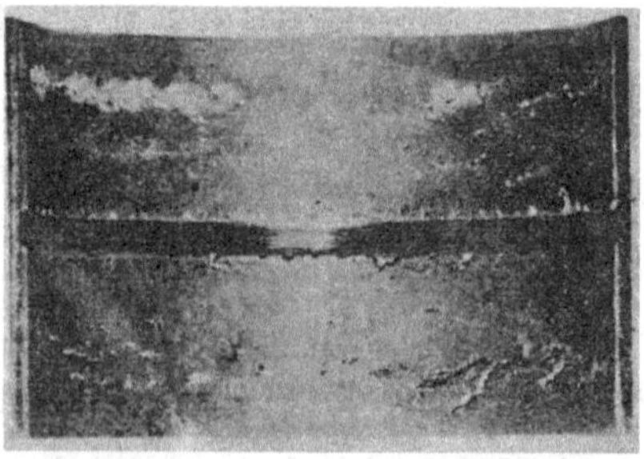

그림 4.66 베어링 표면의 캐비테이션 침식

5) 캐비테이션 침식(cavitation erosion)

베어링 유막 내 기체 상태인 공동(vaporous cavity)이나 기공(void)들의 갑작스러운 파괴로 인한 충격이 베어링 면을 변형 또는 손상시키는 현상이다. 하중의 변화가 심한 내연기관용 베어링에서 많이 발생한다. 베어링의 운전 속도와 하중의 증가에 따라 비례하여 증가한다. 대책으로는 베어링 홈(groove)의 변경, 베어링 틈새 감소, 윤활유 점도 증가 등으로 해결이 가능하다.

6) 전식(electrical erosion)

베어링 면과 축 표면 사이의 통전에 의한 전기적인 스파크 현상으로, 자성을 띈 요소들의 회전에 의한 전자기적 전류 등에 의해 발생한다. 대책으로는 접지(grounding brush 이용)나 베어링 절연 등을 통한 정전기적 전류를 제거한다.

7) 정렬 불량(misalignment)

저널과 베어링 사이에 정렬이 일치하지 않으면 베어링의 부하 지지 능력이 감소한다. 그러나 동일 하중 하에서 정렬 불량된 베어링의 안정성 특성이 좋아진다. 마찰 계수에는 큰 변화 없다. 정렬 불량이 된 방향(수직 또는 수평)에 따라 강성 및 감쇠 계수가 약간 변화한다.

(a) 손상된 베어링 표면

(b) 손상된 저널 표면

그림 4.67 전식에 의한 손상

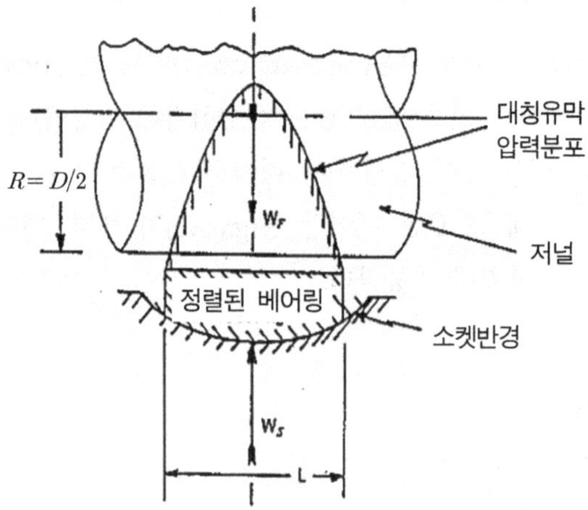

(a) 정렬이 양호한 경우

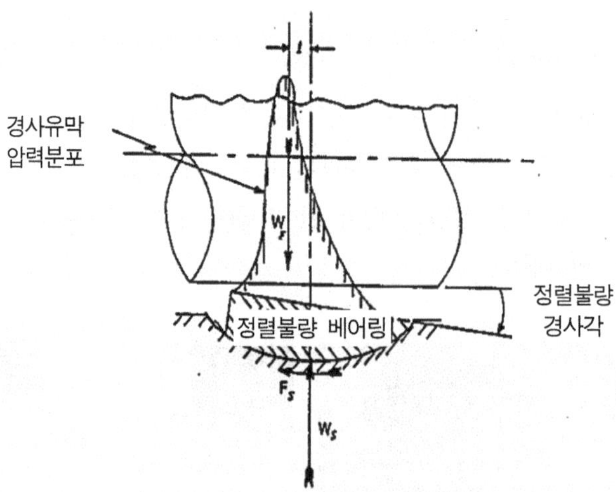

(b) 정렬 불량의 경우

그림 4.68 정렬에 따른 유막 압력 분포의 비교

4.5 헐거움(looseness)

기계적인 헐거움(또는 느슨함이라고도 함)은 통상 상대 운동을 허용하는 구성 부품들 사이에 헐겁거나 부적절한 설치를 말한다. 이 경우에 발생하는 진동은 케이싱에서 측정된 진동 스펙트럼에서 축 회전 주파수의 배수인 많은 조화 성분들(2X, 3X 등)이 비정상적으로 높은 진폭을 가지고 나타나고, 1/2X, 1/3X 등의 분수 조화 진동(subharmonics)이 발생할 수 있다.

이는 헐거운 기계 부품이 1회전 당 1회의 충격을 발생하여 운전 주파수의 진동이 발생하고, 회전자로부터 동적인 입력에 대한 헐거운 부품의 비선형 응답(nonlinear response)에 기인하여 배수 성분들의 진동이 나타난다. 이러한 조화 성분의 발생 원인은 느슨하게 조립된 부품들이 진동을 하는 경우, 구속으로 인해 자유롭게 진동을 하지 못하여 매끄러운 정현 파형(sine waveform)의 상하 부분이 잘려지게 된다. 이러한 파형을 스펙트럼 변환을 하면, 실제 발생하는 진동 성분이 아님에도 불구하고 데이터 처리 과정에서 스펙트럼 상에 여러 조화 성분들이 생기게 된다. 고유 진동수 혹은 그에 근접한 차수의 조화 성분이 있으면 이들 사이의 공진에 의해서 가진력이 증폭되기 때문에 큰 진동이 발생하게 된다.

4.5.1 베어링의 헐거움

이는 볼 베어링이나 롤러 베어링과 같은 구름 요소 베어링에서 외륜과 하우징 사이, 내륜과 축 사이의 헐거움이 대표적이다. 이 경우에는 외륜이 하우징과 완전한 접촉이 되지 않고 회전 속도에 비례하여 따라 돌기 때문에 마찰음에 의한 과도한 소음의 발생과 함께 높은 1X 성분의 진동과 비교적 큰 조화 성분의 진동을 발생한다. 분해하여 보면 접촉 부분에 변색이나 심한 마모 흔적이 보인다. 헐거움 현상의 발생은 피동기측의 부하 조건을 변경하면서 진동 스펙트럼의 변화를 확인하면 쉽게 판단할 수 있다. 예로 펌프나 송풍기에 높은 부하가 걸리면 축 방향으로 큰 추력이 발생하고, 이 힘은 기계의 회전 부품이 움직이지 못하도록 고정하려는 방향으로 작용하여 느슨함에 의한 운동을 제한하기 때문이다.

4.5.2 기계 부품의 헐거움

소형 전동기에서는 전동기와 피동기가 공통 대판(common plate) 위에 설치되고 볼트에 의해 고정된다. 오랜 운전 기간 동안 반복되는 힘을 받게 되면, Foot 볼트, 프레임 볼트, 앵커 볼트 등이 풀리어 느슨하게 되고 동일한 진동 현상이 발생한다. 또한 축과 커플링을 결합하는 키와 키 홈 사이의 마멸에 의해 느슨함이 발생할 수 있다. 따라서 운전 정지 시나 정기 점검 시에 각종 체결 부분의 상태를 확인하고 정상적인 체결 상태를 유지하도록 하여야 한다.

그림 4.69는 휀에서 발생한 기계적 헐거움의 예이다. 회전 주파수 성분 이외에 이의 조화 성분들이 발생하는 것을 볼 수 있다. 그림 4.70은 풀리 키의 마멸로 인한 키 홈과의 사이에서 헐거움이 발생한 경우의 진동 가속도에 대한 시간 파형을 나타낸다. 헐거운 키가 키 홈과의 사이에서 주기적인 충격 파형을 나타내고 있다.

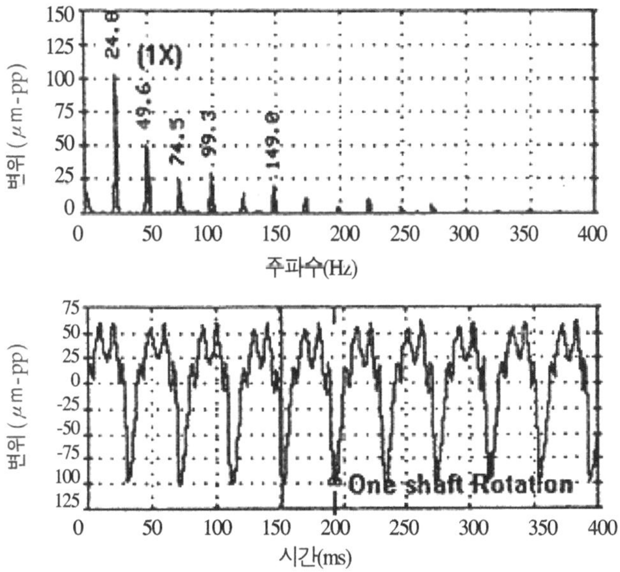

그림 4.69 기계적 헐거움 결함 발생 예

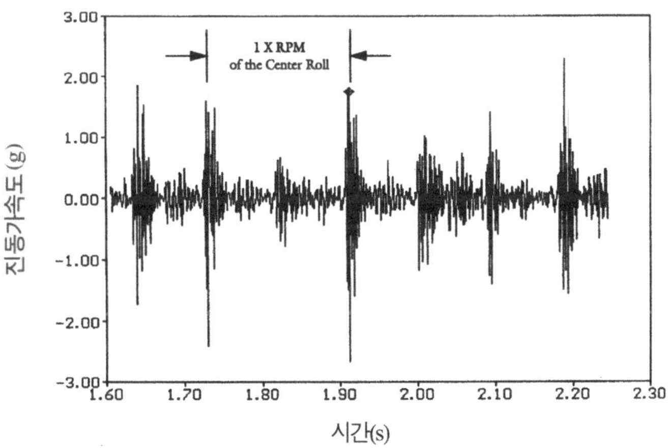

그림 4.70 풀리 키의 마멸로 인한 기계적 헐거움의 진동 가속도 파형

4.5.3 고정자 및 회전자 봉의 슬롯 내의 헐거움

규소 강판으로 가공된 원판 형태의 주변에 코일을 설치하는 슬롯(slot)이 그림 4.71과 같이 같은 간격으로 가공되고, 이들을 적층하여 고정자 철심이 만들어 진다. 저압용 고정자 철심에는 그림 (a)와 같은 반밀폐형 슬롯으로 이(teeth) 부분이 평행으로 되도록 슬롯 폭이 밑으로 갈수록 폭이 넓어지는 형상을 일반적으로 이용한다. 고압용에서는 코일을 감아 절연 성형하여 슬롯에 넣기 때문에 그림 (b)와 같은 개방형 슬롯으로 슬롯 폭이 같은 평행 슬롯이 이용된다.

농형 회전자 철심도 고정자 철심과 같은 규소 강판이 사용되고 (그림 4.72), 이들을 적층하여 회전자 철심이 만들어 진다. 회전자의 슬롯에도 그림 4.73과 같이 다양한 형태가 이용된다. 그림 (a)는 보통 농형으로 3.7 kW 정도 이하의 소형에 많이 사용되고, 그림 (b)와 (c)는 기동 전류를 제한하거나 또는 기동 토크를 크게 하기 위해 고안된 특수 농형용으로 사용된다.

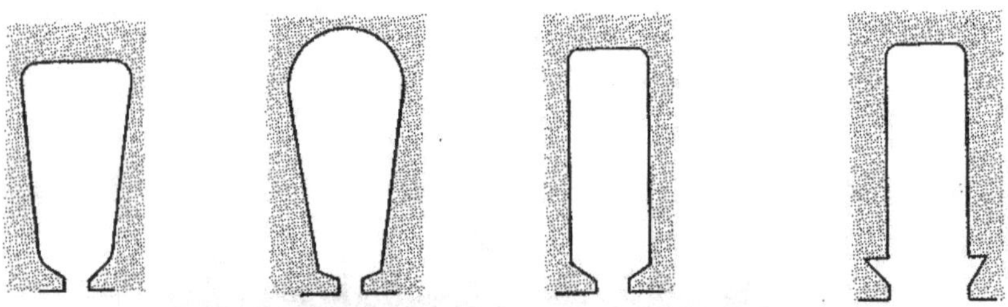

(a) 반밀폐형 (b) 개방형

그림 4.71 고정자 슬롯의 예

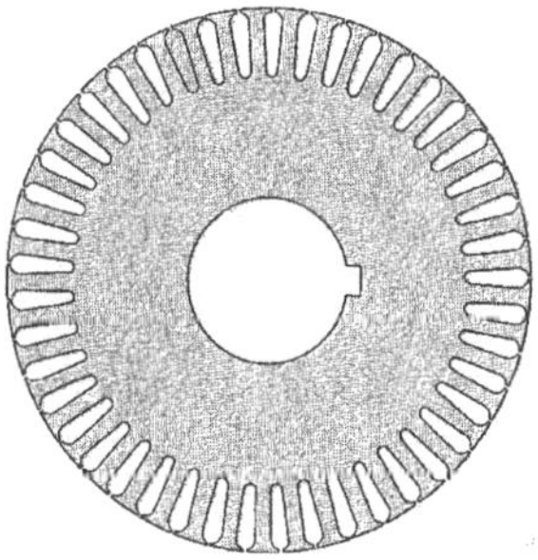

그림 4.72 회전자 철판의 예

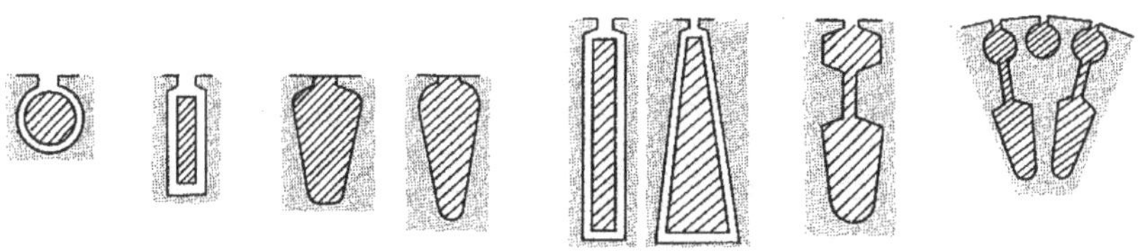

(a) 보통 농형 (b) 깊은 홈 농형 (c) 이중 농형

그림 4.73 농형 회전자 슬롯의 예

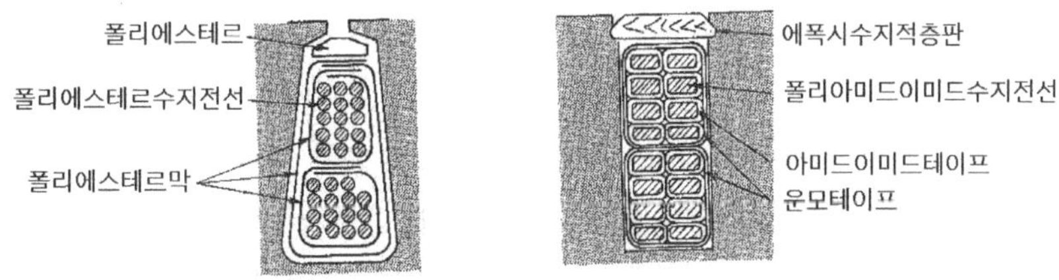

그림 4.74 2중 권선 슬롯의 단면 형상 예

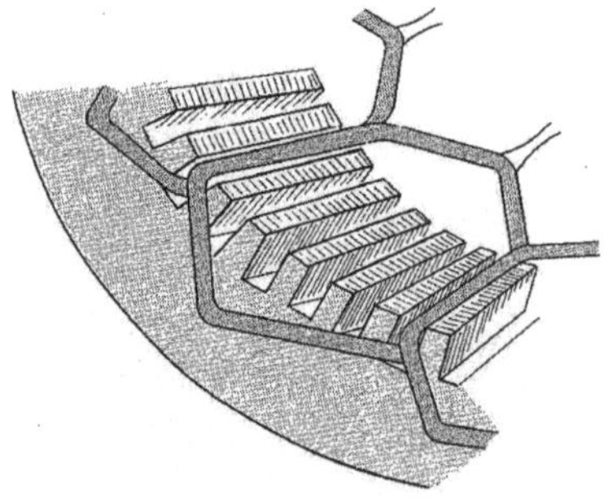

그림 4.75 고정자 슬롯 내의 코일 설치

고정자 슬롯 내에 설치된 고정자 권선들이 슬롯 내에서 느슨하게 설치되거나 전동기가 정상 운전되는 동안, 회전을 위한 전자기력이 반복적으로 인가되어 회전자 슬롯 내의 코일이나 절연체는 피로와 마모가 진행된다. 마멸이나 피로가 진행되면 슬롯 내에 미소한 틈새가 발생하고, 가동 중에 전자기력은 고정자 봉에 미세한 충격 진동을 일으키며, 프레팅(fretting) 음이라 하는 마멸 음이 발생한다. 이 진동은 적층의 손상이나 고정자 권선 절연의 기계적 마멸(abrasion), 연속적인 전동기 고장을 초래하고, 때로는 심각한 결과를 일으킨다. 동시에 고정자 봉과 슬롯 사이의 불완전한 접촉에 기인하여 슬롯 방전이 심각하게 되고, 접지 벽(ground wall) 절연의 장기적인 전식을 야기한다.

만약 적층의 긴장(tightness)이 취약하고, 양단 철심 stack들이 보풀리면, 분리된 철심 적층 사이에서 또는 이들 적층과 긴장용 스터드 볼트(stud bolt) 사이에서 충돌에 의한 충격이 발생될 수 있다. 만약 고정자 권선의 고정이 취약하게 되면, 권선 봉들, 슬롯 바닥 및 벽들 사이의 충돌 또는 이들 봉과 권선 끝 단에서 고정 요소(fixing element)들의 강체 부분 사이에서 충돌에 의해 충격이 발생할 수 있다. 그러므로 고정자 봉을 슬롯 내에 설치할 때는 쐐기(wedge)와 패드(pad)는 고정자 봉을 견고하게 잡도록 사용되어야 한다. 비록 쐐기가 견고하게 설치되었다 하더라도, 오랫동안 전동기를 운전하게 되면 고정자 코일을 잡고 있는 고정자 쐐기는 느슨하게 될 수 있다. 이 느슨한 상태는 고정자 코일의 과도한 진동을 일으키고, 결국에는 전동기의 파멸적인 고장을 초래하게 된다.

이들의 경우 모두 결함 진동수는 전자기력의 주파수인 전원 주파수의 2배수($2f_L$)인 120 Hz이다. 이 충격 진동은 동일한 주파수로 고정자 철심을 이동하여 고정자 프레임에도 나타난다. 따라서 고정자 코어 또는 프레임에 가속도계를 설치하여 진동을 측정할 수 있다.

느슨함이 철심 문제인지 또는 권선 문제인지를 구분하기 위해서는 다른 부하 조건에서 측정할 것이 권장된다. 만약 고정자 권선이 느슨하다면, 충격 진동의 강도는 근사적으로 고정자 전류의 제곱에 비례한다. 만약 철심의 죔이 취약하다면, 충격 진동의 강도는 실제로는 고정자 전류와 무관하다.

그림 4.76은 7.2 kV, 5,000 Hp의 대형 농형 유도 전동기에서 측정된 충격 진동의 가속도 스펙트럼을 나타낸다. 강한 충격 진동이 4.5~6 kHz의 주파수 영역에서 발생하고 있다.

고정자 쐐기가 슬롯 내에서 단단하게 설치되어 있다면, 쐐기와 고정자 봉은 하나의 완전한 물체로서 간주될 수 있다. 어떠한 충격이 가하여지더라도 쐐기는 진동을 하지 않는다. 그러나 고정자 쐐기가 느슨하면, 쐐기는 진동을 하게 되고 어떤 주파수로 음을 발생하게 된다.

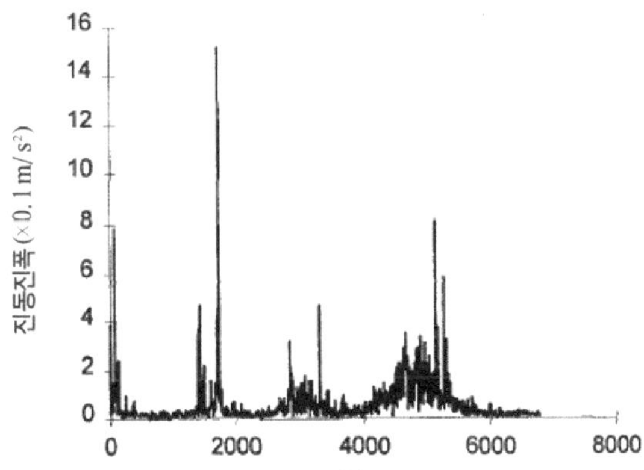

그림 4.76 **전동기의 충격 진동 스펙트럼의 예**(Golubev & Tsvetkov)

가장 보편적으로 이용되고 있는 슬롯 죔 시스템(slot tightening system)의 예를 그림 4.77에 보인다. 이는 통상 쐐기 아래 및 코일과 슬롯 벽 사이에 몇 종류의 충전제(filler)를 이용한다. 그림 (a)는 슬롯의 측면에 편평한 반도전 박판(semiconductive laminate)의 충전제를 포장하는 형태이다. 통상 0.5 ~ 1.0 mm 두께의 박판이 선택된다. 쐐기 부분도 편평한 충전제 만을 사용한다. 그림 (b)는 측면은 그림 (a)와 같이 충전제를 이용하고, 상부에는 약 1 mm 두께의 KREMOEL 잔물결 모양의 리플(ripple) 스프링 형태의 요소를 설치하고 있다. 스프링은 근사적으로 130 psi의 측압을 발생한다. 그림 (c)는 상부는 편평한 충전제를 사용하고, 측면은 1 mm 두께의 KREMOEL 리플 스프링을 사용한다. 그림 (d)는 상부와 측면 모두 리플 스프링을 사용하는 형식이다. 그림 (e)는 상부는 편평한 충전제를 사용하고, 코일의 세 측면을 3개 층의 고분자 실리콘 고무(silicon rubber) 합성물로 둘러싼 형태이다. 이 합성물의 두께는 원래 두께(약 5 mm)의 10 ~ 20% 압축을 제공하도록 선택된다. 그림 (f)는 그림 (e)와 기본적으로 같은 형태이나, 쐐기 부분은 에폭시 우레탄 합성물과 같은 점탄성(viscous-elastic) 충전제를 사용한다. 두께는 약 2.4 mm이고, 원래 두께의 25%까지 압축된다.

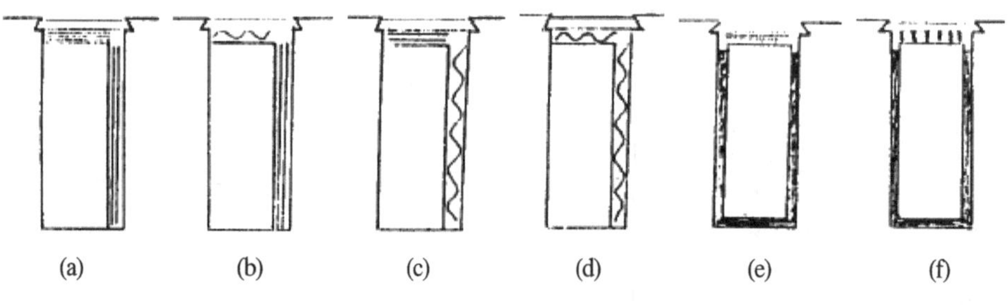

그림 4.77 슬롯 죔 시스템의 예(Kogan & Nindra)

슬롯 내의 고정자 봉의 진동은 초기에는 이들 유형에 따라 큰 차이는 없으나, 편평한 충전제보다는 스프링의 경우가 통상 2~3배 진동 레벨이 낮다. 그러나 권선에 열 사이클(thermo-cycling)을 부가하면, 봉의 진동 거동은 크게 변화한다. 열 사이클의 예로 5000 A의 전류를 인가하고, 권선용 수 냉각 시스템을 정지하면, 열전대를 이용하여 측정한 동(copper)의 온도는 125 ℃에 도달하고 자동적으로 냉각 시스템이 작동한다. 그러면 동의 온도는 35 ℃까지 감소하고, 순간적으로 수 냉각 시스템은 정지하는 과정이 반복된다. 한번의 열 사이클은 48분이고, 하루에 30회의 열 사이클을 수행한다.

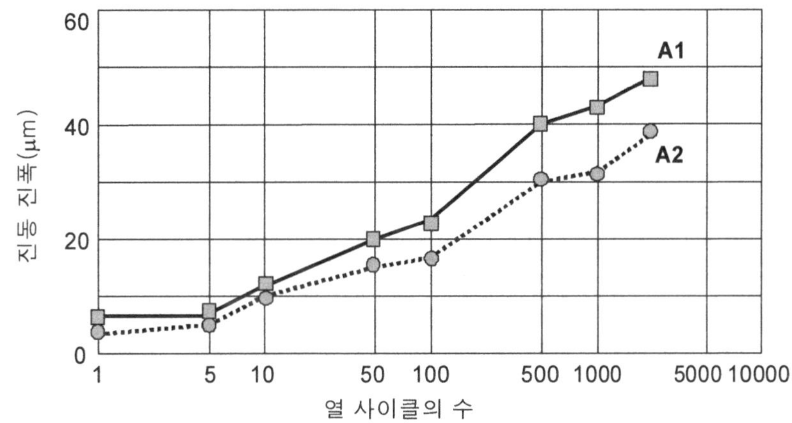

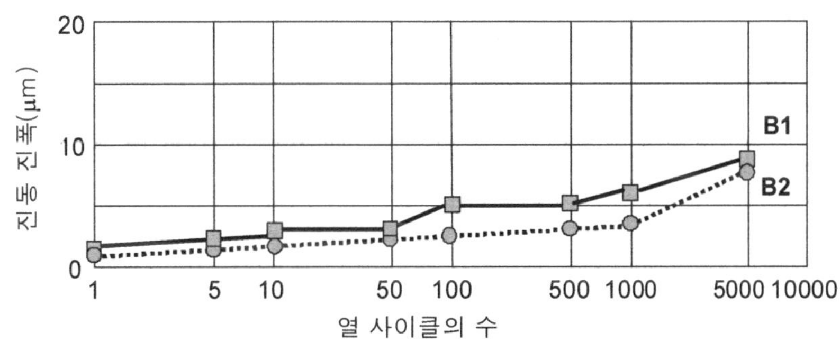

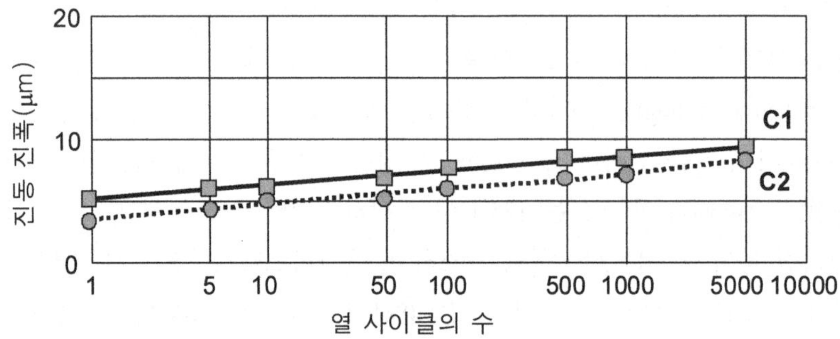

그림 4.78 **열 사이클 수와 코일 진동의 관계**(Kogan & Nindra)

그림 4.78은 이러한 열 사이클을 부가하였을 때의 열 사이클 수와 이 때 발생하는 코일의 진동을 나타낸다. 권선이 열 사이클을 받지 않으면 어떤 유형의 슬롯 죔 시스템도 슬롯 내에서 5~10 μm 정도의 안전한 레벨의 진동이 발생한다. 측면에 편평한 충전제를 사용한 그림 4.77의 (a), (b)(A1, A2)에는 열 사이클 수의 증가에 따라 급격히 진동이 증가하지만, 적어도 하나의 스프링 형태의 충전제를 사용하면 시간에 따른 진동의 증가는 그다지 두드러지지 않는다. 이는 효과적인 진동 에너지의 소비 기구를 만들어 내어 진동은 대개 스프링에 의해 제거되기 때문이다. 보다 양호한 열 전도성과 슬롯 코로나의 완전한 억제가 취하여 진다면, 그림 (c)의 B2와 그림 (f)의 C2 시스템이 도체 당 2000 A 이상의 전류를 갖는 권선의 경우에 최적의 죔 시스템이다.

보다 정밀하게 이들 이상을 진단하기 위해서는 전동기를 정지하고 타격 시험(hammering test)을 실시한다. 이 방법을 이용하면, 전동기 코일이나 절연체의 마멸과 피로를 보다 정량적으로 진단할 수 있다. 그러나 전동기를 정지하는 정밀 진단으로 진단에는 시간과 비용이 필요하므로 주로 대형 전동기나 10년 이상 경과한 중요 전동기에 국한된다. 타격 시험에는 기계적인 방법과 전자적인 방법이 있다. 기계적인 방법은 임의의 양측 코일 단(coil end)에 진동 가속도계를 설치하고 한 측 코일 단에 충격 해머(impact hammer)을 이용하여 타격을 하고 2채널 주파수 분석기를 이용하여 분석하는 방법이다. 동일한 방법으로 전체 코일에 대해 순차적으로 실시한다. 전자식 타격 시험에서는 기계적으로 타격하는 대신에 코일에 수 밀리 초 사이의 폭으로

1~5,000 A의 서지 전류를 가하여 전류 힘에 의해 가진하고, 이때의 진동 응답을 진동 가속도계를 이용하여 측정한다. 그러나 교류 전동기는 권선 임피던스가 높기 때문에 전류가 흐르기 어렵고, 이 방법으로 가진하는 것이 곤란한 경우도 있다. 이 때에는 기계적인 방법을 이용한다. 기계적인 타격 시험은 장치가 저렴하고 취급이 용이하며 작업의 안전성이 높은 장점이 있다.

코일을 가진하면, 코일은 다음 식과 같은 코일의 고유 진동수로 진동을 하게 된다.

$$f_i = \frac{\lambda_i^2}{2\pi L^2}\sqrt{\frac{EIg}{\gamma A}}$$

여기서 L은 코일의 길이(cm), A는 코일의 단면적(cm^2), E는 종탄성 계수(Young 계수), I는 면적 관성 모멘트(cm^4), γ는 단위 체적당의 중량(비중량) (kgf/cm^3), g는 중력 가속도(cm/s^2), λ는 경계조건에 의해 결정되는 정수이다.

전체 코일에 대해 시험을 실시하면, 헐거움이 큰 코일과 작은 코일에서는 진동 응답에 현저한 차이가 관측된다. 즉, 코일에 피로가 누적되거나, 슬롯 절연체가 마멸되어 헐거움이 증가하면, 충격 시험에 의한 진동 특성은 건강한 코일에 비해 다음과 같이 변화한다.

- 진동 진폭의 피크가 약 5~10배 정도 크게 되고, 고유 진동수가 낮아진다.
- 진동의 감쇠 시간이 길고, 주파수 응답 함수가 낮은 주파수 대역으로 이동한다.

그림 4.79는 대형 전동기에서 발생한 슬롯 내의 코일의 헐거움에 의한 진동 신호의 시간 파형과 주파수 스펙트럼을 나타낸다. 그림 (a)는 헐거움이 비교적 큰 경우, 그림 (b)는 헐거움이 중간 정도인 코일 그리고 그림 (c)는 헐거움이 없는 경우이다. 헐거움이 큰 경우에는 시간 응답의 피크가 크고, 진동 주파수는 낮으며, 진동이 오래 동안 지속된다. 중간 정도의 헐거움에서는 진동 피크는 크지만, 진동이 빠르게 감쇠되고, 진동 주파수는 중간 정도이다. 헐거움이 없는 정상 조건에서는 피크치가 작고, 진동 주파수가 높은 것을 알 수 있다.

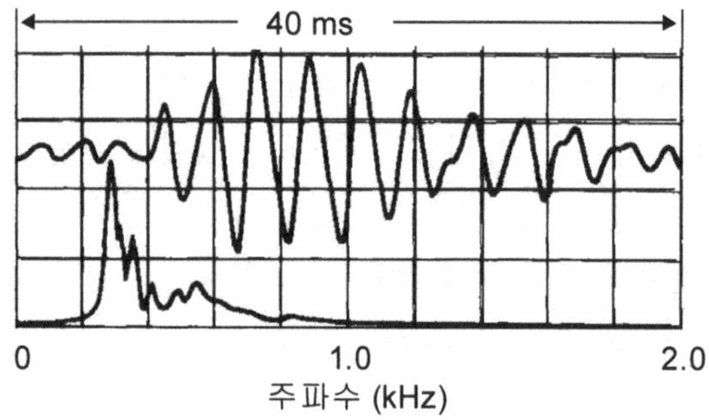

(a) 헐거움이 큰 경우

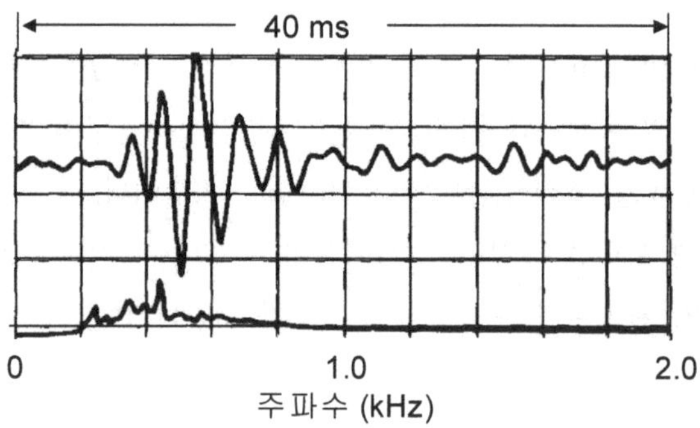

(b) 헐거움이 중간 정도인 경우

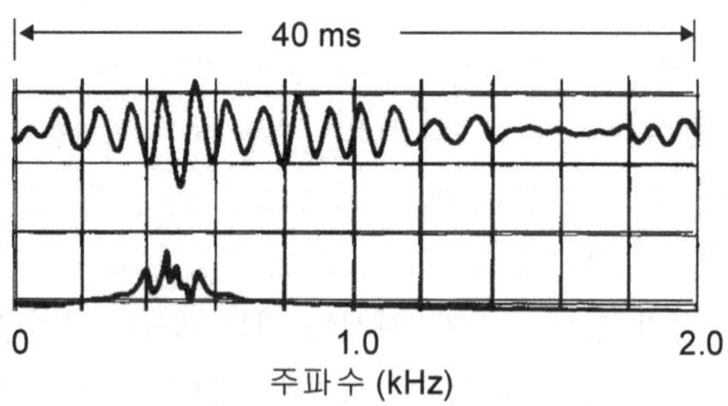

(c) 헐거움이 없는 경우

그림 4.79 코일의 헐거움에 의한 진동 파형과 주파수 스펙트럼 예(Toyoda)

4.6 울림(beat)

2개의 서로 근접한 주파수 f_1, f_2의 파형이 중복되어 위상의 조합에 따라 두 파형이 서로 더해지거나 빼지는 간섭에 의해 두 주파수의 차에 해당하는 주파수인 $|f_1 - f_2|$로 진동을 하는 포락선(envelope)이 발생하며, 이 현상을 울림(또는 맥놀이)이라고 하고, 이 주파수를 울림 주파수, 이의 역수를 울림 주기라 한다. 일 예로 2개의 주기적인 신호가 동일한 진폭 A를 가지고, 각각 f_1, f_2의 주파수를 갖는다면, 이들은 각각

$$x_1 = A\cos(2\pi f_1 t),\ x_2 = A\cos(2\pi f_2 t)$$

로 표현되고, 이 두 신호의 합성 신호는

$$x = x_1 + x_2 = 2A\cos 2\pi\left(\frac{f_1 - f_2}{2}t\right)\cos 2\pi\left(\frac{f_1 + f_2}{2}t\right)$$

가 된다. 두 주파수 f_1, f_2가 서로 근접하여 있을 때, 진폭 $2A$, 주파수 $|f_1 - f_2|$로 맥동을 하게 되며, 이 주파수가 약 10 Hz 이하인 경우는 각 주파수를 분리하여 인식하지 못하고 평균 주파수 $(f_1 + f_2)/2$의 진폭으로 맥동하는 것으로 인식한다. 따라서 $|f_1 - f_2| \ll |f_1 + f_2|$인 경우는 $|f_1 - f_2|/2$의 주파수로 진폭의 변화가 존재하는 $(f_1 + f_2)/2$의 주파수를 갖는 신호가 관찰된다.

매우 근접한 두 주파수 사이의 차인 울림 주파수는 다양한 기계에서 발견될 수 있다. 아마도 가장 일반적으로 발생하는 경우로는

- 전원 주파수의 2배 주파수($2f_L$)와 회전 주파수의 2배 성분(2X)에서 2극 유도 전동기에 의해 발생하는 진동과 가청 음

- 고유 진동수와 운전 속도가 근접한 공진 영역
- 두 인접한 기계로부터의 성분들의 간섭에 의한 울림
- 슬립 주파수의 2배($2sf_L$) 진동과 소음

인접한 두 기계의 간섭에 의한 진동은 부하의 차이에 의해 매우 근접한 서로 다른 속도에서 운전되는 2대의 유도 전동기에서 매우 큰 피크의 울림을 일으킬 수 있다. 시간 영역의 신호 파형을 관찰하면, 파형은 매우 긴 시간의 주기로 피크 진폭의 성장과 감소가 반복되는 것을 관찰할 수 있다. 이러한 경우에는 장시간에 걸쳐 신호를 계측하여야만 분석이 가능하다.

통상 미소한 회전 속도의 차로 운전되는 2대의 유도 전동기가 인접하여 설치된 경우의 울림 주파수는 1~5 cpm (cycles/minute) 정도이고, 2극 유도 전동기에서 운전 속도의 2배와 전원 주파수의 2배 성분 사이의 울림은 통상 30~50 cpm 사이이다. 울림 주파수가 150~200 cpm을 초과하면, 일반적으로 진폭의 변화는 귀로 듣기에는 너무 작고, 주파수 그 자체도 직접 듣기에는 너무 낮게 된다. 이러한 경우에는 측정 장비를 이용하여 계측하고 분석하여야 한다. 이 경우 2개의 주파수가 매우 근접하여 있기 때문에 주파수 분해능(resolution)이 문제가 되고, 두 주파수 부근에서 확대 스펙트럼 분석(zooming)을 실시하여야 하는 것이 필수적이다. 전동기 분석에서는 기본 주파수 성분이 전원 주파수에서인지, 운전 속도인지 또는 조화 성분인지를 파악하는 것이 중요하다.

그림 4.80의 대형 유도 전동기로 구동되는 2대의 냉각수 펌프에서 발생한 울림 진동의 예를 그림 4.81에 나타낸다. 이 경우는 부하 차에 의한 슬립 변화로 2대의 운전 속도에 차이가 발생하고 서로 영향을 미치게 되어 울림이 발생한 사례이다.

그림 4.80 공통 프레임에 설치된 2대의 대형 전동기 구동 냉각수 펌프의 예

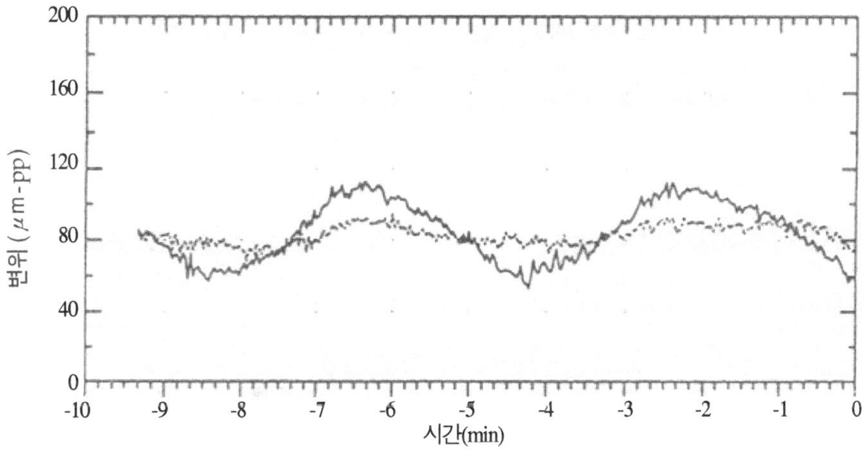

그림 4.81 울림 진동의 발생 사례(냉각수 펌프)

슬립 주파수의 2배($2sf_L$) 울림 진동 현상은 회전자의 전기적, 자기적 및 기계적인 비대칭(asymmetry)이 원인이 되어 발생하고, 주로 회전자의 동적 편심이 있을 때 자주 발생하며 일반적으로 소음을 수반한다. 그림 4.82는 4극 전동기에서 편심이 있는 경우의 불평형 자기 흡인력(UMP)의 분포를 나타낸다.

그림 4.83은 2극 150 kW, 50 Hz의 농형 유도 전동기에서 발생한 사례이다. 그림에서 맨 위는 시간 파형을, 중간 그림은 진동이 심할 때의 주파수 성분을, 그리고 아래

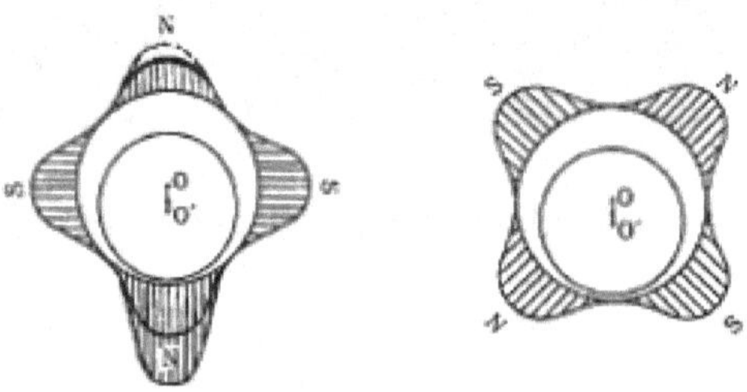

(a) UMP 최대인 경우　　　(b) UMP 최소인 경우

그림 4.82 4**극 전동기에서** $2sf_L$ **울림 현상**(Akiyama & Sugiura)

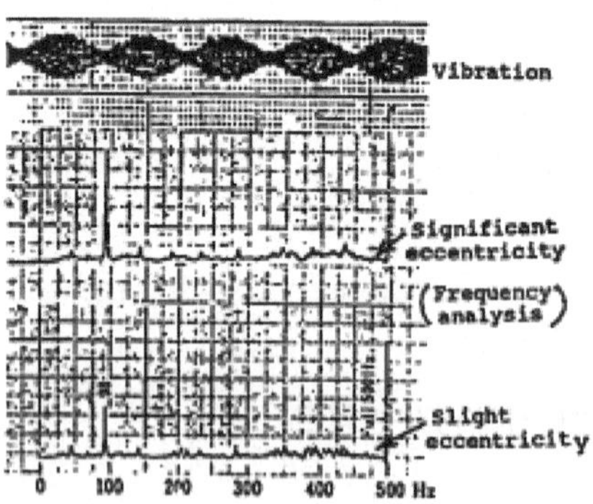

그림 4.83 **울림 발생 사례**

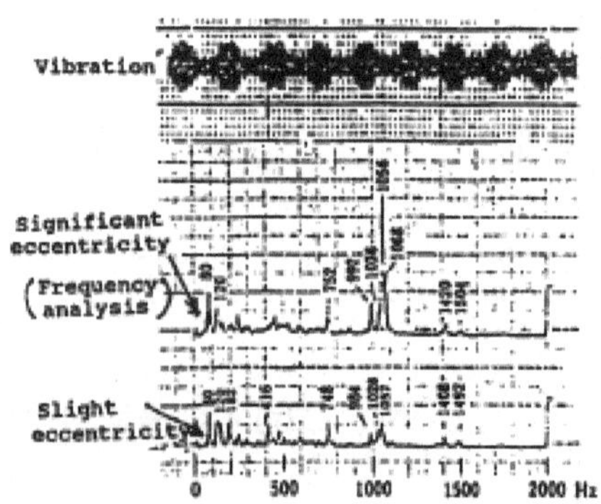

그림 4.84 **울림 발생 사례**

그림은 진동이 작을 때의 주파수 성분을 나타낸다. 운전 초기에는 어떤 특징적인 문제는 없었으나, 기동 후 수십 분 후에 $2sf_L$ 울림 진동과 소음이 발생하여 계속 증가하였다. 부하가 증가하면 울림의 주기는 짧아진다. 소음은 정상시보다 약 10~20 dB 이상 높고, 전동기 프레임의 진동이 강하다. 이 진동은 무부하나 경 부하에서 크고, 부하의 증가에 따라 감소하고 정숙해진다. 울림의 기본 주파수는 98 Hz이다.

그림 4.84는 펌프 구동용 16극 480 kW의 농형 유도 전동기의 예이다. 중간 및 아래 그림은 편심이 큰 경우와 미소한 경우의 주파수 스펙트럼을 나타낸다. 울림의 기본 주파수는 1056 Hz이고, 이는 회전자의 슬롯 리플 주파수이며, 다른 주파수들은 거의 변화가 없다. 이들 진동은 주로 회전자의 동적 편심에 기인하고, 울림의 기본 주파수가 기계 시스템의 고유 진동수와 공진을 하여 발생되는 경우가 많다.

4.7 벨트 진동

벨트(belt)는 전동기의 동력을 피동 장비에 전달하는 동력 전달 요소로서 생산 설비에 널리 사용하고 있다. 소형 압축기, 송풍기, 팬, 펌프 및 공작 기계 등이 주로 벨트로 전동된다. 벨트 진동을 일으키는 가지 원으로는 주로 벨트의 결함, 부적절한 장력(tension)과 풀리(pulley)의 정렬 불량이 원인이다. 벨트 구동 기계에서 측정된 진동 스펙트럼은 전동기와 피동 장비의 운전 주파수 및 이와 관련된 성분들이 포함된다. 부적절한 벨트 장력은 축 회전 주파수에서 높은 진동을 일으킨다. 이 경우에는 운전 중의 기계의 진동이 최소 레벨이 되도록 벨트의 장력을 조절할 것이 권장된다. 이 과정에는 적절한 안전을 위한 예방 조치가 취해져야 한다.

벨트의 결함이나 손상에 의해 발생하는 기본 벨트 통과 주파수(belt-pass frequency)

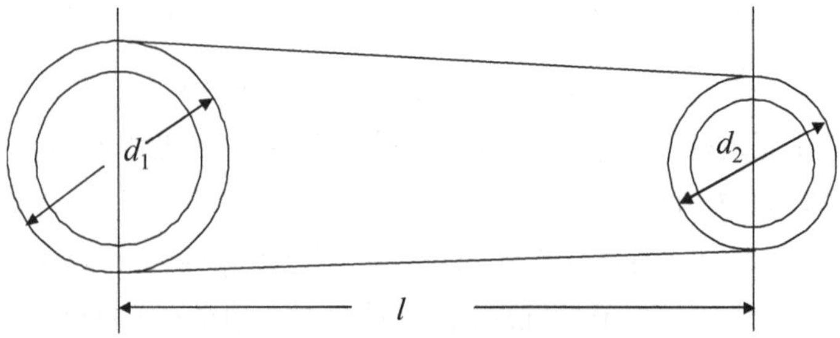

그림 4.85 벨트 전동 장치의 구성 예

는 전동기 또는 피동 장비의 회전 주파수보다 낮을 수 있다. 기본 벨트 통과 주파수는 다음 식에 의해 계산될 수 있다.

$$f_b = \frac{\pi d_1}{L} \times N_p \quad \text{(Hz)}$$

여기서 d_1은 구동 측 풀리의 직경(m), N_p는 구동 측 풀리의 실제 회전 주파수(Hz), L은 다음 식에서 정의되는 벨트 길이(m)이다.

$$L = 2l + \frac{\pi}{2}(d_1 + d_2)$$

비록 기본 벨트통과 주파수가 계산되더라도, 스트로보스코프(stroboscope)를 이용하여 현장에서 직접 측정하는 것이 진단에 유용하다. 또한 벨트의 결함은 매 회전 동안 적어도 2개의 풀리, 즉 구동 및 피동 측의 풀리와 접촉할 수 있기 때문에, 스펙트럼에서 관측된 가장 높은 진동은 기본 벨트 통과 주파수 × 풀리 수에 대응한다. 따라서 통상 벨트 결함을 감시하는 경우, 관심 주파수 대역은 계산된 벨트 통과 주파수의 10% 이하에서 벨트 수 × 풀리 수 × 벨트 통과 주파수를 곱한 값까지가 된다.

벨트에 이상이 발생하였을 경우, 벨트의 고유 진동수 부근의 진동 특성이 다음과 같이 변화하므로, 벨트 고유 진동수 부근의 진동 특성을 계측하여 진단을 수행한다.

- 벨트가 느슨하면, 고유 진동수는 감소
- 벨트를 너무 조이면, 고유 진동수는 증가
- 벨트가 고속 운전하면 고유 진동수는 증가
- 벨트에 국부 결함이 있으면, 고유 진동수의 충격 진동이 발생
- 벨트가 마모되면, 스펙트럼 상에서 고유 진동수의 피크 부근의 감쇠 계수가 증가하여 스펙트럼이 넓어진다.

그러나 벨트의 고유 진동수를 정확하게 계산하는 것은 일반적으로 어려우므로, 정지 시에 타격 시험(impact test)을 이용하여 실험적으로 고유 진동수를 계측하는 것이 유용하다. 타격 시험은 그림 4.86과 같이 벨트 위에 소형 가속도계를 부착하고 충격 해머(impact hammer)를 타격하고 이 때 얻어진 주파수 응답 함수를 이용하여 피크 주파수 성분을 조사하면 된다.

그림 4.86 고유 진동수의 측정 실험 예

정지 시의 벨트의 고유 진동수는

$$f_i = \frac{i}{2L}\sqrt{\frac{T}{\rho}\left(L + \frac{i^2\pi^2 EI}{L^2 T}\right)} \text{ (Hz)}$$

여기서 ρ는 벨트의 선 밀도, T는 장력, E는 벨트의 Young 계수, I는 벨트의 단면 2차 모멘트, i는 고유 진동수의 차수(order)이다.

위 식을 이용하면, 벨트의 초기 장력 T_0를 다음과 같이 구할 수 있다.

$$T_0 = 4\rho(L f_1)^2 - EI\left(\frac{\pi}{L}\right)^2$$

여기서 f_1은 정지 시의 벨트의 1차 고유 진동수이다.

벨트 인장 측의 장력 T_1과 이완 측의 장력 T_2는 벨트의 초기 장력 T_0를 이용하면

$$T_1 = \frac{1}{1+e^{-\mu\theta}}\{2T_0 - \rho V^2(1-e^{-\mu\theta})\}$$
$$T_2 = \frac{1}{1+e^{\mu\theta}}\{2T_0 - \rho V^2(1-e^{-\mu\theta})\}$$

여기서 μ는 벨트와 풀리의 림 사이의 마찰 계수로

$$\mu = 0.54 - \frac{14}{50+20V} \quad \text{또는} \quad \mu = 0.22 + 0.012V$$

에 의해 근사적으로 계산할 수 있고, 0.15~0.50의 범위이다. θ는 벨트와 풀리가 접촉하는 부분을 각도로 표시한 접촉각(rad)으로 두 풀리 중에 큰 쪽의 값을 이용한다. 통상 벨트의 속도 V가 10 m/s 이하이면, ρV^2=0으로 하여 원심력의 영향은 무시하여도 좋다.

표 4.32 고유 진동수의 비교 (Toyoda)

조건	고유 진동수(Hz)		장력(N)
	1차	2차	
정상 상태	62.50	123.50	1,445.7
벨트 내측 균열(2개소)	60.00	119.25	2,106.8
이물질(3mm) 끼어듦	73.76	147.50	1,312.1
풀리 정렬 불량(10mm)	67.50	132.25	1,727.2
느슨한 상태	48.76	95.25	772.0

표 4.32는 여러 조건에서 충격 가진 시험과 초기 장력으로부터 구한 V벨트의 고유 진동수를 비교한 것이다. 벨트 내측에 균열이 있거나 정렬 불량의 경우는 정상 상태보다 장력이 증가하고 이에 따라 벨트의 고유 진동수가 증가하는 것을 알 수 있다. 벨트 내에 이물질이 삽입되는 경우에는 장력은 약간 감소하지만 벨트 고유 진동수는 크게 증가하고 있다. 벨트가 느슨해진 경우에는 장력과 함께 고유 진동수도 크게 감소한다.

그림 4.87과 4.88은 각각 정상 벨트와 벨트가 느슨한 경우의 진동 응답 파형과 주파수 스펙트럼을 나타낸다. 진동 파형은 벨트의 회전 주파수와 1차 고유 진동수가 근접하여 큰 울림(beat) 파형을 나타내고 있고, 주파수 스펙트럼에서 이를 확인할 수 있다. 특히 고유 진동수 성분이 현저하다. 벨트가 헐거워진 경우인 그림 4.88은 벨트의 1차 및 2차 고유 진동수가 크게 발생하는 것을 알 수 있다.

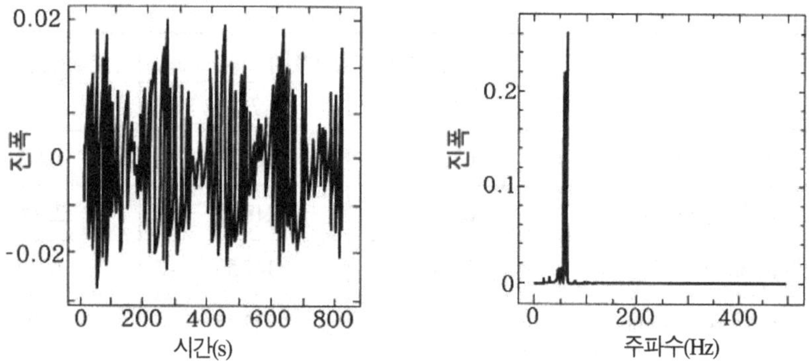

그림 4.87 정상 V 벨트의 진동 파형과 스펙트럼

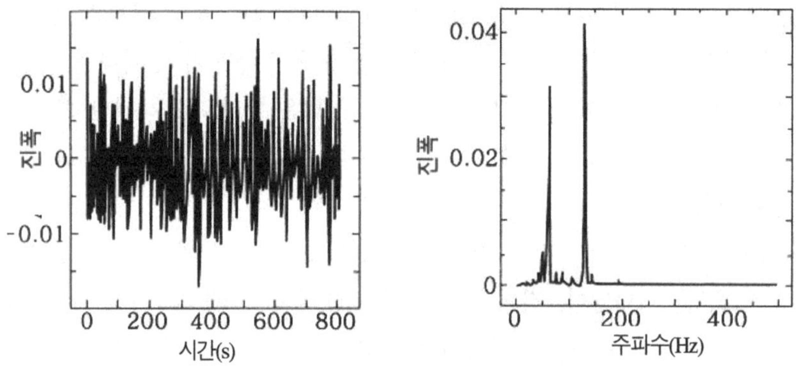

그림 4.88 느슨한 V 벨트의 진동 파형과 스펙트럼

【참고문헌】

[1] H. Schneider 저, 양보석 역, 평형잡이 기술, 세종출판사, 1994

[2] A. Golubev, V. Tsvetkov, On-line shock vibration diagnostics of large electric machines, Pulp and Paper Industry Technical Conference, pp.119 - 123, 1999

[3] W.R. Finley, M.M. Hodowance, W.G. Holter, An analytical approach to solving motor vibration problems, IEEE Trans. Industry Applications, Vol.36, No.5, pp.1467-1480, 2000

[4] X. Ma, W. Lu, H. Xie, Detecting loose stator wedges in large motors, Proceedings of International Symposium on Electrical Insulating Materials. pp. 685 - 688, 2001

[5] 양보석, 전류 신호 분석을 이용한 유도 전동기의 결함 진단, 제3회 설비진단 기술강습회 강연 자료, 한국소음진동공학회, KAIST, 2004

[6] 최원호, 유도 전동기의 열화 메커니즘, 제4회 설비진단기술강습회 강연 자료, 한국소음진동공학회, 원자력교육원, 2005

[7] V. Kogan, B. Nindra, Investigation of high voltage stator winding vibrations in full-scale slot model, IEEE material.

[8] S.P. Verma, A. Balan, Experimental investigations on the stators of electrical machines in relation to vibration and noise problems, IEE Proceedings, Electrical Power Applications, Vol.145, No.5, pp.455-461, 1998

[9] F. Ishibashi, et al., Natural frequency of stator core of small induction motor, IEE Proceedings, Electrical Power Applications, Vol.150, No.2, pp.210-214, 2003

[10] W.R. Finley, Noise in Induction Motors- Causes and treatments, IEEE Trans. Industry Applications, Vol.27, No.6, pp.1204-1213, 1991

[11] Y. Akiyama, O. Sugiura, A study of 2sf beat phenomena on induction motors, IEEE material.

[12] H. Wang, K. Williams, Effects of laminations on the vibrational behaviour of electrical machine stators, J. of Sound and Vibration, Vol.202, No.5, pp.703-715, 1997

[13] V. Wowk, Machine Vibration: Alignment, McGraw-Hill, 2000

[14] 하현천, 터보 기계의 운전 특성 및 진단, 설비진단기술강습회, 부경대, 2002

[15] 최성필, Dial Indicator를 이용한 Shaft Alignment의 이해와 절차, 설비진단기술강습회, 한국소음진동공학회, 원자력교육원, 2005

[16] 정선모, 한동철, 표준 기계설계학, 동명사, 1983

[17] 豊田利夫, 기계시스템진단의 진행방법- 기름분석을 중심으로, 일본Maintenance협회, 1998

[18] 豊田利夫, 전기 설비 진단의 진행 방법, 일본Maintenance협회, 1993

[19] M.J. Devaney, L. Eren, Detecting motor bearing faults, IEEE Instrumentation & Measurement Magazine, pp.30-36, Dec. 2004

[20] R.R. Obaid, T.G. Habetler, Current-based algorithm for mechanical fault detection in induction motors with arbitrary load conditions, IEEE paper, pp. 1347-1351

[21] 양보석, 회전 기계의 진동: 해석, 평가, 설계 및 대책, 인터비젼, 2002

[22] P.S. Hamer, Acceptance testing of electric motors and generators, IEEE Trans. Industry Applications, Vol. 24, No. 6, pp.1138-1152, 1988

[23] A.H. Bonnett, T. Albers, Motor bearing systems for forest products applications, IEEE Pulp and Paper Industry Technical Conference, pp.96-109, 2001

5장

5

유도 전동기의 전기적인 결함

제 5 장

유도 전동기의 전기적인 결함

유도 전동기의 진동 문제는 설치 또는 운전 중에 어느 때라도 발생할 수 있고, 진동이 발생하였을 때는 통상 문제 해결을 위해 신속히 대처해야 한다. 진동 문제를 해결하기 위해서는 2장에서 나타낸 원인(cause)과 결과(effect) 사이의 인과관계를 구별하여야 한다. 따라서 진동을 일으키는 힘들은 어디로부터 오는가 하는 진동의 근본 원인을 먼저 이해하여야 한다. 높은 레벨의 진동 원인이 진동적인 힘인지 또는 진동 응답을 증폭시키는 공진(resonance)인지를 파악하여야 한다. 유도 전동기에는 진동을 일으킬 수 있는 많은 전기적 및 기계적인 힘들이 존재한다. 이들 다양한 힘들의 상호작용은 파악하기 어려운 근본 원인의 확인에 이용될 수 있다.

교류 전원은 매 사이클 마다 양의 피크에서 음의 피크로 변화하는 정현 파형의 전압이다. 특성 상 많은 전기적 또는 기계적인 문제들이 같거나 유사한 주파수에서 진동을 일으킬 수 있다. 따라서 진동의 참 원인들 사이의 차이를 면밀히 검토하여야 한다. 전원은 고정자 내를 흐르는 자화 전류(magnetizing current)가 어느 순간에 양 또는 음의 최대일 때 최대가 되는 고정자와 회전자 사이의 전자기력(electromagnetic force)을 발생한다. 그 결과로서 전류와 기본 자속파(fundamental flux wave)가 0을 통과할 때의 짐에서 제로까지 감소하는 전압 또는 전류 파형의 매 사이클 동안 2개의 피크 힘이 생긴다. 이는 전원 주파수의 2배와 같은 진동 주파수를 일으킨다. 이 진동은 전동기 다리(foot)의 평탄도(flatness), 프레임과 베이스 강성(stiffness) 및 고정자와 회전자 사이의 공극의 일치 정도 등에 매우 민감하다. 또한 회전자의 편심에 의해서도 영향을 받는다.

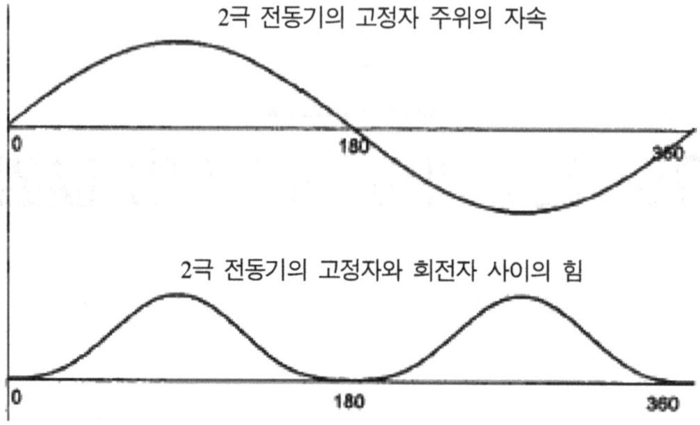

그림 5.1 한 주기 동안의 자속파(flux wave)와 자기력파

따라서 대부분의 전기적인 결함에 의해 발생하는 문제의 결함 주파수는 전원 주파수(f_L)인 60 Hz 또는 50 Hz 성분보다는 이의 2배인 $2f_L$ 성분(120 Hz 또는 100 Hz)과 관련이 깊다. 이 $2f_L$ 성분이 발생하는 메커니즘을 구체적으로 설명하면 다음과 같다.

예로 전원 주파수가 60 Hz인 2극 전동기에서 회전자와 고정자 사이의 불균일한 공극(air-gap)이 발생하는 경우에 자기장(magnetic field)은 동기 주파수($120f_L/P = 120 \times 60/2 = 3,600$ cpm)에 해당하는 3,600 rpm으로 회전하기 때문에 자기 흡인력(magnetic pull)은 분당 최대 7,200회(7,200 cpm) 변동하게 된다(그림 5.2 참조). 회전자가 1회전 하는 동안 자기 흡인력은 처음에 회전자가 고정자와 가장 근접한 부분, 즉 최소 공극 위치인 N극으로 끌리다가(그림 b), 다음에는 S극으로 끌리기 때문에 (그림 d), 힘 자체는 편심에 대해 자기장 주파수의 2배($2f_L$)로 변동하게 된다. 따라서 회전자와 고정자의 중심이 일치하지 않을 때, 자기 흡인력은 항상 7,200 cpm(120 Hz)의 진동에 영향을 미치게 된다. 4극 전동기의 경우에도 마찬가지로, 4극 각각은 1회전 당 4회의 맥동(pulse)이 최소 공극을 통과할 때마다 발생한다. 4극 전동기는 동기 주파수가 1,800 cpm($120f_L/P = 120 \times 60/4 = 1,800$ cpm)이므로, $1800\ \text{cpm} \times 4 = 7,200$ cpm(120 Hz)의 주파수 성분이 발생한다.

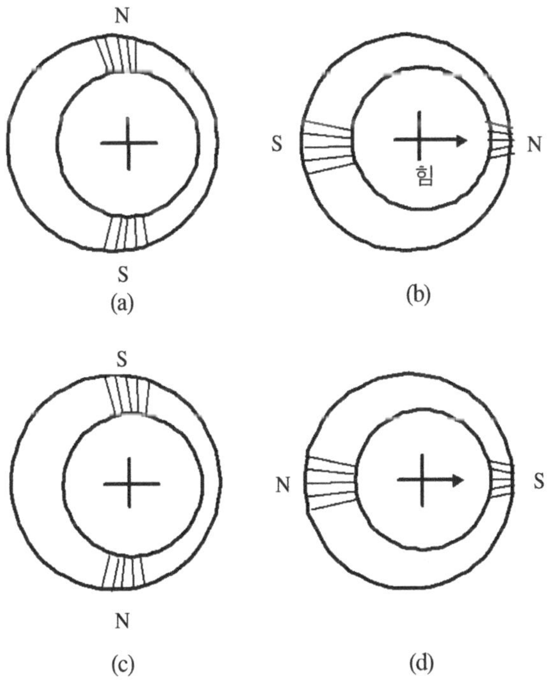

그림 5.2 고정자와 회전자 사이의 불균일 공극

또한 전기적인 결함 문제는 전원 주파수의 2배 진동과 극 수에 슬립 주파수를 곱한 측대역 성분(sidebands)들이 발생한다. 2극 전동기에서 $2f_L$ 성분의 진동 레벨은 회전 주파수 진동의 2배수 성분(2X)과 근접하는 관계로 인해 시간 파형이 변조되어 나타난다. 마찰(rubbing), 느슨한 부품, 굽힌 축 또는 타원 저널 베어링과 같은 전동기의 문제는 2X에서 진동을 일으킬 수 있다. 이들 두 주파수 성분은 주파수가 서로 매우 근접하기 때문에 진동 레벨은 동위상(in-phase)에서는 합해져서 증가하고, 역위상(out-of-phase)에서는 빼지게 되어 감소하며, 이러한 현상이 반복되게 된다. 이 변조(modulation)는 2극 전동기에서는 슬립의 2배 주파수($2sf_L$)로 반복한다. 비록 무부하라도 2극 전동기에서 2X 진동은 슬립에 기인하여 120 Hz (7,200 cpm)으로 변화한다. 비록 무부하 상태에서는 적다고 할지라도, 유도 전동기에는 약간의 슬립이 있기 때문에 슬립이 1회전하는 데는 5분에서 15분이 걸린다. 부하가 증가하면 슬립도 증가한다. 슬립은 전부하에서 정격 속도의 약 1% 정도이고, 무부하에서는 거의 0으로 감소한다. 진동을 측정하면 진동 레벨이 일정하지 않기 때문에 변조 시험을 위해서는 여러 번 반복하여 수행할 필요가 있고, 측정 시간은 10~15분의 주기로 최대 및 최소 진폭이 측정되도록 연속적으로 기록한다. 일 예로 60 Hz에 전부하 속도가 3,564 rpm인 2극 전동기는 3,600 - 3,564 = 36 cpm(1% 슬립)의 슬립을 가지고, 분당 72(= 2 × 36) 사이클의 변조 주파수를 가지게 된다.

표 5.1은 대표적인 전기적인 결함 요소에 대한 발생 결함을 나타내었다. 이하에 이들에 대해 자세히 설명한다.

표 5.1 대표적인 전기적인 결함

결함 요소	전기적 결함
공극(air-gap)	• 공극 불균형(고정자 편심, 회전자 편심)
회전자(rotor) 단락 링(end ring)	• 회전자 봉(rotor bar)의 파손/균열 • 회전자 봉의 느슨함(looseness)/개방(open) • 회전자 적층의 단락(short) • 회전자의 불규칙한 국부 가열에 의한 열 굽힘(thermal bow) • 단락 링의 파손/균열
고정자(stator)	• 유연한 고정자 • 고정자 적층(lamination)의 단락 • 고정자 철심의 느슨함

5.1 공극 편심(air-gap eccentricity)

공극 편심은 일반적으로 전동기의 고정자와 회전자 사이에 존재하는 공극이 원주 방향이나(그림 5.3) 축 방향으로(그림 5.4) 균일하지 않고 불균일하게 될 때 편심 정렬 불량(parallel misalignment) 및 편각 정렬 불량(angular misalignment)이 발생한다. 여기서 편심이란 일반적으로 회전자와 고정자의 기하학적 중심 사이의 거리이다. 그림 5.3은 고정자 내측반경 R_s, 회전자 외측반경 R_r일 때, 회전자가 우측으로 거리 e만큼 편심된 상태를 나타낸다. 따라서 $\alpha=0$인 우측이 최소공극이 되고, 좌측이 최대 공극이 된다. 따라서 회전자와 고정자의 중심이 일치하면 동심 상태가 되고 원주방향으로 공극 거리는 같다.

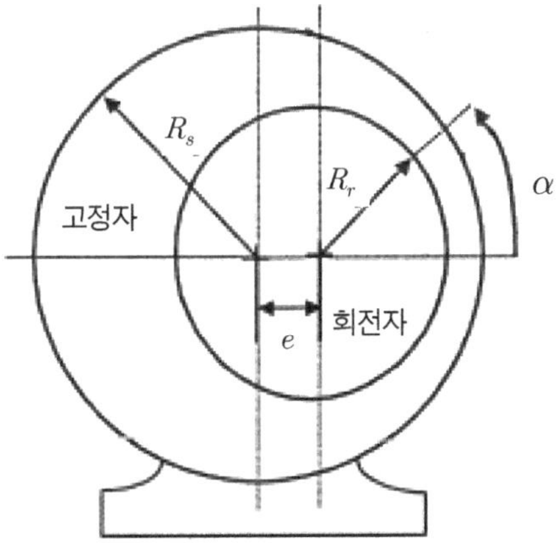

그림 5.3 회전자와 고정자 사이의 편심

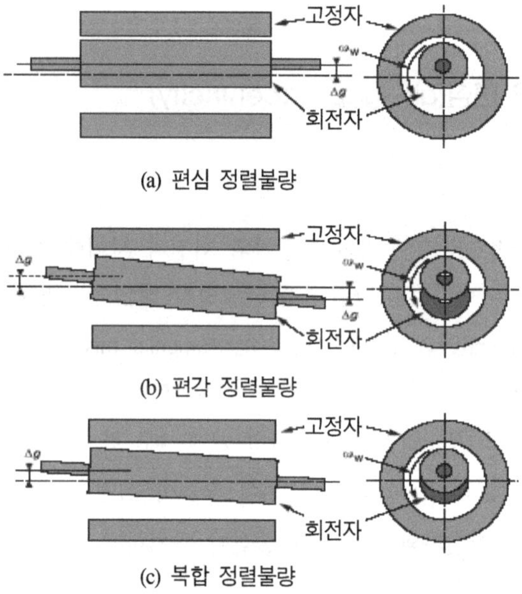

그림 5.4 공극 편심의 종류

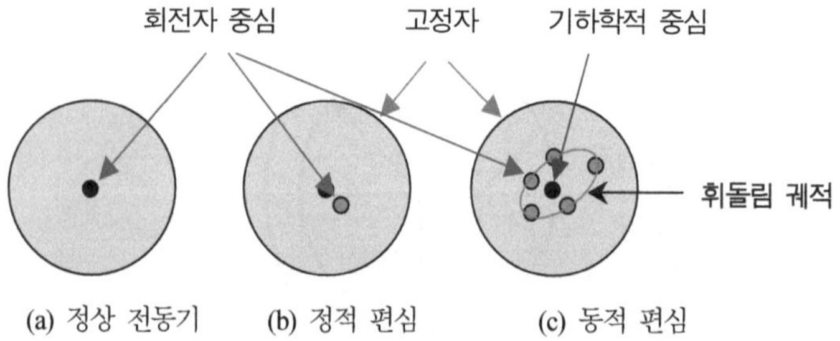

그림 5.5 동심 및 편심 상태의 비교

편심에는 정적 편심(static eccentricity)과 동적 편심(dynamic eccentricity)으로 구분된다. 정적 편심은 최소 공극 위치가 공간 중에 고정된 경우로서, 회전자의 회전에 관계 없이 원주 방향의 공극 길이는 일정하게 유지되고, 이 때는 정지 또는 고정 공극이 된다(그림 5.5). 고정자 코어의 비진원, 고정자 내경과 베어링 중심 사이의 제작 공차, 고정자 또는 회전자의 부적절한 설치가 그 원인이다.

동적 편심은 회전자 중심이 회전 중심에 있지 않고, 최소 공극 위치가 회전자의 회전과 함께 회전하고 변동 공극이 된다. 회전자의 열 굽힘(thermal bow), 굽힌 축(bent shaft), 베어링 마모 및 정렬 불량, 저널 베어링의 불안정, 기계적 공진 등이 원인이다. 또한 높은 레벨의 정적 편심에 의한 불평형 자기 흡인력(UMP)에 기인하여 동적 편심이 증가할 수 있다. 신규 전동기의 동적 편심은 회전자의 총 지시 값(TIR, total indicated reading) 또는 런 아웃에 의해 관리된다. 예로 2 MW, 4극, 50 Hz의 대형 유도 전동기의 TIR은 0.05 mm이다. 실제 전동기에서는 이 두 종류의 편심이 공존하는 것이 일반적이다.

일반적으로 10%까지의 공극 편심은 허용될 수 있으나, 전동기 제작사는 통상 UMP를 최소화하고, 진동·소음을 저감하기 위해 가능한 이보다 낮은 레벨의 총 편심량을 유지하도록 노력하고 있다. 통상 편심이 25~35%의 범위에서는 베어링의 파손을 일으킬 수 있으며, 50% 이상은 매우 심각한 상태가 될 수 있다.

공극 편심의 기본적인 유형으로는 다음과 같다.

- 회전자 외경이 회전 축에 대해 편심
- 고정자 내경의 편심
- 회전자와 고정자가 원형이나 동일 회전 축을 가지지 않는 경우
- 회전자와 축이 원형이나 종일 축을 가지지 않는 경우
- 상기 항목 중의 어느 조합

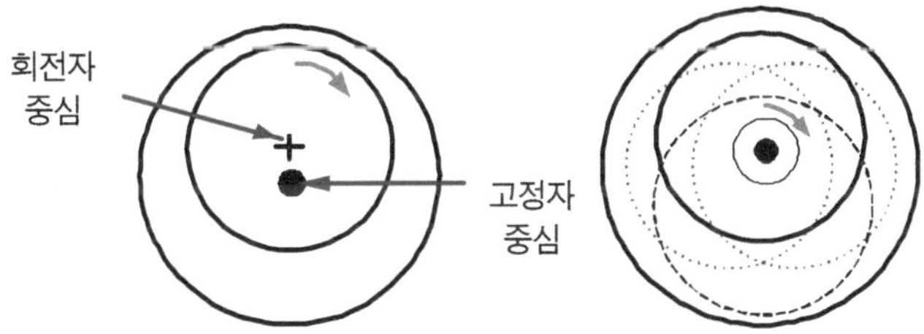

(a) 고정 공극 (b) 변동 공극

그림 5.6 공극의 불균일

표 5.2 고정 공극과 변동 공극의 비교

고정(정지) 공극 (stationary air-gap)	• 고정자 내의 회전자가 일정한 편심(정적 편심) 상태에서 회전자가 회전(자전) • 고정자의 편심
변동 공극 (rotating air-gap)	• 고정자 내에서 회전자의 휘돌림 운동(공전)으로 공극이 변동 (동적 편심) • 질량 불평형, 정렬 불량 등에 의한 회전자의 편심

통상 대형, 고전압의 3상 유도 전동기에서는 양호한 설계, 엄격한 품질 보증 및 관리 기준, 종합적인 시험 및 고품질의 설치 절차들에 따라 공극 편심이 최소로 유지되도록 하고 있다. 따라서 허용할 수 없는 레벨의 공극 편심은 새로이 설치되는 대형 전동기에서는 드문 현상이다. 그러나 전동기가 정상적으로 설계, 제작 및 설치되었더라도 수년 동안의 운전이 된 후에는 자주 발생할 수 있다.

과대하게 높은 공극 편심 레벨은 회전자와 고정자 사이의 마찰을 일으킬 수 있고, 그 결과로서 고정자 철심과 고전압 권선에 손상을 야기시킨다. 이는 전동기 고장과 고가의 보수 비용을 초래한다. 정상 레벨의 공극 편심보다 높을수록 베어링에서 높은 레벨의 진동과 베어링 고장을 발생할 수 있다. 그러나 어느 정도의 공극 편심이면 마찰을 일으키고, 베어링 마멸이나 회전체 진동 문제를 야기시킬 수 있는지에 대해 정량화 하는 것은 전동기 설계와 운전 조건들에 따라 각기 다르기 때문에 현실적으로 매우 어렵다. 전동기 제작사들은 20%의 공극 편심은 허용할 수 없고, 50%의 레벨은 심각한 문제가 될 수 있는 것으로 고려하여 문제를 해결하기 위해 즉시 운전 정지하도록 권장하고 있다. 베어링 마멸이나 회전체 진동 문제를 검지하기 위해 베어링 진동을 감시하는 것이 표준적인 작업이다.

비록 베어링 진동이 공극 편심의 증가에 기인하여 증가하더라도, 진동 성분들은 정적 또는 동적 공극 편심에 의해서만 발생하는 것은 아니다. 예로 회전 주파수에서 진동 성분은 회전자의 공극 편심, 기계적 불평형에 기인하여 또는 기계적인 부하의 문제 때문에 증가할 수 있다. 따라서 실제 문제를 진단하는 것은 어려울 수 있다.

고정자 철심의 진동도 정적 또는 동적 편심에 기인하여 변할 수 있다.

편심, 즉 비대칭 공극이 크게 되면 불평형 전자기력(UMP)이 증가하여 $2sf_L$ 성분의 진동 레벨이 크게 증가한다. 이 조건에서 UMP는 최소 공극 방향으로 작용하므로, 고정자와 회전자 사이의 접촉으로 인한 손상이 발생하거나 진동과 소음을 일으킨다. 이 힘은 개략적으로 자속 밀도(flux density) b의 제곱에 비례하고, 공극 길이 d에 반비례한다.

$$\mathrm{UMP} \approx \frac{b^2}{d}$$

이들 조건은 중대한 전자기적 소음과 진동의 원인이 될 수 있고, 전부하에서 소음은 통상 무부하에서 발생하는 소음보다 높다. 그림 5.7은 Courtin에 의해 일련의 NEMA-size open 방수(drip-proof)형 전동기에 대한 일련의 시험을 통해 구한 공극 편심율에 대한 소음 레벨을 나타낸다. 가로축은 공칭 공극으로 나눈 편심율을 나타낸다. 공극 편심의 증가에 따라 소음의 발생이 급격히 증가함을 알 수 있다. 25% 이상의 심한 공극 편심에서는 전동기의 전체 소음 레벨에 약 2~3 dBA 정도 기여하는 것으로 알려져 있다.

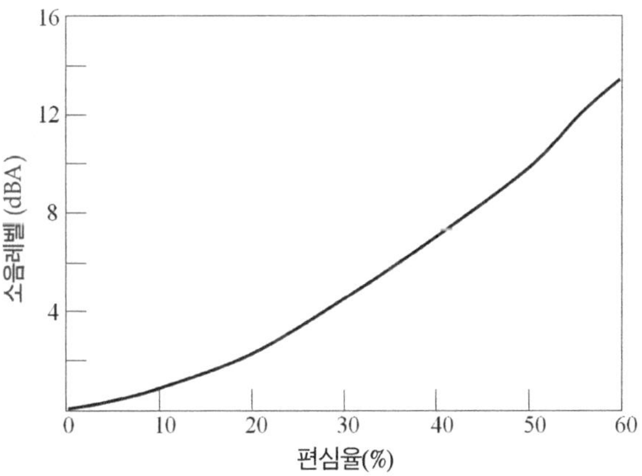

그림 5.7 편심율과 소음 레벨의 관계(Courtin)

결함 검지 방법으로는 진동 신호 분석뿐만 아니라 최근 고정자 전류 신호 분석(MCSA) 기법을 이용하여 정적 및 동적 편심을 검지하는 방법이 널리 이용되고 있다. 이 방법의 장점은 전동기의 운전에 어떠한 간섭이 없이 제어실에서 전류를 쉽게 측정할 수 있다는 점이다. MCSA 기법을 이용한 공극 편심의 검지 방법으로는

- 슬롯 주파수의 측대역 성분에서 전류 거동 감시
- 전원 주파수의 기본 측대역 성분에서 전류 거동 감시

등이 이용될 수 있다.

공극 및 축 자속(axial flux) 신호가 공극 편심의 함수인 성분들을 검지하기 위해 분석될 수 있으나, 이들 성분의 크기는 결함 심각도의 함수로 정량화 될 수 없다. 이 방법은 공극 검색 코일(search coil)을 설치하기 위해 전동기를 정지하여야 하기 때문에 실제적이지 못하고 유도 전동기의 사용자에게는 인기가 없다.

5.1.1 정적 편심(static eccentricity)

그림 5.8과 같이 고정자와 회전자 사이의 축 중심이 일치하지 않고 편심 e가 발생하게 될 때, 일어나는 현상으로 회전 자계($2f_L/P$)가 최소 공극의 위치인 A점을 통과할 때, 공극이 가장 작은 A점에서는 불평형 자기 흡인력(UMP)이크게 작용하고 반대로 최대 틈새인 B 지점에서는 자기 흡인력이 최소로 되어 최소 틈새 방향(A점과 B점 사이)으로 불평형 전자기력을 발생하고, 자극의 수(P)만큼 변동하게 된다(그림 5.9 참조). 이 때문에 전동기에는 전원 주파수 2배 성분의 주파수($2f_L$)를 갖는 전자 진동이 발생한다. 고정자의 이상 시에 발생하는 진동수인 $2f_L$, $f_s \pm 2kf_L$와 같은 증상을 나타내는 전자기 진동으로, 이 두 원인 사이의 판별이 어렵다.

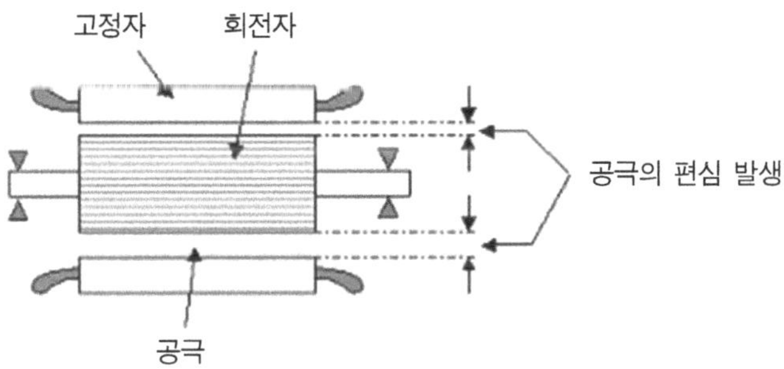

그림 5.8 편심의 발생

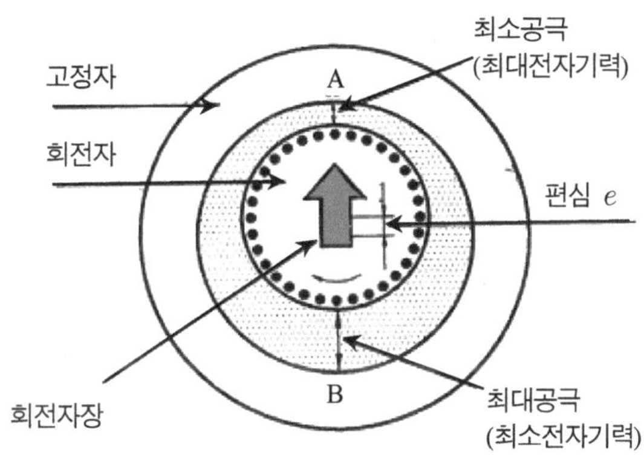

그림 5.9 공극의 정적 편심에 의한 전자기력 발생

그림 5.10은 보일러 급수 펌프 구동용 유도 전동기(4,000 HP)의 공극 문제 발생시의 주파수 스펙트럼과 시간 응답 파형을 나타낸다. 진원 주파수의 2배 성분(120 Hz)이 탁월 주파수로 발생하고 있음을 알 수 있다.

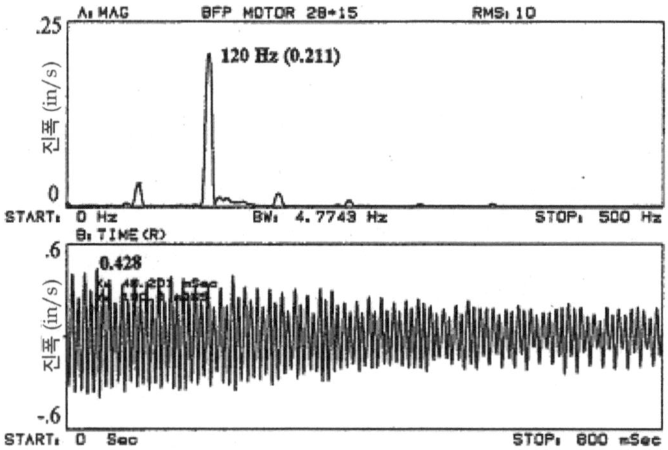

그림 5.10 공극 편심 전동기의 진동 주파수 스펙트럼과 시간 파형

MMF와 퍼미언스 파의 방법에 의해 다음 식과 같은 특정 성분들이 회전자 슬롯, 정적 및 동적 편심의 함수인 자속 밀도 파형 내에 발생할 수 있다는 사실이 알려져 있다. f_{eh}는 공극 편심의 함수인 고 주파수 대역의 특징 주파수 성분으로

$$f_{eh} = f_L\left[(kR \pm n_d)\frac{1-s}{p} \pm n_{ws}\right] \tag{5-1}$$

여기서 f_L은 전원주파수(Hz), R은 회전자 슬롯 수, n_d는 정수(정적 편심 0, 동적 편심 1), s는 슬립, p는 극 쌍 수, n_{ws} = 1, 3, 5, 7 등이다. 또한 기본 슬롯 조화 성분(PSH, principal slot harmonics)은 위 식에서 $n_d = 0$, $n_{ws} = 1$, $k = 1$로 놓으면 얻을 수 있다.

이들 자속 밀도 파에 대응하는 극 쌍은 다음 식으로 계산될 수 있다.

$$m = (R \pm S \pm n_s \pm n_d \pm 2n_{sa}p \pm n_{\theta r}p) \tag{5-2}$$

여기서 s는 고정자 슬롯 수, n_s는 정적 편심 정수, n_{sa}는 포화 정수, $n_{\theta r}$은 회전자의 공간 조화 정수이다.

공극 편심의 심각도를 예측하기 위해서는 공극의 함수로 계산되는 유기 전류 성분의 크기(Amps)가 요구된다. 이 방법은 Cameron 등에 의하면, 여러 주파수 성분들의 계산 값과 측정 값 사이의 차이가 주어진 정적 편심 레벨에 따라 7.1%에서 300% 이상까지 되기 때문에 단지 부분적으로만 사용될 수 있다. 그러나 회전자 슬롯 통과 주파수들($n_d = 0$)의 크기의 증가를 검지하는 것에 의해 전류 감시를 통하여 정적 편심의 증가를 검지할 수 있다. 만약 동적 편심($n_d = 1$)에 기인하는 전류 성분들이 전류 스펙트럼에서 명백하다면, 공극 동적 편심이 있다는 것을 나타낼 수 있다. 이는 전류 감시가 공극 편심을 감지한 현장 사례에 기초한다. 그러나 아직도 문제가 정적 또는 동적 편심의 증가에 기인한다면 신뢰할 수 있는 검지는 불가능하다. 또한 현장에서 발생할 수 있는 정적 편심과 동적 편심이 동시에 발생할 때는 식 (5-3)과 같은 부가적인 저 주파수 성분의 특징 주파수가 전류 신호 내에 유도될 수 있다. 그러나 이들 성분의 크기는 결함 심각도의 함수로서는 예측할 수 없다.

$$f_{el} = \left| f_L \pm k\, f_r \right| \text{(Hz)} \tag{5-3}$$

여기서 f_r은 회전자의 회전 주파수(Hz), k = 1, 2, 3 등의 정수이다.

현재 이들 특징 주파수는 공극 편심을 검지하고, 심각한 문제를 진단하기 위한 전류 감시에 사용할 수 있지만, 편심의 유형, 즉 정적 편심인지 또는 동적 편심인지를 건실하게 진단할 수 없고, 문제의 심각도에 대한 정확한 예측은 아직 불가능하다.

그림 5.11과 5.12는 Thomson과 Barbour에 의해 수행된 실험 결과를 나타낸다. 실험용 전동기는 11 kW, 415 V, 50 Hz, 4극, 1420 rpm, 20 A, delta 결선, 고정자 슬롯36, 회전자 슬롯 51개인 3상 농형 유도 전동기이다. 그림 5.11에서 식(5-1)에 의해 예측된 주파수 성분들인 1072 Hz, 1172 Hz 및 1272 Hz는 정적 편심이 10%에서 50%로 증가하면, 12.2 dB에서 13.2 dB까지 크기가 증가하는 것을 보인다. 그림 5.12는 정적 편심의 증가에 따른 이들 3성분들의 크기의 변화를 나타낸 것이다. 약 38% 정도까지는 편심에 비례하여 선 전류의 진폭이 증가하고, 그 이상의 편심에서는 포화하는 경향을 보인다. 10 dB의 증가는 대략적으로 절대 단위에서 3배 증가한 것과 동등하다. 이는 이들 성분의 증가가 정적 편심의 증가를 확인하기 위해 사용될 수 있음을 나타낸다.

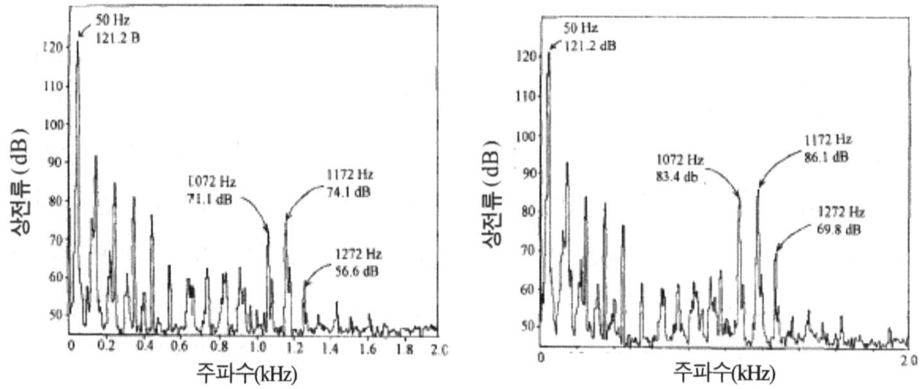

(a) 정적 편심 10%인 경우 (b) 정적 편심 50%인 경우

그림 5.11 정적 편심에 대한 전류 스펙트럼 예

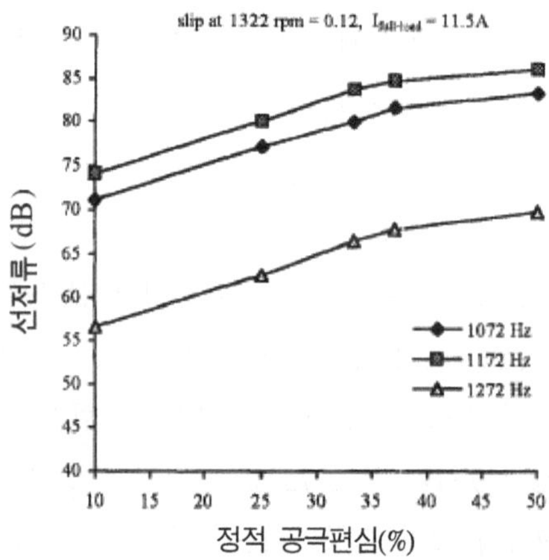

그림 5.12 정적 편심에 대한 전류 성분의 크기

그러나 실제 문제는 한번의 측정으로부터 정적 편심의 레벨을 신뢰할 수 있도록 예측하는 것이다. 현재로는 이들 성분의 크기의 증가를 검지하기 위해서는 이전의 기록이 필요하지만, 산업 현장의 경우에는 문제 발생 이전에 이를 얻을 수 없다.

5.1.2 동적 편심(dynamic eccentricity)

경년 변화나 외력에 의해 발생하는 축 굽힘이나 회전자의 질량 불평형 등에 의해 그림 5.13과 같이 회전 방향으로 휘돌림 운동을 하는 것이 원인이다. 자기력을 일으키는 자속은 전동기의 동기 속도로 고정자 주위를 회전하는 기본 자속파(flux wave)이다. 회전자는 고정자의 회전 자속파를 유지하려고 시도하지만, 회전자는 부하를 위해 필요한 토크를 발생시키기에 고정자 장보다 늦게 미끄러진다. 최소 공극점이 고정자 자속이 최대인 점과 일직선이 될 때, 힘은 최대로 되고, 최소 자속의 점에서 작게 된다. 따라서 불평형력은 회전 속도로 회전하고, 슬립과 함께 크기가 변화한다. 결국 진폭이 슬립과 함께 변조되는 1X 진동이 된다. 이 상태는 무부하나 전부하에서도 발생한다. 무부하에서는 주파수는 동기 속도에 근접하고, 5분에서 15분 정도의 매우 긴 변조 주기를 갖는다. 전부하에는 변조 주파수(cpm)는 극 수에 rpm을 곱한 슬립과 같다. 그림 5.14와 같이 회전자가 고정자 내에서 최소 공극점(A점)이 편심 길이를 회전 반경으로 회전 주파수로 휘도는 것에 의해 기계적인 휘돌림 진동이 불평형 전자기력(UMP)을 조장하게 되어 불평형 전자기력과 불평형력을 발생하고, 자극이 A점을 추월하므로 불평형 전자기력은 $2s \times$ 전원 주파수의 2배 성분($2sf_L$)으로서 맥동한다. 이 순 불평형력은 회전 주파수로 회전하고, 회전 주파수 성분(1X)의 진동을 일으킨다. 그리고 전동기 부하를 증가하면 슬립(s)이 크게 되기 때문에 주기는 짧게 되며, 전동기는 진동의 맥동에 의해 이상 음(abnormal noise)으로서 울림(맥놀이, beat) 음을 발생하게 된다.

결함 증상 주파수로서의 발생 진동수는 회전자의 회전 속도 $f(=2(1-s)f_L/P)$ 또는 회전 자계의 동기 회전 속도 ($2f_L/P$) 중의 어느 하나가 된다.

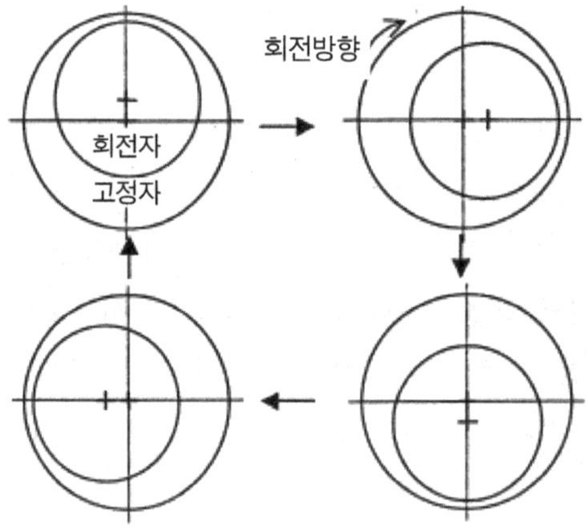

그림 5.13 동적 편심된 회전자의 운동

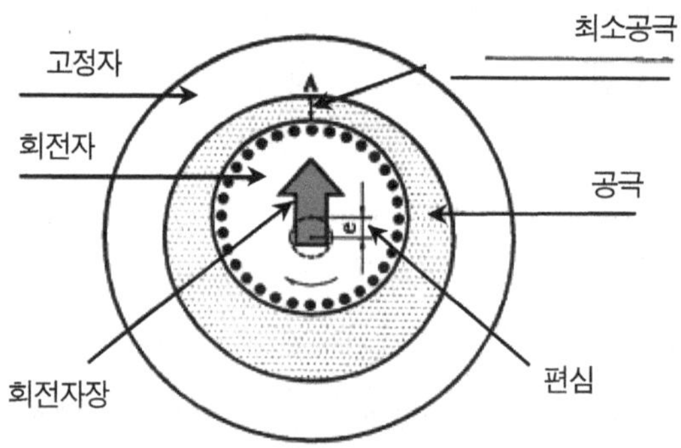

그림 5.14 공극의 동적 편심에 의한 전자기력 발생

새로 제작된 전동기라도 제작 및 조립 방법에 의해 선천적으로 어느 정도의 정적 편심이 존재하며, 이는 결과적으로 어느 한 방향으로 정적 성분의 UMP를 발생시키고, 사용 중에 축 굽힘, 베어링 마멸(wear) 등을 초래할 수 있다. 이들에 의해 어느 정도의 동적 편심이 발생하게 된다.

편심 회전자는 대개 전원 주파수의 2배 성분($2f_L$)과 가장 가까운 운전 속도(1X)의 조화 성분들 사이에서 맥동 진동을 유도하는 회전자와 고정자 사이에서 회전 가변 공극을 발생한다. 일반적으로 $2f_L$과 운전 속도의 2배 조화 성분(2X)은 미소한 슬립 차이로 인해 스펙트럼 상에서 거의 붙은 상태로 나타나므로 서로 구별하기가 매우 어렵다. 따라서 이들 성분을 구별하기 위해서는 $2f_L$ 성분의 20~30 Hz 범위를 확대하여 보여주는 확대 스펙트럼 분석이 필요하다. 편심 회전자는 운전 속도와 2배 전원 주파수($2f_L$) 주위에서 극 수×슬립 주파수로 정의되는 극 통과 주파수(pole passing frequency) f_p의 측대역 성분을 동반한 높은 진동을 발생시킨다. 일 예로 2극에, 3600 rpm으로 운전되는 전동기의 측대역 성분들은 $2\times f_s$(슬립 주파수), 4극 전동기는 측대역 성분들이 $4\times f_s$에서 나타난다. 극 통과 주파수의 일반적인 범위는 0.3~2 Hz (20 ~120 cpm) 정도이다. 연약 지반, 정렬 불량이 가변 공극을 발생시키는 원인이 된다.

그림 5.16은 펌프 구동용 전동기의 사례로서 진동 신호의 주파수 분석 결과를 나타낸다. 그림 (a)의 광대역(wideband) 스펙트럼을 분석한 결과, 한계치 초과를 초과하는 매우 높은 진폭의 진동이 발생하였다. 전원 주파수(f_L)와 이의 2배 성분($2f_L$=120 Hz)이 탁월하고, 전원 주파수 성분(3,600 cpm, 60 Hz)은 5.59 mm/s, $2f_L$ 성분(7,200 cpm, 120 Hz)은 4.11 mm/s이며, overall치는 0.295 in/s(7.39 mm/s)이다. 그림 (b)의 확대 스펙트럼 분석 결과를 보면, 58 Hz의 극 통과 주파수(극 수×슬립 주파수) 성분이 $2f_L$의 좌우에 측대역 성분으로 발생하고 있고, 이는 편심 회전자 결함을 암시하는 전형적인 증상이다.

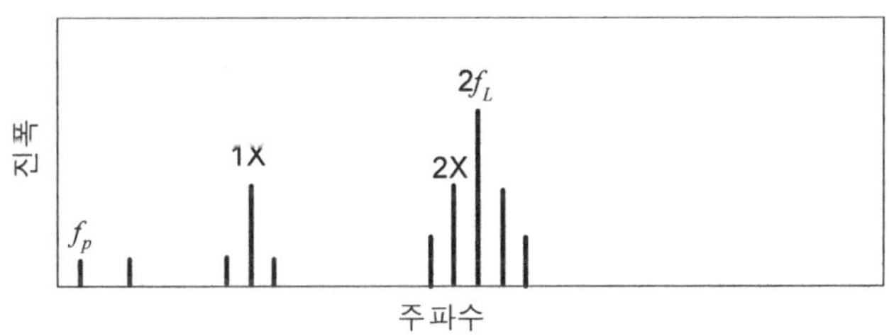

그림 5.15 편심 회전자의 진동 스펙트럼

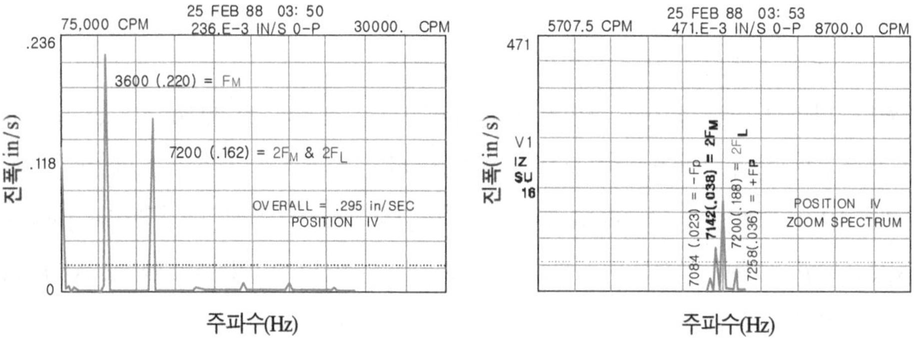

(a) 광대역 스펙트럼　　　(b) 확대 스펙트럼

그림 5.16 펌프 구동용 전동기의 편심 회전자 진동

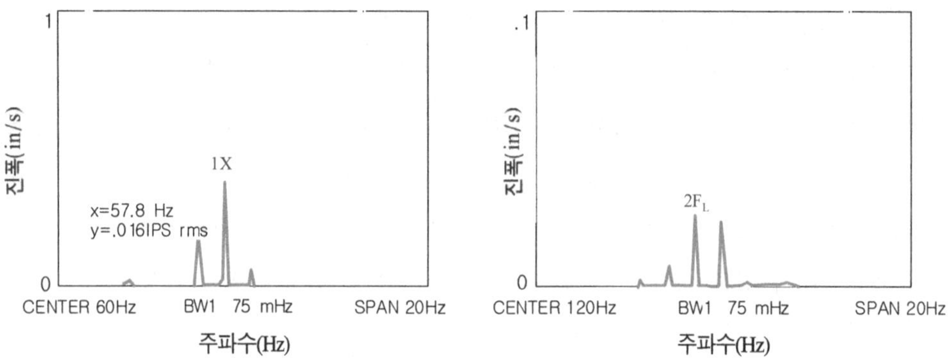

(a) 50~70 Hz　　　(b) 110~130 Hz

그림 5.17 전원 주파수(60 Hz)와 2배 주파수(120 Hz)에서의 확대 스펙트럼 결과

그림 5.17은 대형 유도 전동기(1,000 HP) 회전자의 편심에 의한 결함이 발생한 경우, 전원 주파수 주위(50 ~ 70 Hz)와 2배 성분 주위(110 ~ 130 Hz)의 확대 스펙트럼을 나타낸다. 발생 주파수는 운전 속도(57.8 Hz) 성분과 전원 주파수의 2배수(120 Hz) 성분이 탁월하며, 이들 주위에 측대역 성분이 발생하고 있다. 편심 회전자를 가진 전동기는 종종 온도 변화에 대해 높은 진동을 발생하는 특징이 있다. 예로 초기 운전 시 2.5 mm/s, 10분 후 3.5 mm/s, 30분 후 6.4 mm/s 이상으로 증가하고 있다. 이는 회전

자의 한 면에 대한 다른 면의 불균일한 가열로 야기되고, 수정하지 않으면 고정자와 접촉(rubbing)이 발생할 위험이 있다.

5.1.3 혼합 편심(mixed eccentricity)

실제적으로 전동기에서는 정적 편심과 동적 편심이 함께 나타난다. 새롭게 제작된 전동기에서도 제작 및 조립 문제에 기인하여 본래부터 어느 정도의 정적 편심을 가진다. 이 정적 편심은 한 방향으로 정상 불평형 자기 흡인력(UMP)을 일으킨다. 사용 중에 이 힘은 회전축의 굽힘, 베어링 마멸 및 균열 등을 초래할 수도 있다. 또한 이는 어느 정도의 동적 편심을 발생시키게 된다.

유도 전동기의 공극 편심은 통상 진동과 전류 신호의 스펙트럼 분석을 통하여 검지한다. 고정자 선 전류 스펙트럼은 식(5-1)과 (5-3)으로부터 구할 수 있다. 식(5-1)의 사용에는 주의가 필요하다. 건강한 전동기의 경우 주 슬롯 조화 성분(PSH)의 스펙트럼을 생성하기 위해, 극 쌍 수 $(N_r \pm np)$ (N_r은 회전자 슬롯 수, n은 조화 차수, p는 기본 극 쌍 수)는 고정자 권선의 한 상에 의해 생성되는 공간 조화 성분의 극 쌍 수와 같아야 한다. 이는 극 쌍 수가 $N_r \pm np \pm k\ (k=0,1,2)$로 될 수 있는 편심 관련 성분들의 경우도 마찬가지이다. 일부 전동기에서는 혼합 편심에 기인하는 고 주파수 스펙트럼 성분이 쉽게 검지되지 않는다. 이하에서는 혼합 편심에 대한 결함 증상 주파수로 이용되는 식(5-3)의 저 주파수 성분과 식(5-1)의 고 주파수 성분에 대해 Nandi 등의 결과를 이용하여 이하에 설명한다.

1) 저 주파수 성분 f_{el}의 생성

고정자 기준 좌표는 회전자 기준의 각위치(angular position)에 $\omega_r t$(ω_r는 회전 각속도)를 더하여 회전자 기준 좌표로 변환한다. 유사하게, 회전자 좌표는 고정자 기준 각위치로부터 $\omega_r t$를 빼면 고정자 좌표로 변환된다.

고정자 전류에 기인하는 MMF는

$$F_1 = A\cos(p_n x \pm \omega t) \tag{5-4}$$

여기서 $p_n = np$이고, n은 통상 조화 수, ω는 전원 각주파수(rad/s), x는 고정자 기준 좌표로부터의 각위치(rad)이다.

정적 및 동적 편심을 갖는 비 퍼미언스 함수(specific permeance function)는 근사적으로 다음과 같이 표현될 수 있다.

$$P \approx P_0 + P_1\cos x + P_2\cos(x - \omega_r t) \tag{5-5}$$

여기서 P_0는 평균 값, P_1과 P_2는 정적 및 동적 부분의 피크이다.

한 유형의 편심을 갖는 식(5-4)의 상호작용에 기인하여 발생하는 회전자 MMF는 식(5-3)에서 설명한 저 주파수의 모든 성분을 생성하기 위해 다른 유형의 편심과 상호작용을 하여야 한다는 것을 다음에 보인다. 유사한 유형의 편심을 포함하는 상호작용은 선 전류의 기본 파를 변화할 수 있다는 것을 나타낸다.

식(5-5)의 정적 편심 성분과 식(5-4)의 상호작용에 의해 생성되는 공극 자속 밀도의 성분만을 고려하자. 그들은 고정자에 대해서는

$$B_{sse} = \frac{AP_1}{2}\{\cos[(p_n - 1)x \pm \omega t] + \cos[(p_n + 1)x \pm \omega t]\} \tag{5-6}$$

회전자에 대해서는

$$B_{rse} = \frac{AP_1}{2}\{\cos[(p_n - 1)(x' + \omega_r t) \pm \omega t] + \cos[(p_n + 1)(x' + \omega_r t) \pm \omega t]\} \tag{5-7}$$

여기서 x'는 회전자 기준 좌표로부터 각위치(rad)이다.

식(5-7)의 자속 밀도 성분은 회전자에 전압을 유도한다. 이들 유도 전압은 대응하는 회전자 MMF들을 발생하는 회전자 전류를 야기한다. 이들 회전자 MMF와 식(5-4)의 동적 편심 성분의 상호작용 $P_2\cos x'$(회전자 좌표에서 표현된)는 다음과 같은 공극 자속 밀도 성분을 생성한다.

$$
\begin{aligned}
B_{rsde} =& \frac{A_1 P_1 P_2}{4} \cos\left[(p_n - 1)x' + x' + (p_n - 1)\omega_r t \pm \omega t - \phi_1\right] \\
&+ \frac{A_2 P_1 P_2}{4} \cos\left[(p_n - 1)x' - x' + (p_n - 1)\omega_r t \pm \omega t - \phi_2\right] \\
&+ \frac{A_3 P_1 P_2}{4} \cos\left[(p_n + 1)x' + x' + (p_n + 1)\omega_r t \pm \omega t - \phi_3\right] \\
&+ \frac{A_4 P_1 P_2}{4} \cos\left[(p_n + 1)x' - x' + (p_n + 1)\omega_r t \pm \omega t - \phi_4\right]
\end{aligned} \tag{5-8}
$$

식(5-8)로부터 적어도 첫째 및 넷째 항은 단지 이들 항의 극 쌍 수가 임의 p의 경우, 식(5-4)의 그들과 어울리도록 고정자에 전압을 유도할 수 있음이 명확하다.

이들 항을 고정자에 대해 더하고(즉 x'를 $x-\omega_r t$로 교체) 다시 표현하면,

$$
B_{ssde} = \frac{1}{4} P_1 P_2 \{A_1 \cos\left[p_n x - (\omega_r \pm \omega)t - \phi_1\right] + A_4 \cos\left[p_n x + (\omega \pm \omega_r)t - \phi_4\right]\} \tag{5-9}
$$

이 식은 고정자 전류의 여분의 성분들이 $\omega+\omega_r$과 $\omega-\omega_r$에서 나타나는 것을 보인다. 식(5-7)에 기인하는 회전자 MMF와 비 퍼미언스 함수의 정적 편심 성분에 의해 생성되는 공극 자속 밀도 성분들의 일부를 고정자 좌표에서 나타내면

$$
B_{ssse} = \frac{1}{4} A_5 P_1^2 \cos\left[p_n x \pm \omega t - \phi_5\right] \tag{5-10}
$$

식(5-10)과 같은 성분들은 기본 자속에 영향을 미칠 것이다. 그러므로 기본 유도 전압과 그 결과로 기본 선 전류가 변화된다.

유사하게, 단지 식(5-5)의 동적 편심 성분과 식(5-4)의 상호작용 그리고 정적 편심 성분과의 식(5-4)의 상호작용에 의해 생성되는 공극 자속 밀도의 어떤 성분들은 $\omega \pm \omega_r$에서 고정자 전류를 유도한다. 또한 동적 편심 성분 만을 포함하는 상호작용은 선 전류의 기본 성분을 변경할 것이다. 역시 동일한 절차를 통한 이들 $\omega \pm \omega_r$성분은 결과로서 다음과 같은 성분들을 초래한다.

$$\omega_{new} = |\omega \pm k'\omega_r| \quad (k' = 2,3,4,...) \tag{5-11}$$

식(5-11)은 $\omega + \omega_r$와 결합될 수 있고, 다음과 같이 다시 쓸 수 있다.

$$\omega_l = |\omega \pm k\omega_r| \quad (k = 1,2,3,...) \tag{5-12}$$

$\omega = 2\pi f$의 관계를 이용하면, 식(5-3)이 쉽게 얻어진다.

$$f_{el} = |f_L \pm kf_r| \quad (k = 1, 2, 3 \cdots) \tag{5-13}$$

2) **고 주파수 성분 f_{el}의 생성**

선 전류에서 식(5-3) 또는 (5-13)과 같은 저 주파수 성분들은 다음과 같은 방법으로 식(5-1)에 주어진 것과 같은 부가적인 조화 성분을 생성한다.

(1) 이들 성분에 의해 생성되는 MMF는 다음과 같이 설명될 수 있다.

$$F_{me} = C\cos(p_n x \pm \omega_l t) \tag{5-14}$$

이는 다음에 주어지는 공극 자속 밀도 성분을 생성하기 위해 P_0에 작용한다. 고정자와 회전자에 대해 각각

$$B_{smea} = CP_0 \cos(p_n x \pm \omega_l t) \tag{5-15}$$

$$B_{rmea} = CP_0 \cos\left[p_n(x' + \omega_r t) \pm \omega_l t\right] \tag{5-16}$$

이들 성분은 $(N_r \pm p_n)$ 극 쌍 회전자 MMF 조화 성분을 생성한다. P_0에 작용하는 이들 조화 성분은 다음과 같은 형태의 공극 자속 밀도 성분을 생성한다. 고정자에 대해

$$B_{\mathrm{eaa}} = C_1 P_0^2 \cos\left[(N_r \pm p_n)x' \pm p_n \omega_r t \pm \omega_1 t - \phi_6\right] \tag{5-17}$$

또는 회전자에 대해

$$B_{smeaa} = C_1 P_0^2 \cos\left[(Nr \pm p_n)(x - \omega_r t) \pm p_n \omega_r t \pm \omega_l t - \phi_6\right] \tag{5-18}$$

위 식에 ω_1에 $(\omega \pm k\omega_r)$ 및 ω_r에 $((1-s)/p)\omega$를 각각 대입한 후 간략화 하면

$$B_{smeaa} = C_1 P_0^2 \cos\left[(N_r \pm p_n)x - \left\{(N_r \pm k)\frac{(1-s)}{p} \pm 1\right\}\omega t - \phi_6\right] \tag{5-19}$$

(2) 공극의 상수 부분과 정적 편심을 포함하는 유사한 상호작용은 다음 성분을 생성한다.

$$B_{smeas} = \frac{C_2 P_0 P_1}{2}\cos\left[(N_r \pm p_n \pm 1)x - \left\{\frac{(N_r \pm k)(1-s)}{p} \pm 1\right\}\omega t - \phi_7\right] \tag{5-20}$$

(3) 같은 방법으로, 공극의 상수 부분과 동적 편심을 포함하는 상호작용은 다음의 성분을 생성한다.

$$B_{smead} = \frac{C_3 P_0 P_2}{2}\cos\left[(N_r \pm p_n \pm 1)x - \left\{\frac{(N_r \pm k_2)(1-s)}{p} \pm 1\right\}\omega t - \phi_8\right] \tag{5-21}$$

여기서 $k_2 = 0, 1, 2,$ 등의 정수이다.

(4) 마지막으로, 정적 편심과 동적 편심을 포함하는 상호작용은 다음 성분을 생성한다.

$$B_{smesd} = \frac{C_4 P_1 P_2}{4} \cos\left[(N_r \pm p_n \pm k_1)x - \left\{ \frac{(N_r \pm k_2)(1-s)}{p} \pm 1 \right\} \omega t - \phi_9 \right] \quad (5\text{-}22)$$

여기서 $k_1 = 0, 2$이다.

N_r, p_n의 조합에 의존하여, 식(5-19) ~ (5-22)에 정의된 자속 밀도 성분들은 고정자에 전압을 유도한다. 이들 유도 전압은 식(5-1)에 주어진 것과 같은 고정자 전류의 고 주파수 성분을 생성한다. 그러나 식(5-22)에 주어진 성분의 일부는 매우 작을 것이다. 그 이유는 식(5-22)의 $(P_1 P_2)/4$의 값이 통상 아주 작기 때문이다. 그러므로 $k_1 = 2$인 전동기는 저 주파수 성분 f_{el}이 아주 강하더라도, 고 주파수 성분 f_{eh}이 매우 약하게 발생할 수 있다.

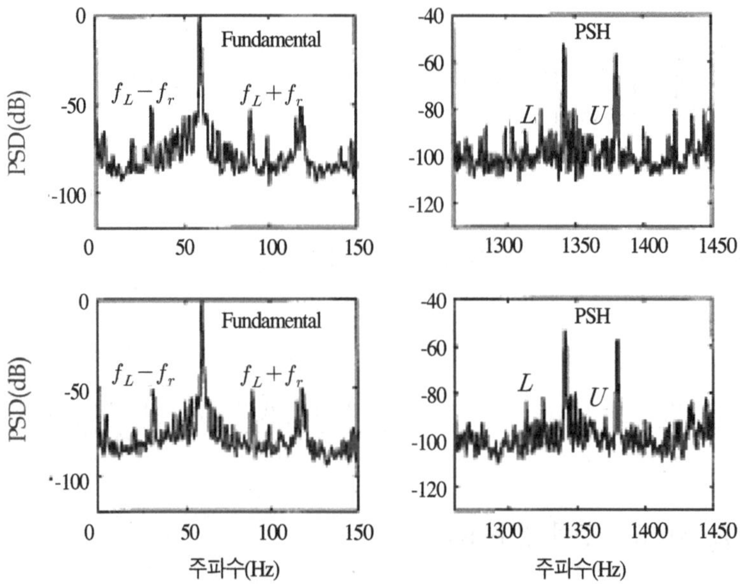

그림 5.18 기본파 및 PSH 주위의 선 전류 스펙트럼의 비교

그림 5.18 ~ 5.20은 Nandi 등에 의해 수행된 혼합 편심을 고려한 유도 전동기에 대한 실험 결과이다. 그림 5.18은 회전자 봉 수(N_r) 44, 슬립 0.029인 4극 전동기의 부하 시의 선 전류 스펙트럼을 나타낸다. 공칭 정적 편심은 38.46%로서 전동기 앤드 벨(end bell)의 베어링 하우징을 가공하여 생성하였다. 대략 5% 정도의 본래부터 가지고 있는 동적 편심이 실험에 이용되었다. 위 그림은 정상(건강) 전동기이고, 아래 그림은 혼합 편심이 있는 전동기의 경우이다. 왼쪽은 기본파 성분, 오른 쪽은 주 슬롯 조화 성분(PSH, principal slot harmonic) 주위에서의 파워 스펙트럼 밀도(PSD, power spectrum density)를 나타낸다. 정상 전동기에서도 식(5-3)의 저 주파수 성분이 기본파(60 Hz)의 좌우에 측대역 성분(sidebands)으로 나타난다. 이 성분이 발생할 수 있는 가능한 이유로는 전동기 포화(saturation)를 예상할 수 있다. 이들 저 주파수 성분들은 정적 편심이 있을 때만 근소하게 변화한다. 그림으로부터 상부 측의 측대역 성분은 정상일 때 -53.89 dB, 편심에서 -52.14 dB까지 변화하고, 약 1.75 dB 증가하였으나, 아래 측의 측대역 성분은 거의 변화가 없다. 이는 식(5-3)의 저 주파수 성분만을 이용하여 진단을 수행한다면, 오 진단을 할 수 있음을 나타낸다. 그러나 고 주파수 성분은 편심의 존재를 명확히 확인할 수 있다. 우측 그림으로부터 정상에서 편심이 되었을 때, 위쪽 측대역 성분은 -95.14에서 -90.24 dB, 아래 측은 -89.06에서 -84.03 dB까지 증가한다. 즉, 각각4.9, 5.0 dB의 변화를 나타낸다.

그림 5.19와 5.20은 4극, 회전자 슬롯 수(N_r) 28, 슬립 0.022인 다른 유도 전동기에 대한 혼합 편심의 실험 결과이다. 편심 조건은 정적 편심 41.37%, 동적 편심 20.69%이다. 이 전동기는 앤드 벨(end bell)의 베어링 하우징 내에 편심 슬리브를 설치하여 정적 편심을 만들었다. 기본파 좌우의 측대역 성분들은 각각 대략 22 dB, 24 dB 증가하였다. PSH 주위의 좌우 측대역 성분들은 각각 35 dB, 23 dB가 증가하였다. 따라서 44개의 회전자 봉을 갖는 전동기의 결과(그림 5.18)에 비해, 상당한 동적 편심을 부가하였기 때문에 기본파와 PSH 주위의 측대역 성분들이 크게 증가하는 것을 나타낸다.

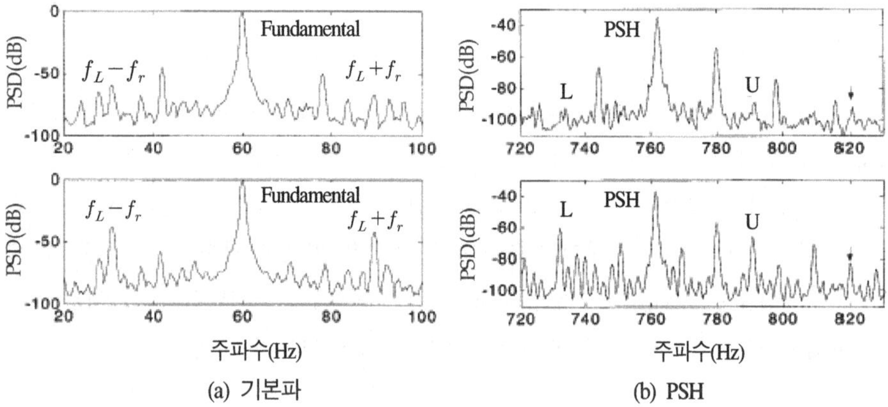

그림 5.19 정상 및 혼합 편심 전동기의 선 전류 스펙트럼(부하)

그림 5.20은 무부하 조건에서의 결과를 보인다. 기본파와 PSH 주위의 다른 성분들도 가벼운 부하 조건하에서만 뚜렷이 증가하는 것을 보인다. 이들 성분의 위치를 그림 5.20내에 화살표로 나타내고 있다. 이들의 대부분은 부하 상태에서는 뚜렷한 증가를 보이지 않았고, 따라서 부하 조건하에서는 검지할 수 없었다(그림 5.18 및 그림 5.19의 우측 그림). 이는 부하가 저 주파수 및 고 주파수 성분과 관계되는 편심의 일부를 감쇠시킨다는 뜻을 내포한다.

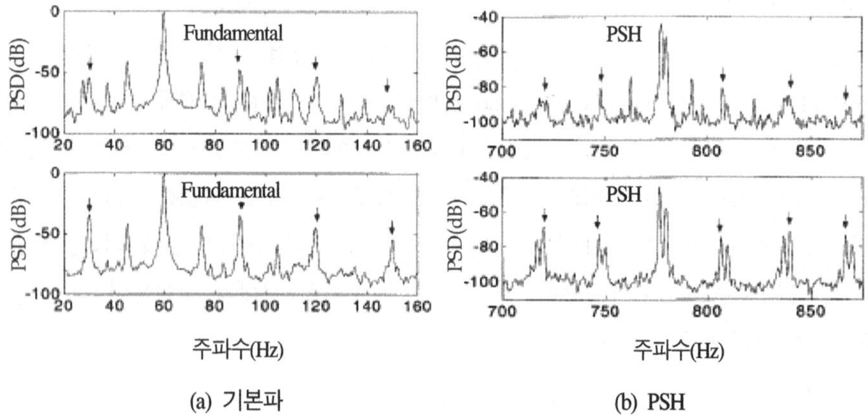

그림 5.20 정상 및 혼합 편심 전동기의 선 전류 스펙트럼(무부하)

이러한 결과들로부터 결함 진단 과정에서 특히 정적 및 동적 편심율이 모두 또는 어느 하나가 낮을 때, 저 주파수 성분 만에 기초하여 판단을 한다면, 잘못된 진단이 이루어 질 수 있음을 나타낸다. 또한 부하는 식(5-1)과 (5-3)에 주어진 성분들의 몇몇에 유력한 영향을 미칠 수 있다. 결론적으로 혼합 편심을 검지하기 위해서는 여러 부하 조건하에서 고 주파수 및 저 주파수 성분을 검사할 것이 요구된다.

5.2 회전자 결함

실제 유도 전동기의 회전자(rotor)는 그림 5.21과 같이 슬롯을 가공한 엷은 규소 강판을 적층하여 철심(core)을 만들고, 이 슬롯 속에 동 또는 알루미늄의 도체 봉(bar)를 삽입하며, 철심의 외측에 회전자 봉의 양단을 단락 링(end ring)으로 단락된 형태로 이루어져 있다. 이 도체 부분(회전자 봉과 단락 링)만을 보면, 농형을 하고 있으므로 농형 회전자(cage rotor)라 부른다.

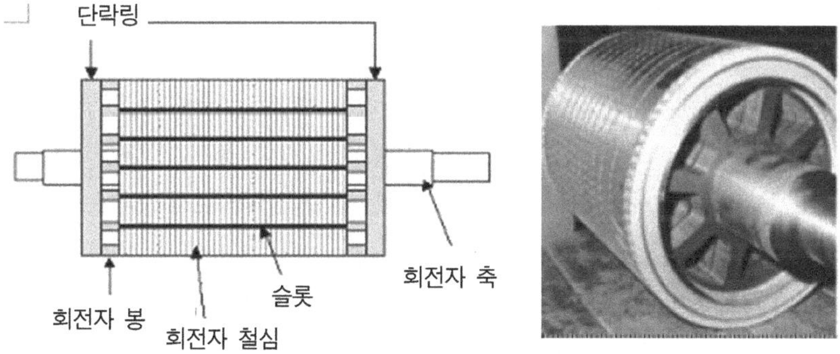

그림 5.21 농형 회전자의 구조

회전자 봉과 단락 링을 제작 시에는 도체로서 동을 이용하고, 이들의 접속은 납땜(soldering)하는 것이 일반적이다. 회전자의 저항을 높이기 위해 동 대신에 황동을 이용하는 경우도 있다. 중소 용량의 전동기에서는 알루미늄 다이캐스팅에 의해 농형 회전자를 만드는 것이 일반적이다.

농형 유도 전동기 고장의 약 10%가 회전자에서 발생한다. 반복되는 기동에 의해 야기되는 피로 응력이 주로 유도 전동기의 회전자 봉의 균열이나 파손을 일으킬 수 있다. 흔히 전동기는 아직 운전될 수 있더라도 고장의 검지와 전동기의 심각도 평가를 통하여 심각한 고장을 미연에 회피할 수 있다. 기동 시 회전자 권선 내 전류의 주파수는 전원주파수(0 속도)에서 슬립 주파수(동기 속도에서)까지 변화하고, 이 전류에 대응하는 힘이 회전 주파수에서 반경 방향으로 봉을 변위시킨다. 회전자 고장의 주요 원인은 회전자에 작용하는 다음과 같은 여러 응력(stress)의 결합에 의해 발생한다.

- 열 응력(thermal stress)
- 전자기력 응력(electromagnetic stress)
- 잔류 응력(residual stress)
- 동적 응력(dynamic stress)
- 환경적 응력(environmental stress)
- 기계적 응력(mechanical stress)

전동기가 적절하게 설계, 제작, 조립, 설치, 운전 및 보수 유지가 이루어진다면, 이들 응력은 허용치 이하로 유지할 수 있고, 오랫동안 기능 유지가 가능하다.

그림 5.22는 전동기 회전자에 작용할 수 있는 각종 힘을 표시하였다. 그림에서 각종 기호의 의미는 F_W : 작동 토크(working torque), F_{UB}: 불평형 원심력, F_X : 진동 및 과도 토크, F_R : 캐스팅(casting), 용접, 가공 및 조립에 의한 잔류 힘(반경, 축방향 등), F_{M1}: 슬롯 누설, 자속, 진동에 의한 자기력, F_{M2} : 공극 편심에 의한 자기력, F_C: 원심력, F_{T1} : 단락 링 가열에 의한 열 응력, F_{T2} : 기동 중 봉 내의 온도 변화에 의한 열

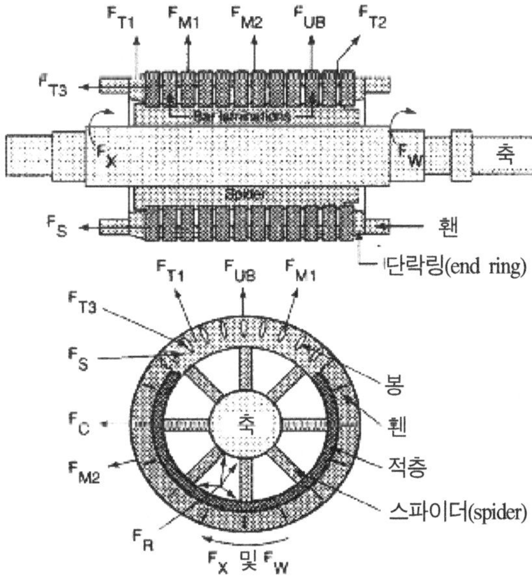

그림 5.22 회전자에 작용하는 힘

응력(skin effect), F_{T3} : axial bar growth에 의한 열 응력, F_S : 회전자 봉의 경사(skew)에 의한 축력(axial force), W: 회전자 자중을 나타낸다.

회전자 고장 문제는 농형 케이지(squirrel cage)를 통하여 흐르는 회전자 전류를 측정할 수 없기 때문에 결함 원인을 진단하기가 매우 어렵다. 통상 고정자 전류의 주파수 분석이 회전자의 고장을 검지하기 위해 널리 사용된다.

회전자 봉의 파손은 전류 스펙트럼에서 전원 주파수로부터 슬립 주파수(sf_L)의 2배인 $2sf_L$ 만큼 떨어진 2개의 측대역 주파수 성분이 전원 주파수의 좌우에 발생한다. 즉, 결함 주파수는 $f=(1\pm 2s)f_L$이 된다. 측대역주파수의 좌측 성분이 직접적으로 결함에 의한 성분이고, 우측 성분은 연속적인 속도 맥동(ripple)에 기인하는 성분이다. 따라서 정상 상태 조건에 일정 주파수 전원이 공급되는 즉, 속도 맥동을 무시할 수 있는 전동기에서는 우측 성분은 발생하지 않는다. 이들 두 성분 진폭의 합이 회전자의 결함 심각도(severity)에 적절한 상관 관계를 가지고, 매우 훌륭한 진단 지수(diagnostic index)로 사용될 수 있음이 입증되어 있다.

그러나 결함 정도가 낮은 초기 결함에서는 회전자 결함을 파악하는 유용한 특징 결함 주파수인 $f=(1\pm 2s)f_L$성분이 노이즈(noise)에 둘러싸이기 때문에 명확하게 결함 주파수 성분을 분리하기가 어려운 문제가 있다.

회전자의 고장은 주로 회전자 봉과 단락 링의 파손 및 균열에 기인한다. 이들의 고장률은 기계적으로 구속하였을 때보다 압력을 가하여 주입하였을 때가 낮다.

표 5.3 회전자 결함과 결함 진동 주파수

회전자 결함	발생 증상
• 축 결함	• 피로 손상에 기인하고, 주로 운전 속도(1X) 성분의 높은 진동 발생
• 회전자 봉과 단락 링의 파손/균열 • 회전자 적층의 단락	• 운전 속도(1X)성분의 높은 진동과 극 통과 주파수의 측대역 성분 발생
• 균열이 발생한 회전자 봉	• 운전 속도(1X)의 높은 진동과 극 통과 주파수의 측대역파 성분 발생. 종종 조화 성분(2X, 3X, 4X, 5X)의 주위에 극 통과 주파수의 측대역파 성분 발생
• 헐겁거나 개방된 회전자 봉	• 회전자 봉 통과 주파수 와 이의 조화 성분 및 주위에 전원 주파수×2배 성분의 측대 역파 성분
• 회전자 봉과 단락 링 사이의 전기적 아크	• (2×전원 주파수 2배 성분)과 (2×회전자 봉 통과 주파수) 성분의 높은 레벨

5.2.1 회전자 축의 고장

일반적으로 베어링으로 지지된 채로 정지하고 있거나 회전 운동 또는 회전 요동 운동을 하여 물체를 받치면서 동력을 전달시키는 기계 요소를 축(shaft)이라 하고, 전동기 회전자 축은 동력 전달을 위한 풀리, 기어, 냉각 휀 등이 부착되어 있는 경우가 많다. 축은 그 형상에 따라 그림 5.23과 같이 원 축(circular shaft), 스플라인축(splined shaft), 구멍이 뚫린 중공 축(hollow shaft)과 뚫리지 않은 중실 축(solid shaft) 등 다양한 종류를 가지고 있다.

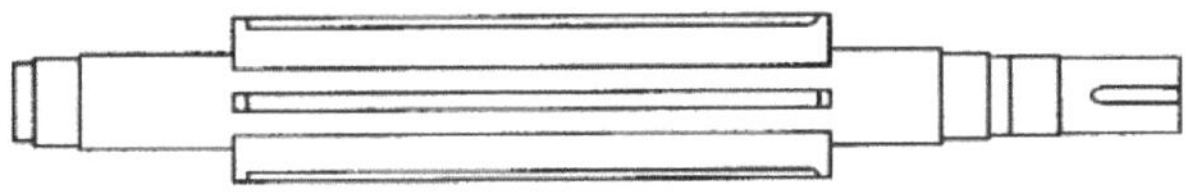

(a) 대형 전동기용 스파이더 축

(b) 수직 펌프용 중공 축

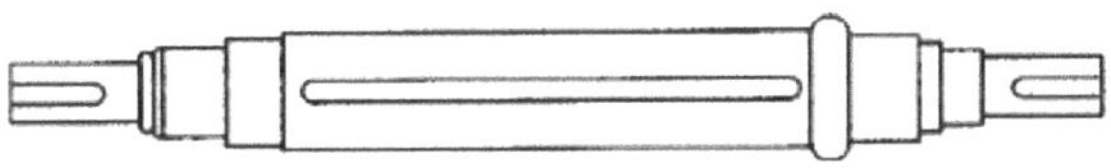

(c) 완전 밀봉 휀 냉각 축

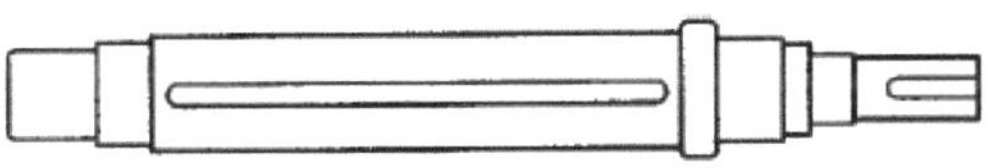

(d) 개방 방적형(drip-proof) 전동기 축

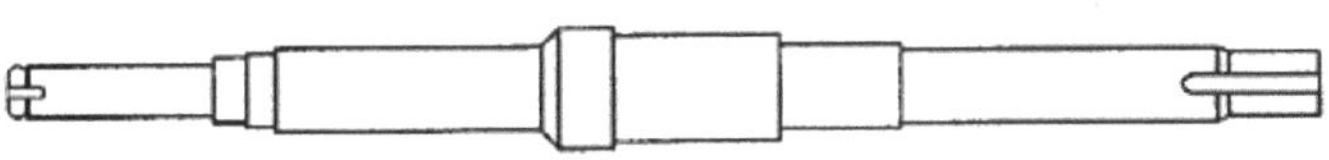

(e) 펌프용 세밀 결합된(close coupled) 축

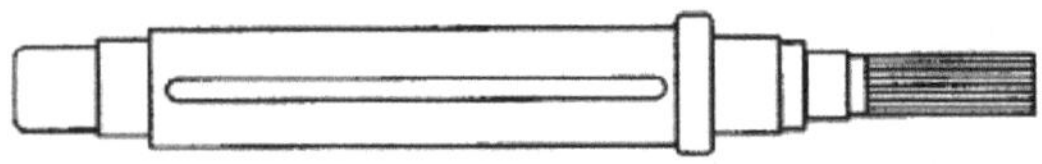

(f) 스플라인/기어 결합 축

그림 5.23 **전동기용 축의 예** (Bonnett)

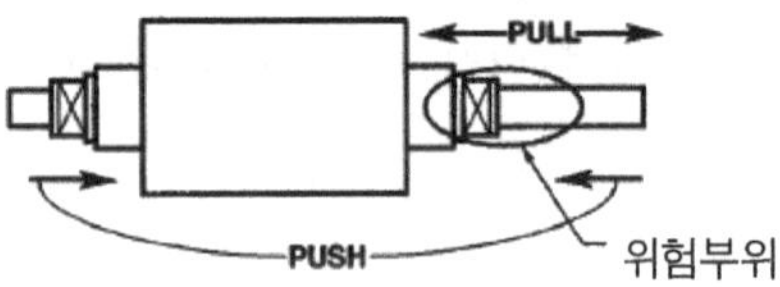

(a) 내다지 하중

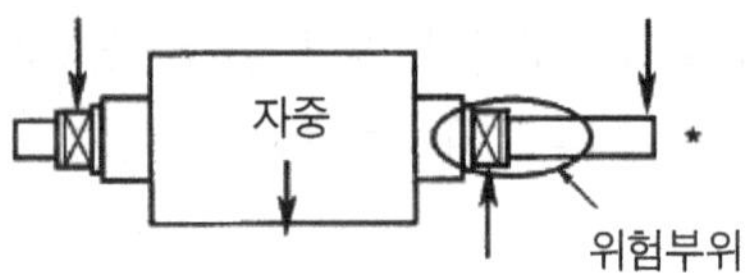

(b) 축방향 하중

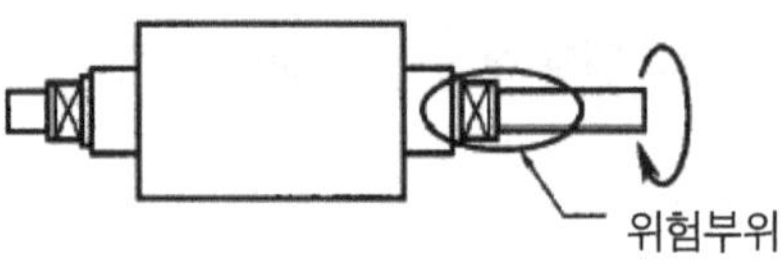

(c) 비틀림 하중

그림 5.24 **축에 작용하는 하중의 일반적인 예** (Bonnett)

축은 주어진 운전 조건과 하중 조건하에서 파손되지 않도록 충분한 강도(strength)와 함께 처짐(deflection)과 비틀림이 어느 한도 내에 있도록 필요한 강성(stiffness)을 가지도록 설계된다. 그러나 설계 단계에서 고려된 설계 하중보다 과대한 하중의 작용에 의한 응력이 축에 작용하게 되면 축의 파손 등의 고장이 발생하게 된다.

축 고장의 원인을 결정하기 전에 축에 작용하는 힘인 축 하중에 대한 명확한 이해가 필요하다. 그림 5.24는 피로 파손을 초래할 수 있는 전동기 축 부하의 가장 일반적인 3가지의 하중 형태를 나타낸다. 내다지 하중(overhung load)은 굽힘 피로와 축 마찰(rub bing)을 일으키며, 축방향 하중(axial load)은 베어링 고장을 그리고 비틀림 하중(torsional load)은 비틀림 파손을 일으킬 수 있다. 설계 응력집중이 발생하기 쉬운 전동기 축의 단면 부분을 그림 5.25에 나타내었다. 응력 집중은 베어링

shoulder, 스냅 링 홈, 키 홈, 축 나사 홈과 같은 축 표면의 불연속 부분에서 주로 발생한다. 축 손상이나 부식(corrosion) 역시 응력을 증가시킬 수 있다. 피로 균열과 고장은 통상 이 부분에서 발생한다. 전동기에서 가장 일반적으로 발생하는 위치는 그림 5.25에서 베어링 저널의 shoulder(H)나 커플링 키 홈(J) 부분이다. 축 손상의 가장 일반적인 부분은 H에서 J 부분이다. 대부분의 베어링 고장은 축방향 하중의 결과로 발생한다.

회전자 축에서 발생하는 고장의 일반적인 원인과 산업 현장에서 발생되는 비율을 표 5.4에 나타내었다. 부식, 피로, 취성 파괴 순으로 고장이 많이 발생하는 것을 알 수 있다.

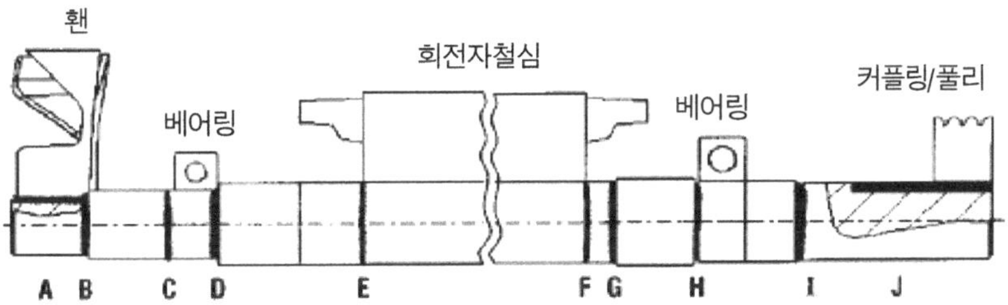

그림 5.25 회전자 축의 응력 집중 위치(Bonnett)

표 5.4 축 고장의 원인(Brooks & Choudhury)

고장 원인	발생 빈도
부식(corrosion)	29%
피로(fatigue)	25%
취성 파괴(brittle fracture)	16%
과부하(overload)	11%
고온 부식	7%
응력 부식 피로/수소 취성	6%
크리프(creep)	3%
마멸(wear), 마모(abrasion), 침식(erosion)	3%

5.2.2 회전자 적층의 단락(shorted rotor laminations)

회전자 철심은 얇은 규소 강판을 이용하여 슬롯 부분을 제거한 후 이를 적층하여 만들어 진다. 회전자 철심의 적층은 회전자 철심을 절연하고, 전류 흐름을 방지하기 위한 것이 목적이므로, 슬롯에서의 권선을 제외한 표면의 단락은 이 목적을 파괴하고 높은 국부적인 가열을 일으킬 수 있다.

다음은 회전자 적층의 결함 원인을 나열한 것이다.

- 과대한 거친 부분(burr)과 철심 적층의 정렬 불량
- 회전자 외경의 부적절한 가공
- 고정자와 회전자의 마찰
- 철심 강판의 부적절한 절연이나 절연 결함
- 철심 강판 절연을 파괴하는 부적절한 철심 죔(clamp) 압력
- 적층 이(lamination tooth) 진동 등

5.2.3 회전자 봉과 단락 링의 파손

3상 유도 전동기에서 회전자 관련 결함들의 대부분은 회전자 봉 파손과 단락 링 파손에 기인하고 있다. 최근 고정자 권선의 설계 및 제작에 괄목할 만한 기술적인 향상이 이루어졌다. 유도 전동기는 매우 부식성이 있고 더러운 환경에서 운전될 것이 요구되고 있고, 이는 다양한 절연 재료와 처리 절차의 개발을 필요로 하였다. 그러나 농형 회전자의 설계와 제작 기술은 그다지 변하지 않았다. 그 결과로 회전자 봉의 파손 결함은 1980년대에는 유도 전동기에서 발생하는 고장의 약 5 ~ 10%를 차지하였으나, 최근에는 가장 보편적인 결함으로 현장에서 경험되고 있다.

농형 회전자는 기본적으로 주조(casting)와 조립의 두 가지 유형이 있다. 이전에는 주조 회전자(cast rotor)는 단지 소형 전동기에만 주로 사용되었다. 그러나 주조 도관 회전자(cast ducted rotor)의 등장으로 주조 기술이 3000 kW 범위의 전동기 회전자까

지도 사용될 수 있도록 되었다. 조립 회전자(fabricated rotor)는 일반적으로 대형 또는 특수용 전동기에 사용된다. 주조 회전자는 조립 회전자보다 더욱 견고하지만, 회전자 봉에 균열이나 파손과 같은 결함이 진전되었을 때 거의 수리될 수 없는 단점이 있다.

회전자의 결함 문제는 주로 다이캐스팅 회전자의 주조 불량 또는 조립 회전자에서 빈약한 용접이나 경랍 땜(brazing)에 의한 높은 저항의 조인트(joint)로부터 발생한다. 이러한 경우 봉에 발생하는 불균일한 응력은 피할 수 없다. 그러나 흔히 대부분의 고장은 피로에 의해 야기되는 봉의 파괴(fracture)에 기인하여 발생한다. 이는 급속 제동과 가속 주기 동안에 필연적으로 회전자 내에 높은 응력을 받는 불균일 하고 무거운 부하 운전을 하는 기계에서는 일반적으로 나타나는 현상이다.

회전자 봉과 단락 링 파손의 주요 원인으로는

- 열적 과부하 및 불균형, 고온 점(hot-spots) 또는 과대한 손실, 불꽃(sparking) (주로 조립 회전자에 기인하는 열 응력
- 전자기력, 불평형 자기 흡인력(UMP), 전자기 소음과 진동에 기인하는 자기 응력(magnetic stress)
- 제작 문제에 기인하는 잔류 응력(residual stress)
- 축 토크, 원심력 및 주기적인 응력들로부터 발생하는 동적 응력(dynamic stress)
- 오염 또는 습기 등에 의한 회전자 재료의 연삭 마멸(abrasion)에 기인하는 환경적인 응력
- 적층의 헐거움, 피로 부품이나 베어링 고장에 의한 기계적인 응력

등이 있다.

직접적인 고장의 원인은 아니지만, 봉의 파손에 따른 다음과 같은 심각한 2차 효과를 야기시킨다. 첫째로 회전자 봉의 균열에 의해 발생한 미소한 칩(chip)이 고속 회전 중인 고전압 전동기 내부를 따라 돌다가 고정자 코일의 권선 종단(end winding) 부위에 박히게 되면, 전압에 의해 이 부분에서 국부적인 과열이 발생하고 이는 절연 손상을 야기시켜 고정자 권선의 고장으로 발전된다(그림 5.26). 최근에는 이물질의

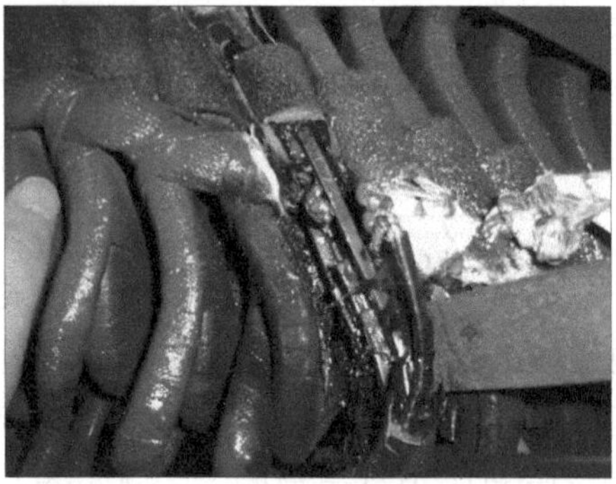

그림 5.26 고정자 권선의 파손 사진

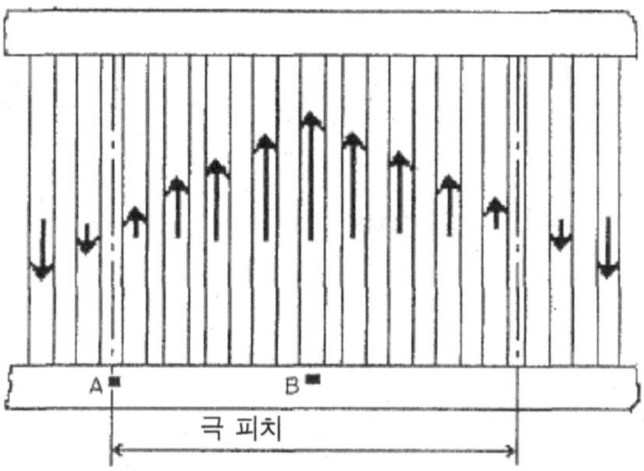

그림 5.27 농형 회전자 내의 전류 분포

세정으로 거의 발생하지 않는다. 마지막으로, 공극 편심의 이상 레벨로 불평형 자기력(unbalanced magnetic force)을 초래하며, 이는 고정자와 회전자 사이의 마찰을 일으키고 베어링의 열화 및 과대한 진동을 발생시킬 수 있다.

정상인 농형 회전자에서는 고정자와 회전자 MMF 분포는 정현파(sinusoidal wave)의 기본파 성분으로 충분한 정도로 표현될 수 있고, 그림 5.27과 같이 회전자 내에서 봉 전류의 정현 공간 분포로 가정할 수 있다. 그러나 파손된 봉을 가지는 농형 회전자에서는 전류가 다르게 분포될 수 있다. 어느 시간 순간에 파손된 봉이 그림의 점 A에서 발생하였다면, 변화는 없고 전류는 그림에 보이는 것과 같이 정확하게 표현될 것이다. 만약 봉의 파손이 점 B에서 발생하였다면, 공간적인 위치에서 최대 값을 가지는 전류는 재 분포될 것이다. 이러한 환경에서는 회전자의 저항은 크게 되고, 전류의 재 분포의 결과로 회전자 인덕턴스 역시 영향을 받게 될 것이다. 파손된 봉 내로 흐르던 전류의 대부분이 결함 후 인접한 봉들로 흐를 수 있다. 그러나 봉의 임피던스에 대한 단락 링 임피던스의 비에 의존하기 때문에 항상 그런 것은 아니다.

전류의 재 분포로 인해 파손된 봉을 가지는 전동기 내의 공극 자속 밀도 분포는 크기가 변하며, 대칭성을 잃어버린다. 정현 파형의 전류 분포로 가정한 대칭 회전자 권선은 정현 MMF 파를 생성하고, 이 파는 다음 식과 같이 기본 파에 의해 정확하고 합리적으로 표현될 수 있다.

$$F(\theta_r) = F_r \cos(p\theta_r) = N_r i_r \cos(p\theta_r) \tag{5-23}$$

그러나 회전자 봉에 파손이 발생한 경우에는, 식(5-23)은 파손된 봉에 인접한 봉들로 흐르는 전류를 고려할 수 없기 때문에 더 이상 정확하지 않다. 그러므로 합성 MMF는 각기 다른 진폭과 주기를 가지는 두 파의 합으로 설명될 수 있어야 한다. 첫째 파는 상기 식에 의해 설명되고, 다른 파는 파손된 봉에 기인하는 전류 재 분포의 특성에 의존되며, 기본 파와 다른 주기를 가진다. 그러므로 그 자신의 주기에 기초한 푸리에 급수로 분해되어야 한다. 따라서 상기 식은 다음 식과 같이 수정이 필요하다.

$$F(\theta_r) = F_r \cos(p\theta_r) = \sum_{k=1}^{\infty} [a_k \cos(k\theta_r - \alpha) + b_k \sin(k\theta_r - \alpha)] \tag{5-24}$$

여기서 α는 기준 축에 대한 파손된 봉의 위치를 나타낸다. 그러므로 봉 전류의 어느 주어진 재 분포의 경우, 그 분포에 적절한 식(5-24)의 푸리에 계수만을 평가하는 것이 필요하다. Deleroi의 방법에서는 파손된 봉 내를 정상적으로 흐르는 전류와 같은 크기와 반대 크기를 가지는 전류를 도입하여 파손된 봉은 모델링 된다. 그리고 회전자에 이 도입된 전류의 효과가 고려된다. 고정자는 회전자로부터 분리된 것으로 가정한다. 이 효과는 중첩에 의해 건강한 회전자의 MMF에 더해진다. 회전자는 N 그물망(mesh)의 집합으로 모델링 되고, 각 망은 봉과 단락 링 단면의 저항과 누설 리액턴스를 포함한다.

인접한 망들 내의 전류 사이의 크기과 위상각의 차를 결정하는 감쇠율 d가 계산된다. 파손된 봉을 기준으로 이용하고, 시계 방향으로 진행하면, i번째 망 내를 흐르는 전류는

$$I_{r,i} = I_{r,1}\, d^{i-1}$$

$$d = (1+\overline{A}) \pm \sqrt{(1+\overline{A})^2 - 1}, \quad \overline{A} = \frac{R_r + js(x_r + 0.5X_g)}{R_b + jsX_b}$$

여기서 R_r은 망 단락 링 저항, x_r은 망 단락 링 리액턴스, X_g는 유효 망 공극 리액턴스, X_b와 R_b는 각각 봉의 리액턴스와 저항이다.

그러므로 파손된 봉 전류는 d에 의해 결정되는 감쇠 양을 가지고 각각 반대 방향으로 파손된 봉으로부터 이동해 가는 2개의 동일한 장을 생성한다. 전류는 파손된 봉으로부터의 거리에 따라 감소해야 하기 때문에, 단지 $|d| < 1$인 해만이 의미를 갖는다. 감쇠가 매우 크지 않는 경우에는 전류는 단지 바로 인접한 봉들 이상의 사이에서 재 분포된다. Deleroi의 방법에 따라, 이 전류 재분포를 위한 푸리에 급수의 필요한 계수들은 다음 식으로 계산할 수 있다.

$$a_k = \frac{2}{\pi}\left[\sum_{i=2}^{R/2} \int_{\frac{2\pi(i-1)}{R}}^{\frac{2\pi i}{R}} A\, d^{i-2}(1-d)\cos k\theta_r d\theta_r + \int_0^{\frac{2\pi}{R}} -A\cos k\theta_r d\theta_r\right] \tag{5-25}$$

여기서 A는 다음 식에서 정의되는 진폭율이다. 대칭성에 의해, b_k는 0이 된다.

$$\begin{aligned} a_k &= \frac{2A}{\pi k}\left[-\sin\left(\frac{k\pi}{2R}\right) + 2\sum_{i=2}^{R/2} d^{i-2}(1-d)\cos\left(\frac{k\pi(2i-1)}{2R}\right)\sin\left(\frac{k\pi}{2R}\right)\right] \\ &= C_A^F A \end{aligned} \tag{5-26}$$

따라서 총 MMF는 식(5-24)에 식(5-26)을 대입하여 표현될 수 있다. 식(5-26)의 계수 a_k는 감쇠율 d와 회전자 봉의 수 R에 의해 변화한다. 그림 5.28은 $R=32$이고, $d=0.01$, 0.8인 경우의 a_k의 크기를 나타낸다. $d=0.01$는 단지 파손된 봉에 인접한 봉들만이 전류가 재 분포되는 것을 나타낸다. 봉과 단락 링의 임피던스의 비에 따라 d의 값이 결정되며, 일반적으로는 0.01 ~ 0.8 사이의 값을 갖는다. 그림 5.29는 전류 재 분포에 기인하는 정상 MMF 분포의 변동을 나타낸 것이다. $d=0.01$에서는 인접한 봉만이 영향을 받고, 0.8에서는 여러 인접 봉들의 MMF가 변동하는 것을 알 수 있다.

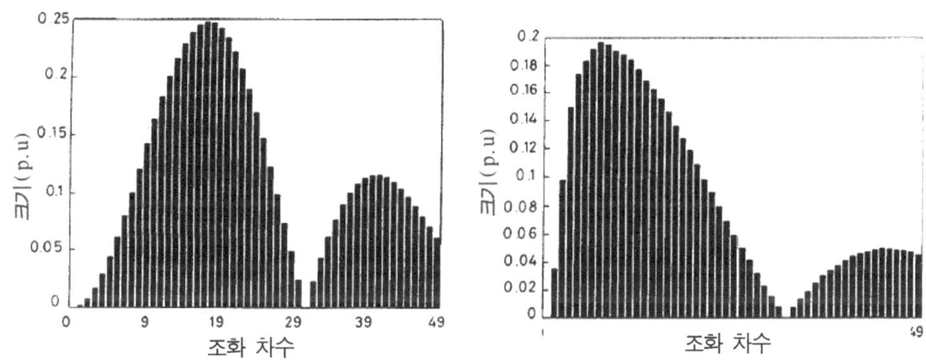

(a) d= 0.01 (b) d = 0.8

그림 5.28 봉 전류 분포에서 a_k의 크기

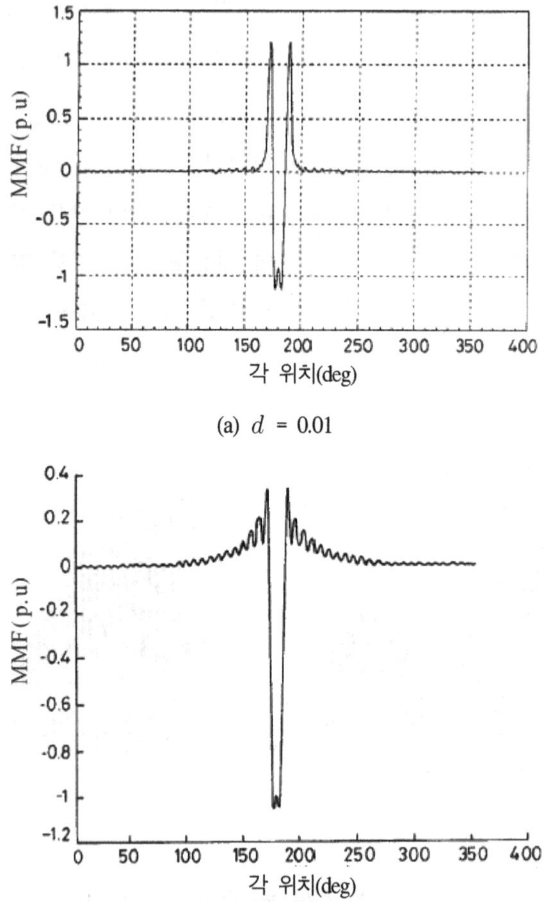

(a) d = 0.01

(b) d = 0.8

그림 5.29 전류 재 분포에 의한 정상 MMF 분포의 변동

지금까지 회전자 봉 파손을 검지하기 위한 다음과 같은 다양한 기술들이 개발되어 왔다.

- 고정자 치단(tooth tips) 및 요크(yoke) 주위에 내부적으로 설치된 검색 코일(search coil)을 이용한 유도 전류(induced current)의 시간 및 주파수 영역 분석

- 전동기 축 주위에 감긴 외부 검색 코일을 이용한 축 누설 자속의 시간 및 주파수 영역 분석
- 전동기 선 전류 또는 전동기 전류 신호 분석(MCSA)의 스펙트럼 분석
- 전동기 토크 및 속도의 조화 분석(harmonic analysis)

위의 기술 중에도 최근에는 MCSA가 가장 최적의 기술로 많이 적용되고 있다. 이는 검색 코일로 고정자 권선을 이용하며, 부하 형태나 다른 비대칭성에 영향을 받지 않는 장점이 있다. 봉에 파손이나 균열이 발생하면, 슬립 주파수 $\pm sf_L$에서 2개의 회전 방향과 반대인 자기장을 증가시킨다. 여기서 s는 전동기의 슬립, f_L는 전원 주파수이다. 따라서 이 결함은 공극 자속에서 다음과 같은 파손된 봉 주파수의 크기가 증가하게 된다.

$$f_b = \left[\left(\frac{k}{P}\right)(1-s) \pm s\right] f_L \tag{5-27}$$

여기서 k는 조화 지수(harmonic index) $(=1, 2, 3, \cdots)$, P는 전동기의 기본 극 수이다.

이들 조화 성분의 진폭은 회전자 자기 레이놀즈 수(cage magnetic Reynolds number) 또는 전동기 우량 계수(motor goodness factor)로서 종합적으로 간주되는 회전자 파라미터에 의해 좌우된다. 이 계수는 Toliyat 등에 의해 다음과 같이 주어진다.

$$A = \frac{\mu_0 l s f_L}{2dR_R}$$

여기서 $\mu_0 = 4\pi \times 10^{-7}$, b는 슬롯 피치, l은 stack 높이, d는 공극 길이, R_R은 봉의 저항이다. 표준적인 권선의 구조에 기인하여 전류 스펙트럼은 단지 $k/p = 1, 5, 7, 11$ 등의 경우에만 식(5-27)에 의해 주어지는 조화 성분들을 포함한다.

Filippetti 등에 의해 설명되었듯이, 선 전류의 $(1-2s)f_L$ 성분이 $2sf_L$에서 속도 맥

동을 생성하도록 기본 공극 자속과 상호작용을 한다. 일반적으로 전원 주파수 f_L의 3상 대칭인 고정자 권선은 동기 속도에서 회전 방향의 전향 회전 자장(forward rotating magnetic field)을 발생한다. 그러나 공급 전압 또는 고정자 권선 임피던스에 비대칭이 발생하면, 고정자 권선으로부터 회전과 반대 방향으로 후향 회전자 장(backward rotating magnetic field)을 일으킨다. 동일한 회전자 장의 기본 성분이 회전자 권선에 작용 시에는 고정자 권선과 회전자 권선 내의 유도 전자기력(EMF, electromagnetic force)과 전류의 주파수 사이의 차이는 슬립 주파수 sf_L가 된다. 농형 권선 내의 회전자 전류는 고정자 장으로 동일한 극 수를 가지는 유효 3상 자장을 발생하고, 회전 속도로 회전하는 회전자에 대해 슬립 주파수로 회전한다. 그러나 대칭의 농형 회전자는 단지 전향 회전 자장 만이 존재하고 후향 회전 자장은 없다. 따라서 회전자에 비대칭성이 발생하면, 전향 회전하는 회전자에 대해 슬립 주파수의 후향 회전 자장이 발생하고, 그 결과로서 회전자에 대한 후향 회전 자장이 주파수 $(1-2s)f_L$에서 고정자 권선에 EMF와 전류 성분을 일으킨다. 즉, $2sf_L$에서 토크 맥동 및 속도 변동을 야기하는 전류의 주기적인 변동 성분이 존재하게 된다. 이 속도 변동은 $(1-2s)f_L$의 측대역 성분의 크기(Amps)를 감소시킬 수 있다. 또한 회전자 진동에 기인하여 고정자 권선 내에 상부 측의 측대역 성분 $(1+2s)f_L$을 유도한다. 이러한 현상에 의해 다음에 주어지는 결함 주파수들이 고정자 전류에서 발생하고, 회전자 봉의 파손이나 균열에 대한 특징 주파수로 이용된다.

$$f_b = (1 \pm 2ks)f_L \quad (k = 1, 2, 3, \cdots)$$

$k=1$인 기본파의 주파수 측대역 성분 $(1\pm 2s)f_L$이 봉의 파손 결함을 검지하기 위해 일반적으로 사용된다.

인접하는 n개의 봉에 전기적인 파손이 발생하였다면, 결함을 평가하는 진단 지수(diagnostic index)로 전기적인 비대칭에 기인하는 성분의 진폭 I_n과 기본 성분 진폭 I_p사이에는 다음과 같은 관계를 이용하여 평가할 수 있다(Bellini 등, 2002).

$$\frac{I_n}{I_p} \approx \frac{n}{N} = \frac{0.5}{N}$$

여기서 N은 봉의 총 수이다.

전기적인 비대칭에 기인하는 성분의 진폭 I_n은 정상 상태의 정속 운전에서는 좌측 측대역 전류 성분을, 기본 성분의 진폭 I_p는 전원 주파수 성분의 전류 진폭을 이용한다. 이 관계는 대형 기계의 경우, 정격 슬립의 100%까지인 30%에서 40%까지 변화하는 슬립 범위에서 성립한다. 본질적인 회전자의 전기적 비대칭은 실제 기계에서 피할 수 없이 존재하며, 따라서 한계치(threshold value)는 다음과 같은 고려 사항에 따라 트리거 경보로서 반드시 설정되어야 한다. 통상 케이지 파손은 봉이 단락링과 연결되는 곳과 가까운 부분에서 발생한다. 파손은 봉의 상부 또는 하부에서 시작하는 반경 방향 균열(radial crack)에 의해 진전된다. 고장 진폭의 증가는 전류 스펙트럼의 $f=(1-2s)f_L$ 성분의 진폭을 증가시킨다. 경보 값은 상기 식의 관계에 따라 본질적인 비대칭 효과와 첫 번째 파손된 봉의 효과 사이에서 선정된다. 이 한계치는 기계의 크기와 회전자 봉의 수에 의존된다. 경험으로부터 얻어진 이 한계치는 약 0.5/N이다. 이는 본질적인 비대칭 효과와 첫 번째 회전자 봉 파손 효과 사이의 균형을 취하여 0.5로 정한 것이다.

변속 전동기에서도 이 조건은 그대로 사용될 수 있다. 이 때는 전기적인 비대칭에 기인하는 성분의 진폭 I_n은 좌측 및 우측의 측대역 전류 성분의 합을 이용한다.

좌측 측대역 전류 성분의 진폭과 기본파 전류 진폭 성분의 비는 다음 식으로도 표현된다.

$$\frac{I_n}{I_p} \cong \frac{\sin\alpha}{2p(2\pi-\alpha)}, \quad \alpha = \frac{2\pi N_{br} p}{N_{rs}}$$

여기서 p는 극 쌍(pole pair) 수, N_{br}은 파손된 봉의 수, N_{rs}는 회전자 슬롯(봉) 수이다.

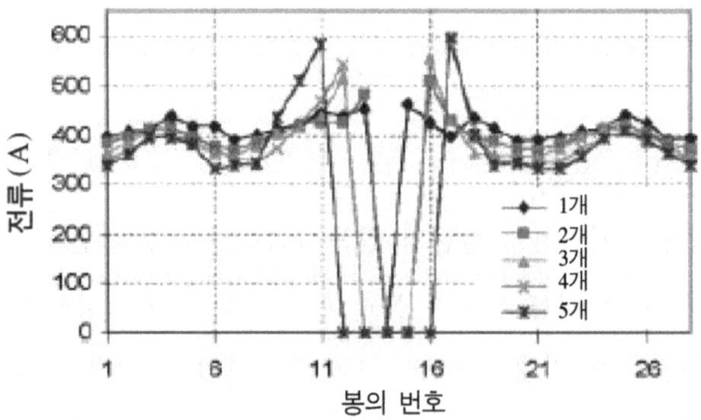

(a) 농형 봉 내의 전류 분포

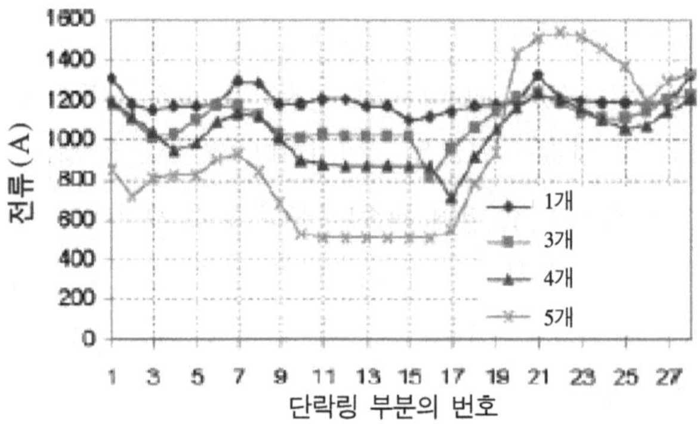

(b) 단락 링 내의 전류 분포

그림 5.30 회전자 봉과 단락 링의 전류 분포

그림 5.30은 회전자 봉이 1개에서 5개까지 파손되었을 때의 봉 내와 단락 링 내의 전류 분포를 나타낸 것이다. 중앙의 파손된 봉과 가장 인접한 봉들의 전류가 다른 봉들보다 높은 것을 알 수 있다. 이 효과는 파손된 봉과 가장 가까운 봉들의 전기적인 열화에 기여한다. 그림 (b)의 단락 링 내의 전류 분포는 회전자 봉과는 다른 양상을 나타낸다. 회전자 봉 결함과 가까운 부분의 전류는 양호한 상태에서의 전동기의 공칭 전류보다 낮다. 이 전류는 이들 단락 링의 전기적인 열화를 증가시킬 수 있다.

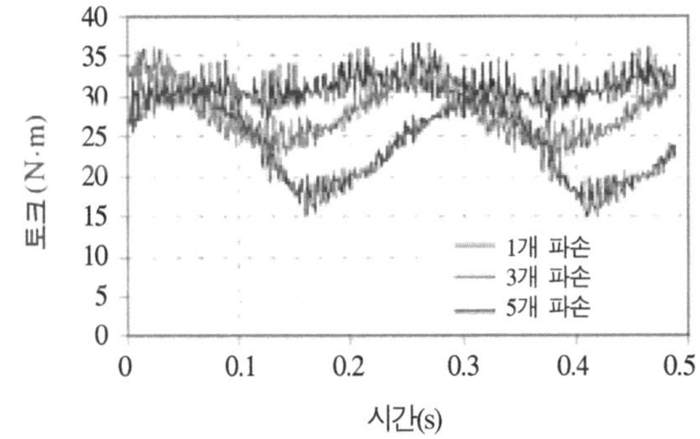

그림 5.31 **전자기 토크 특성**

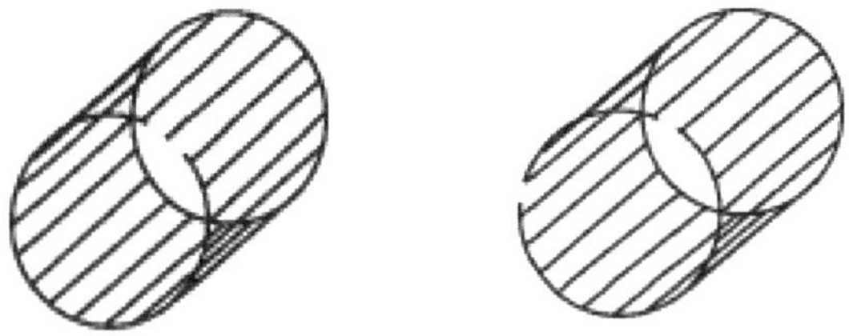

(a) 인접한 결함 경우　　　(b) 서로 직각인 경우

그림 5.32 2**개의 파손된 단락 링의 결함 예**

전동기 내에서 회전자 봉 결함이 진전되어 파손된 봉의 수가 증가되면, 그림 5.31과 같이 전자기 토크의 맥동(ripple)을 증가하고, 토크의 평균치를 감소시키게 된다.

단락 링의 파손은 고정자 전류에 회전자 봉의 파손 결함과 동일한 효과를 야기시킨다. 농형 케이지 내의 전류 분포는 그림 5.32와 같이 파손된 단락 링 부근에 있는 봉들은 정상인 경우의 공칭 전류의 150%를 흐르는 것을 나타낸다(그림 5.33).

1개 또는 2개 파손된 단락 링의 경우, 전자기 토크의 진전은 거의 비슷하지만, 두 번째로 파손된 단락 링이 그림 5.32(b)와 같이 첫 번째로 파손된 링과 서로 90도의 위치에 놓이게 되면, 전동기의 거동은 매우 크게 변동하게 된다. 이 경우에 전자기 토크의 평균값은 약 30% 정도 감소하고, 토크 맥동은 평균치의 약 150%까지 증가한다(그림 5.34).

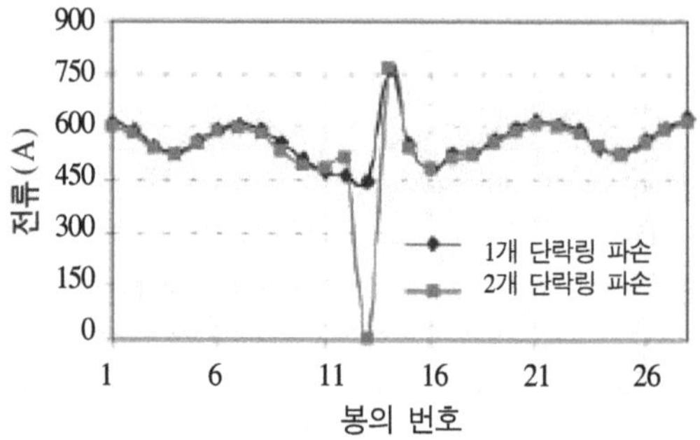

그림 5.33 봉 내의 전류 분포

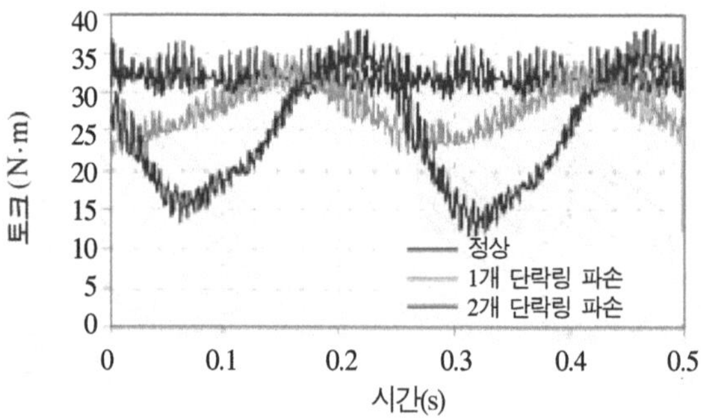

그림 5.34 전자기 토크의 분포

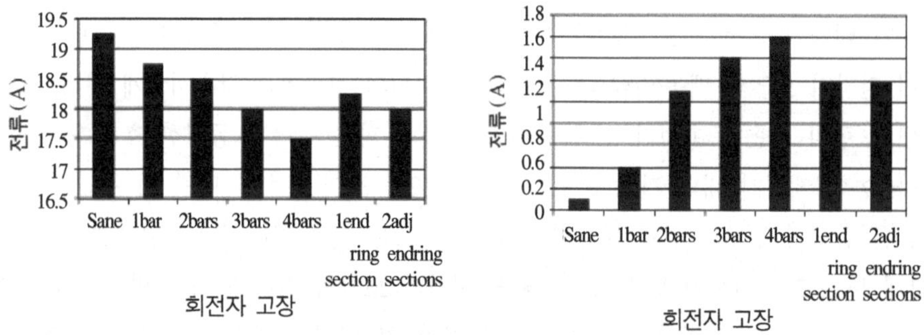

(a) 고정자 전류의 기본파 성분(50 Hz) (b) 측대역 성분(46 Hz)

그림 5.35 고정자 전류의 기본 파와 측대역 성분의 비교

그림 5.35는 회전자 봉이나 단락 링의 파손 시에 발생하는 고정자 전류 성분을 봉과 링의 파손 수에 대해 나타낸 것이다. 결함이 발생하면 고정자 전류 스펙트럼에서 $f=(1-2s)f_L$이 발생한다. 이 경우 기본 파(fundamental)인 전원 주파수(f_L) 성분은 50 Hz이고, 이 주파수의 좌우에 측대역 성분으로 46 Hz와 54 Hz 성분이 발생한다. 회전자 봉의 파손 수가 증가하면 기본파 성분의 크기는 감소하나, 측대역 성분은 크기가 증가하는 것을 알 수 있다. 그러나 단락 링 파손의 경우에는 측대역 성분의 크기에는 변화가 없다. 그러나 회전자 봉의 파손과 단락 링 파손의 경우에는 스펙트럼 사이에는 실질적인 차이는 없다. 따라서 이 방법으로 두 결함 사이를 구별하는 것은 사실상 불가능하다.

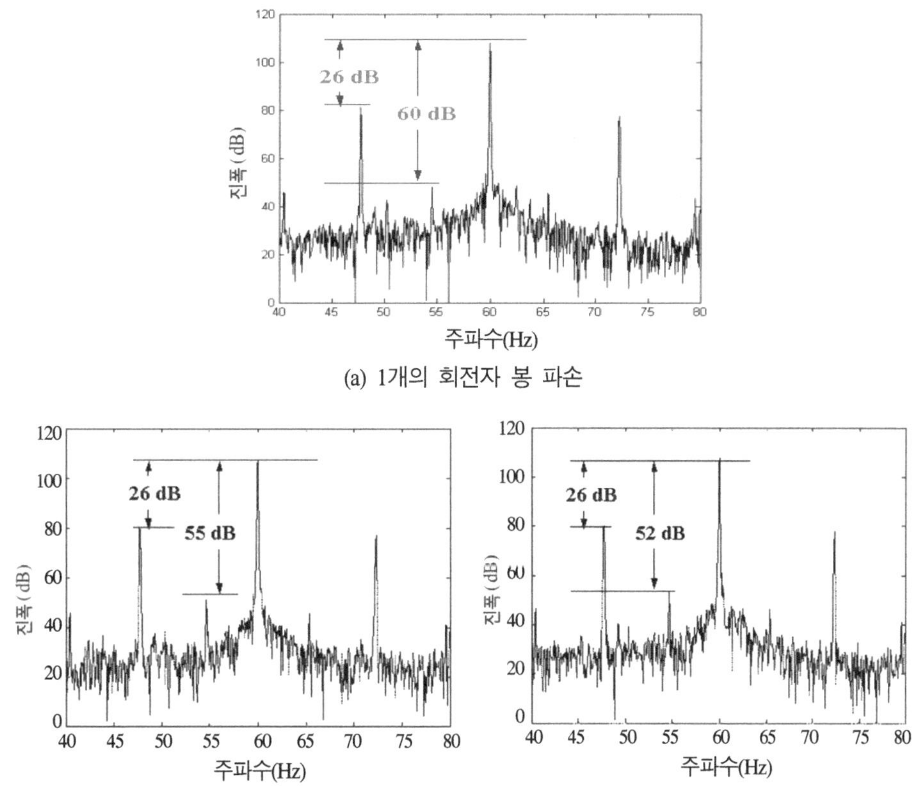

(a) 1개의 회전자 봉 파손

(b) 2개의 회전자 봉 파손

(c) 3개의 회전자 봉 파손

그림 5.36 회전자 봉의 파손 개수에 따른 변화

그림 5.36은 소형 유도 전동기(0.5 HP)에 대해 회전자 봉을 인위적으로 드릴 작업을 통해 1개에서 3개까지 파손시킨 경우의 40 Hz에서 80 Hz까지 확대(zooming) 전류 스펙트럼을 나타낸다. 파손된 봉의 수의 증가에 따라 아래 쪽의 측대역 성분 진폭이 증가하여 기본파 주파수의 진폭과의 차가 60 dB에서 55 dB, 52 dB로 점차 줄어드는 것을 알 수 있다. 이때 기본파 주파수의 진폭은 결함의 조건에 관계없이 거의 일정한 값을 갖는다.

표 5.5는 유도 전동기의 결함에 대한 오랜 현장 경험을 바탕으로 Berry와 James에 의해 제안된 회전자 봉의 결함에 대한 심각도 레벨(severity level)을 나타낸다. 그림 5.37과 같이 기본파 성분의 진폭과 좌측 측대역 성분의 진폭 차를 이용하여 회전자 봉의 결함 심각도를 유추하고, 이를 바탕으로 결함 상태 및 권장 조치에 대한 개략적인 지침을 얻을 수 있을 것이다.

표 5.5 회전자 봉의 손상 심각도 레벨(Berry & James, 1999)

등급	진폭 차	저항 증가율	상태 평가	권장 조치
1	> 60 dB	< 0.6%	우수(excellent)	없음
2	54 ~ 60 dB	1.2 ~ 0.6%	양호(good)	없음
3	48 ~ 54 dB	2.4 ~ 1.2%	적절(moderate)	경향 데이터
4	42 ~ 48 dB	4.8 ~ 2.4%	회전자 봉 결함 발생	경향 관리 주파수 증가
5	36 ~ 42 dB	9.6 ~ 4.8%	1개 또는 2개 봉 파손	원인 확인을 위한 진동 시험 수행
6	30 ~ 36 dB	19.2 ~ 9.6%	다수의 봉 파손	가능한 빨리 보수
7	< 30 dB	> 19.2%	심각한 회전자 봉 문제 가능한 빨리 보수 요망	가능한 빨리 보수 또는 교체

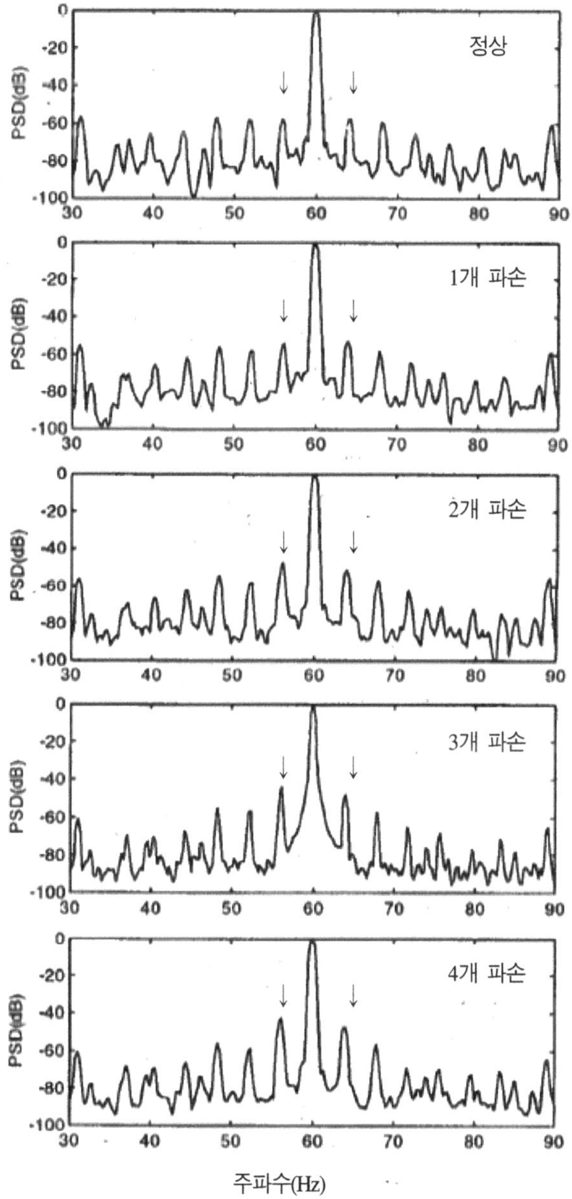

그림 5.37 정상 및 파손된 회전자 봉의 전류 스펙트럼

그림 5.37~5.39는 3 HP의 소형 유도 전동기에 드릴을 이용하여 부분적으로 회전자 봉을 인위적으로 파손시킨 경우의 Nandi 등의 실험 결과를 나타낸다. 그림 5.37은 정상 전동기와 파손 된 봉의 수를 1개에서 4개까지 증가시킨 경우의 선 전류에 대한 파워 스펙트럼 밀도(PSD)를 순서대로 나열하여 비교한 것이다. 슬립은 0.033으로 동일하다. 건강한 전동기(맨 위 그림)에서도 기본파 성분 주위에 $(1 \pm 2s)f_L$ = 56 Hz와 64 Hz의 측대역 성분이 발생한다. 이는 아마도 주조 과정에 기인하는 불균일 봉 저항과 같은 고유의 회전자 비대칭에 기인하는 것으로 생각된다. 파손된 봉의 수의 증가에 따라 56 Hz 성분의 크기는 정상의 -58 dB에서 4개가 파손된 경우의 -42 dB까지 약 16 dB가 증가, 64 Hz 성분은 -58 dB에서 -47 dB까지 약 11 dB가 증가하고 있다. 아래 측의 측대역 성분이 더욱 증가하는 것은 동력계 부하의 높은 관성에 기인한다.

그림 5.38은 정상(위 그림) 및 4개의 파손된 봉(아래 그림)에 대해 식(5-5)에서 5차 $(k=5)$ 및 7차$(k=7)$ 조화 성분 주위의 측대역 성분의 변화를 나타낸 것이다. 불행히도 이 성분들에서는 정상과 결함 사이의 중요한 전류의 변화를 감지할 수 없다. 통상 다이캐스팅 회전자로 구성되는 소형 전동기에서는 회전자 봉의 일부가 파손되더라도 회전자 축이 매우 강(rigid)하므로 결함에 따른 전류 성분의 변화를 기대하기 어렵고, 따라서 식(5-5)의 결함 주파수를 이용하여 파손된 봉의 결함에 대한 양호한 척도를 얻는 것은 어렵다는 것을 알 수 있다.

그림 5.39는 정상 회전자 및 4개의 봉이 파손된 회전자에 대한 속도의 조화 성분을 나타낸다. 결함 시에 3.96 Hz의 $2sf_L$ 성분은 정상 회전자에 비해 약 18 dB, $4sf_L$ 성분인 7.92 Hz는 약 10 dB 증가하고있다. 이는 속도에 관계되는 조화 성분들에 파손된 봉의 영향을 확인할 수 있다.

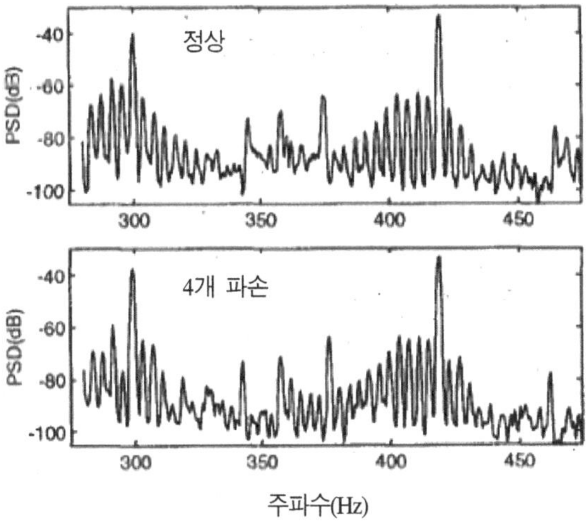

그림 5.38 정상 및 파손된 회전자 봉의 전류 스펙트럼(5차 및 7차 조화 성분)

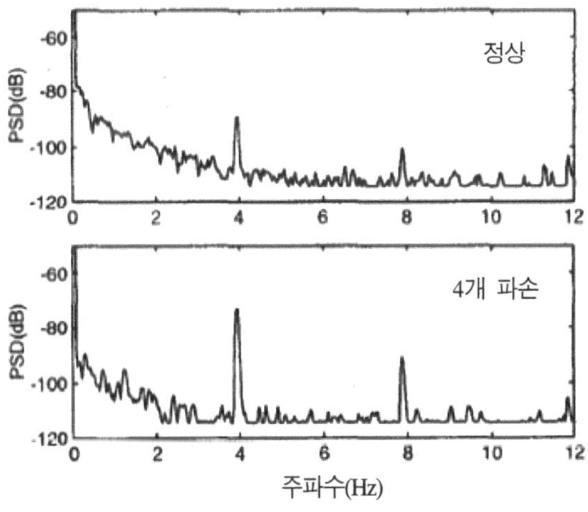

그림 5.39 정상 및 파단된 회전자 봉의 속도 스펙트럼

그러나 일부 농형 회전자 봉 결함에서는 이들 결함 주파수 성분으로는 충분한 진단이 어려운 경우가 있다. 일 예로, 22개의 봉을 가지는 회전자에서 11개의 회전자

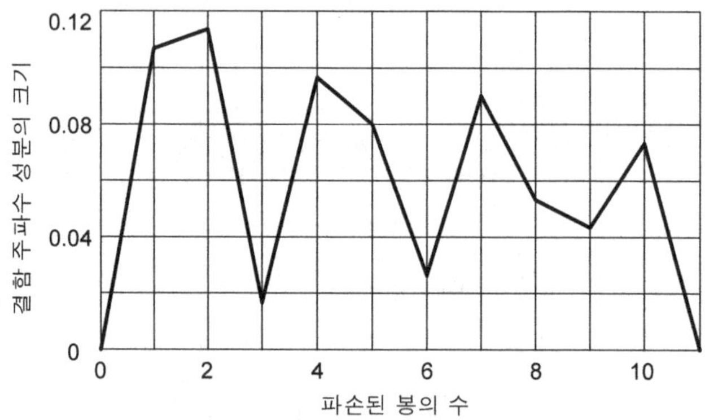

그림 5.40 $(1 - 2s)f_L$ **성분의 분포**

봉이 하나 건너서 파손된 경우에는 회전자는 대칭이 되어 $f=(1-2s)f_L$ 성분이 0이 된다. 이를 도식적으로 나타내면 그림 5.40과 같이 된다.

그림의 가로 축에서 0은 파손된 봉이 없는 경우, 1은 첫 번째 및 세 번째 봉이 파손된 경우, 2는 첫 번째, 세 번째 및 다섯 번째 봉이 파손된 경우이고 마지막의 11은 11개의 봉이 1, 3, 5, …, 21 순으로 파손된 경우를 의미한다. 이 마지막 경우는 회전자의 원주 방향으로 파손된 봉이 대칭이 되므로, 결함 주파수인 $(1-2s)f_L$ 성분의 크기가 0이 된다. 따라서 이러한 경우에는 회전자 봉의 결함이 발생하고 있음에도 고정자 전류에는 변동이 발생하지 않게 되어 진단을 할 수 없게 된다. 이를 위해 고정자 전류의 푸리에 스펙트럼 상에서 고차 MMF 조화 성분을 이용하여 분석하면, $5p$와 $7p$ (p: 극 쌍 수)의 조화 성분의 발생 유무를 통하여 진단을 할 수 있다.

회전자의 비대칭(asymmetry)은 고정자 상의 고차 MMF 조화 성분들에 기인하는 고정자 전류 내에 다음과 같은 새로운 성분들을 발생한다. 즉,

$$(7-6s)f_L,\ (5-4s)f_L,\ (5-6s)f_L,\ (7-8s)f_L$$

$(5-4s)f_L$,$(5-6s)f_L$의 주파수들은 $5p$ 조화 성분에 의존하고, $(7-6s)f_L$,$(7-8s)f_L$의 주파수들은 $7p$ 조화 성분에 의존한다.

그림 5.41은 Sobczyk와 Maciolek에 의한 연구 결과를 나타낸다. 극 쌍 수 $p=2$, 슬롯 수 22인 경우의 1개의 회전자 봉이 파손되었을 때의 고차 조화 성분을 고려한 결과이다. $(5-4s)f_L$, $(5-6s)f_L$, $(7-6s)f_L$, $(7-8s)f_L$ 성분들이 200 Hz ~ 400 Hz 대역에서 나타나고 있고, $(1-2s)f_L$ 성분의 크기에 비해 상대적으로 높은 값이다. 따라서 이들 결함 주파수에 대한 정보를 함께 이용하여 진단을 수행하면 보다 정확한 결과를 얻을 수 있을 것이다.

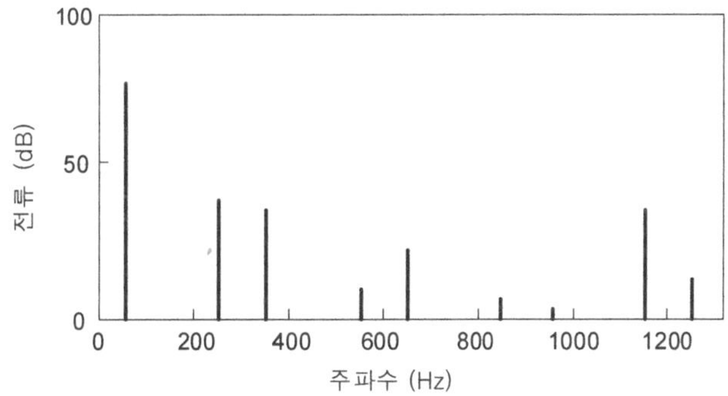

그림 5.41 1개의 봉 파손 시의 고정자 전류 스펙트럼

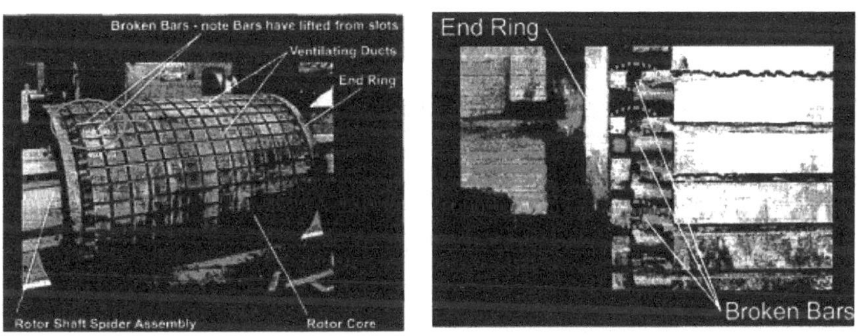

(a) 회전자 봉의 파손 (b) 단락 링에서 회전자 봉 파손

그림 5.42 회전자 봉 파손 결함

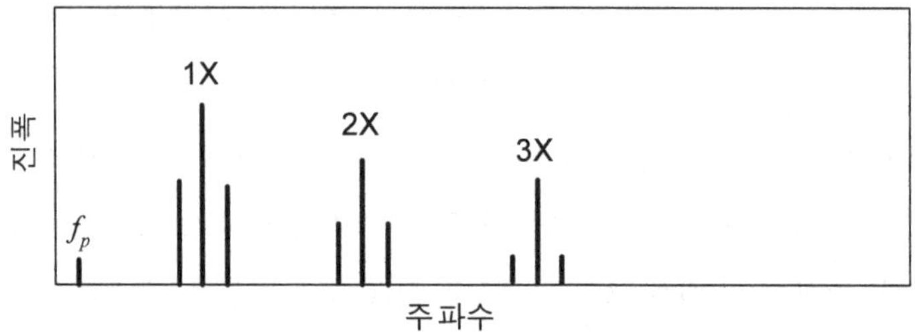

그림 5.43 회전자 봉의 진동 결함 주파수

회전자 봉의 파손(그림 5.42 a)이나 헐거움 또는 회전자 봉과 단락 링 사이의 파손(그림 5.42 (b))이나 접속이 단락되는 결함들은 전동기가 부하와 체결된 경우에만 명백하게 나타난다. 회전자 봉이 파손되면, 운전 주파수 주위에 극 수와 슬립 주파수를 곱한 것과 같은 간격의 측대역 성분들이 나타나고, 결과적으로 운전 속도의 진동이 발생한다.

회전자 봉의 균열, 파손 또는 헐거움과 단락 링의 균열과 파손에 따른 결함은 전동기가 부하와 체결되어 있는 경우에 주로 발생한다.

진동 신호에서 발생하는 결함 주파수는 그림 5.43과 같이 운전 주파수(1X) 및 조화 성분(2X, 3X 등) 부근에 극 수와 슬립 주파수를 곱한 극 통과 주파수(pole passing frequency) f_p와 같은 간격의 측대역 성분이 발생한다.

$$f_b = f_p, 1\text{X} \pm f_p, 2\text{X} \pm f_p, 3\text{X} \pm f_p, \ldots$$

그림 5.44는 대형 유도 전동기에서 발생한 회전자 봉 파손 사례에 대한 진동 스펙트럼을 나타낸다. 회전 주파수 양측에 측대역 성분이 발생하는 것을 알 수 있다.

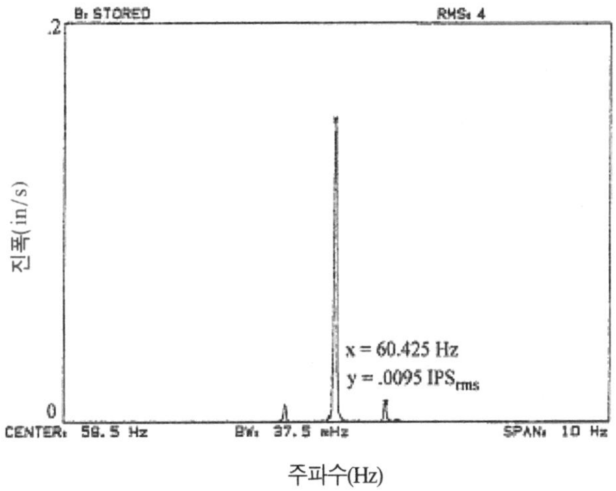

그림 5.44 **회전자 봉 파손 시의 진동 스펙트럼**(2,000 HP)

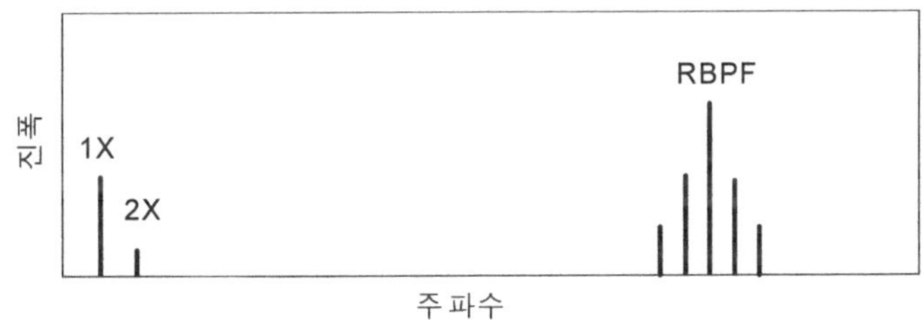

그림 5.45 **진동 증상 주파수**

5.2.4 **헐겁거나 개방된 회전자 봉**

회전자 봉의 이완이나 헐거움으로 인한 진동은 회전자 봉의 수에 회전 주파수를 곱한 값인 회전자 봉 통과 주파수(RBPF, rotor bar passing frequency)의 매우 높은 주파수의 진동과 이의 조화 성분들이 발생하고 조화 성분 주위에는 정확하게 전원 주파수의 2배 성분($2f_L$)의 측대역 성분이 존재한다. 경우에 따라 회전자 봉 통과 주파수의 경우, 1차 RBPF에서의 진폭은 작고, 2차 RBPF에서의 진폭이 높을 수 있다.

그림 5.46은 휀 구동용 전동기에서 발생한 개방된 회전자 봉 문제에 대한 확대 스펙트럼을 나타낸다. 회전자 봉의 느슨함 또는 개방(open)의 증상 주파수인 회전자 봉 통과 주파수(RBPF)와 이의 조화 성분이 발생하고, RBPF 및 조화 성분 주위에 $2f_L$의 측대역 성분이 발생하는 것을 알 수 있다. 여기서 RBPF는

$$f_{rp} = \text{회전자 봉 수} \times \text{회전 주파수} = 57 \times 1{,}793\ \text{rpm} = 102{,}201\ \text{cpm}\ (1{,}703\ \text{Hz})$$

광대역 확대 스펙트럼의 분석 결과(그림 a, b)를 정리하면, RBPF 진폭은 0.203 mm/s (0.008 in/s)으로 매우 작고, 2 × RBPF 진폭이 8.636 mm/s로 RBPF의 42배로 매우 탁월하다. 2 × RBPF 주위에 $2f_L$(7,200 cpm)의 측대역 성분을 동반하고 있다. 이러한 유형의 결함의 경우는 측정 주파수 대역을 충분히 크게 설정하지 않으면, 2 × RBPF 성분을 놓치게 되므로 주의가 필요하다. 분해 검사를 통하여 2개 이상의 개방된 회전자 봉을 확인하였다.

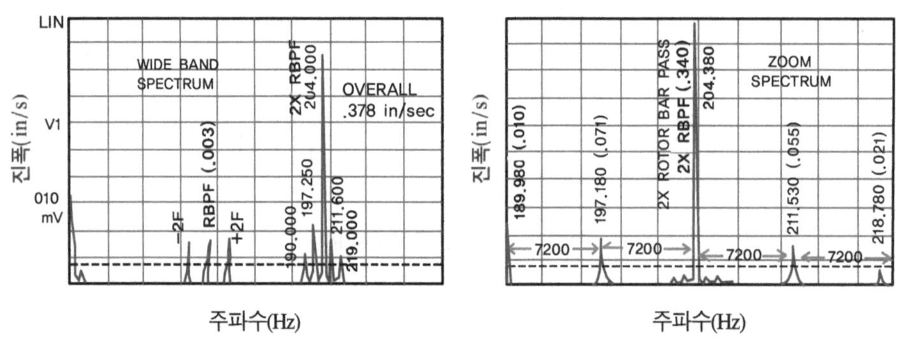

그림 5.46 휀 구동 전동기의 개방된 회전자 봉 문제의 진동 스펙트럼

5.2.5 회전자 슬롯 문제

유도 전동기에서 발생하는 자기 소음(magnetic noise)은 중요한 문제의 하나이다. 이는 여자 전류를 제한하기 위해 갭(gap)을 작게 설계하기 때문에 통상 발생한다. 이를 해결하기 위한 방편으로 다음과 같은 기술들이 채용되어 왔다.

- 슬롯의 조합
- 슬롯 경사(skew)
- 기계 시스템과의 공진 현상의 예방
- 편심의 저감
- 동일하지 않은 슬롯 피치 배치

그러나 이들 방법이 소음을 제거하기에는 충분한 해법이 되지 못한다. 여기서는 공진을 예방하기 위한 회전자 슬롯 피치를 다르게 배치하는 방법에 대해 Akiyama등의 결과를 설명한다. 이 방법은 인버터 변속 운전의 경우에 특히 효과적임을 실험적으로 입증하고 있다. 불균일한 슬롯 피치 설계의 기본 원리는 불평형 자기 흡인력(UMP)의 발생을 방해하는 것이다. 그림 5.47에서 (A), (B)는 가능한 불규칙하게 배치한 슬롯 피치 갭을 가지고, (C)의 슬롯 피치는 각 90도로 균일하고, 각 오른쪽 각에서 1/4 슬롯 피치 이동한 것이다. 회전자는 슬롯 피치의 0, 0.3, 0.7 및 1.0만큼 경사가 된 철심을 이용하여 제작되었다. (N)은 세계적으로 표준으로 취하는 슬롯 조합이 N_1/N_2 = 36/44 인 회전자이다.

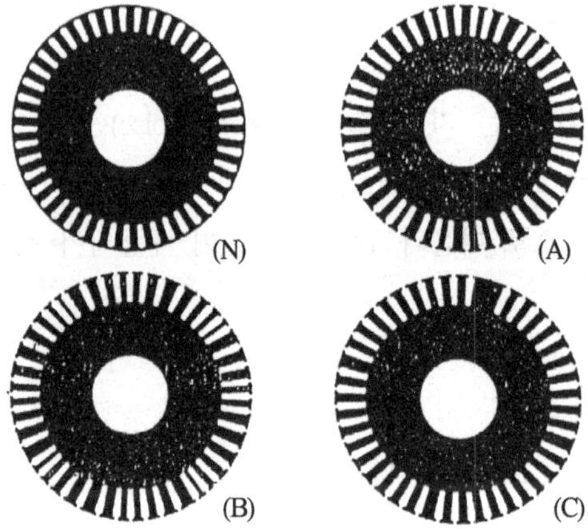

그림 5.47 회전자 슬롯의 배치 예

그림 5.48은 4극 3상 유도 전동기를 대상으로 4종류의 회전자를 무부하에서 FFT 분석기를 이용하여 소음의 주파수 분석을 비교한 것이다. 그림은 회전자 슬롯 맥동의 영향을 명확히 나타내기 위하여 슬롯 경사가 없을 때의 회전자 소음을 보인다. 당연히 경사가 크게 되면 자기 소음은 작게 된다. 슬롯 A는 200 Hz 이상의 영역에서 뚜렷한 소음 요소가 없는 장점을 가지고 있으나, 20 Hz의 낮은 주파수에서 높다. 이 저주파수의 소음은 조립 시 등의 편심 등에 의한 불평형 자기 흡인력에 기인한다. 표준 슬롯 조합(N)의 회전자는 1~ 2.5 kHz 범위에서 예리한 주파수 성분들을 나타낸다. 이는 동일한 슬롯 피치에 기인한다. 이와 동일한 현상이 C 회전자에서도 역시 관측된다. 이러한 예리한 주파수 특성은 구조물과의 공진 현상을 야기시킬 수 있다. 회전자 A는 약 25 Hz의 저주파수에서 큰 진폭이 발생하지만, 다른 영역에서는 예리한 피크 성분들이 없고 부드럽게 분포한다. 회전자 B는 극히 얇은 4개의 이를 가지고, 이 지점에서 쉽게 포화된다. 그 결과로 45도 대칭이 아닌 90도 피치의 슬롯 배치로부터 주파수가 있고, 좋지 못하다. 회전자 C의 슬롯은 A와 유사하게 각 90도 균일한 피치를 가진다. 이러한 유형에서는 1/4 피치의 위상차가 있고, 이는 어떤 탁월한 주파수 성분을 제거할 수 있다.

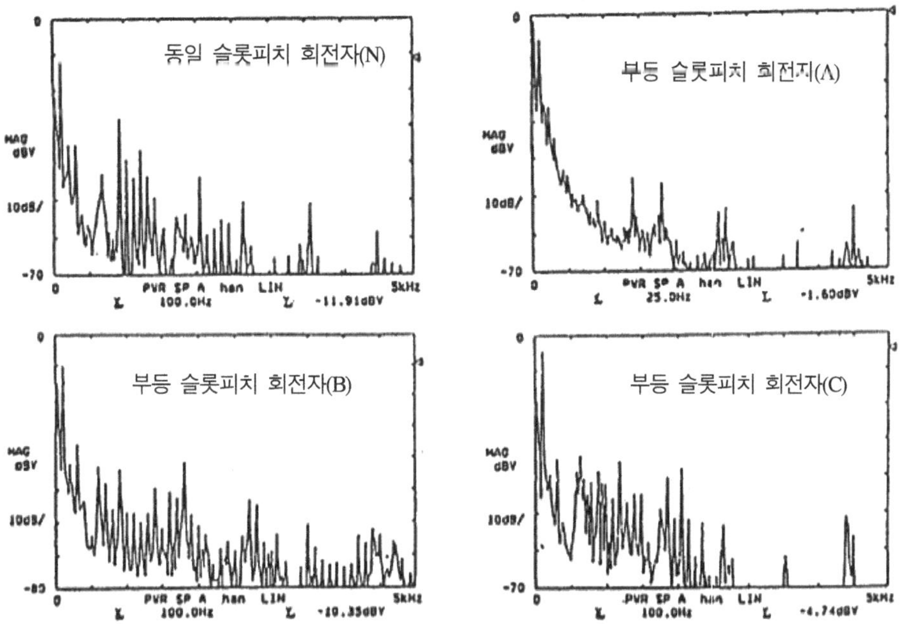

그림 5.48 정상 회전자(N)와 불균일 슬롯 피치 회전자의 소음 특성의 비교

5.3 고정자 결함

고정자 결함은 통상 절연(insulation) 고장과 관계된다. 이들 결함은 일반적으로 상-접지(phase-to-ground) 또는 상간(phase-to-phase) 결함으로 알려져 있다. 이들 결함은 검지되지 않는 권선간(turn-to-turn) 결함으로부터 시작되고, 성장하여 누적된다. 모든 보고된 유도 전동기 고장의 거의 30~40%가 이 범주에 속한다. 고정자 절연 고장의

원인으로는

- 높은 고정자 철심 또는 권선 온도
- 철심 적층, 슬롯 쐐기 및 조인트의 느슨함(looseness)
- 권선 종단(end winding)을 위한 버팀대(brace)의 느슨함
- 기름, 습기 및 먼지에 기인하는 오염
- 회로 단락 또는 기동 응력
- 전기적 방전(discharge)
- 냉각 시스템의 누설(leakage)

고정자와 회전자 사이에는 자극에 의한 전자기력(자기 흡인력, UMP)이 작용하여, 고정자를 변형시키도록 하므로 진동을 발생시킨다. 모든 고정자 고장의 대부분은 표 5.6에 보이는 여러 응력들의 결합에 의해 발생하게 된다. 물론 전동기가 적절하게 설계, 제작, 설치, 운전 및 정비가 이루어진다면, 이들 응력은 적절한 수준 이내로 유지될 수 있고, 전동기는 오랜 기간 동안 그 기능을 잘 수행할 것이다. 그러나 설계로부터 정비까지의 이들 요소들의 각각은 제작자로부터 최종 사용자까지 다양하므로 어느 단계에서의 문제가 결함이나 고장으로 발생하기 쉽다.

표 5.6 고정자에 작용하는 응력

열 응력(thermal stress)	• 열화(aging) • 과부하(overloading) • Cycling
전기적 응력(electrical stress)	• 절연(dielectric) • Tracking • 코로나 • 과도 상태
기계적 응력(mechanical stress)	• 코일 운동 • 회전자 충돌 • 복합(miscellaneous)
환경적 응력(environmental stress)	• 습기(moisture) • 화학 제품(chemicals) • 마모(abrasion) • 이물질(foreign objects)

고정자와 회전자 사이에는 자극(P)에 의한 전자력(흡인력)이 있고, 고정자를 변형 시키도록 작용하므로 진동을 발생시킨다. 회전 자계가 1회전하면, 자극(P)에 의한 전자력은 P회 변동하고 전자 진동의 주파수는 회전 자계의 동기 속도($2f_L/P$)와 극수(P)의 곱이 되어 전원 주파수 f_L의 2배($2f_L$)인 진동이 발생하게 된다 (그림 5.49).

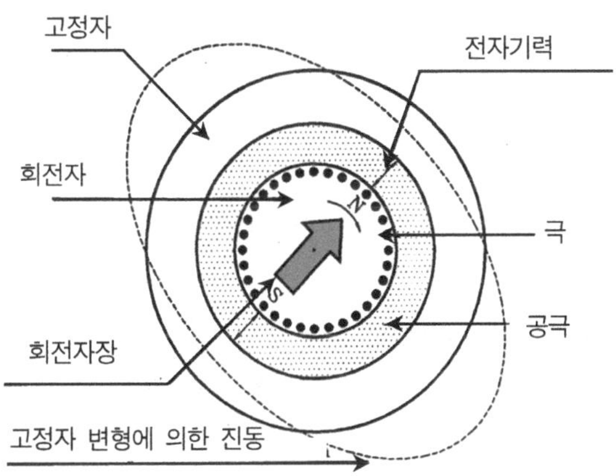

그림 5.49 고정자 이상에 의한 진동

고정자 이상에 의한 진동의 특징을 살펴보면 다음과 같다.

- 진동수는 전원 주파수의 2배($2f_L$)이다.
- 전동기의 전원을 차단하면, 이 진동 성분은 일순간에 소멸한다.
- 고정자 프레임이나 베어링 등에서 주로 발생한다.
- 극 통과 주파수의 측대역 성분이 발생되지 않는다. 이는 고정자 내에서 발생하고, 운전 속도나 슬립 주파수에 의해 변조되지 않기 때문으로, 고정자 문제 파악의 중요한 지침이 된다.

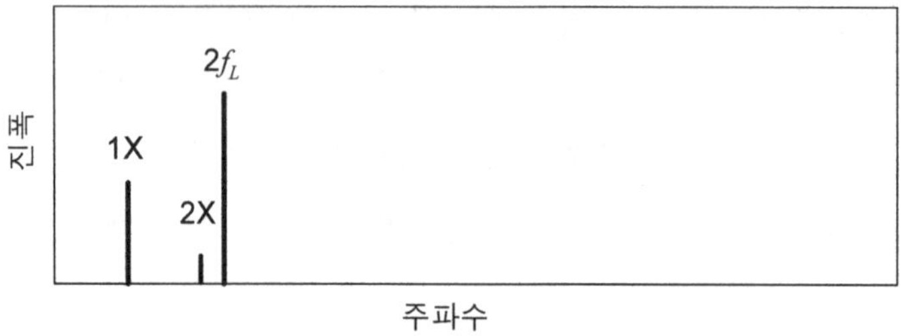

그림 5.50 고정자 결함 시의 진동 스펙트럼

일반적으로는 전동기의 기초나 공통 베드와 케이싱 사이의 볼트가 느슨해져서 전동기의 공진 주파수가 낮아지고, $2f_L$에 10% 이내로 접근하여 공진을 일으키는 경우가 많이 발생한다. 고정자 권선의 각 상 사이(단상, 3상 전원)에 전기적 불평형이 있어도 전자 진동을 발생한다. 철심이나 고정자 권선이 느슨해져 고정자 진동이 증대할 때는 더 큰 진동을 수반하므로, $2f_L$의 조화 성분인 $2nf_L$ $(n=1, 2, 3$ 등) 성분도 발생하게 된다.

진동 신호 분석을 통하여 결함이 감지 가능한 고정자 결함 문제로는 고정자 편심, 고정자 적층 단락 및 철심의 헐거움이 있다. 고정자 편심의 발생 원인으로는 연약다리(soft foot), 뒤틀린 기초(warped base)등이 있으며, 회전자와 고정자 사이의 불균일한 정적 공극(stationary air-gap)의 미소한 차를 발생시키는 편심이다. 고정자 적층 단락의 발생 원인은 고정자 적층의 절연 문제이고, 고정자 자체를 뒤틀리게 할 수 있는 불균일하고 국부적인 열을 야기시킨다.

운전 시간과 함께 크게 성장할 수 있는 열 여기진동(thermal induced vibration)을 발생시킨다. 철심의 헐거움의 발생 원인은 고정자 지지 부분의 취약함(weakness)과 헐거움에 기인한다. 이들 결함에 의해 발생하는 진동의 발생 진동수는 일반적으로 전원 주파수의 2배($2f_L$) 주파수에서 높은 진동이 일어난다.

고정자 결함에 대한 이상 및 정상의 판별 지침으로는 다음과 같이 120 Hz (7,200 cpm)의 $2f_L$ 성분의 피크치를 이용할 수 있다.

신규 또는 재조립된 유도 전동기(50~1,000 HP): 1.25 mm/s (0.05 in/s) 이하

운전 중인 전동기(50~1,000 HP): 2.54 mm/s (0.1 in/s) 이하
정밀 공작 기계 스핀들(machine tool spindle)용: 0.625 mm/s (0.025 in/s) 이하

경향 감시(trend monitoring)의 기준으로는 예지 정비(상태 감시 기반 정비) 프로그램을 가지고 있는 경우에는 $2f_L$ 성분의 피크치를 이용하여 다음과 같이 판단한다.

- 피크치가 2.54 mm/s (0.1 in/s)를 초과할 때: 향후 조사를 위해 경향 감시가 필요
- 피크치가 크게 증가하거나, 측대역 성분이 $2f_L$ 성분의 좌우에 나타날 때: 집중 감시가 필요
- 피크치 크기가 4.45 mm/s (0.175 in/s) 이하의 안정한 상태를 유지할 때: 경향 감시만 실시

허용 공극 차는 통상 유도 전동기 5%, 동기 전동기 10% 이내이다.

5.3.1 고정자 편심(Stator Eccentricity)

고정자와 회전자 중심이 일치하지 않고 편심이 발생하는 경우에는 접선 방향의 공극의 비대칭이 발생하게 된다. 이는 회전자의 정적 편심에 의한 경우와 일치하고 고정 공극 편심 상태가 된다. 전동기에서 공극의 불균일(ununiformity)은 공극의 불균일한 퍼미언스를 초래한다. 동시에 비대칭 공극이 있다면, 불평형 자기 흡인력(UMP)이 발생하고 회전자와 고정자에 비대칭인 힘이 발생한다. 이 경우 역시 공극 자속도 불균일하고 비대칭이 된다. 그림 5.51은 불균일 공극 내의 단순 권선의 자속 분포의 일 예를 나타낸다. 정렬 불량, 회전자 축 굽힘 및 취약한 베어링과 같은 기계적인 결함들이 고정자 편심 및 회전자 편심을 포함한 다양한 불균일 공극을 초래한다.

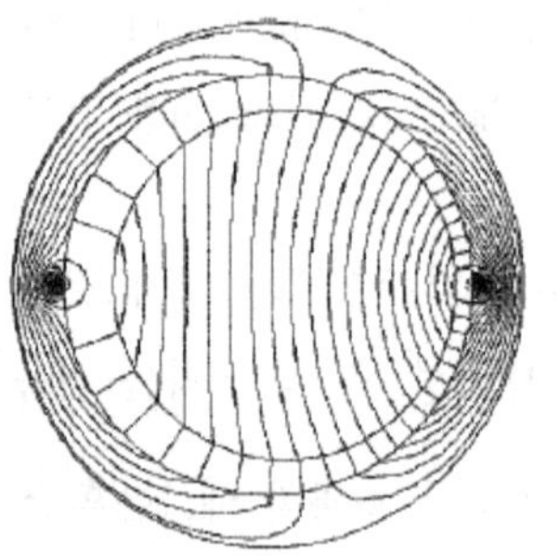

그림 5.51 **단순 권선의 자속 분포에의 비대칭 공극의 영향**

고정자 편심의 원인은 연약 지반과 뒤틀림 기초에 의해서 발생되며 매우 지향성의 진동을 발생시키는 회전자와 고정자 사이의 불균일한 정지된 공극을 발생시킨다.

그림 5.52는 급수 펌프 구동용 전동기에서 발생한 고정자 편심 결함 시의 진동 스펙트럼을 나타낸다. 그림 (a)의 광대역 스펙트럼의 분석 결과는 정기적인 상태 감시 정비 기간 중에 취득한 자료로서, 회전 속도(3,560 rpm) 성분의 속도 진폭치는 0.381 mm/s (0.015 in/s)이고, $2f_L$(7,200 cpm) 성분의 피크치는 5.842 mm/s (0.230 in/s)이다. 한계치(영역 3)를 초과하는 과대한 진동이 발생하고 있다. 그림 (b)의 확대 스펙트럼 의 분석 결과로부터 회전속도의 2배 성분(7,173 cpm)의 진폭은 0.111 mm/s (0.0044 in/s)이고, $2f_L$ 성분(7,200 cpm)의 진폭은 5.791 mm/s (0.228 in/s)로서 가장 탁월하다. 이 때 극 통과 주파수 성분은 발생하지 않았다.

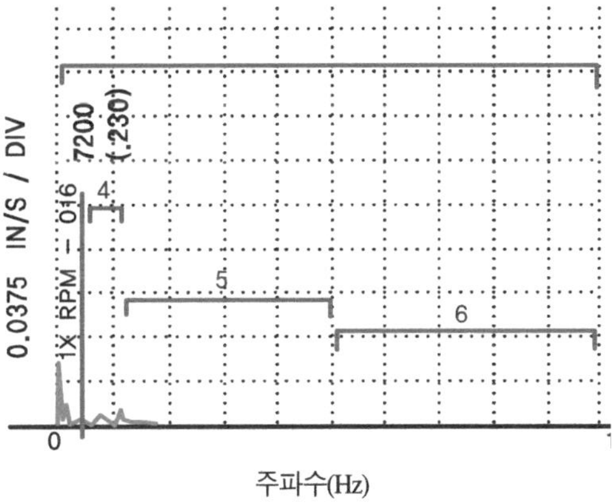

(a) 광대역 스펙트럼

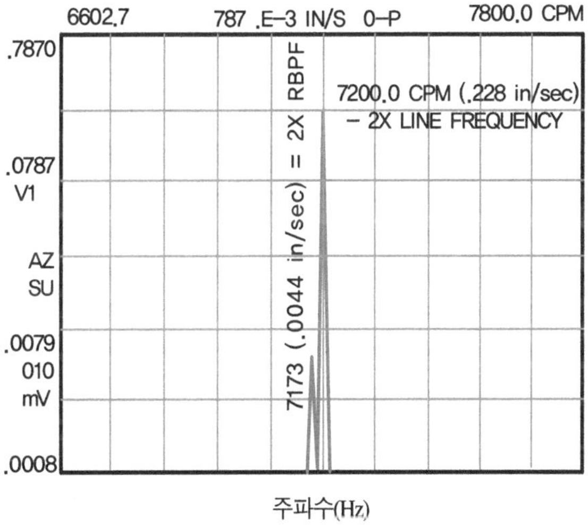

(b) 확대 스펙트럼

그림 5.52 급수 펌프 구동용 전동기의 고정자 편심 시의 진동 스펙트럼

5.3.2 고정자 적층의 단락(Short) 및 느슨함

고정자 철심(core)의 결함 문제는 일반적으로 고정자 권선의 고장과 비교하면 발생 비율이 낮고, 특히 소형 전동기에서는 주요 관심사가 되지 않는다. 그러나 통상 철심에 고장이 발생하는 경우에는 완전한 철심의 교체를 필요로 하기 때문에, 보수 및 개조 절차에는 고정자 철심 고장의 경우가 더욱 많은 비용이 든다.

그러므로 철심 문제의 원인을 파악하고, 특히 보수 및 운전 정지 비용이 중요할 수 있는 중요 대형 전동기의 경우에는 고정자 철심의 고장을 검지하고 예방하기 위한 감시 방법이 중요한 관심사가 될 수 있다.

유도 전동기의 고정자 철심은 보다 높은 효율의 운전을 위해, 와전류(eddy current) 손실을 최소화하도록 얇은 절연된 강판의 적층으로 만들어진다. 중형 및 대형 전동기의 경우에는 철심은 개개 적층 판들의 진동을 방지하고 철심 내의 열 전도성(thermal conductance)을 최대로 하기 위해, 철심 적층을 쌓은 후 100 N/cm^2 이상의 압력으로 압축된다. 철심을 조이는 수단은 전동기의 크기와 설계에 따라 다르지만, 중대형 전동기의 경우는 관통 볼트(through bolt) 또는 키 봉(key bar)의 단에서 철심 단 너트(core end nut)를 조인다. 소형 전동기의 경우는 용접(welding), 아교(gluing), 또는 interlocking이 철심을 서로 잡아주기 위해 사용된다. 고정자 권선을 슬롯 내에 삽입하였을 때, 슬롯 쐐기(wedges), 리플 스프링(ripple springs) 및 슬롯 라이너(liners)가 권선의 진동이나 움직임을 방지하기 위해 그리고 철심으로부터 권선을 절연하기 위해 사용된다.

고정자 적층 단락은 불량 철심 구조로부터 발생하는데, 예를 들면 불량 적층 정렬, 너무 무겁거나 혹은 너무 가벼운 철심 압력, 마찰 혹은 철심에 대한 외부 금속 물질 같은 물리적 손상 등을 들 수 있다. 고정자 철심 고장의 주요 원인으로는

- 단 권선의 축 자속(axial flux)에 기인하는 철심 단 영역의 가열(heating)
- 접지(ground) 결함 전류에 기인하는 철심 용융(melting)
- 철심 죔쇠(clamping)의 이완(relaxation)에 기인하는 적층 진동
- 판 사이의(inter-laminar) 절연 고장

철심 단 영역 가열의 저감은 전동기 설계 문제의 하나이다. 철심 용해는 접지절연 고장이 원인이 된다. 철심 압력의 이완에 의한 적층 진동은 다음과 같은 원인에 의해 발생할 수 있다.

- 전동기 운전 동안 진동에 의한 철심 단에서 철심 죔의 느슨함
- 절연 재료의 압축에 기인하는 적층 재료의 이완
- 제작 결함: 적층 판내의 불균일한 두께는 누적된 불균일한 압력 분포를 발생

상기 이유 중의 어느 것에 기인하여 적층이 진동을 하면, 적층 판과 절연 피로가 가속되고, 판 사이의 절연 고장이나 이 파손(tooth fracture)을 일으킨다. 파손된 적층들은 접지(ground) 벽 내로 이동하고, 접지 결함을 일으키거나, 심각한 판 사이의 절연 손상을 일으킨다. 고정자 권선 절연 마모도 역시 적층 진동에 의해 가속되고, 접지 고장을 일으킬 수 있다.

고정자 철심의 느슨함을 조사하는 전통적인 방법으로는 정기적인 정비 기간 동안에 시각 검사(visual inspection)가 있다. 회전자를 제거하고 철심의 내부 표면을 검사한다. 이 때는 적층 진동에 의해 야기된 페인트의 벗겨짐(flaking)과 검은 그리스(grease)를 확인한다. 그러나 이 방법으로는 단지 문제가 심각할 때만 관측될 수 있고, 철심은 이 단계에서는 판 사이의 절연 고장의 위험 때문에 다시 압축될 수 없다. 나이프 시험(knife test) 및 철심 죔쇠 볼트의 토크 측정이 철심의 느슨함에 대한 예방적인 측면의 방법으로 사용된다. 나이프 시험에서는 얇은 나이프 블레이드를 철심 내측 표면의 여러 위치 사이에 삽입한다. 만약 나이프가 적층 내로 가도록 힘이 가할 수 있다면, 이는 철심이 느슨한 것으로 고려될 수 있다. 이 방법은 철심의 견고함을 평가하기 위한 하나의 침입법(invasive method)으로, 심각한 조건에서만 지시를 제공한다. 볼트의 토크 측정방법에서는 볼트 토크가 조사되고, 이 토크가 한계치(threshold) 이하이면, 볼트는 조여져 있는 것으로 판정한다. 이 방법은 단지 철심 내의 전체 압력 값을 제공하고, 철심이 느슨한 국부적인 위치는 검지할 수 없는 단점이 있다.

판 사이의 절연을 위해 사용되는 재료들은 열화나 손상을 받기 쉽기 때문에, 적층

사이의 단락(shorts)은 다음과 같은 여러 원인들에 기인하여 야기될 수 있다.

- 제작상의 적층 결함: 철심 파단 입자(burrs)
- 조립, 검사, 되감기(rewind), 재 웨지(re-wedge) 동안의 고정자 내측 표면의 기계적 손상
- 되감기 동안 권선을 벗길 때 작용하는 열, 화학 약품, 기계적인 힘
- 조립 및 운전 동안 고정자와 회전자의 접촉
- 권선 고장으로부터의 호광(arcing)
- 조립, 검사, 보수 동안에 유입되는 이물질: 너트, 볼트, 파손된 적층 이(tooth), 기타 파손된 전동기 부품 등
- 느슨한 권선, 적층, 슬롯 웨지의 진동

상기 원인의 하나와 함께 적층이 단락 되면, 회전하는 와 전류(eddy current)는 정상 운전 시에 비해 크게 된다. 회전하는 결함 전류는 철심 내에 부가적인 동력 손실의 원인이 되고, 국부적인 가열을 일으켜 심각하게 진전되면 적층의 연소(burning) 또는 용융(melting)을 일으킬 수 있다. 결과적으로 고정자 절연과 권선은 고정자 철심을 통하는 접지(ground) 전류가 원인이 되어 손상될 수 있다. 판 사이의 절연 결함은 결함이 국부적인 자속의 재 분포와 가열이 기인하기 때문에 감시하기가 매우 어렵다. 대형 전동기의 철심은 통상 제작 동안 및 제작 후, 정기적인 정비 기간 및 보수 후에 검사된다. 판 사이의 절연 고장을 검지하기 위한 열이나 전자기적인 기법이 개발되기 전에는 주로 시각 검사에 의존하였다. 고정자 철심 문제에 의해 야기되는 니스(varnish), 페인트 또는 절연의 국부적인 검게 된 부분(darkening)을 파악하기 위해 고정자 구멍(bore)을 검사한다.

일반적으로 고정자와 회전자 모두 진동의 두드러진 증가는 철심 단락이 존재함을 나타낸다. 고정자 권선 단락의 경우는 전원 주파수의 2배 성분과 그 배수 성분들의 반경 방향 진동이 탁월하다. 발생 진동수로는 회전자에 대해 회전 주파수의 2배 조

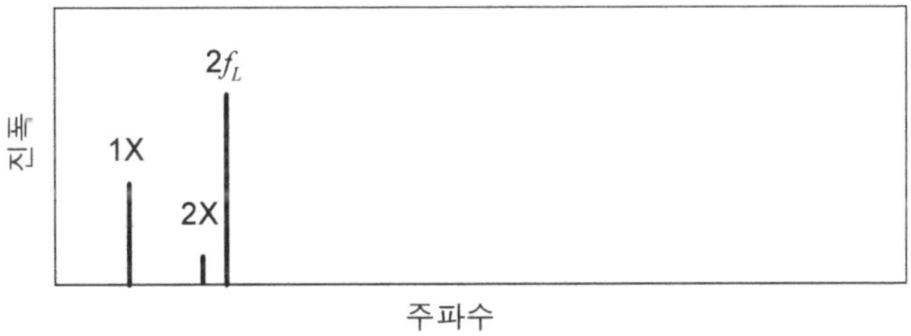

그림 5.53 고정자 적층 단락 시의 발생 진동 주파수

화성분(2X), 고정자에 대해서는 전원 주파수의 2배($2f_L$)에서 발생한다. 특히 고정자와 회전자 모두 진동의 두드러진 증가는 철심 단락(core shorting)의 존재를 나타낸다. 단락된 고정자 적층은 고정자 자체를 뒤틀리게 할 수 있는 불균일하고, 국부적인 열을 야기시킬 수 있고, 운전시간과 함께 중대하게 성장할 수 있는 열 여기진동(thermally-induced vibration)을 발생한다. 불행히도 진동 변환기에 의해 일단 감지되면 단락은 급속도로 진전되므로, 이 때는 너무 늦고, 보다 빠른 지시계로는 매우 낮은 크기의 단락된 철심 전류를 감지하는 방법이 이용된다.

5.3.3 고정자 권선 단락(Shorted Stator Winding)

고정자 권선 고장은 유도 전동기에서 사용 정지의 가장 중요한 원인의 하나이다. 여러 조사 결과에 의하면, 농형 유도 전동기의 경우, 베어링과 고정자 권선에 관련된 고장이 모든 고장의 3/4를 차지하고 있다. 또한 이들 조사는 고정자 권선 고장의 대부분이 권선간(turn-to-turn) 절연의 파손으로부터 오는 것을 나타내고 있다.

따라서 공장에서 제품 출하 전이나 현장에서 간혹 권선간 결함에 대해 일상적인 시험을 수행한다. 통상 사용되는 방법은 전동기를 정지하고, 특수한 고전압 서지 발생기(surge generator)를 권선에 가한다. 그러나 고속에서 높은 감도를 가지고 온라인으로 권선간 단락을 검지할 수 있는 신뢰할 방법은 없다. 특히 이 결함은 결함의 발생으로부터 수 사이클 이내에 전동기의 연속적인 고장으로 이르기 때문에 가능한 빨리 검지하는 것이 매우 중요하다.

유도 전동기의 고정자 권선은 절연 시스템에 작용하는 열적 과부하, 기계적 진동 등의 다양한 요소들에 의해 발생되는 응력을 받는다. 이들 모두는 다른 방법으로 절연에 영향을 미치지만, 이들은 이들의 하나에 의해 야기되는 열화가 나머지에 의해 야기되는 열화를 증가시키는 형태로 서로간에 상호작용을 한다.

권선간 단락은 특히 임의 권선형(random-wound) 전동기를 비롯한 고정자 고장의 가장 일반적인 유형의 하나이다. 대부분의 경우, 이 유형의 결함은 코일간(coil-to-coil), 상간(phase-to-phase) 또는 상 접지간(phase-to-ground) 고장으로 진전되고, 전동기의 최종적인 파손으로 이어진다. 권선 절연의 열화는 통상 권선의 몇몇 turn에 관계되는 권선간(inter-turn) 결함으로 시작된다. 결함 전류는 심각한 국부적인 가열을 야기시키고, 결함은 권선의 많은 부분으로 급속히 전파된다. 권선과 접지 사이의 절연 고장은 전동기의 철심에 회복할 수 없는 손상을 일으키는 많은 접지 전류를 일으킬 수 있다. 초기 단계에 결함을 검지할 수 있다면, 전동기는 단지 고정자의 되감기(rewinding)를 통해 다시 사용할 수 있다. 전동기의 교체는 정지 기간(downtime)의 증가에 따른 생산 손실의 증가를 의미한다.

그림 5.54는 가장 단순한 예로서 코일이 단지 하나의 turn을 가지는 경우를 보인다. 이 그림은 Inter-turn 단락 회로가 점 a와 b 사이에서 발생한다고 가정한 3개의 코일의 하나의 상 그룹(phase group)을 보인다. 순환되는 전류에 대한 경로(path)가 폐쇄되어 있다. 단순한 이론으로부터, 경로 A-X는 2개의 독립된 회로로 확장될 수 있다. 그림으로부터 2개의 전류, 즉 상 전류와 단락 회로 내를 흐르는 전류가 역 MMF를 생성한다. 그러므로 Inter-turn 단락 회로는 단락된 회로 turn의 부근에서 MMF를 감소시키는 누적 효과를 갖는다. 첫째로 단락 회로가 발생하였을 때, 상 권선은 보다 작은 turn을 가지고, 그러므로 MMF는 작게 된다.

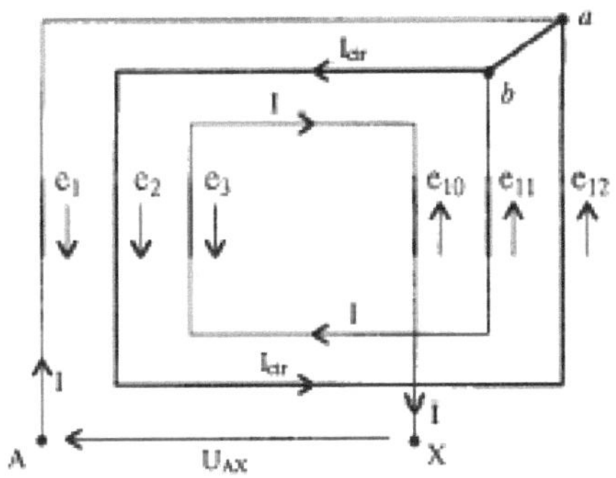

그림 5.54 **점** a**와** b **사이의** Inter-turn **회로**

둘째로 단락 회로 전류 MMF는 상 권선의 MMF와 반대가 된다. 보다 많은 turn들을 가지는 Inter-turn 단락도 유사한 방법으로 해석될 수 있다.

대부분의 상업용 유도 전동기의 경우, 코일들은 권선 종단(end winding) 영역뿐만 아니라 슬롯 내에서 서로 절연이 잘 되어 있기 때문에 Inter-turn 단락이 발생할 가능성이 가장 높은 곳은 동일 코일 내에서 turn들 사이의 Inter-turn이다.

고정자 권선의 단락 결함의 원인을 정확히 진단하기 위해서는 고장 모드(mode), 고장 패턴, 외관(appearance), 적용 시의 고려 사항, 정비 이력(maintenance history)이 고려되어야 하고 이들 사이의 관계를 파악하여야 한다. 일반적인 고장 모드와 패턴을 정리하면, 표 5.6 및 그림 5.55와 같다. 고장의 원인에 상관없이 실제적인 고장 모드는 표 5.7과 같이 5개의 그룹으로 구분할 수 있다. 권선 고장의 분석에 있어서 이들 조건이 초기 문제인지 또는 문제의 결과인지를 결정하는 것이 어렵다.

표 5.7 고정자 권선의 고장 모드 및 고장 패턴

고장 모드	고장 패턴
• 코일 내의 권선간 단락 • 동일 상의 코일간 단락 • 상간 단락 • 상-접지간 단락 • 1상 내의 open circuit	• 대칭적(symmetrical) 패턴 • 단상화(single phasing) • 비대칭 패턴 • 복합적인 비대칭

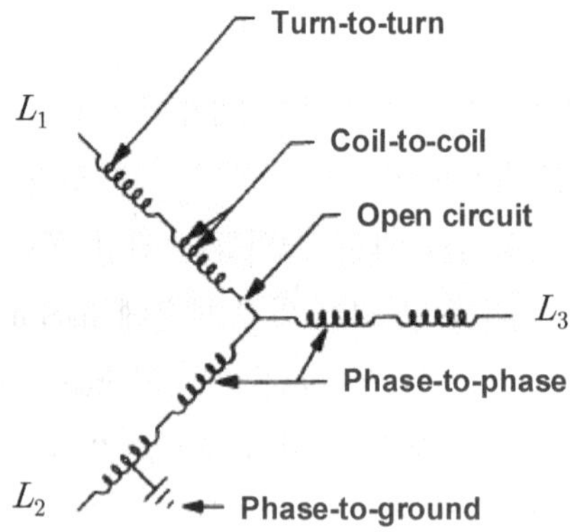

그림 5.55 고정자 권선 단락의 가능한 결함 모드

(a) 권선간 단락

(b) 상간 단락

그림 5.56 권선 단락 결함

고정자 권선 단락 고장의 가장 일반적 유형은 코일 내에서 권선간(turn-to-turn) 단락이다. 일반적으로 결함의 진전 과정은 대부분의 경우, 권선간 단락 → 코일간 단락 → 상간(phase-to-phase) 단락 또는 상-접지간 단락 → 최종 파손의 순서로 진행된다. 일 예로 전동기가 빈번히 기동되면, 과도한 코일의 움직임에 기인하여 하나의 코일 내에 미소한 권선간 단락을 입게 된다. 이 상태가 진전되면, 과도한 열이 단락된 코일 내에 발생되고, 결과적으로 절연 열화(insulation deterioration)를 일으킨다. 전동기의 보호 장치의 유형에 따라, 전동기는 계속 운전될 수도 있으나, 상(phase) 또는 접지 절연이 파괴될 때까지 열의 증가가 손상된 부위에서 발생한다. 이 때문에 상간 결함이나 접지 결함이 발생한다. 검사는 5개의 모든 고장 모드를 나타낼 수 있으나, 권선간 문제는 초기 문제이고, 나머지는 이 문제의 결과로 발생한다. 따라서 권선간 고장은 최종 결함 상태의 파괴적인 특성 때문에 통상 분간하기가 매우 어렵다. 권선 고장은 주로 저압(LV) 전동기에서 많이 발생하며, 고압(HV) 전동기는 일반적으로 부분 방전 감시(partial discharge monitoring)를 채용하여 결함 전에 절연 열화를 진단하고 있기 때문에 잘 발생하지 않는다.

권선간 결함 검지를 위한 기초로는 먼저 권선 내에 큰 비대칭이 발생하였을 때 정상(positive sequence) 전류는 크게 변화하지 않지만 역상(negative sequence) 전류가 새롭게 나타나는 것을 분석하는 것이다. 이 역상 전류가 불평형 선으로부터 증가하고, 따라서 분명한 역상 임피던스의 크기가 결함의 지표(indicator)로써 사용될 수 있다. 역상 임피던스는 상대적으로 슬립에 둔감하다. 결함이 없을 때는 전원이 평형이 되고, 역상 전류는 없다.

그림 5.57은 3/4 HP, wye 결선, 각 상당 648 turn을 가지는 3상 전동기에 5 turn (0.77%)을 수은 용액으로 단락시킨 경우의 시험 결과를 보인다. 정상 전류에서의 차이는 작고, 아마도 실제에서는 거의 확인될 수 없을 것이다. 단자에서 역상 전류의 크기는 부하나 정상 전류에 비해 작지만, 결함 시와 정상 전동기 사이의 차이는 뚜렷한 것을 알 수 있다. 시간 스케일에서 응답은 본질상 순간적이고, 2 사이클 이내에 완료된다. 따라서 높은 감도와 빠르게 검지할 수 있는 방법이 필요하다.

고장의 패턴은 고장 모드와 밀접한 관계를 가지지만, 분리하여 고려될 수 있고 표

5.6과 같이 4개의 그룹으로 구분할 수 있다. 고장 모드와 패턴을 조합함으로써 고장 원인에 대한 문제해결의 실마리를 제공할 수 있다. 그림 5.58은 U.S. Electrical Motors Test Facility에서 여러 조건하에 실험한 예를 나타낸다. 그림 (a)는 대칭 패턴으로 각 상의 각 코일은 과열되었고, 고장 모드는 복수 권선간 단락이었다.

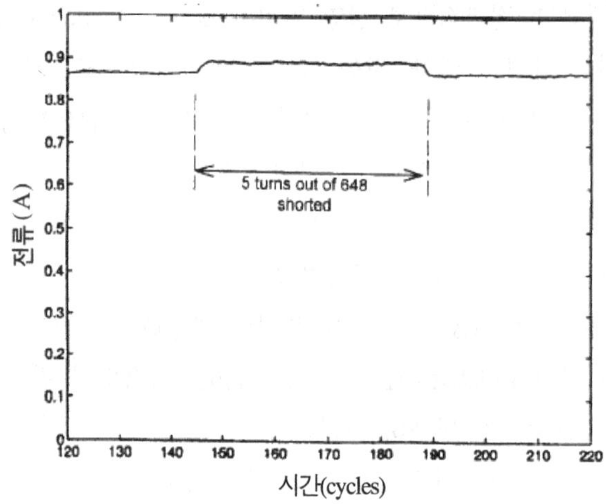

(a) 정상 전류

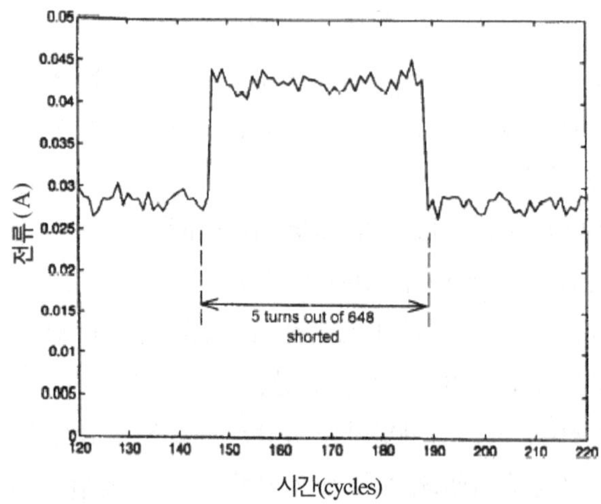

(b) 역상 전류

그림 5.57 50% **부하에서 권선간**(turn-to-turn) **결함 동안의 전류 비교**

고장의 원인은 과부하 상태에 의한 과도한 과열이었다. 그림 (b)는 단상화(single phasing) 패턴으로 하나의 완전한 상이 과열되었고, 권선간 단락에 기인하여 고장이 발생하였다. 고장 원인은 단상화이다. 그림 (c)는 접지(grounding)가 없는 비대칭 패턴의 예로서, 여러 그룹의 코일이 과열되었다. 고장 모드는 역시 복수 권선간 단락이며, 고장 원인은 손상된 권선(wire)이다. 그림 (d)는 접지가 있는 비대칭 패턴의 예로, 하나의 코일이 접지되었고, 복수 권선간 단락이 있다. 셀 벽(cell wall)의 손상이 원인이다. 권선간 단락은 접지된 코일로부터 180도 반대에서 발생한다. 중요한 점은 정확한 진단을 위해서는 고장 모드와 패턴의 결합이 절대적으로 필요하다는 것이다. 위의 각 경우에서 고장 모드는 권선간 단락이었으나, 고장의 원인은 다르고, 고장의 원인을 더욱 명백하게 나타내는 것은 고장 패턴이다.

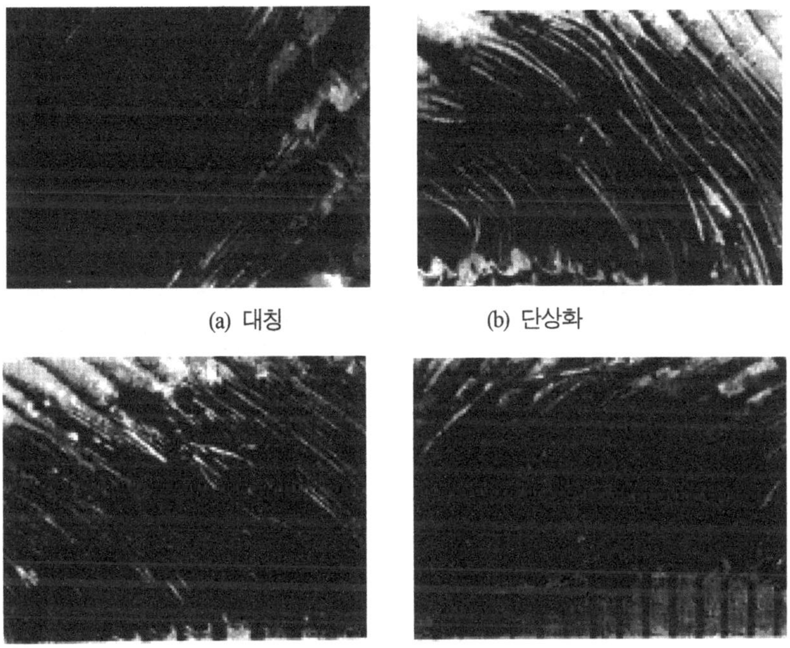

(a) 대칭 (b) 단상화

(c) 비대칭, 접지 무 (d) 비대칭, 접지 유

그림 5.58 고장 패턴에 따른 고장 예(Bonnett & Soukup)

고정자 권선 결함의 원인으로는 다음을 들 수 있다.

- 동 파편(copper debris), 철심 파단 입자(burr)에 의한 권선 손상
- 과부하에 의한 과대한 과열에 따른 국부적인 절연 열화
- 부적절한 통풍
- 셀 벽(cell wall)의 손상

그림 5.59에 보이듯이 권선 종단(end-winding) 부분에서 흔히 발생한다. 단선(burnout) 패턴에 따른 권선 고장의 원인은 표 5.7과 같이 구분할 수 있다. 표 5.8은 단선의 유형에 따른 가능 원인, 결함 외관 및 고장 모드를 요약한 것이다.

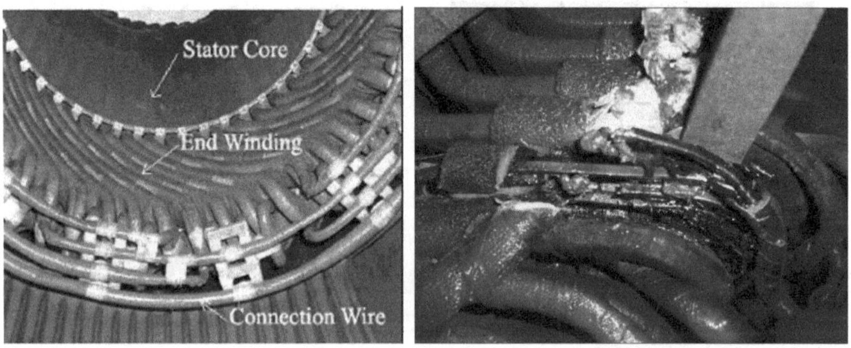

(a) 권선 종단의 구조 (b) 결함 사진

그림 5.59 권선 종단(end-winding)의 결함 사진 예

표 5.8 단선 패턴에 따른 권선 고장 원인

구분	개요	가능 원인	권선 외관	고장 모드
대칭 단선, 모든 상의 과열	과전류, 방열 불안정에 의한 과도한 열이 권선 전체에 걸쳐 대칭적으로 발생.	• 저전압, 고전압 • 과부하 • 과대 기동수 • 통풍 불량 • 환경 조건 • 결함 회전자 • 베어링 고장	변색, 절연 파괴에 의한 각 코일 그룹에 과열 흔적	• 실제 고장은 단락과 개방(open)의 결합에 기인하여 발생. • 고정자 슬롯이나 전동기 lead내에 과도열에 기인하여 권선이 접지됨
단상 단선 (대칭)	특징적 패턴으로 확인이 가장 쉬움	• 단상 전원 공급 • Open winding lead 또는 wire • 부적절한 연결 • 불평형 전압원	• V 또는 △ 결선에 따라 1 상 또는 2 상이 과열 • 통상 과열된 상 내의 권선간 단락에 기인하여 고장 발생	• 원인이 권선 내부이면, 가열되지 않은 상(들)이 open 회로를 가짐. • 통상 복수 권선간 단락의 흔적이 있음
비대칭단선 권선 접지	접지 관련 고장으로 절연시스템과 관계. 극도의 습기 상태에 노출되면 절연 시스템이 가장 취약 부분에서 고장 발생	회전자 마찰(rub)상태를 제외하면 접지된 고정자의 경우와 동일	고장 부위 부근에 과대한 가열 흔적 존재. 빈번히 상간 결함 발생	통상 전체적인 가열 외관이 없이 절연된 권선간 단락과 open

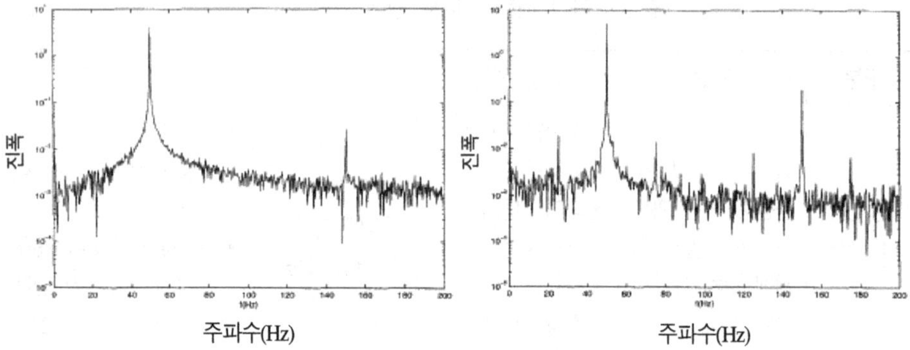

(a) 정상 (b) Inter-turn 결함

그림 5.60 무 부하 조건에서의 전류 스펙트럼의 비교

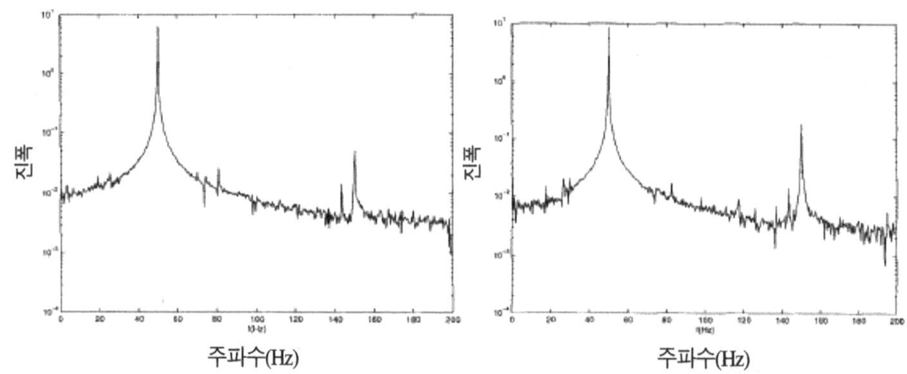

(a) 정상 (b) Inter-turn 결함

그림 5.61 전 부하 조건에서의 전류 스펙트럼의 비교

그림 5.60과 5.61은 무부하(No load)와 전부하(full load) 조건에서 고장이 없는 건강한 전동기와 Inter-turn 결함이 있는 전동기의 고정자 전류 신호의 주파수 스펙트럼을 비교한 것이다. 건강한 전동기에서도 전원 주파수(50 Hz)의 3차 조화 성분(150 Hz)이 나타나는 것을 알 수 있다. 그림 5.60(b)에서 25 Hz, 75 Hz, 125 Hz, 175 Hz의 조화 성분이 명확히 나타나고, 결함 조건에서는 3차 조화 성분(150 Hz)이 뚜렷하게 크게 되

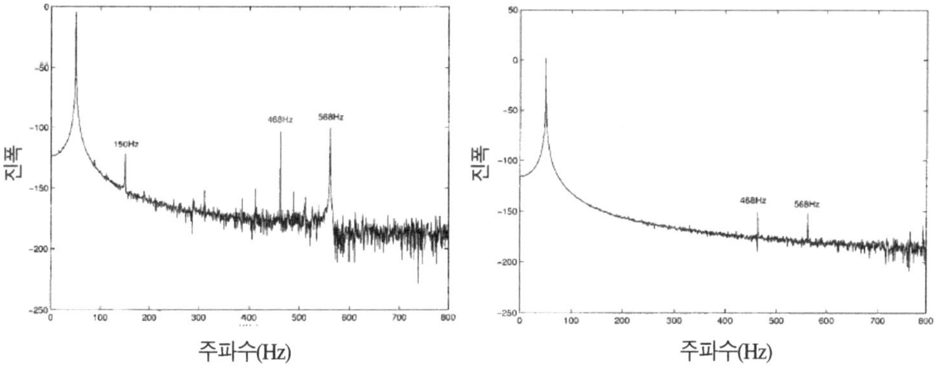

(a) 정상 (b) Inter-turn 결함

그림 5.62 **부하 조건에서의 전류 스펙트럼의 비교**(Joksimovic & Penman)

는 것을 확인할 수 있다. 그림 5.61의 전 부하 조건의 경우, 그림 (a)의 건강한 전동기에서 25 Hz와 75 Hz 부근에 주파수 성분이 나타나고, 이는 회전 주파수의 폭을 가지는 측대역(sideband) 주파수들이다. 결함이 발생하였을 때, 이들 성분은 약간 변화하고, 단지 3차 조화 성분인 150 Hz 성분이 크게 증가하고 있다. 따라서 부하 조건에서의 고정자 권선의 Inter-turn 진단은 매우 어렵다.

그림 5.62도 Inter-turn 단락 회로 조건에서의 선 전류 스펙트럼을 비교한 것이다. 회전자 슬롯 조화 성분의 크기가 크게 증가하고, 전원 주파수의 3배수인 150 Hz 성분만이 새롭게 나타나고 있다. Inter-turn 단락 회로 조건에서 150 Hz 성분의 증가는 Delta 연결된 고정자 권선에서 비대칭의 결과로 이해될 수 있다. 선 전류 스펙트럼에서 이 성분이 발생하는 이유는 속도 맥동 효과(speed ripple effect)에 의해 설명될 수 있다. Inter-turn 단락 회로 조건의 가장 중요한 결과의 하나는 고정자 권선에서 역상 전류의 발생이다. 이 역상 전류와 회전자 전류의 기저 주파수와의 상호작용은 주 주파수의 2배에서 맥동 토크를 발생시킨다. 이 맥동 토크가 고정자 측으로부터 주 자속에서 맥동으로 보이는 속도 맥동을 일으키고, 결국에는 고정자 권선 내의 새로운 EMF와 전류를 전원 주파수의 3배수 주파수에서 발생시킨다.

3차 조화 성분의 변화는 권선 단락의 중요한 징표이지만, 이 주파수 성분은 전동기의 비대칭 전압과 같은 다른 비대칭 결함에도 역시 매우 민감하게 변화하기 때문에 이 성분만을 이용하여 단정적인 진단은 어렵다. 보조적인 증상으로는 단락 회로 상태에서는 다음 식으로 정의되는 회전자 슬롯 조화 성분들이 크게 증가한다.

$$f_{rs} = \left(1 \pm \frac{\lambda N_r (1-s)}{p}\right) f_L$$

여기서 $\lambda = 1, 2, \cdots, N_r$은 회전자 봉의 수, s는 슬립, p는 극 쌍 수, f_L은 전원 주파수이다. 이들 성분은 건강한 전동기에서도 발생한다. 이들 주파수 성분은 전압 불평형, 정적 편심 결함과 같은 다른 결함 조건에도 역시 민감하기 때문에, 이 성분만으로는 고정자 권선의 Inter-turn 단락 발생의 증상으로는 사용할 수 없다.

5.3.4 고정자 슬롯 문제

자기장(magnetic field)과 고정자 권선 전류의 상호작용의 결과로 발생하는 전자기력은 코일, 봉 등의 권선 요소들의 진동을 일으킨다. 일반적으로 슬롯 내에서와 end turn 위치에서의 권선 진동 발생 메커니즘은 다르고, 여기서는 슬롯 진동 문제를 검토한다. 이 진동은 충전제(filler)와 쐐기(wedge)의 접촉에 기인하는 도체(conductors), 땜질 결합(brazed connection)의 손상, 접지 벽(ground wall)의 절연 마멸로 인해 점차적으로 고정자 권선의 열화를 일으킬 수 있다. 그러나 부수적인 열 사이클이 포함되면 높은 강도의 슬롯 방전(slot discharge)이 증가하기 때문에 더욱 위험할 수 있다. 슬롯 방전은 철심과 고정자 권선의 봉 또는 코일 사이에서 일어난다. 이 방전 활동은 봉의 반도전 코팅(semiconductivecoating)이 슬롯과의 접촉이 부분적으로 느슨하거나, 반도전체(semi-conductor)가 허용할 수 없는 전도성(conductivity)을 가질 때 초래된다. 만약 쐐기 또는 측면 패킹이 느슨하면, 봉의 운동이 고분자 코팅의 마멸을 일으키고, 결국에는 절연의 침식(erosion)을 야기시킨다. 되도록 빨리 봉과 슬롯 사이의 전기적인 접촉을 잃어버리고, 갭 내의 전기장이 충분하면 슬롯 방전이 일어나고 절연 열화를 가속시킬 것이다.

2개의 동 봉이 배치된 슬롯 모델의 높이 방향에 따른 자기장의 분포(자속 밀도 선도)를 그림 5.63에 보인다. 그림 (a)는 같은 방향으로 흐르는 전류의 경우이고, 그림 (b)는 반대 방향으로 흐르는 전류에 대한 것이다. 3상 기계의 경우 가능한 3개의 자기장 분포를 그림 5.64에 나타낸다.

그림 5.63과 5.64로부터 한 상 슬롯 모델에서 발생하는 전자기력의 반경 방향 성분은 실제적으로 3상 권선에서 동일 성분과 같다. 반대 전류 방향의 경우에는 힘의 반경 성분이 3상에 비해 오히려 적다. 반경 방향의 선형 전자기력 성분은 통상 다음에 정의되는 Calvert의 식을 이용하여 계산된다.

$$\mathrm{EMF}_{rad} = 0.392 \times 10^{-5} \frac{I^2}{b_s} (\mathrm{N/cm})$$

여기서 I는 코일 전류(rms, Apms), b_s는 슬롯 폭(cm)이다.

통상 비포화 회로에서 전자기력의 접선 성분은 반경 성분에 비해 상부 및 하부 봉 모두 매우 적다. 이들 반경 및 접선 성분은 교차 계자 왜곡(cross-field distortion)과 자기장의 반경 성분의 출현 때문에 회로의 포화와 함께 크게 된다. 표 5.9는 220 MVA의 터보 발전기에 대한 예를 보인다. 자기 회로의 운전 포화 시 상부 봉의 반경 방향 전자기력을 100으로 하였을 때의 상대치를 나타낸다.

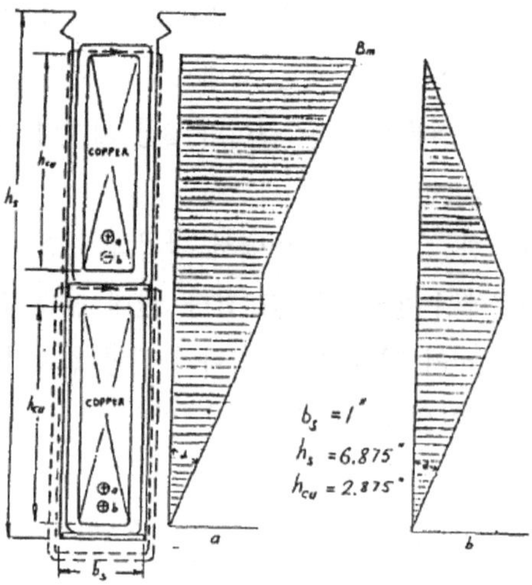

그림 5.63 고정자 슬롯 단면과 단면 슬롯 자기장 분포 예

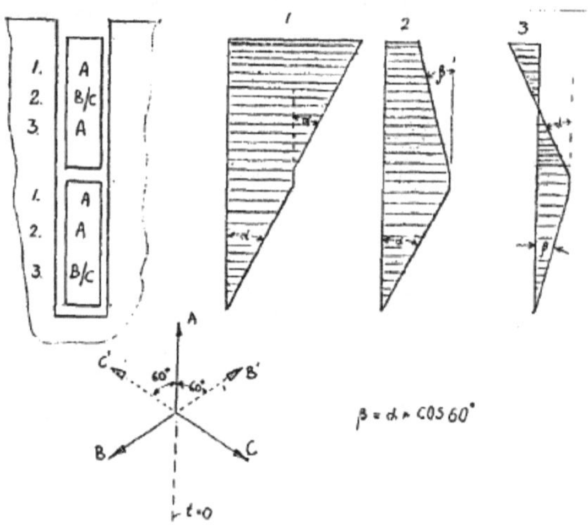

그림 5.64 전류 방향의 3개 다른 조합의 경우의 단면 슬롯 장 분포

표 5.9 전자기력 성분의 관계

슬롯 내 봉의 위치	EMF 성분	비포화 자기장	자기 회로의 운전 포화
상부	반경 방향	109	100
	원주 방향	3.2	9.4
하부	반경 방향	36	33.7
	원주 방향	1.2	8.0

슬롯 내의 코일 진동은 수직 방향에서 대개 보(beam)의 굽힘 진동으로 간주하여 그림 5.65와 같이 단순하게 모델링 될 수 있다. 그림 5.66은 이 모델을 이용하여 1000 및 600 Amps에 대해 계산한 결과(실선)와 측정치를 비교한 예이다. 이 그림으로부터 코일의 진동은 보 모델의 1차 모드인 것을 알 수 있다. 1차 고유 진동수 f_1과 진동 모드 $y_{(z)}$는

$$f_1 = \frac{\pi}{2l^2}\left(\frac{EI}{\rho}\right)^{1/2} \text{(Hz)}, \quad y(z) = \sin\frac{\pi z}{L}$$

여기서 l은 코일의 길이(m), ρ는 코일의 질량 밀도(kg/m^3), EI는 굽힘 강성도(N · m^2), z는 코일의 길이 방향 좌표이다.

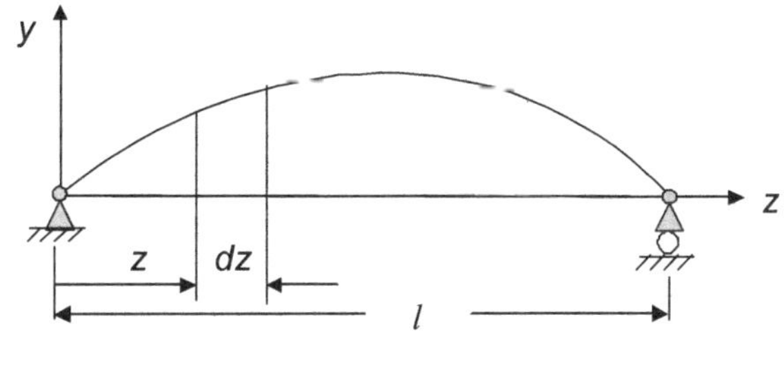

그림 5.65 슬롯 내의 코일 진동의 단순 지지 보 모델

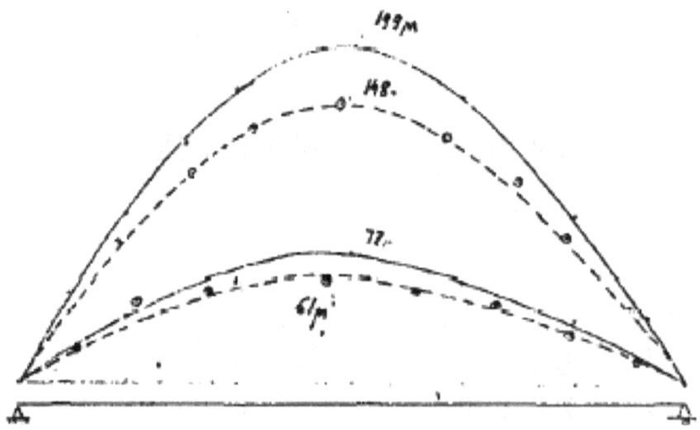

그림 5.66 슬롯 내의 코일 길이 방향의 진동 분포

코일의 최대 정적 처짐은 중앙부($l/2$)에서 발생하고, 재료 역학의 공식을 이용하면,

$$y_{\max} = \frac{\mathrm{EM\,F}_r\, l^3}{48EI}$$

공진 영역에서의 동적 배율, 즉 확대율(magnification factor)은

$$M = \frac{1}{\left|1-\left(\omega/\omega_1\right)^2\right|}$$

로 표현된다. 여기서 ω_1은 앞에서 정의한 1차 고유 진동수, ω는 통상 전원 주파수의 2배($2f_L$)인 가진 진동수이다. 따라서, 이론적으로 계산된 최대 진동 진폭은 다음과 같이 얻을 수 있다.

$$A_{\max} = M\, y_{\max}$$

계산된 이론 값은 실측치와 차이를 나타낼 수 있고, 이는 코일의 탄성 계수, 관성 모멘트, 재료의 질량 밀도, 감쇠율 등의 보의 기계적인 특성과 운전 조건에서 고유 진동수와의 근접 정도에 의존된다.

철심의 이(teeth)는 그림 5.67과 같이 원주(접선) 방향으로 진동을 할 수 있다. 이의 진동과 전류의 관계를 그림 5.68에 나타낸다. 전류의 증가에 따라 근사적으로 전류 크기의 제곱에 비례하는 진동이 발생하는 것을 알 수 있다.

이의 진동은 스프링 형태의 충전제(filler)의 진동 에너지 소비 능력이 감소하게 되어 4장에서 설명한 슬롯 죔 시스템(slot tightening system)의 상태를 저하시킬 수 있고, 나아가 코일과 철심 사이의 열적 및 전기적 접촉의 악화시킬 수 있다. 열적 및 전기적 접촉의 악화는 필연적으로 접지 벽 내에서 열 구배(thermal gradient)의 증가를 초래하고, 슬롯 코로나 활동을 촉진시킨다.

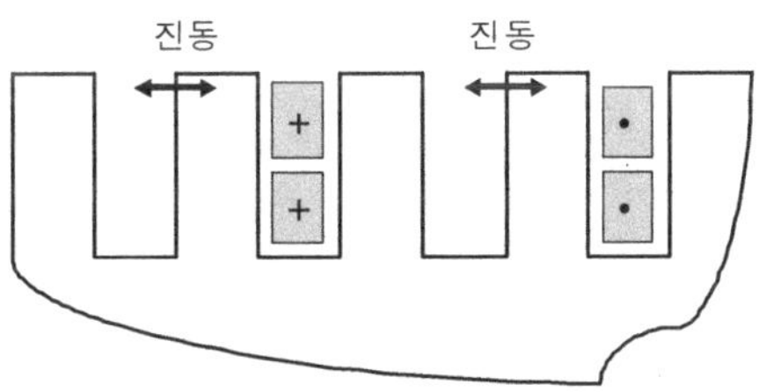

그림 5.67 고정자 이의 접선 방향 진동

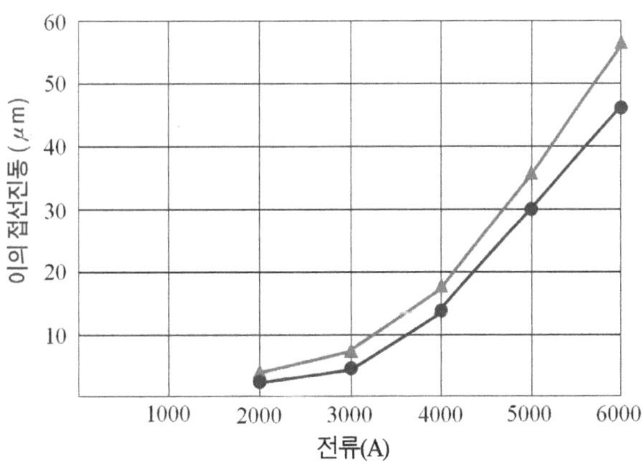

그림 5.68 이의 접선 방향 진동과 전류의 관계

비교적 작은 권선 전류와 작은 열 사이클 수로 운전되는 전동기에서는 봉의 상부와 측면에 편평한 충전제를 적절하게 조정하여 사용한다면 코일의 반경 방향의 진동 제한치인 5~10 um를 만족시킬 수 있을 것이다. 이 경우 첫 10에서 20 열 사이클 후에 만약 상당한 봉의 길이에서 느슨함이 발생한다면 상당한 효율의 감소와 공진을 초래할 수도 있다. 따라서 고정자 봉을 적절하게 고정시켜 진동을 억제하기 위해서는 스프링 형태의 충전제를 사용할 것이 권장된다. 그리고 기존의 냉각 시스템이 설치되어 있고 2000 A 이상의 권선 전류를 가지는 고전압 고정자 권선에서는 성공적이며 신뢰할 수 있는 운전을 위해서는 고분자 실리콘 고무 요소를 가지는 슬롯 쬠 시스템이 권장된다.

수백 마력 이상 또는 통상 600 V 이상의 전압을 가지는 유도 전동기에서는 코일을 슬롯 내에 삽입하기 위해 개방형의 고정자 슬롯을 가진다. 그러나 개방된 슬롯(open slot) 구조는 유효 공극의 증가에 기인하여 자화 전류(magnetizing current)가 증가하고, 슬롯 퍼미언스 맥동(slot permeance ripple)의 증가에 따른 높은 손실, 진동 및 소음을 발생시킨다. 또한 이(teeth)에 맥동력(pulsating force)이 발생된다. 이러한 개방 슬롯 구조의 단점은 때로는 슬롯의 폐쇄(closure)에 의해 제거되거나 감소시킬 수 있다. 밀폐 슬롯(closed slot), 반밀폐 슬롯(semi-closed slot) 또는 자기 쐐기(magnetic wedge)를 채용하면, 슬롯에 기인하는 공극 퍼미언스 맥동을 감소시키고, 그것에 의하여 이 맥동에 따른 진동, 소음 및 손실을 감소시킬 수 있다.

부가적으로 슬롯 폐쇄는 자화 리액턴스를 증가시키는 유효 공극 길이를 줄일 수 있다. 반면에 슬롯 폐쇄의 증가는 전동기의 기동 토크 및 최대 토크를 감소시키는 경향을 갖는 슬롯 누설 리액턴스를 증가시키고 또한 역율을 감소시킬 수 있다.

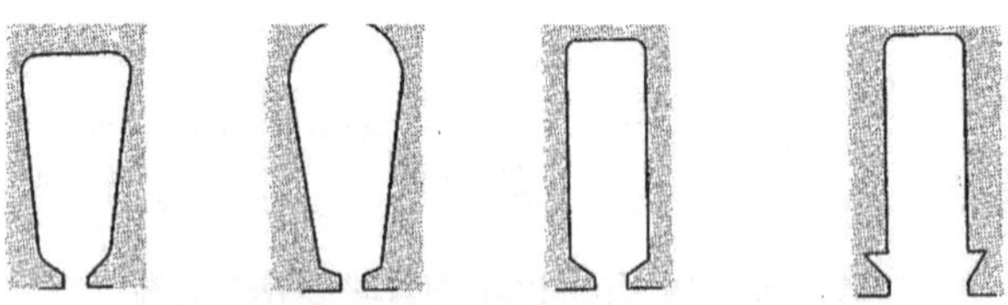

(a) 반밀폐형 (b) 개방형

그림 5.69 슬롯 형상 예

유도 전동기의 자기 회로가 포화되었을 때, 기자력(mmf, magnetomotive force)의 기본파와 함께 부가적으로 공간 조화 성분들이 발생한다. 이 상황하에서 공극 자속 밀도장의 기본 조화 성분들은 다음 식과 같이 기본파(B_1), 공간 조화 성분(B_5, B_7), 2개의 슬롯 조화 성분(B_2, B_3), 회전자 슬롯 퍼미언스 맥동과 결합된 고정자 슬롯 MMF에 기인하는 2개의 조화 성분(B_{14}, B_{12}) 및 포화 조화 성분들($B_{sat,3}$, $B_{sat,5}$, $B_{sat,7}$, …)을 포함한다.

$$\begin{aligned}B_{gap} &= B_1\cos(p\theta-\omega t)+B_5\cos(5p\theta+\omega t)+B_7\cos(7p\theta-\omega t)+\ldots\\&+B_2\cos[(N_s-p)\theta+\omega t)+B_3\cos[(N_s+p)\theta-\omega t)+\ldots\\&+B_{14}\cos[(N_s-N_r-p)\theta+(\omega+N_r\omega_r)t]+B_{12}\cos[(N_s-N_r+p)\theta-(\omega-N_r\omega_r)t]+\ldots\\&+B_{sat,3}\cos(3p\theta-3\omega t)+B_{sat,5}\cos(5p\theta-5\omega t)+B_{sat,7}\cos(7p\theta-7\omega t)+\ldots\end{aligned}$$

여기서 p는 전동기의 극 쌍 수, N_s, N_r은 각각 고정자와 회전자의 슬롯 수, ω, ω_r은 각각 전원 각주파수(rad/s) 및 회전 각주파수(rad/s), θ는 고정자 직경에 따른 radian 변위(rad), t는 시간, B는 여러 자속 밀도의 조화 성분들의 진폭이다. 진행파(traveling wave)의 방향은 +, - 부호로 나타낸다. 예로 - 기호는 기본 파의 방향으로 회전하는 전향(forward) 진행파를 나타내고, + 기호는 기본 파와 반대로 회전하는 후향(backward) 진행파를 나타낸다. 포화 조화 성분은 위상이나 위치의 변화 없이 주장의 조화 성분과 함께 회전한다.

고정자와 회전자 공간 조화 성분의 조합인 포화 조화 성분들은 전원 주파수의 2배의 배수인 저 주파수 영역에서 높은 레벨의 전동기의 진동을 초래할 수 있다. 또한 포화 조화 성분들은 회전자 슬롯 통과 주파수 $N_r(=\omega_r/2\pi)$에서 가청 소음을 발생할 수 있다.

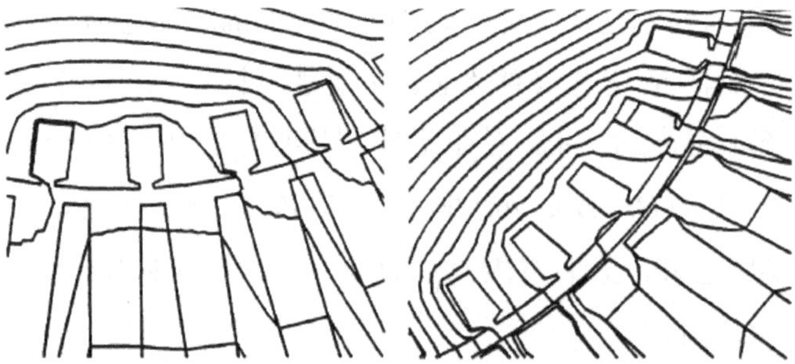

(a) 개방 슬롯 (b) 밀폐 슬롯

그림 5.70 **개방형과 밀폐형 슬롯의 자속 분포의 예**(Salon 등, 1994)

그림 5.70은 620 V, 60 Hz, 4극 전동기에 대한 자속 분포를 계산한 예이다. 밀폐형에서는 고정자 슬롯 개방에 기인하는 자속 맥동 효과가 크게 감소하거나 제거되는 것을 알 수 있다. 표 5.9는 공극 자속 밀도장의 2차원 푸리에 변환에서 중요한 항들을 비교한 것이다. 개방된 슬롯과 밀폐된 슬롯의 경우의 조화 진행파를 비교한 것이다. 이들 결과로부터 공간 조화 성분들을 제외한 모든 자속 밀도 조화 성분들을 명확히 확인할 수 있다. 슬롯의 밀폐는 고정자 슬롯에 의해 야기되는, 즉 고정자 슬롯 개방에 의해 발생되는 퍼미언스 변동으로부터 생성되는 자속 밀도의 진행파에 대한 극적인 효과를 가지는 것을 보여준다. 개방 슬롯에서 가장 큰 진폭의 자속 밀도 조화 성분을 가지는 파 B_2, B_3는 슬롯을 밀폐하였을 때 크게 감소한다. 제2의 슬롯파 B_4, B_6는 2배 이상 감소한다. 고정자와 회전자 슬롯 상호 작용파 B_{12}, B_{14}는 고정자 슬롯의 밀폐로 제거된다. 슬롯 밀폐는 포화에 기인하는 자속 밀도 조화 성분 $B_{sat\,3}$의 진폭을 뚜렷하게 증가시키고, 전동기의 진동 측면에서 특히 문제가 될 수 있다. 그림 5.71은 공극 자속 밀도의 공간 분포를 나타낸다.

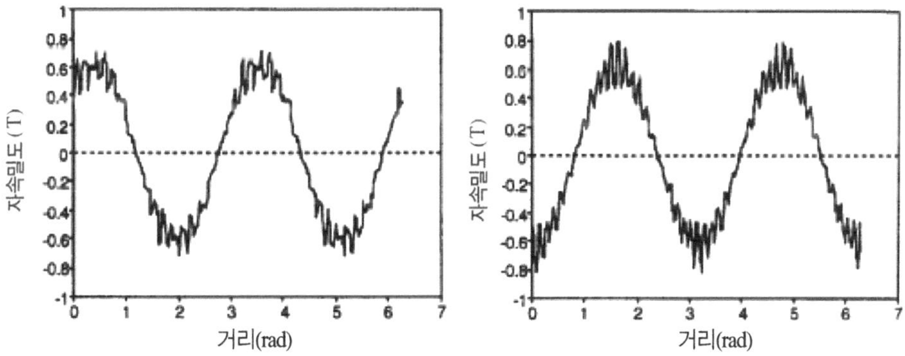

그림 5.71 공극 자속 밀도의 공간 분포

표 5.10 개방 및 밀폐 슬롯의 공극 자속 밀도(Salon외, 1994)

No.	공간 극 쌍	시간 주파수 (Hz)	기본파 진폭에 대한 비율(%)		Origin
			개방슬롯	밀폐슬롯	
B_2	46	-60	18.1	4.4	고정자 슬롯 퍼미언스 조화 성분 $(N_s-p)\theta+\omega t$
B_3	50	+60	14.6	4.3	고정자 슬롯 퍼미언스 조화 성분 $(N_s+p)\theta+\omega t$
B_4	94	-60	2.6	1.1	2차 고정자 슬롯 퍼미언스 조화 성분 $(2N_s-p)\theta+\omega t$
B_6	98	+60	2.0	0.6	2차 고정자 슬롯 퍼미언스 조화 성분 $(2N_s+p)\theta-\omega t$
B_{12}	14	-980.4[1)]	1.6	0.0	고정자 슬롯 MMF 조화 성분×회전자 슬롯 퍼미언스 조화 성분 $(N_s-N_r+p)\theta-(\omega-N_r\,\omega_r)t$

B_{14}	10	-1100.4[2)]	2.1	0.0	고정자 슬롯 MMF 조화 성분×회전자 슬롯 퍼미언스 조화 성분 $(N_s-N_r-p)\theta+(\omega+N_r\omega_r)t$
$B_{sat,3}$	6	+180	0.3	2.9	포화 조화 성분 $3p\theta-3\omega t$
$B_{sat,5}$	10	+300	0.1	2.0	포화 조화 성분 $5p\theta-5\omega t$
$B_{sat,7}$	14	+420	0.0	1.1	포화 조화 성분 $7p\theta-7\omega t$

주) 1) 밀폐 슬롯의 경우: - 976.9, 2) 밀폐 슬롯의 경우: - 1096.9

반경 방향의 단위 면적당의 공극 자기력은 다음 식을 이용하여 계산할 수 있다.

$$F_{rad}=4B_{gap}^2\times 10^5\ (\mathrm{N/m^2})$$

B_{gap}에 대한 상기 식을 대입하면 공극 힘 장(force field)을 구성하는 엄청난 수의 자속 밀도 파의 조합이 발생된다.

표 5.11은 표 5.10에 주어진 자속 밀도 조화 성분들에 대응하는 반경 방향의 공극 힘 장의 푸리에 변환 결과를 나타낸다. 즉, 개방 및 밀폐 슬롯에 대한 공간 및 시간 힘 조화 성분파를 보인다. 표에서 보이는 힘 파들은 표 5.10의 자속 밀도들에서 보이는 경향을 확인할 수 있다. 고정자 슬롯에 의해 발생하는 힘 파 F_2, F_3, F_5, F_6 및 F_7은 고정자 슬롯을 밀폐시켰을 때 크게 감소하거나 제거된다. 이 효과는 이들 힘 파가 개방된 슬롯의 경우에 가장 큰 진폭이므로 중요하다. 그러나 전동기 진동을 발생하는 능력은 그들의 큰 극 수에 의해 축소된다. 고정자와 회전자 상호작용에 기인하는 두 힘 파의 하나인 F_{12}는 슬롯이 밀폐되었을 때는 제거된다. 그러나 다른 한 파인 F_{13}은 슬롯이 밀폐되었을 때 오히려 약간 증가한다. 이는 F_{13}를 발생하는 자속 밀도 장의 탁월 성분이 고정자 슬롯의 밀폐에 의해 영향을 받지 않음을 암시한다. 힘 파 $F_{sat,4}$는 밀폐된 슬롯에서는 0이 아닌 상대적으로 작은 극과 높은 진폭을 가지므로, 전원 주파수의 4배에서 중대한 전동기 진동을 발생시킬 수 있는 능력을 가지고 있다.

표 5.11 개방 및 밀폐 슬롯의 공극 힘 분포(Salon외, 1994)

No.	공간 극 쌍	시간 주파수 (Hz)	기본파 진폭에 대한 비율(%)		Origin
			개방슬롯	밀폐슬롯	
F_2	48	0	66.4	18.8	$N_s\theta+0\omega t$
F_3	96	0	16.9	4.1	$2N_s\theta+0\omega t$
F_5	44	-120	35.3	8.2	$(N_s-2p)\theta+2\omega t$
F_6	52	+120	30.2	9.0	$(N_s+2p)\theta-2\omega t$
F_7	92	-120	9.6	2.3	$(2N_s-2p)\theta+2\omega t$
F_{12}	12	-1040.4[1]	11.2	3.5	$(N_s-N_r)\theta+N_r, \omega, t$
F_{13}	36	+1040.4[1]	19.5	24.7	$N_r\theta-N_r\,\omega_r\,t$
$B_{sat,4}$	8	+240	0.0	9.9	$4p\ \theta-4\omega t$
$B_{sat,6}$	12	+360	0.0	2.0	$6p\ \theta-6\omega t$

[1] 밀폐 슬롯의 경우: $\mp$ 1036.9

슬롯의 밀폐는 전동기의 다른 성능 특성에 영향을 미칠 수 있다. 예로 정격 부하에서 회전 속도가 개방 슬롯에서는 1,734 rpm에서, 밀폐 슬롯의 경우는 1,728 rpm까지 떨어진다. 슬롯의 밀폐는 정격 부하에서 역율의 약 10%의 증가시킨다.

5.3.5 공급 전압의 불평형(supply voltage unbalance)

유도 전동기에서 전압 불평형은 전동기의 성능에 많은 부정적인 효과를 제공한다. 이들 효과로는 손실의 증가에 따른 온도 증가와 효율, 토크 및 전동기의 절연 수명의 저하를 들 수 있다.

3상 전원 시스템에서 공급 전압은 정현 파형(sinusoidal waveform)으로 각 상(phase)

은 서로 120도 떨어져 있으며, 그 크기는 동일하다. 그러나 여러 가지의 이유로 인해 각 상의 전압은 불평형이 발생할 수 있고, 이를 전압 불평형이라 한다. 불평형의 종류에는 기본 시스템 주파수에서

- 전압 크기의 불균일: 부족 전압(under-voltage) 및 과전압(over-voltage)
- 기본 위상각의 편차
- 각 상 사이의 조화 왜곡(harmonic distortion)의 불균일

등이 있다.

불평형 전압은 2개의 반대 성분인 정상(positive sequence)과 역상(negative sequence)으로 분해된다. 불평형 3상 시스템은 3개의 평형된 시스템, 즉 정상, 역상 및 zero 상을 이용하여 설명될 수 있다. 그러나 전동기의 경우, zero 상 성분은 전동기가 △ 또는 비 접지된 Y 결합되고 zero 상 성분을 위한 중립까지 흐르기 위한 경로(path)가 없으므로 0이 될 것이다. 완전하게 평형된 시스템은 단지 전압, 전류 및 임피던스의 정상 성분을 포함한다. 그러므로 불평형된 전동기의 전압은 반대의 상 순서(phase sequence) 즉, *abc*와 *acb*를 가지는 정상과 역상 성분들을 포함한다.

정상 전압은 필요로 하는 양의 토크를 생성하지만, 역상 전압은 회전자의 회전과 반대로 회전하는 공극 자속을 생성하고, 따라서 원하지 않는 음(역)의 토크를 발생시킨다. 이는 결과적으로 순(net) 토크와 속도를 감소시키고, 속도와 토크의 맥동(pulsation)을 발생시킬 수 있으며, 전동기의 소음을 증가시킨다. 부가적으로 불평형 전압에서 역상 성분은 낮은 역상 임피던스에 기인하는 많은 역상 전류를 발생시키고, 기계 손실과 온도를 증가시킨다. 전체적으로 불평형 전압은 효율을 낮추고 전동기의 수명을 단축시킨다. 전압 불평형은 전류 신호의 불평형을 야기시키고, 특히 전원 주파수의 3차 조화 성분이 크게 증가한다.

전압 불평형의 주요 원인으로는 3상 전원 시스템을 교차하여 연속적으로 변할 수 있는 단상 부하(single-phase load)의 불균일이다. 일 예로는 장거리 전력선을 가지는 농촌의 전력 시스템이나 조명 수요와 같은 과대한 단상 수요를 가지는 도시의 전력 시스템이 있다. 전압 불평형의 부가적인 원인으로는 비대칭적인 변압기 권선 임피던스 등이 있다. 미국의 전력 배선 시스템에 대한 현장 조사 결과에 의하면, 전압 불평

형은 근사적으로 1% 이하가 66%, 3% 이하 90% 및 3% 이상이 2%로 조사되고 있다.

동일한 전압 불평형 율을 가지는 많은 불평형 전압이 있다. 표 5.12는 전압 불평형의 유형으로 8가지를 나열하고 그 가능 원인을 정리한 것이다. 즉, 부족 전압(under-voltage)과 과전압(over-voltage) 상태하에서 단상, 2상 및 3상에 대한 경우이다.

표 5.12 전압 불평형의 유형과 원인

유형	원인
단상 부족 전압 불평형 (1ϕ-UV)	시스템 내에 큰 단상 부하가 있고, 충분한 보상이 없을 때 발생. 이 단상의 전압이 다른 두 상보다 낮다.
2상 부족 전압 불평형 (2ϕ-UV)	3상의2상이 과부하를 가지고, 보상이 충분하지 않을 때 발생. 2상이 다른 한 상보다 큰 전압 강하 발생
3상 부족 전압 불평형 (3ϕ-UV)	3상의 부하가 모두 너무 크고, 평형이 되지 않을 때 발생. 3상에 부족 전압(under-voltage) 불평형 발생
단상 과전압 불평형 (1ϕ-OV)	시스템 전압을 정격치로 유지하기 위해 3상 전압의 하나를 과대 보상하면, 이 상의 전압은 정격치보다 높게 되고 단상 과전압(over-voltage) 불평형이 발생
2상 과전압 불평형 (2ϕ-OV)	3상중 2상이 과대 보상되면, 이들 2상의 전압이 정격치보다 크게 되고, 2상 과전압(over-voltage) 불평형이 발생
3상 과전압 불평형 (3ϕ-OV)	3상전압이 다른 정도로 과대 보상되면, 이들 3상의 전압이 정격치보다 크게 되고, 갖지 않음.
불균일 단상각 변위 (1ϕ-A)	3상 전압이 평형이 되면, 그들 사이의 각 변위는 120°와 같다. 상 A를 기준으로 다른 두 상각의 하나가 편향되면, 1상 각에 불균일한 각 변위가 발생
불균일 2상각 변위 (2ϕ-A)	단상 각 불평형과 유사하게, 다른 두 상각들이 편향되면, 두 상 각에 불균일한 각 변위가 발생

산업용 및 상업용 시설들은 잘 평형이 된 인입 공급 전압을 가지지만, 부하들이 3상 사이에 일정하게 분포되지 않으면 시설 자체의 단상 동력 요구에 의해 건물 내에서 불평형이 발생할 수 있다. 사용자 시설 내에서 불평형 되거나 과부하 장비 및 높은 임피던스 연결(즉, 불량 또는 느슨한 접촉)에 의해 역시 불평형 전압이 야기될 수 있다. 불평형된 장비의 일 예로는 고정자의 불평형 가열 때문에 시간에 따라 증가를 보이는 전동기 임피던스 불평형이 있다. 전동기 불평형은 권선 내의 균등하지 않은 turn 수, 회전자의 정렬 불량 또는 비대칭 고정자와 같은 제작상의 문제에 기인할 수 있다. 전동기 권선 불평형은 또한 고장이 난 권선들을 고장이 발생한 turn을 절연하는 것에 의해 신속하고 값싸게 수리하는 보수(repair) 과정에서 발생할 수 있다. 그러므로 신규 전동기에 비해 수리된 전동기들은 조심하여야 한다.

전압 불평형의 한계치에 관련된 대표적인 국제적인 규격으로는 다음이 있다.

- ANSI (American National Standards Institute) C84.1-1995
- IEC (International Electrotechnical Commission)
- NEMA MG1-1993
- IEEE Std 141
- BS 4999

전압 불평형(%)의 정의는 NEMA 규격 MG 1-1993에 의하면

$$\%\ \text{Unbalance} = \frac{\text{Maximum voltage deviation from average voltage magnitude}}{\text{Average of three phase-to-phase line voltage magnitude}} \times 100$$

이 규격에서는 선 전압(line voltage)이 사용된다. IEEE는 상 전압(phase voltage)을 이용하여 유사한 정의를 하고 있다.

IEEE의 전압 불평형의 정의는 다음 식과 같은 상 전압의 불평형율이다.

$$\%\ \text{Unbalance} = \frac{\text{Maximum voltage deviation from average voltage magnitude}}{\text{Average of three phase-to-phase voltage magnitude}} \times 100$$

부가적으로 예로 전동기의 정격 전압이 같아야 한다는 등의 특정 요구 사항을 만족하기 위한 평균 전압에 대한 어떠한 요구 사항도 없다. 따라서 이 정의는 다음과 같은 이유로 불평형 선 전압의 경우에만 만족될 수 있을 것이다.

- 산업에서는 선 전압의 측정이 보다 용이하다.
- 불평형의 경우에는 상 전압은 어떤 위상각(phase angle)을 가질 수 있다. 그러나 이 정의에서는 단지 전압 진폭만이 포함된다.

따라서 상 전압의 불평형에서는 전압 진폭이 같더라도 다른 위상각을 가지는 경우에도 동일한 전압 불평형을 초래한다. 만일 상 전압이 사용될 때는 위상각의 불평형이 전압 불평형(%)의 정의에 반영되지 않으므로, 상 전압은 전압 불평형의 계산에 거의 사용되지 않는다. 전압 불평형에 대한 NEMA의 정의도 포괄적이지 않다. 예로, 전동기의 평균 단자(terminal) 전압이 정격 전압과 같다고 가정하는 경우이다. 이 가정은 NEMA의 정의가 그러한 가정을 가지고 있지 않기 때문에 올바르지 않을 수 있다.

불평형의 정도를 나타내는 전압 불평형의 또 다른 정의로는 IEC와 유럽 규격에서 사용되는 전압 불평형 계수(VUF, voltage unbalance factor)가 있다. 이는 다음 식과 같이 정상 전압의 진폭 V_1에 대한 역상 전압의 진폭 V_2의 비로 정의된다.

$$\%\,\text{VUF} = \frac{V_2}{V_1} \times 100$$

이 정의는 역상 전압을 계산하기 때문에 전압 불평형에 대한 보다 정밀한 정의를 제공한다. 그러나 이 정의의 사용은 다소 어렵다.

NEMA에 의해 개발된 미국의 ANSI C84.1-1995에서는 전력 시스템은 무 부하 조건하에 전력 요금계(electric-utility revenue meter)로 측정하였을 때, 최대 전압 불평형이 3%까지 제한되도록 설계되고 운전되도록 권장하고 있다. 영국 규격 BS 4999는 정격 마력에서 2% 이하가 되도록 하고 있으며, IEC는 전력 시스템의 최대 전압 불평형은 2%까지로 제한되도록 권장하고 있다. 동시에 NEMA MG1-1993에서는 1% 이상의 전압 불평형의 경우, 유도 전동기는 적당한 경감 계수(derating factor)에 의해 표 5.13 및 그림 5.72와 같이 정격 출력을 낮추도록 권장하고 있다. IEC 규격 역시 유도 전동기에 대한 허용 가능한 전압 불평형을 1%까지로 제한하고 있고, 불평형이 이보다 크면 전동기의 정격 출력 감소를 요구하고 있다. 표 5.13의 경감 계수는 또한 ANSI/ IEEE Std. 141-1993 및 ANSI/IEEE Std. 241-1990에도 기재되어 있다.

표 5.13 전압 불평형에 따른 경감 계수(NEMA MG1-1993)

전압 불평형	근사적인 경감계수
1%	None
2%	95%
3%	88%
4%	82%
5%	75%

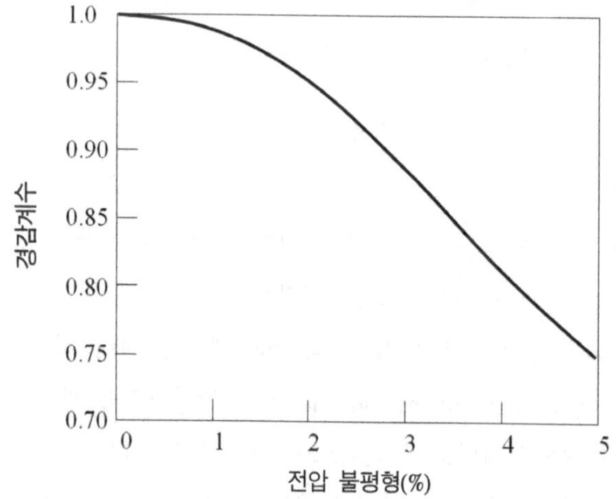

그림 5.72 경감 계수 (NEMA)

표 5.14 전압 불평형에 대한 전압 불평형율의 비교(Lee 등)

	LVUR	PVUR	VUF	V_a	V_b	V_c	정상전압 (V1)	역상전압 (V2)
balanced	0	0	0	$127.0\angle 0^{\circ}$	$127\angle 240^{\circ}$	$127\angle 120^{\circ}$	127	0
$1\phi OV$	4.04	8.01	4	$142.9\angle 0^{\circ}$	$127.0\angle 240^{\circ}$	$127\angle 120^{\circ}$	115.877	4.635
$2\phi UV$	3.99	7.9	4	$111.8\angle 0^{\circ}$	$114.3\angle 240^{\circ}$	$127\angle 120^{\circ}$	117.699	4.708
$2\phi A$	3.96	0	4	$127.0\angle 0^{\circ}$	$127.0\angle 231.9^{\circ}$	$127\angle 116^{\circ}$	122.115	4.885
$3\phi UV$	3.96	7.85	4	$110.0\angle 0^{\circ}$	$112.7\angle 240^{\circ}$	$125\angle 120^{\circ}$	126.789	5.092
$1\phi UV$	3.94	7.94	4	$112.4\angle 0^{\circ}$	$127.0\angle 240^{\circ}$	$127\angle 120^{\circ}$	126.797	5.072
$2\phi OV$	3.64	7.37	4	$145.9\angle 0^{\circ}$	$138.3\angle 240^{\circ}$	$127\angle 120^{\circ}$	132.292	5.292
$3\phi OV$	3.55	7.19	4	$148.2\angle 0^{\circ}$	$139.7\angle 240^{\circ}$	$127\angle 120^{\circ}$	137.062	5.482
$1\phi A$	3.41	0	4	$127.0\angle 0^{\circ}$	$127.0\angle 240^{\circ}$	$127\angle 113.1^{\circ}$	138.981	5.559
$1\phi OV$	6.1	11.99	6	$151.3\angle 0^{\circ}$	$127.0\angle 240^{\circ}$	$127\angle 120^{\circ}$	111.783	6.707
$2\phi UV$	6	11.89	6	$105.0\angle 0^{\circ}$	$108.6\angle 240^{\circ}$	$127\angle 120^{\circ}$	113.541	6.813
$3\phi UV$	6	11.81	6	$103.2\angle 0^{\circ}$	$107.2\angle 240^{\circ}$	$125\angle 120^{\circ}$	119.811	7.189
$2\phi A$	5.91	0	6	$127.0\angle 0^{\circ}$	$127.0\angle 227.7^{\circ}$	$127\angle 113.9^{\circ}$	126.515	7.591
$1\phi UV$	5.91	12.02	6	$105.4\angle 0^{\circ}$	$127.0\angle 240^{\circ}$	$127\angle 120^{\circ}$	126.545	7.593
$2\phi OV$	5.44	11	6	$156.5\angle 0^{\circ}$	$144.7\angle 240^{\circ}$	$127\angle 120^{\circ}$	135.106	8.106
$3\phi OV$	5.35	10.85	6	$159.0\angle 0^{\circ}$	$146.2\angle 240^{\circ}$	$129\angle 120^{\circ}$	142.716	8.563
$1\phi A$	5.33	0	6	$127.0\angle 0^{\circ}$	$127.0\angle 240^{\circ}$	$127\angle 109.7^{\circ}$	144.718	8.683

표 5.14는 VUF가 각각 4%와 6%를 가지는 8종류의 전압 불평형의 경우에 대한 3상 전압과 이들의 정상과 역상 전압 성분 및 3종류의 규격을 이용하여 평가한 전압 불평형 계수를 비교한 것이다. 표에서 LVUR과 PUVR은 각각 선 전압과 상 전압을 이용한 전압 불평형율이다. PVUR은 앞에서 언급하였듯이, 상 불평형이 있을 때에는 시스템의 전압 불평형의 상태를 반영하지 못하는 것을 알 수 있다. 따라서 이 방법은 현장에서 거의 사용되지 않고, 일반적으로 불평형의 정도를 계산하기 위해 LVUR이 사용된다. 그러나 이 방법의 경우, 다음 단계로서 운전자가 무엇을 해야 하는 지를 결정하는데 도움이 되는 어떤 정보도 제공할 수 없다. VUF가 적용된다면, 정상과 역상 전압 성분을 얻을 수 있다. 평형된 전압과 불평형 전압의 역상 전압 성분을 비교함으로써, 시스템의 전압 불평형 상황, 즉 과대 전압인지, 과소 전압인지 또는 위상각 불평형인지를 판단할 수 있고, 전력 시스템의 특성을 평가할 수 있다.

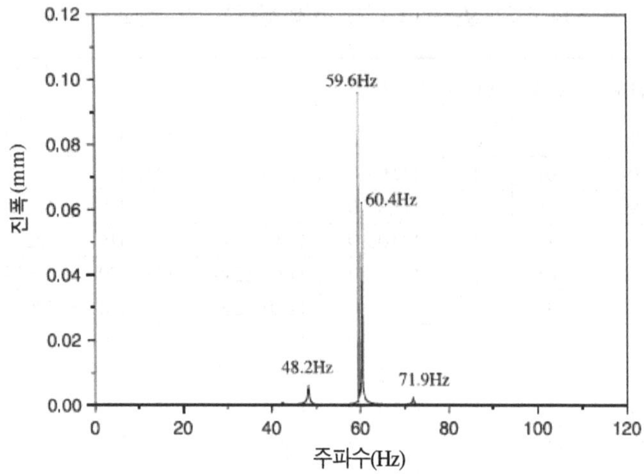

(a) 전압 평형의 경우

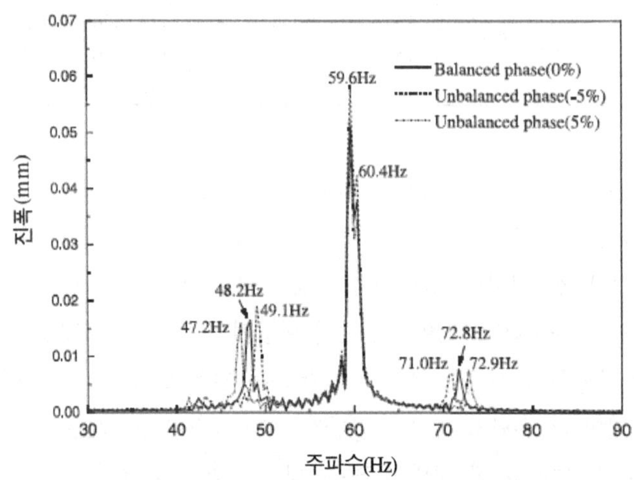

(b) 전압 불평형의 경우

그림 5.73 전압 불평형의 경우의 진동 스펙트럼의 비교(Yang, 2004)

그림 5.73은 280 kW, 60 Hz의 2극 농형 유도 전동기에 대한 전부하 시의 진동 해석 결과이다. 3상의 전압이 평형되어 있는 경우에는 공극 편심에 의한 슬립 주파수의 2배 성분인 48.2 Hz, 71.9 Hz의 측대역 성분(sidebands)이 발생하고 있다. 59.6 Hz는 운전 주파수 성분이다. 그림 (b)는 정격 전압(0%)과 한 상에 과대 전압(+5%), 과소 전압(-5%)의 전압 불평형이 있는 경우의 진동 스펙트럼을 나타낸다. 불평형 전압이 증가할수록 응답 진폭은 감소하는 것을 알 수 있다.

그림 5.74는 고정자 전압 불평형 결함이 발생하였을 때의 전류 신호의 주파수 스펙트럼을 나타낸다. 실험 조건은 하나의 상(phase)에 0.2 p.u. 저항을 부가하여 고정자 전압에 불평형을 가하였다. 전원 주파수(50 Hz)의 조화 성분이 폭 넓게 나타나고, 특히 홀수 차수의 성분($3f_L$, $5f_L$, $7f_L$ 등)들이 짝수 차수보다 큰 것을 알 수 있다.

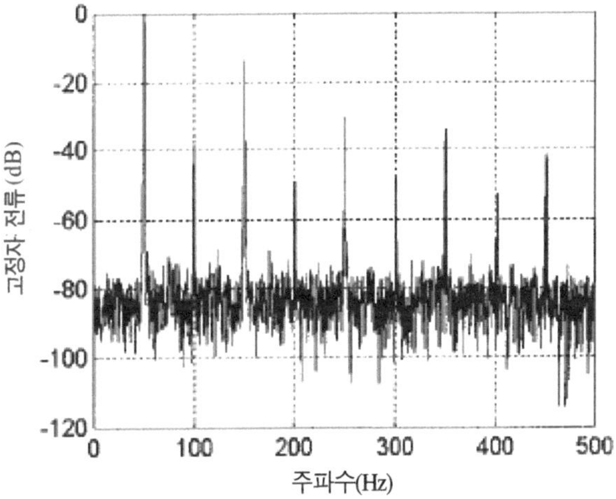

그림 5.74 전압 불평형 결함의 전류 스펙트럼

5.3.6 고정자 전압의 단상화(single-phasing)

정상 상태에서 운전되는 3상 유도 전동기는 시스템에서의 어떤 종류의 교란이 전동기에 공급되는 터미널 전압을 단상이 되도록 야기시켰을 때도 저속일지라도 계속 운전될 수 있지만, 재 기동을 위한 기동 토크를 발생시킬 수 없다. 3상 전원의 3상 도체(conductor)의 하나가 개방된 회로가 될 때, 이 상태를 단상화(single-phasing)라 한다. 단상화는 전동기의 하나의 상에서 퓨즈 단락 (fuse blowing)이나 보호 장치의 개방(open) 등의 결과로 발생할 수 있다. 비록 전동기는 이 상태에서 계속 운전될 수 있을지라도, 전동기는 매우 빠르게 가열되어 과대한 열을 발생시키게 되고, 전동기 회로 차단기(circuit breaker) 또는 다른 보호 장치의 개방에 의해 운전이 정지될 것이다. 단상화는 다음과 같은 교란의 결과로 발생된다.

- 변전소 주 변압기의 open phase
- 전동기의 터미널에서 open phase

3상 유도 전동기에 평형 3상 전압(V_a, V_b, V_c)이 공급될 때, 전압 원으로부터 평형 전류 I_a, I_b 및 I_c를 유기하고, 전향 방향(forward direction)으로 회전 자장을 생성한다. 3상 전원의 어느 한 상의 도체가 개방되면 전동기 내에 불평형 3상 전류를 그림 3.75와 같이 발생시킨다. 만약 A상 도체가 개방되었다면, 그 때는 $I_a = 0$이 된다. 이 3개의 불평형 전류들은 전압 불평형 결함의 경우와 마찬가지로 전류의 정상, 역상 및 zero 상 성분으로 분해될 수 있다. 단상화 상태하에서 불평형 전류를 가지는 3상 유도 전동기의 운전은 상 네트워크를 이용하여 쉽게 분석될 수 있다. 3상 유도 전동기의 정상 및 역상 등가 회로를 그림 5.76에 나타낸다. 정상, 역상 및 zero 상 전압은 v_F, v_B, v_0는 단상화 상태하에서는 동일하기 때문에 전력 시스템의 역상과 zero 상의 네트워크는 그림 3.77과 같이 개방된 도체의 위치에서 병렬로 연결된다. 정상, 역상 및 zero 상 전류의 합은 개방 위치에서 0이 된다. △ 결선이나 절연된 중립 star 결선의 유도 전동기의 경우, zero 상 임피던스는 무한대가 되고, zero 상 전류는 0이 된다. 그러므로 정상 및 역상 전류 크기는 갖게 되고, 이들 두 성분에 의해 발생되는 토크는 기동 시에 서로 상쇄된다. 운전 조건에서 전동기의 정상 저항이 보다 크기 때문에 정상 전류에 의해 발생하는 토크가 역상 전류의 토크를 초과한다. 그러나 역상 전류에 의한 발열은 지속된다.

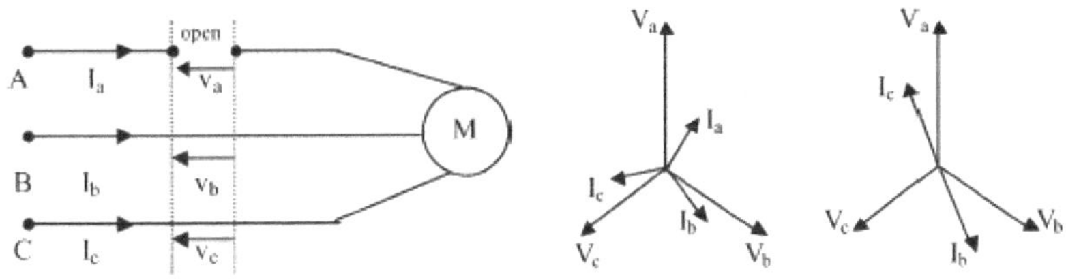

(a) 3상 전원 (b) 정상 운전 (c) A상 개방

그림 5.75 평형된 3상 전원 및 위상 선도

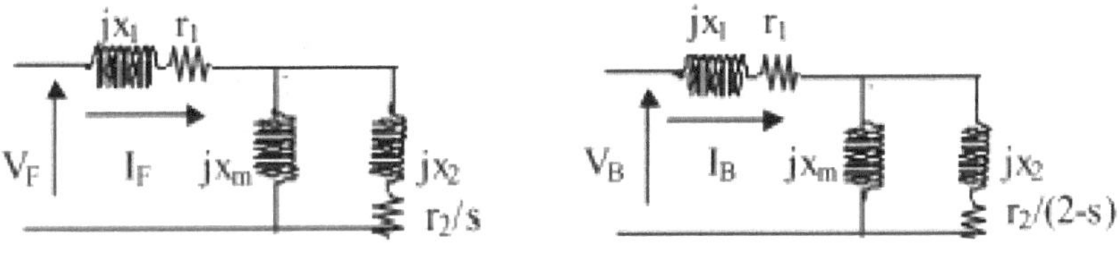

(a) 정상 (b) 역상

그림 5.76 3상 유도 전동기의 등가 회로

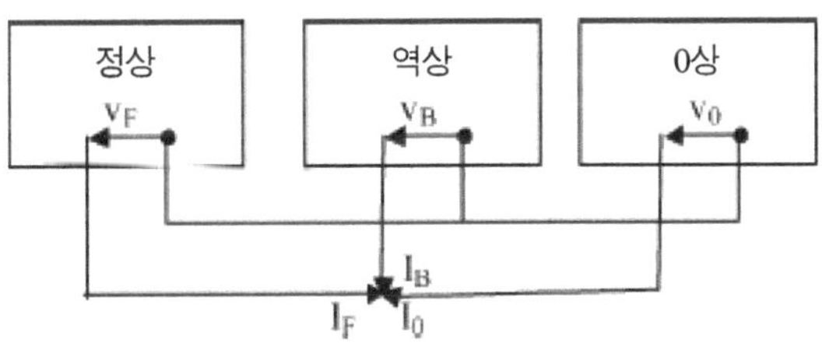

그림 5.77 1개 상 개방을 가지는 Sequence Network 연결

그림 5.78은 하나의 고정자 open 상에 대응하는 단상(single-phase) 결함 시에 발생하는 고정자 전류 신호의 주파수 스펙트럼을 나타낸다. 결함의 특징 주파수로는 전원 주파수 성분과 이의 조화 성분이 많이 나타나는 것이다. 고정자 전압 불평형의 결함과 유사한 특성을 나타내지만, 전체적으로 전원 주파수의 조화 성분들의 진폭이 낮은 것을 알 수 있다. 그러나 건강한 전동기의 스펙트럼과 비교하여 이들 전기적인 결함은 이들 특징을 고려하면 아주 쉽게 검지할 수 있을 것이다.

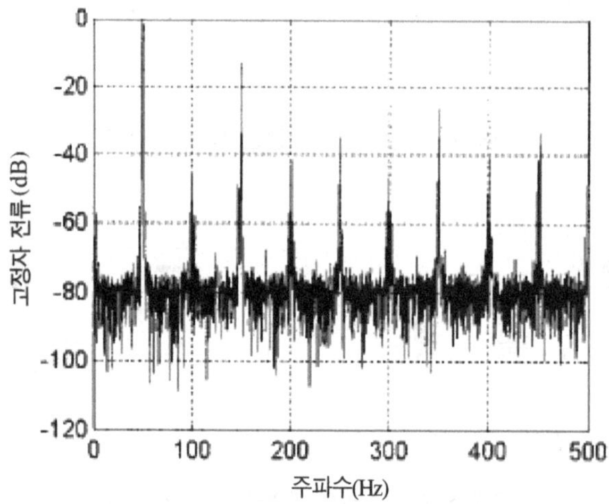

그림 5.78 **단상**(single phase) **결함의 전류 스펙트럼**

5.4 전기적 결함의 조사 방법

일반적으로 채용되는 결함 조사 방법으로는 다음과 같은 방법이 이용된다.

- 공극 감시(air-gap monitoring)
- 축 자속 감시(axial flux monitoring)
- 권선 임피던스 불균형 검지(winding impedance unbalance sensing)
- 전동기 전류 신호 분석(MCSA: motor current signal analysis)

불평형, 정렬 불량 등의 기계적인 문제가 회전자와 고정자 사이의 공극 변화와 같은 전기적인 문제를 야기시킨다. 따라서 기계적인 문제를 먼저 검토하고, 그 원인을 제거한 후 전기적인 문제를 검토하는 것이 바람직하다. 또한 결함을 분석할 때에는 전동기의 전류 분석을 함께실시하는 것이 바람직하다. 전동기 내의 자기장(magnetic field)은 전자기력을 일으키는 자속(flux)을 발생하고, 이 힘은 기계적인 가진력과 함께 모두 베어링에 의해 지지되고 베어링 결함을 초래한다. 양호한 주파수 분해능과 확대 스펙트럼(zoom spectrum) 분석이 중요하다. 기계적인 문제(운전 주파수, 조화 성분)와 전기적인 문제(전원 주파수, 조화 성분)의 분리에 필요하기 때문이다.

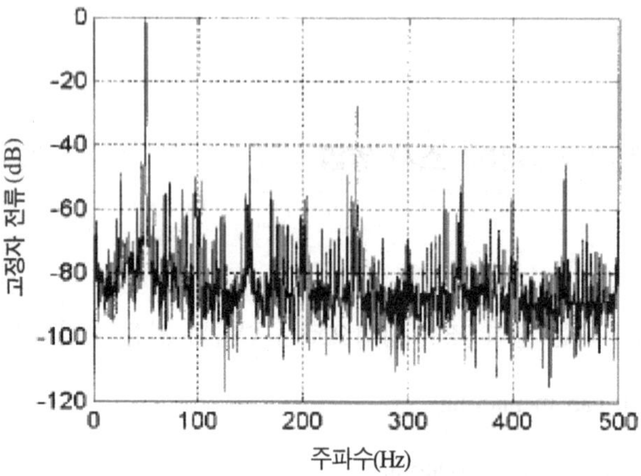

(a) 주파수 스펙트럼(0~500 Hz)

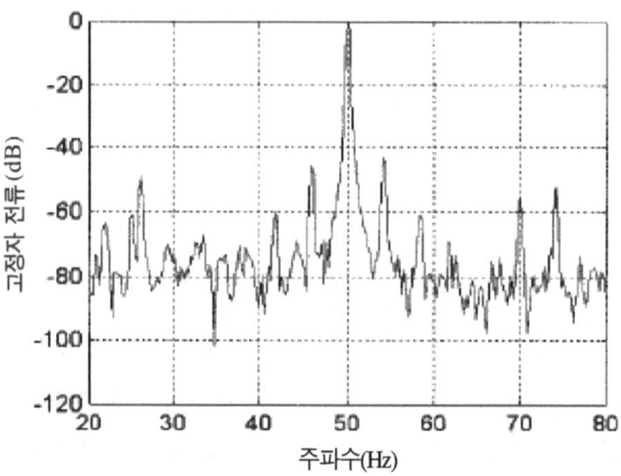

(b) 확대 스펙트럼(20~80 Hz)

그림 5.79 전부하 전동기의 전류 신호의 확대 스펙트럼

그림 5.79는 확대 스펙트럼 분석의 효과를 나타내기 위한 500 Hz까지의 주파수 스펙트럼과 전원 주파수 주위에서 확대한 스펙트럼을 비교한 예이다. 운전 속도는 1,444 rpm으로 그림 (a)를 보면, 건강한 전동기로 판단될 수 있으나, 그림 (b)의 확대 스펙트럼을

분석하여 보면 보다 많은 주파수 성분의 정보를 얻을 수 있고, 전원 주파수(50 Hz) 좌우에 측대역 성분이 나타나는 것을 알 수 있다. 즉, 편심의 조화 성분인 26 Hz, 74 Hz 성분과, 회전자의 비대칭에 의한 조화 성분인 46 Hz, 54 Hz 성분이 나타난다.

전기적인 원인에 의한 결함이 의심되면, 전기적인 상태를 평가하기 위해 전부하(full load) 또는 그 부근의 상태에서 조사가 필요하다. 이는 특히 전자기력이 고정자 전류의 제곱에 비례하여 변화하기 때문이다. 종종 전기적 문제는 단독 시험(solo test)이나 심지어 무부하(no load) 상태로 운전하여도 증상을 나타내는 진동 신호가 발생하지 않는 경우가 있다. 이 경우는 100% 부하를 받을 때 명확한 증상이 나타난다. 대부분의 전기적인 문제는 2 × 전원 주파수($2f_L$=120 Hz 또는 100 Hz)에서 정상 상태보다 높은 진동 진폭이 발생하고, 이를 이용하여 감지할 수 있다.

$$f_{st} = f_L \left\{ \frac{n}{p}(1-s) \pm k \right\}$$

여기서 f_L : 전원주파수(supply frequency), $n=1, 2, 3\cdots$, $k=1, 3, 5\cdots$, p : 극쌍수(pole pairs), s : 슬립(slip)이다.

그림 5.80은 고정자 권선 결함의 사례를 나타낸다. 대상 4극 전동기(p = 2)의 주요 사양과 표 5.15에 의한 결함 주파수는 다음 표와 같이 된다.

표 5.15 결함 특징 주파수의 계산 예(n = 1, k = 1)

	2 Pole	4 Pole
$n=1$	$f_L(2-s), sf_L$	$3/2f_L(1-s/3), f_L2/(1+s)$
$n=2$	$f_L(3-2s), f_L(1-2s)$	$f_L(2-s), sf_L$
$n=3$	$f_L(4-3s), f_L(2-3s)$	$5/2f_L(1-3s/5), f_L/2(1-3s)$
$n=4$	$f_L(5-4s), f_L(3-4s)$	$3f_L(1-2s/3), f_L(1-2s)$
$n=5$	$f_L(6-5s), f_L(4-5s)$	$7/2f_L(1-5s/7), 3f_L/2(1-5s/3)$

주요 사양	4 pole, 11 kW, 415/420 V, 20.5 A, 1440 rpm, 50 Hz, 36 slot stator, s = 0.00133(no load), 180 turns/phase, 2.34 V/turn
결함주파수 $(p=2,\ k=1)$	$n=1: f_{st}=3/2fL(1\text{-}s/3)=75\,\text{Hz},\ f_{st}=fL/2(1+s)=25\,\text{Hz}$ $n=2: f_{st}=fL(2\text{-}s)=100\,\text{Hz},\ f_{st}=sfL=0$ $n=3: f_{st}=5/2fL(1\text{-}3s/5)=125\,\text{Hz},\ f_{st}=fL/2(1-3s)=25\,\text{Hz}$ $n=4: f_{st}=3fL(1\text{-}2s/3)=150\,\text{Hz},\ f_{st}=fL(1-2s)=50\,\text{Hz}$ $n=5: f_{st}=7/2fL(1\text{-}5s/7)=175\,\text{Hz},\ f_{st}=3fL/2(1-5s/3)=75\,\text{Hz}$

그림에서 전원 주파수의 2배인 100 Hz 성분의 좌우에 측대역 성분(sideband)으로 나타나는 25 Hz와 75 Hz 성분은 공극 편심을 나타내는 특징 주파수이다. 100 Hz 성분은 전압 불평형으로 권선 비대칭에 의해 발생하고, 150 Hz 성분은 전원 주파수의 3차 조화 성분으로, 전자기적인 비선형 효과에 기인한다. 125 Hz와 75 Hz 성분은 Shorted Turn 결함이 발생한 전동기에서만 발생하는 성분으로 결함을 확인하는 데에 중요한 Fault Indicator가 된다.

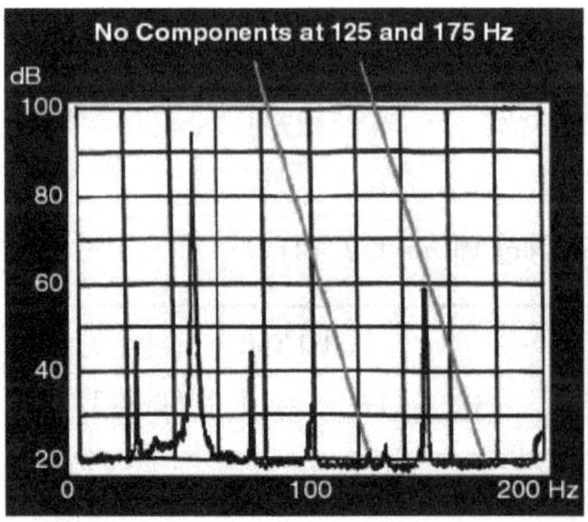

(a) 정상

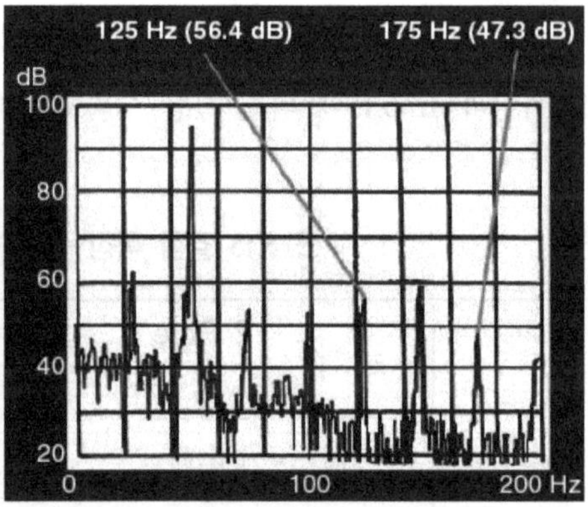

(b) 고정자 권선 결함(one short turns)

그림 5.80 전류 신호의 주파수 스펙트럼의 비교

또 다른 사례로서 그림 5.81은 2극 전동기($p = 1$)에서 발생한 사례이다. 25 Hz와 75 Hz 성분은 공극 편심 시에 발생하는 성분, 100 Hz는 전압 불평형에 의한 권선 비대칭 성분, 150 Hz, 250 Hz 및 350 Hz은 결함 발생 전후를 비교할 때 거의 변화가 없다.

200 Hz와 300 Hz 성분은 2극 전동기에서만 발생하는 성분으로 Fault Indicator가 된다.

주요 사양	2 pole, 4 kW, 415 V, 2900 rpm, 50 Hz, No load(s=0)
결함주파수 ($p=1,\ k=1$)	$n=1: f_{st}=fL(2-s)=100\,\text{Hz},\ f_{st}=sfL=0\,\text{Hz}$ $n=2: f_{st}=fL(3-2s)=150\,\text{Hz},\ f_{st}=fL=(1-2s)=50\,\text{Hz}$ $n=3: f_{st}=fL(4-3s)=200\,\text{Hz},\ f_{st}=fL=(1-2s)=50\,\text{Hz}$ $n=4: f_{st}=fL(5-4s)=250\,\text{Hz},\ f_{st}=fL=(3-4s)=150\,\text{Hz}$ $n=5: f_{st}=fL(6-5s)=300\,\text{Hz},\ f_{st}=fL=(4-5s)=200\,\text{Hz}$

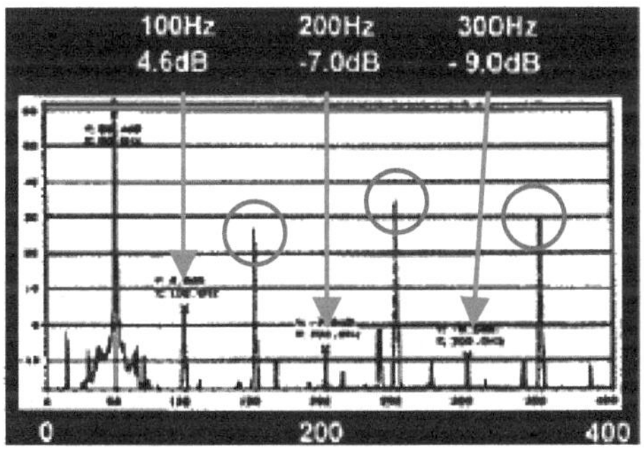

(a) 정상

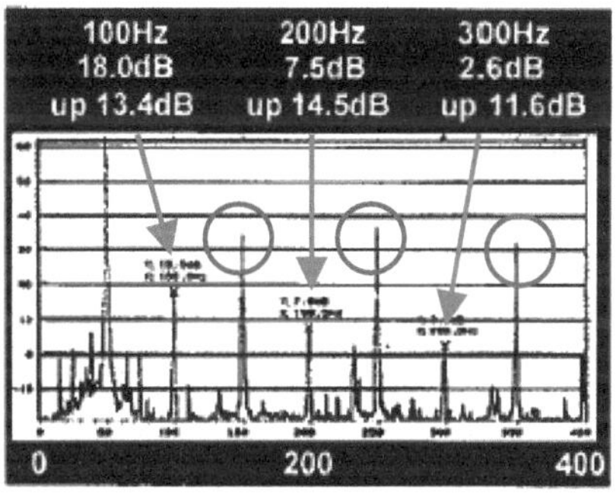

(b) 고정자권선 결함(one short turns)

표 5.16 외관 검사를 위한 점검표 (Bonnett & Soukup)

- 권선은 깨끗한지?
- 어떤 이물질이 있는지?
- 습기의 흔적이 있는지?
- 회전자의 마찰(rub)이 있었는지?
- 회전자의 상태는 어떤가? 과열의 흔적이 보이는지?
  회전자의 stall이나 locking 흔적이 있는지?
- 고장이 발생하였을 때, 회전자가 회전(turning) 한 것이 나타나는지?
- Top-stick, 코일 또는 코일 버팀대(brace)에 느슨함이 있는지?
- 베어링은 회전에 자유로운지? 프레임이나 베어링 하우징 내에 습기 오염의 흔적이 있는지?
- 너트, 와서, 볼트 또는 평형 중량과 같은 권선을 때릴 수 있는 어떤 기계적 부품이 있는지? 회전자 냉각 핀(fin)이나 홴(fan)은 손상되지 않았는지?
- 전동기 냉각 통로는 자유롭고, 막히게 하는 파편은 없는지?
- 권선 고장의 위치는? 위치가 연결 단(connection end) 또는 반대 단인지?
  Phase 또는 phase들이 고장인지? 코일 그룹이 고장인지?

모든 회전 기계는 진동을 야기한다. 심지어 정상 상태의 건강한 전동기나 새롭게 제작된 전동기도 어느 수준의 진동을 발생시킨다. 하지만, 높은 수준의 진동 진폭과 그것이 계속해서 증가하는 경향을 보이는 것은 전동기의 이상 상태(abnormal)를 나타내는 증상(symptom)이다. 전동기의 운전에 있어서 구성 요소의 변형(deformation)과 손상은 동적 특성을 변화시켜 진동 수준을 증가시킨다. 특정 위치에서의 진동 진폭의 크기는 주로 진동을 야기시키는 근본적인 힘과 전동기 구조의 기계적 응답과 마운팅(mountings)에 의존한다. 또한 진동 응답은 진동의 주파수와 모드(mode)에 의존한다. 그래서 진동의 특정 모드에 대한 주파수에서 전동기의 응답이 작다면 상대적으로 큰 힘도 작은 진동을 발생시킨다. 한편, 공진 주파수(resonant frequency) 또는 이 근처에서 전동기 구성 요소의 특정한 진동 모드를 발생시키는 상대적으로 작은 힘도 상당한 진동 진폭을 야기시킨다. 결과적으로, 전동기에 의해서 발생한 진동을 줄이기 위해서는 진동을 발생시키는 근본적인 힘(original forces)의 크기를 감소시키거나 전동기 자체의 구조와 지지 부분(support)을 수정해야 한다.

【참고문헌】

[1] W.R. Finley, M.M. Hodowanec, W.G. Holter, An analytical approach to solving motor vibration problems, IEEE Trans. Industry Applications, Vol.36, No. 5, pp.1467-1480, 2000

[2] A.V. Jouanne, B. Banerjee, Assessment of voltage unbalance, IEEE Trans. Power Delivery, Vol.16, No.4, pp.782-790, 2001

[3] K.P. Basu, S.K. Mukerji, Experimental investigation into operation under single - phasing condition of a three-phase induction motor connected across a zigzag transformer, IEEE Trans. Education, Vol.47, No.3, pp.365-368, 2004

[4] M.G. Melero, et al., Study of an induction motor working under stator winding inter-turn short circuit condition, SDEPED, pp.52-57, 2003

[5] G. Joksimovic, J. Penman, The detection of intertrun short circuit in the stator windings of operating motors, IEEE, pp.1974-1979, 1998

[6] A. Bellini, et al., On-field experience with online diagnosis of large induction motors cage failures using MCSA, IEEE Trans. Industry Applications, Vol.38, No.4, pp.1045-1053, 2002

[7] S.P. Verma, A. Balan, Experimental investigations on the stators of electrical machines in relation to vibration and noise problems, IEE Proc. Vol.145, No.5, pp.455-461, 1998

[8] F. Ishibashi, et al., Natural frequency of stator core of small induction motor, IEE Proc., Vol.150, No.2, pp.210-214, 2003

[9] F.A. Dewinter, L.M. Benke, Systems engineering for large induction motor adjustable frequency drives, IEEE, paper No. PCIC-91-04, pp.2937, 1991

[10] A.H. Bonnett, G.C. Soukup, Cause and analysis of stator and rotor failures in three-phase squirrel-cage induction motors, IEEE Trans. Industry Applications,

Vol.28, No.4, pp.921-937, 1992

[11] W.T. Thomson, M. Fenger, Current signature analysis to detect induction motor faults, IEEE Industry Applications Magazine, pp.26-34, July/August 2001

[12] V. Kogan, B. Nindra, Investigation of high voltage stator winding vibrations in full-scale slot model, IEEE material

[13] J. Penman, A. Stavrou, Broken rotor bars: their effect on the transient performance of induction machines, IEE Proceedings Electric Power Applications, Vol. 143, No. 6, pp.449- 457, 1996

[14] Y. Akiyama, A. Nakamura, K. Takaku, O.Sugiura, Slot ripple of induction motor and FEM simulation on magnetic noise, Industry Applications Conference, Thirty-First IAS Annual Meeting, IAS '96., IEEE, pp.644-651, 1996

[15] S. Salon, D. Burow, M. DeBortoli, C. Slavik, Effects of slot closure and magnetic saturation on induction machine, IEEE Trans. Magnetics, Vol.30, No.5, pp.3697-3700, 1994

[16] P.E. Berry. E. and James, Comparison of motor current analysis and vibration analysis in detecting rotor bar and air-gap eccentricity problems in induction motors, Technical Associates of Charlotte, Charlotte, NC, 1999

[17] S. Nandi, R. Bharadwaj, H.A. Toliyat, A.G. Parlos, Study of three phase induction motor with incipient rotor cage faults, Industry Applications Conference, 34th IAS Annual Meeting. IEEE, pp.1922-1928, 1999

[18] F. Filippetti, G. Franceschini, C. Tassoni, P. Vas, AI techniques in induction machines diagnosis including the speed ripple effect, IEEE-IAS annual meeting conference, pp.655-662, 1996

[19] H.A. Toliyat, M.S. Arefeen, A.G. Parlos, A method for dynamic simulation of air-gap eccentricity in induction motor, IEEE Trans. Industrial Applications, Vol. IA-32, No.4, pp.910-918, 1996

[20] T.J. Sobczyk, W. Maciolek, Diagnostics of rotor-cage faults supported by effects

due to higher MMF harmonics, IEEE Bologna Power Tech Conference, 2003

[21] W.T. Thomson, A. Barbour, On-line current monitoring and application of a finite element method to predict the level of static airgap eccentricity in three-phase induction motors, IEEE Trans. Energy Conversion, Vol.13, No.4, pp.347-357, 1998

[22] A.H. Bonnett, Root cause AC motor failure analysis with a focus on shaft failures, IEEE Trans. Industry Application, Vol.36, No.5, pp.1435-1448, 2000

[23] A.H. Bonnett, T. Albers, Squirrel-cage rotor options for AC induction motors, IEEE Trans. Industry Application, Vol.37, No.4, pp.1197-1209, 2001

[24] 김현철, 불평형자기흡인력 작용에 따른 유도전동기의 진동·소음 특성, 부경대 석사학위 논문, 2007

6장

6

진동 측정 및 평가 규격

제6장 진동 측정 및 평가 규격

통상 전동기의 진동 레벨은 신규 구입 시에 실시되는 승인 시험(acceptance test)에서는 전동기의 품질을 나타내는 중요 지표(indicator)로서 사용되고, 설치 후 운전 중에는 전체 시스템의 건강 상태와 신뢰도를 보증하기 위한 감시 도구(monitor)로서 유용하게 이용되고 있다.

전동기의 진동 측정에는 다양한 방법이 사용될 수 있으므로, 선택된 방법이 요구되는 최종 결과에 적절한지 그리고 측정에 관련된 모든 이해 관계자들 사이에 혼란이나 의견 대립이 발생하는 것을 방지하기 위해 잘 이해하는 것이 매우 중요하다.

6.1 진동 측정

이하에 진동 신호를 이용한 평가 및 결함 진단에 필요한 측정 파라미터, 측정 위치와 최대 측정 주파수 등에 대해 개략적으로 설명한다. 그림 6.1은 국제표준화기구(ISO)의 ISO 10816-1 규격과 미국전기제작자협회(NEMA)에서 정의한 전동기의 진동 측정 위치를, 그리고 그림 6.2는 ISO 10816-1에서 정의한 전동기 베어링 하우징에서의 진동 측정 위치를 나타낸다. 측정은 전동기 좌우 베어링 하우징 위치에서 센서를 설치하고 수평(H), 수직(V) 및 축 방향(A)으로 측정한다.

표 6.1은 ISO 7919 및 ISO 10816 규격에서 정의한 전동기의 지지 베어링의 유형에 따른 평가 파라미터, 변환기 유형 및 측정 위치와 방향에 대한 내용을 요약한 것이다. 일반적으로 전동기는 회전자를 지지하는 베어링, 즉 유막 베어링과 구름 요소 베어링에 따라 측정량이 구별된다. 유막 베어링으로 지지되는 전동기는 주로 대형 전동기로서 기본적으로 케이싱과 회전자의 상대 진동에 대한 진동 변위를 이용하여 평가하고, 회전자의 휘돌림 궤도(whirling orbit)를 평가하기 위해서는 서로 직각 방향으로 설치된 2개의 비접촉 변위계를 필요로 한다. 그리고 구름 요소 베어링으로 지지되는 중, 소형 전동기는 가속도계 또는 속도계를 이용하여 진동 가속도나 속도를 측정하고, 이들 진동 값을 이용하여 상태를 평가한다.

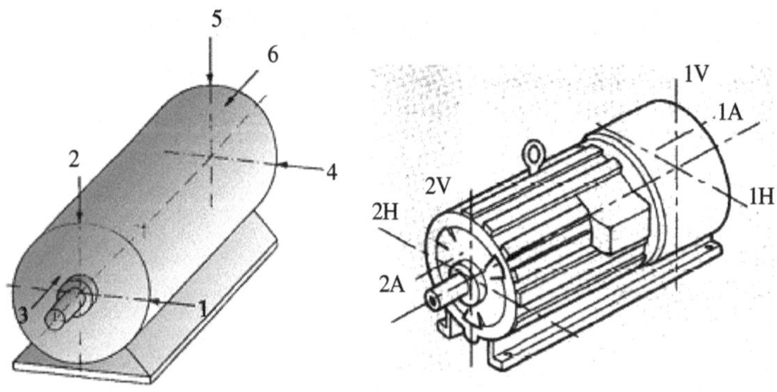

(a) ISO 10816-1 (b) NEMA

그림 6.1 전동기의 진동 측정 위치

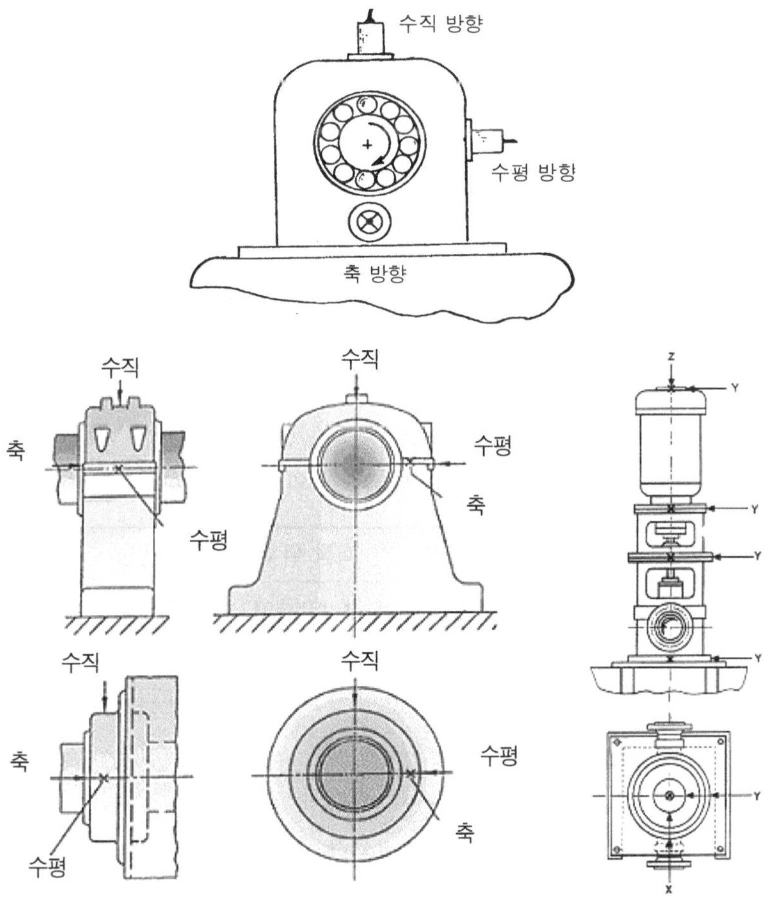

그림 6.2 **전동기 베어링 하우징의 진동 측정 위치**(ISO 10816-1)

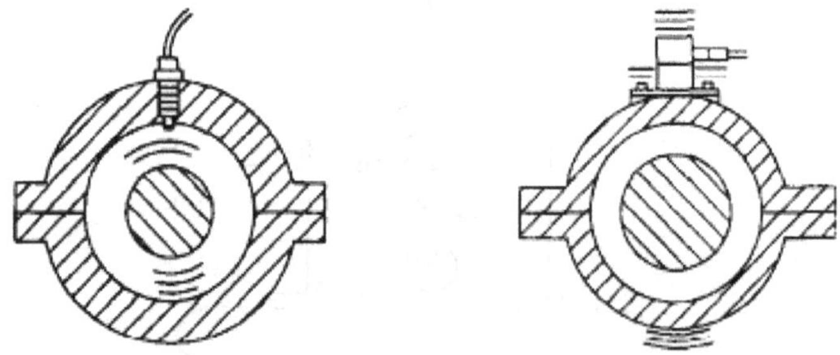

(a) 상대 진동 센서 (b) 절대 진동 센서

그림 6.3 진동 측정용 센서

표 6.1 전동기의 진동 측정 유형과 위치(ISO 7919/10816)

기계 유형	평가 파라미터	변환기 유형	측정 위치	측정 방향	참조 규격
유막 베어링으로 지지된 대형 전동기, 대형 발전기	상대 변위	비접촉 변환기	각 베어링에서의 회전축	반경 방향 ± 45도	ISO 7919-3
	속도 또는 가속도	속도변환기 또는 가속도계	베어링하우징	반경 방향 (X, Y)	ISO 10816-3 ISO 10816-5
	회전축의 축방향 변위	비접촉 변환기 또는 axial probe	스러스트컬러	축 방향(Z)	
	위상 기준, rpm	와전류/유도/광 변환기	회전축	반경 방향	
구름 요소 베어링으로 지지된 중소형 전동기	속도 또는 가속도	속도변환기 또는 가속도계	각 베어링과 전동기하우징	반경 방향, 축 방향	ISO 10816-3
	위상 기준, rpm	와전류/유도/광 변환기	회전축	반경 방향	

진동 측정에는 그림 6.3과 같이 상대 진동(relative vibration)과 절대 진동(absolute vibration)을 측정하는 두 종류의 센서가 이용될 수가 있다. 상대 진동은 베어링 하우징에 대한 축의 진동을 측정하는 것으로, 그림 6.3(a)와 같이 베어링 하우징 내 또는 하우징 측면에 설치된 비접촉식 와전류식 변위계(eddy-current probes)가 주로 이용된다. 두 번째 유형은 베어링 하우징 위에 설치된 속도 변환기(velocity transducer)나 가속도계(accelerometer)를 이용하여 하우징의 절대 진동을 측정하는 것이다.

표 6.2는 전동기의 상태 감시 및 진단을 위해 필요한 진동 신호의 권장 최대 측정 주파수를 나타낸다. 주로 기계적인 결함과 같이 결함 주파수가 낮은 주파수의 경우에는 최대 측정 주파수는 200 Hz 정도이고, 특히 전원 주파수의 2배 성분과 운전 주파수의 배수 성분을 명확히 분리할 수 있도록 확대 분석(zooming) 기능이 필요하다. 그리고 전기적인 결함에 의한 높은 주파수 영역의 결함 주파수에 대해서는 4 kHz (2극 전동기) 또는 6 kHz (4극 전동기)의 최대 주파수를 필요로 한다.

표 6.2 권장 측정 최대 주파수

결함 진동 주파수	최대 측정 주파수 및 특징
낮은 주파수 영역	• f_{max} = 200 Hz (12 kcpm), 3200 FFT line, 2회 평균 • $2f_L$ 성분, 전동기 운전 속도(1X) 및 조화 성분의 참 진폭 분리 가능
높은 주파수 영역	• 4극 이상 전동기: f_{max} = 6 kHz (360 kcpm), 1600 FFT lines, 8회 평균 • 2극 전동기: f_{max} = 4 kHz (240 kcpm), 1600 FFT lines, 8회 평균 • 회전자 봉 통과 주파수(RBPF)와 이의 조화 성분의 검지 가능 • 회전자 봉의 수를 모르는 경우, 높은 주파수 영역에서 $2f_L$ 성분의 측대역 성분 발생에 주목

표 6.3 권장 측정 주파수 영역(Eshleman)

대상 기계 요소	권장 주파수 영역
전동기, 발전기	$3 \times 2f_L$, f_L: 전원 주파수(line frequency)
축	$10 \times f_r$, f_r: 회전 주파수(rotating frequency)
구름 요소 베어링	10×BPFI, BPFI: 내륜 통과 주파수(ball pass frequency of inner race)
저널 베어링	$10 \times f_r$
기어 상자	3×GMF, GMF: 기어 맞물림 주파수(gear mesh frequency)
펌프	3×VPF, VPF: 깃 통과 주파수(vane passing frequency)
휀(fan), 송풍기	3×BPF, BPF: 블레이드 통과 주파수(blade passing frequency)

표 6.3은 미국 진동연구소(Vibration Institute)의 Eshleman박사에 의해 경험에 기초하여 제안된 기계 요소에 따른 권장 측정 주파수 영역을 나타낸다. 이는 각 기계 요소에서 발생할 수 있는 최대 결함 주파수를 고려한 영역이다. 예로 전동기의 기본적인 결함 주파수인 전원 주파수의 2배 성분($2f_L$)에 대해서는 이의 3배의 주파수 영역에서 측정을 필요로 함을 의미한다. 시계열의 진동 신호를 이용하여 주파수 분석을 실시할 때에는 이러한 자료에 기초하여 대상 전동기의 최대 분석 주파수 영역을 설정하여 실시함으로써 결함을 판정하는 데에 중요한 정보를 잃어버리는 일이 없이 수행할 수 있다.

6.2 진동 측정 조건

6.2.1 설치 조건

전동기의 진동 측정에는 다음과 같은 여러 설치 조건이 이용될 수 있고, 측정 결과에 크게 영향을 미칠 수 있다.

- 탄성 마운트(resilient mount)
- 매달기(suspension)
- 강 마운트(rigid mount)
- 부하 결합

1) 탄성 마운트 설치

이 방법은 전동기와 밑판(base plate)이 탄성 마운트 위에 설치되는 것으로, NEMA MG 1-12.07에 설명되어 있다. 이 방법에서는 마운트가 적절한 스프링 상수, 즉 강성(stiffness)를 가져야 하고(그림 6.4 a), 밑판이 함께 지지되므로, 전동기 질량에 대한 밑판 질량의 보상이 필요하다. 무부하 상태에 운전 중인 전동기에서 측정하며, 통상 전동기 구동단(drive end)측의 축 키 홈(keyway)은 half-key 상태로 고려된다.

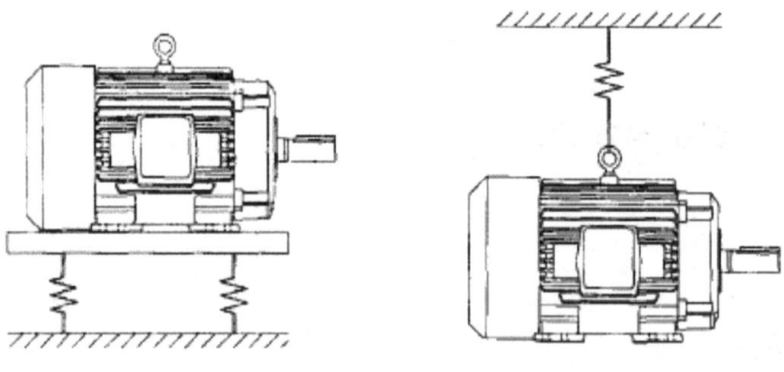

(a) 탄성 마운트 지지 (b) 매달기 지지

그림 6.4 전동기의 지지 방법

2) 매달기 지지

그림 6.4 (b)에 보이는 매달기 설치 방법은 탄성 마운트 설치의 다른 형태이다. 탄성(resilience)는 자유롭게 매다는 케이블의 스프링 상수에 의해 얻어진다. 이 설치 방법은 기판의 질량을 제거할 수 있는 이점이 있으나, 케이블과 연결되는 지지 구조물로부터의 진동 전달 효과가 고려되어야 하고, 지지 케이블의 스프링 상수를 결정하는데 어려움이 있다. 이 방법 역시 무부하 형태의 시험으로, 통상 half-key가 설치된 상태로 시험이 실시된다.

3) 강 마운트 설치

이 설치 방법은 실험실 조건에서의 시험에 적합하며, 이상적으로 시험용 전동기의 질량에 비해 설치 기초(mounting base)의 질량이 매우 클 것이 요구된다. 외부 진동 가진력에 의한 영향을 받지 않고, 비교적 정확한 결과를 얻을 수 있는 장점이 있다. 그러나 전동기 다리(foot), 기초의 평행도(parallelism), 평탄도(flatness) 등과 같은 전동기 진동에 영향을 미치는 부가적인 파라미터들이 측정 결과에 반영될 수 있다. 또한 축 직진도(straightness)와 윤활 등과 같이 측정 결과에 영향을 미칠 수 있는 열적 효과를 제거하기 위해 충분히 가열된 상태에서 시험을 실시할 필요가 있다. 일반적으로 이 설치 방법이 데이터 수집에 가장 정확한 방법이다.

4) 부하 연결 설치

이 방법은 현장에 설치된 전동기의 진동을 측정할 때 흔히 사용되는 방법이다. 전동기는 원래 설치된 상태 및 부하와 연결된 운전 조건에서 측정된다. 따라서 시스템 주파수와 조화 성분, 부하 상태, 전동기와 부하 사이를 연결하는 커플링의 정렬 불량 등 실제적인 여러 요인들이 계측되는 진동 값에 반영된다. 따라서 여러 요인에 의한 많은 주파수 성분들이 계측된 진동 값에 나타나고 분석의 어려움이 발생한다. 그러므로 이들 요인을 가능한 제거하기 위해서는 항상 동일한 측정 점을 이용하고, 가능한 정격 운전 속도와 동일 부하 조건에서 측정하는 것이 바람직하다. 특히 운전 상태 감시 및 진단 그리고 열화 경향 관리 등에는 이 방법에 의한 진동 값이 매우 유익하게 이용될 수 있다.

6.2.2 측정 조건

측정 조건은 부하(전부하, 무부하), 피동기와의 결합 여부, 전압(full voltage, reduced voltage), 정속 및 변속 등의 측정 조건에 따라 다음 표와 같이 분류될 수 있다.

부하	결합 조건	전압	운전 속도	비고
전부하	결합	전전압	정속	실제 운전 상태의 진동 표시
무부하	결합	전전압	정속	부하 관련 진동 제거 가능
무부하	분리	전전압	정속	피동기, 커플링 효과 제거 가능
무부하	분리	25% 전압	정속	전자기력 효과 최소화
무부하	결합		감속	전원 차단에 의한 공진 여부 조사

6.3 진동 평가 규격

전동기와 관련된 대표적인 규격으로는 미국 국가 규격인 ANSI, 단체 규격인 IEEE, NEMA, API 및 국제 규격으로 IEC와 ISO 규격이 있다.

이하에서는 전동기의 진동 평가에 필요한 각종 관련 규격을 정리한다. 이들 규격은 전동기의 상태가 정상인지 또는 이상인지에 대한 절대 판정의 근거가 되는 기준선 데이터(baseline data)로 중요하게 사용될 수 있다.

6.3.1 KS 규격(KS RSC 3001: 2001)

정격 전압 및 정격 주파수에서 무부하 운전을 할 경우의 진동을 측정하며, 그림 6.2와 같이 각 베어링에 가까운 부분에서 상하 방향, 횡 방향 및 축 방향에 대하여 측정한다. 측정을 위한 설치 조건으로는 전동기의 중량에 따라

- 중량 400 kg 이하 : 탄성체 위에서 측정을 원칙, 정반 위에서 측정도 가능
- 중량 400 kg 이상 : 정반 위에서 측정하는 것을 원칙

단, 각 측정 값 중 최고의 값을 전동기의 진동 값으로 한다.

표 6.4 전동기의 허용 진동치(KS RSC 3001: 2001)

회전 속도(rpm)	허용 진동치	
3,000 이상	25.4 μm	1.0 mils
1,500 ~ 2,999	50.8 μm	2.0 mils
1,000 ~ 1,499	63.5 μm	2.5 mils
999 이하	76.2 μm	3.0 mils

6.3.2 영국 규격(BS)

표 6.5 전동기 진동 평가 규격

회전 속도		BS 4999: part 50(1978)				BS 4675b	
rpm	Hz	Grade A		Grade B		Grade 3A	
		변위	속도	변위	속도	변위	속도
3,000	50.0	IEC 2373		24	2.66	16	1.8
1,500	25.0			41	2.28	32	
1,000	16.67			55	2.04	49	
750	12.5			65	1.80	65	

주) Grade A: 양호한 평형 상태, Grade B: 만족스러운 평형 상태, Class 3: Heavy foundation의 대형 기계, H: Foot에서 축 중심까지 높이(m). 단위: 변위(m p-p), 속도(mm/s rms)

표 6.6 최대 허용 진동 레벨(BS 4999: Part 50)

등급 (Grade)	전동기 속도 (rpm)	최대 진동속도 (mm/s, rms)	축 중심 높이 (mm)
Normal vibration	600 ~ 3,600	1.80	80 ~ 132
		2.80	132 ~ 225
		4.50	225 ~ 400
Reduced vibration	600 ~ 1,800	0.71	80 ~ 132
		1.12	132 ~ 225
		1.80	225 ~ 400
	1,800 ~ 3,600	1.12	80 ~ 132
		1.80	132 ~ 225
		2.80	225 ~ 400
Specially reduced	600 ~ 1,800	0.45	80 ~ 132
		0.71	132 ~ 225
		1.12	225 ~ 400
	1,800 ~ 3,600	0.71	80 ~ 132
		1.12	132 ~ 225
		1.80	225 ~ 400

표 6.7 최대 허용 진동 레벨(BS 4999: Part 50)

회전속도 (rpm)	공장 측정 (μm, p-p)	현장 측정 (μm, p-p)	회전속도 (rpm)	공장 측정 (μm, p-p)	현장 측정 (μm, p-p)
250	100	125	1,200	48	60
300	100	125	1,300	45	57
350	94	120	1,400	43	54
400	90	115	1,500	41	52
450	85	105	1,600	40	50
500	80	100	1,700	38	47
550	77	96	1,800	36	45
600	74	92	2,000	33	42
650	71	89	2,200	31	39
700	68	85	2,400	29	36
750	65	81	2,600	27	34
800	63	78	2,800	25	32
850	61	76	3,000	24	30
900	59	74	3,200	22	28
1,000	55	69	3,400	21	27
1,100	51	64	3,600	20	25

주) 축 중심선을 통과하는 수평면의 베어링에서 측정하고, 주어진 값 사이는 선형 보간하여 사용한다.

6.3.3 IEC 규격

표 6.8은 국제전기기술자협회(IEC)가 제정한 전동기 관련 규격을 나타낸다. 표에서 진동 변위 진폭(um, p-p), 진동 속도 진폭(mm/s, rms)으로 회전 속도 및 기초(foot)로부터의 전동기 회전축 중심까지의 높이(H)에 따라 허용 진동 레벨을 제시하고 있다.

표 6.8 IEC 2373: 1974 규격

회전속도		IEC 2373:1974 Normal Grade					
rpm	Hz	80<H<132 mm		132<H<225 mm		225<H<400 mm	
		변위 (μm)	속도 (mm/s)	변위 (μm)	속도 (mm/s)	변위 (μm)	속도 (mm/s)
3,000	50.0	16		25		40	
1,500	25.0	32	1.8	50	2.8	80	4.5
1,000	16.67	49		76		123	
750	12.5	65		101		163	

6.3.4 NEMA 규격

표 6.9와 6.10 그리고 그림 6.3은 미국전기제작자협회(NEMA, National Electrical Manufacturers Association)가 제정한 전동기의 진동 평가 규격을 나타낸다. 이 규격은 모든 NEMA 전동기(수평 및 수직형)에 적용되나, 운전 속도가 3,600 rpm까지로 제한된다. 이를 진동 한계치는 탄성 패드(elastic pad) 위에 설치된 전동기를 위해 설정되었다. 강체 마운트(rigid mount)의 경우는 NEMA 7.06.2를 참조하기 바란다.

(1) 베어링 하우징 진동

그림 6.1(b)와 같이 베어링 하우징에서 측정된 필터링 되지 않은 진동 속도의 피크치를 이용한다. 표준형 전동기(NEMA 7.08.1)는 필터링 되지 않은 속도 레벨이 그림 6.5의 맨 위 그래프의 값을 초과해서는 안 된다. 각 회전 주파수에 따른 한계치를 표 6.9에 보인다. 그림 6.5의 한계치 0.15(표준형 전동기)에서 주어진 값보다 낮은 진동 레벨을 요구하는 특수 전동기(NEMA 7.08.2)의 경우, 진동 레벨은 그림 6.5의 여러 곡선으로 주어진 한계치를 초과해서는 안 된다. 이들 낮은 레벨(즉, 0.08, 0.04,

0.02 또는 0.01)을 적용하기 위한 전동기는 제작자와 구매자 사이에 합의가 이루어져야 한다.

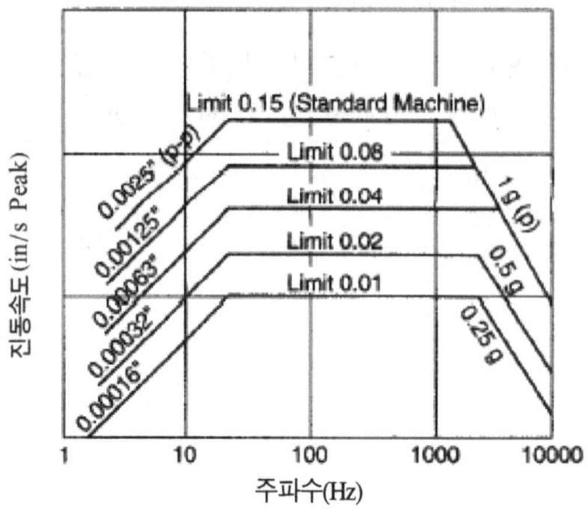

그림 6.5 **진동 한계치** (resiliently mounted)

표 6.9 **진동 한계치** (NEMA Table 7-1)

회전 속도		진동 속도(peak)	
rpm	Hz	mm/s	in/s
3,600	60	3.8	0.15
1,800	30	3.8	0.15
1,200	20	3.8	0.15
900	15	3.0	0.12
720	12	2.3	0.09
600	10	2.0	0.08

(2) 상대 축 진동

축 진동(shaft vibration)의 한계치는 비접촉 변위계(proximity probes)에 의해 측정된다. 변위계는 축 또는 측정되는 축 표면의 기계적 및 자기적 이상(anomaly)에 민감하고, 이는 통상 전기적 및 기계적 probe-trace runout으로 간주된다. 축의 전기적 및 기계적 runout은 6.4 um(peak-peak) 또는 진동 변위 한계치의 25%를 초과해서는 안 된다. 저널(슬리브) 베어링으로 지지되고 강하게 설치된(rigidly mounted) 표준형 전동기(NEMA 7.09.1)의 상대 축 진동에 대한 한계치는 전기적 및 기계적 runout을 포함하여 표 6.9의 한계치를 초과해서는 안 된다. 표 6.9에 보이는 한계치보다 낮은 상대 축 진동 레벨을 요구하는 특수 전동기(NEMA 7.09.2)는 전기적 및 기계적 runout을 포함하여 표 6.10의 한계치를 초과해서는 안 된다.

표 6.10 **특수 전동기용 최대 상대 축 변위 한계치**(NEMA Table 7-3)

회전 속도 (rpm)	**최대 상대 축 변위** (peak-peak)	
	μm	mils
3,600	50	2.0
1,800	70	2.8
≤1,200	76	3.0

표 6.11 **산업용 전동기의 진동 규격 비교**

	NEMA MG-1	IEEE 841
용도	일반 산업용	석유 화학 산업
한계치	3.81 mm/s (0.15 in/s)	2.03 mm/s (0.08 in/s)
평가 척도	진동 속도 (peak)	진동 속도 (peak)
목 적	산업용 전동기의 기준선 데이터(baseline data)로 이용	기준선 데이터에 대한 요구 사항 및 장기간 수명 보장

표 6.11은 일반 산업용 전동기에 대한 NEMA MG-1과 IEEE 841에 정의된 석유 화학 산업용 전동기의 진동 규격을 비교한 것이다. 모두 진동 속도의 피크치를 기준으로 하고 있고, IEEE 규격이 보다 엄한 것을 알 수 있다. 이들 규격은 전동기의 상태 감시를 위한 기준치 데이터로서 사용될 수 있을 것이다.

6.3.5 ISO 규격: 산업용 기계의 진동 평가 규격(ISO 10816-3)

출력 15 kW 이상, 운전 속도 120~15,000 rpm사이의 산업용 기계 장치의 진동 평가에 적용하며, 구체적으로는 50 MW까지의 증기 터빈, 1,500 rpm 이하 또는 3,600 rpm 이상의 속도를 갖는 50 MW 이상의 고속 증기 터빈, 3 MW 이하의 산업용 터빈, 원심 압축기, 원심, 사류 및 축류 펌프, 발전기, 모든 전동기, 송풍기 및 홴에 적용된다.

이 규격은 회전 기계의 지지 조건에 따라 강 지지 및 유연 지지로 구분하며, 아울러 그룹 1~4로 나누어 4개의 영역에 대한 경계 값으로 진동 변위 및 진동 속도 값을 제시하고 있다. 각 영역의 의미는 다음과 같다.

- 영역 A: 양호, 영역 B: 장시간 운전 허용, 영역 C: 제한된 기간 운전 허용 (보수 조치 필요), 영역 D: 허용 불가

전동기는 축 높이(H)에 따라 그룹 1 또는 2에 해당된다. 일반적으로는 영역 B/C의 값이 허용 진동치가 된다.

지지 분류	영역 경계	진동 변위 (μm, rms)				진동 속도 (mm/s, rms)			
		그룹1	그룹2	그룹3	그룹4	그룹1	그룹2	그룹3	그룹4
강 지지	A/B	29	22	18	11	2.3	1.4	2.3	1.4
	B/C	57	45	36	22	4.5	2.8	4.5	2.8
	C/D	90	71	57	36	7.1	4.5	7.1	4.5
유연 지지	A/B	45	37	28	18	3.5	2.3	3.5	2.3
	B/C	90	71	57	36	7.1	4.5	7.1	4.5
	C/D	140	113	90	56	11.0	7.1	11.0	7.1

주) 그룹 1 : 대형 기계(300 kW ~ 50 MW), 전기 기계 (축 높이 H = 315 mm 이상)
그룹 2 : 중형 기계(15 ~ 300 kW), 전기 기계 (160 < H < 315 mm)
그룹 3 : 원심, 사류 또는 축류 펌프(15 kW 이상, 분리된 구동 장치)
그룹 4 : 원심, 사류 또는 축류 펌프(15 kW 이상, 연결된 구동 장치)

6.3.6 ANSI/API 규격

ANSI/API 541-2003 규격(제4판)은 미국석유협회(American Petroleum Institute)가 석유산업용으로 사용되는 500 HP 이상의 형권형(form-wound) 농형 유도 전동기에 대해 제정하고, 미국 국가 규격(ANSI)으로 확인된 것이다.

표 6.13과 6.14는 정격 회전 속도에 대한 필터링 되지 않은 진동 변위와 진동 속도에 대한 허용 한계치(limits)를 나타낸다. 표 6.13은 튼튼한 기초(massive foundation)에 안전하게 고성된 설치 조건에서 모든 동압 슬리브 베어링(저널 베어링)으로 지지된 전동기에 대한 축 진동(shaft vibration) 한계치이다. 베어링 또는 베어링 부근에서 서로 수직인 두 방향으로 설치된 비접촉식 변위계를 이용하여 측정하고, 베어링 하우징에 대한 상대 진동 값이 허용 한계치와 비교를 위해 이용된다. 아울러, 운전 속도 주파수(회전 주파수) 이하의 어느 필터링 된 주파수에서의 진동 변위는 0.1 mil (2.54 μm) 또는 측정된 필터링 되지 않은 진동 변위의 20%를 초과할 수 없다. 또한

운전 속도 주파수 이상의 어느 필터링된 주파수에서 진동 변위는 0.5 mil p-p (12.7 μm p-p) 를 초과해서는 안 된다. 운전 속도 주파수에서 필터링된 진동 변위는 필터링 되지 않은 한계 값의 80%를 초과할 수 없다. 여기서 N은 운전 속도(rpm)이다.

필터링 된 값은 어느 특정 주파수(통상은 전동기의 운전 속도에 대응하는 주파수)에서의 측정치를 의미하고, 필터링 되지 않은 값은 전 주파수 대역에서의 모든 주파수를 포함하는 값을 나타낸다.

표 6.14는 튼튼한 기초에 안전하게 고정된 설치 조건에서 모든 동압 슬리브 베어링(저널 베어링)과 구름 베어링으로 지지된 전동기에 대한 베어링 하우징 진동의 한계치이다. 정격 속도 1,200 rpm까지의 필터링 되거나 필터링 되지 않은 진동 한계치는 진동 변위가 1.6 mils p-p (40.64 μm p-p)를 초과하지 않아야 하고, 1,200 rpm 이상의 정격 속도에서는 참 진동 속도가 0.1 in/s p (2.54 mm/s p)를 초과하지 않도록 규정하고 있다.

표 6.13 **허용 진동 변위 한계치** (ANSI/API 541-2003)

정격 속도	진동 변위 한계치	
5,000 rpm 까지	1.5 mils p-p	38.1 μm p-p
5,000 rpm 이상	$(12{,}000/N)^{1/2}$ mils p-p	25.4 $(12{,}000/N)^{1/2}$ μm p-p

표 6.14 **허용 진동 속도 한계치** (ANSI/API 541-2003)

정격 속도	진동 속도 한계치	
1,200 rpm 까지	1.6 mils p-p	40.64 μm p-p
1,200 rpm 이상	0.1 in/s p	2.54 mm/s p

6.3.7 DNV(Det Norske Veritas) 규격

표 6.15와 6.16은 노르웨이 선급협회(DNV)가 다양한 선박용 전동기에 대한 실적치를 바탕으로 제정한 권장 진동 한계치를 나타낸다. 이 규격에서는 진동을 일으키는 기진력(가진력, exciting force)에 따라 전동기 내부의 진동원의 경우와, 외부로부터 진동 전달에 의한 경우로 나누어 허용 진동 레벨과 손상 레벨(damage level)에 대해 진동 변위 및 진동 속도 값으로 제시하고 있다. 선박의 특성상 최대 100 Hz까지만 고려한다.

표 6.15 선박용 전동기의 권장 진동 한계치(내부 기진의 경우)

구분		수평 방향	수직 및 종방향
진동 레벨	변위 (mm, p)	0.4 (1 ~ 2 Hz)	0.5 (1 ~ 2 Hz)
	속도 (mm/s, p)	5.0 (2 ~ 100 Hz)	8.0 (2.4 ~ 100 Hz)
손상 레벨	변위 (mm, p)	0.8 (1 ~ 2 Hz)	1.0 (1 ~ 2 Hz)
	속도 (mm/s, p)	30.0 (2 ~ 100 Hz)	15.0 (2.4 ~ 100 Hz)

표 6.16 선박용 전동기의 권장 진동 한계치(외부 기진의 경우)

구분		수평 방향	수직 및 종방향
진동 레벨	변위 (mm, p)	0.5 (1 ~ 2 Hz)	0.5 (1 ~ 2 Hz)
	속도 (mm/s, p)	8.0 (2 ~ 100 Hz)	8.0 (2.4 ~ 100 Hz)
손상 레벨	변위 (mm, p)	1.0 (1 ~ 2 Hz)	1.0 (1 ~ 2 Hz)
	속도 (mm/s, p)	15.0 (2 ~ 100 Hz)	15.0 (2.4 ~ 100 Hz)

6.3.8 General Motors / Lockheed Martin 규격

이 규격에서는 전동기를 다음과 같이 4개의 영역으로 구분하여 정의하고 있다.

- Standard motor : Utility operations
- Special motor : Semi-finish operations
- Precision motor : Finish operations
- Other motor : Per agreement by vendor and Lockheed Martin/General Motors

측정은 베어링 위치에서 수평, 수직 및 축 방향으로 실시하며, 측정 주파수 범위는 최소 주파수는 동기 운전 속도의 0.3배 (0.3 rpm), 최대 주파수는 2 kHz (120,000 cpm)이다. 측정 조건은 변속 전동기는 정격 전압과 정격 주파수 및 무부하 조건에서, 단일 운전 속도 전동기는 동기 속도에서 실시한다. 직류 전동기는 최고 정격 속도에서, 그리고 직권 및 유니버설 전동기는 운전 속도에서 실시한다.

NEMA MG-1의 Section I의 크기에 따른 분류에서 정의하는 소형, 중형 및 대형의 모든 전동기에 적용된다. 규격은 진동 속도의 경우는 6개의 주파수 대역 별로 그리고 진동 가속도는 전체 대역에 대해 3개의 전동기 영역에 대해 최대 허용 진동 레벨을 제시하고 있고, 이들 값을 초과하여서는 안 된다.

표 6.17 전동기용 최대 허용 진동 속도 레벨

대역 (band)	주파수 범위	Standard		Special		Precision	
		mm/s p	in/s p	mm/s p	in/s p	mm/s p	in/s p
1	0.3 × rpm ~ 0.8 × rpm	1.016	0.04	1.016	0.04	0.508	0.02
2	0.8 × rpm ~ 1.2 × rpm	1.905	0.075	1.016	0.04	0.508	0.02
3	1.2 × rpm ~ 3.5 × rpm	1.016	0.04	1.016	0.04	0.254	0.01
4	3.5 × rpm ~ 8.5 × rpm	0.762	0.03	0.762	0.03	0.254	0.01
5	8.5 × rpm ~ 60,000 cpm	0.762	0.03	0.762	0.03	0.127	0.005
6	60,000 ~ 120,000 cpm	0.762	0.03	0.762	0.03	0.127	0.005

표 6.18 전동기용 최대 허용 진동 가속도 레벨

대역 (band)	주파수 범위	Standard (g, p)	Special (g, p)	Precision (g, p)
1	0.3× rpm ~ 120,000 cpm	0.5	0.5	0.25

6.3.9 미국항공우주국 (NASA) 규격

측정은 베어링 위치에서 수평, 수직 및 축 방향으로 실시하며, 측정 주파수 범위는 5 Hz ~ 10 kHz이다. 1800 rpm 또는 그 이하에서 운전되는 경우는 5 Hz ~ 2.5 kHz, 1800 rpm 이상에 운전되면 5 Hz ~ 5 kHz의 주파수 범위가 구름 베어링, 기어 및 고정자 문제를 분석하기 위해 필요하다. 또한 운전 속도에 관계 없이 평형, 정열 및 전원 주파수 결함을 분석할 수 있도록 400 라인의 분해능과 5 ~ 500 Hz 스펙트럼이 제공되어야 한다.

표 6.19 전동기 진동 기준

주파수	최대 진폭 (mm/s, p)
Overall	2.5
0.4X ~ 0.5X	검지되지 않아야 함
회전 주파수 성분 (1X)	표 6.20의 평형 기준을 만족
회선 주파수 2배수 성분 (2X)	0.5
고차 조화 성분 (NX)	검지되지 않아야 함
구름 요소 베어링 성분	검지되지 않아야 함
측대역 성분(sidebands)	검지되지 않아야 함
회전자 봉/고정자 슬롯 성분	검지되지 않아야 함
전원 주파수 성분 (60 Hz)	검지되지 않아야 함
전원 주파수 2배수 성분 (120 Hz)	0.5

표 6.20 전동기의 평형(balance) 기준

전동기 속도 (rpm)	Special Application (mm/s, p)	Standard Application (mm/s, p)
900	0.5	2.0
1,200	0.66	2.0
1,800	1.0	2.0
3,600	1.0	2.0

【참고문헌】

[1] 양보석, 기계 설비의 진동 상태 감시 및 진단, 인터비젼, 2006

[2] 양보석, 회전 기계의 진동 평가 및 규격, Vibration 119, 제1권 제4호, 제2권 제1~3호, 나다 S&V, 2000/2001

[3] 양보석, 선박용 회전 기계의 진동 평가 규격, 한국박용기관학회지, 제25권 제3호, 83-109, 2001

[4] ANSI/API Standard 541-2003, Form-wound Squirrel-Cage Induction Motors-500HP and Larger, 4th Ed., 2004

[5] IEEE 1068-1990, Recommended Practice for the Repair and Rewinding of Motors for the Petroleum and Chemical Industry

[6] IEEE 43-1974, Recommended Practice for Testing Insulation Resistance of Rotating Machinery

[7] IEEE 95-1977, Recommended Practice for Insulation Testing of Large AC Rotating Machinery with High Direct Voltage

[8] NEMA MG 1-1987, Motors and Generators

[9] ISO 10816-1, Mechanical Vibration- Evaluation of machine Vibration by Measurements on Non-rotating Parts

[10] ISO 7919-1, Mechanical Vibration of Non-reciprocating Machine- Measurements on Rotating Shafts and Evaluation

[11] Davis, J.T.; Bryant, R.A., NEMA induction motor vibration measurement: a comparison of methods with analysis, IEEE Petroleum and Chemical Industry Conference, 1993, p.205-209

찾/아/보/기

진동신호분석기술을 이용한

유도전동기의 결함분석 및 진단

2019년 7월 25일 인쇄

2019년 7월 30일 발행

저　　자　양보석

발 행 인　송기수

발 행 처　도서출판 GS인터비전

편 집 처　도서출판 GS인터비전

인 쇄 처　대명프린팅

등록번호　제 25100-2016-000050 호

I S B N　979-11-5576-298-1(93550)

주　　소　서울 은평구 증산로 15길 69 2층

전　　화　02-976-7898

팩　　스　02-6468-7898

홈페이지　gsintervision.co.kr

E-Mail　gsinter7@gmail.com

성 가　30,000원